◎浙江省哲学社会科学重点研究基地
临港现代服务业与创意文化研究中心研究成果

◎宁波市社会科学学术带头人培育项目
（G11-XK15）成果

宁波文化研究工程·当代发展研究 DD01.201301

# 宁波现代海洋产业的选择与发展研究

刘春香 等著

ZHEJIANG UNIVERSITY PRESS
浙江大学出版社

**本书作者**


刘春香　谢子远　金文姬　陈万怀　谢　敏　杜晓燕

# 前 言

21世纪是海洋的世纪。未来3～5年，宁波将在海洋经济方面做足文章。1562千米岸线，占浙江全省1/3；500平方米以上的岛屿516个，占全省1/5；可围涂资源140万亩，占全省1/3……

宁波因海得名，向海而生，倚港而兴，流淌着蓝色的血液。2011年年初，《浙江海洋经济发展示范区规划》获批，以宁波—舟山港海域、海岛及其依托城市为核心区的浙江海洋经济发展上升为国家战略，地处海洋经济核心区的宁波迎来了一次前所未有的蓝色发展机遇。2011年5月份，《宁波市海洋经济发展规划》发布，力争到2015年，基本建设成为我国海洋经济发展的核心示范区。宁波市海洋经济发展规划提出，到2020年，全市海洋生产总值达到4500亿元，海洋三次产业结构进一步优化，形成特色明显、竞争力强的现代海洋产业体系，海洋经济科技贡献率在80%左右，海洋战略性新兴产业增加值在40%左右。

2011年，随着大宗商品交易所成立、一批对接上海“两个中心”重大航运金融项目签约、首届中国海洽会成功举办，宁波吹响了海洋经济的蓝色号角。据初步统计，截至2011年，宁波实现海洋产业总产值约3220亿元，海洋产业增加值约959亿元。

2011年11月份宁波举办首届中国海洋经济投资洽谈会，2012年9月15日至17日又举办第二届海洽会，两届海洽会结出累累硕果。在首届中国海洋经济投资洽谈会项目签约仪式上，成功签约了106个海洋经济重大项目，总投资达3600亿元，其中100亿元投资额以上的项目有12个。第二届海洽会，省内共签约91个海洋经济重大项目，总投资超过2127亿元。

10年来，宁波港集装箱吞吐量猛增7.8倍，年均增幅居世界前30大港口第一。10年间，宁波港货物吞吐量从2002年1.54亿吨上升到2011年的4.33亿吨，是2002年的2.8倍，世界排名跻身国际大港第5位。集装箱吞吐量从2002年的186万标准箱上升到2011年的1451万标准箱，是2002年的7.8倍，10年来年均增幅居世界前30大港口第一，集装箱吞吐量国际排名也从第30位跃升至第6位。目前，宁波港货物吞吐能力和集装箱吞吐能力分别为3.84亿吨和917万标准箱，是2002年底的3.3倍和9.7倍。10年间，宁波港累计投入422亿元，用于加快港口基础设施建设，累计新增泊位163个，新增货物吞吐能力2.66亿吨。

宁波海洋经济的快速发展，为现代海洋产业体系的建设提供了良好契机。宁波目前临港产业体系已初具规模。按照国家重大生产力布局要求，宁波市相继布局了一批石化、钢铁、船舶等临港产业项目，形成了以临港工业、港口物流为主导，以海洋装备制造、海洋生物医药等高技术产业为引领，以海洋渔业、滨海旅游为基础，以国际贸易、金融服务等为支撑的现代海洋产业体系。宁波以大众商品交易所为依托，大力发展大宗商品交易产业，力争形成若干个在全国甚至全球有影响力的交易平台，目前宁波大宗商品交易平台已初具规模，2011年，宁波实现大宗商品交易额突破2000亿元。宁波市地处中国大陆海岸线的中段，海湾、岛屿、海滩、海涂众多，资源丰富。此外，渔村、渔港、古镇以及传统节日等自然和文化物产资源很有特色，在长三角一带很有吸引力。目前，宁波的海洋旅游有广阔市场。上海、江苏等客源地处于200～500千米的范围之内，与周末度假、休闲的旅游目标十分吻合。据统计，2011年宁波接待的国内游客数和宁波旅游总收入，“涉海”的均占1/3。以象山港为核心的阳光海湾、游艇、潜水、休闲渔业、水上运动、海钓等一批海洋旅游新业态吸引了海内外游客纷至沓来。海洋新装备、海洋新材料、海洋新能源、海洋生物医药被列入宁波市工业“4＋4＋4”产业升级工程，成为“十二五”期间宁波市工业发展的重要方向。

本著作主要研究了宁波现代海洋产业的选择与发展问题，希望能以此为宁波海洋经济的发展出谋献策。全书共分为九章，从宁波现代海洋经济发展概况、宁波现代海洋产业选择、宁波海洋渔业发展现状、宁波海洋船舶修造业发展现状、宁波海洋生物医药业发展现状、宁波海洋交通运输业发展现状、宁波海洋旅游业发展现状等方面提出了一系列的对策建议。这对于推进宁波的海洋经济示范区核心区建设，实现海洋经济强市发展目标，无疑具有非常重要的理论意义和现实意义。

# 目　录

# 第一章 导 论

## 第一节 研究背景与目的

### 一、研究背景

海洋是人类生存发展的基本环境，也是现代经济社会发展的战略资源。联合国在2001年就曾预言，“21世纪是‘海洋世纪’”。我国是一个海洋大国，党和国家始终高度重视海洋经济发展。党的十七届五中全会通过的《中共中央关于制定国民经济和社会发展第十二个五年规划的建议》中明确提出，要发展海洋经济，坚持陆海统筹，制定和实施海洋发展战略，提高海洋开发、控制、综合管理能力。《中华人民共和国国民经济和社会发展第十二个五年规划纲要》中，也专有一章阐述“推动海洋经济发展”，强调优化海洋产业结构和加强海洋综合管理。

21世纪是海洋经济时代，谁抢占了海洋经济的先机，谁就得到了未来竞争的主动权。宁波因海而得名，因海而发展，因海而繁荣。国务院2011年2月底正式批复《浙江海洋经济发展示范区规划》，标志着浙江海洋经济发展上升为国家战略，为宁波海洋经济发展带来了前所未有的战略机遇。作为浙江发展海洋经济的核心区域，宁波在海洋资源、海洋产业发展上具有特殊的优势。“十二五”期间，宁波将以港航服务业、临港先进制造业、海洋新兴产业和海岛资源开发为重点，统筹“两个一万平方公里”，着力构建现代海洋产业体系，实现“海洋经济大市”向“海洋经济强市”的战略性转变。

宁波市海洋经济发展规划提出，到2020年，全市海洋生产总值达到4500亿元，海洋三次产业结构进一步优化，形成特色明显、竞争力强的现代海洋产业体系，海洋经济科技贡献率在80%左右，海洋战略性新兴产业增加值在40%左右。

近几年，沿海各省市纷纷行动起来，根据各地实际制定了各具特色的海洋产业开发计划，围绕海洋综合开发相继出台了推进海洋产业综合开发的实施意见，提出海洋产业经济发展的具体措施，将科技兴海列入重要议事日程，海洋产业异军突起，海洋科技蓬勃发展。宁波市亦应利用有利条件，充分利用海洋资源，实现宁波经济的腾飞。然而，目前学术界对现代海洋产业选择与发展的文献不多，对宁波现代海洋产业选择的相关研究则更为少见，这就为本著作提供了新的研究视角和新的研究空间。

## 二、研究思路

1. 阐述现代海洋产业的内涵。以区域经济理论、产业经济理论、循环经济学理论为基础，对现代产业选择的最新进展进行研究，并结合海洋产业特征，阐述现代海洋产业选择的理论依据。

2. 选择宁波现代海洋发展中的主导产业。基于宁波现代海洋产业发展现状，利用主导产业理论和关键种理论，构建指标体系，选择宁波现代海洋中的主导产业。

3. 详细分析各主导产业发展现状。对选择出来的海洋产业进行细致调研，分析其存在的问题、发展趋势并提出发展对策。

4. 提出宁波现代海洋产业发展的支撑条件。结合实证分析，从涉海人才培养、海洋科技发展、金融和信息扶持、大宗商品交易平台建设等方面构建支撑宁波现代海洋产业发展的保障体系，为提升海洋产业竞争力提供科学的参考依据。

## 三、研究方法

1. 借鉴产业经济学、发展经济学、区域经济学、管理学、可持续发展理论、循环经济理论、系统论相关研究成果，厘清宁波现代海洋选择与发展的理论基础。

2. 利用历年宁波产业结构变化数据，借助SPSS软件和因子分析法分析海洋经济三大产业与宁波经济发展的相关性，得出各个产业对宁波经济的贡献度。

3. 借助群落生态学中的关键种理论和罗斯托的主导产业理论，结合实证分析找到宁波现代海洋产业体系中的主导产业并对各主导产业进行细致分析。

## 第二节 研究现状述评

### 一、国外研究现状

总体来看，国外对海洋经济与海洋产业的研究，主要集中在海洋经济对国民经济的贡献、海洋经济活动对海洋环境的影响和海洋产业经济研究等几个方面。在国民经济贡献方面，主要运用经济学的相关分析、测算模型（如投入—产出模型等），研究海洋经济对国民经济和就业的影响。在海洋产业经济研究方面，重点研究海洋产业活动，对海洋生态环境的影响，以及海洋资源的可持续利用。

#### （一）海洋产业的研究

国外关于海洋产业的研究将海洋产业发展置于长期的全球工业化背景下，研究交通运输、矿产和能源资源、生物资源、休闲和海岸工程等部门的特点和组织形式，对海洋产业工业化过程进行整体评价。直至 20 世纪 90 年代，世界上大多数国家仍侧重于评价分析个别的海洋产业（最普遍的是海洋渔业、运输业和海洋油气业）。自从 20 世纪 90 年代以来国外研究海洋和海岸利用的专家学者也从不同角度提出的海洋产业的模式，代表性的有 Sorensen and McCreary(1990)、Vallenga(1991)、Pido and Chua(1992)。最新的模式是美国德拉华州立大学的 CICI－Saint and Knecht(1998)提出的，他们将主要海岸和海洋活动分为 14 大类 51 项。这 14 大类是：航运与交通，海洋生命资源，矿产与能源资源，旅游与休闲，海岸基础设施，废弃物处理和污染防治，海洋和海岸环境质量保护，海滩和海滨的管理，海洋军事活动，以及与海洋有关的研究等。Judith Kildow 和 Charles S. Colgan(2005)从加利福尼亚海洋产业的从业人数、海洋产业产值以及工资水平入手，对加利福尼亚海洋产业，尤其是滨海旅游业、渔业等进行了定量比较分析。

国外对海洋渔业的研究主要集中在海洋渔业可持续发展和资源保护方面。Csirke(2005)指出，海洋捕捞产量占全球渔业总产量的 63%，但由于高强度地开发，甚至是过度地开发渔业资源，已经影响到渔业资源的可持续发展，如果不加以妥善的规划与管理，估计将有 76%的渔业种群出现枯竭风险。2000 年，联合国粮食与农业组织(FOA)发布了《海洋捕捞渔业可持续发展指标》，为世界各国海洋渔业的可持续发展提供理论框架。Higgins R. M.，Pe'rez-Ruzafa A.(2008)对南欧，Greenstreet，S. P. R. 和 Rogers，S. I.(2006)对北海渔业资源的保护问题进行探讨。

此外，国外学者还对海洋旅游业进行了较为广泛的研究。20 世纪 90 年代以前，海洋旅游的开发主要集中在海洋环境影响及其评价上，90 年代后，海洋旅游的可持续发展问题得到重视，海洋旅游研究进展较快，特别是旅游产品开发和旅游产品决策和管理方面的研究。目前国外学者主要是从海洋环境科学、市场学、可持续发展的角度进行了研究。海洋环境科学的研究为海洋旅游的优化提供了科学依据。在海洋资源评价问题上 Morgan 选择海洋开发程度、自然、生物、人文四类共 50 个评价因子构成的评价体系，该评价体系能对游客提供较多的海洋旅游信息。从海洋旅游的发展历程来看，旅游的发展与市场的关系越来越密切，市场学的理论指导着旅游产品及结构的开发和优化(Salmona，2001)。可持续发展通过保护海洋旅游环境，建立可持续发展的海洋旅游开发管理模式及手段，Hall 等提出加强海洋生态旅游建设等途径。

总体来看，国外对海洋产业的研究主要集中在两个方面：一是传统产业如海洋渔业的转型升级及可持续发展方面，二是新兴战略性海洋产业的发展战略问题。这与我国海洋经济发展的产业目标具有相似性。

### (二)海洋经济发展战略的研究

20 世纪 60 年代的科技革命，促进了海洋科学技术的快速发展，进而加剧了沿海国家对海洋权益的争夺。西方国家相继提出了开发海洋，发展海洋经济的战略蓝图。1945 年，美国总统杜鲁门发表《大陆架总统公告》，首创了将公海的一部分划归自己管辖、将其资源定位美国财产的先例，引发了全球的第二次"圈地运动"；1960 年，法国总统戴高乐在国会上提出"向海洋进军"的声明；1961 年，美国总统肯尼迪在国会宣称"海洋与宇宙同等重要"，"美国必须把海洋作为开拓地"，成立了国家海洋开发中心一类的机构(孙斌，2000)；1967 年，"法国国立海洋开发中心"成立。苏联在 70 年代末 80 年代初，对海洋经济已有相当深度的研究，相继出版了《海洋开发的经济问题》《大洋经济》等著作(张艺钟等，2008)。

随后，沿海各国相继出台一系列的海洋经济发展政策，旨在提升海洋经济综合竞争力和保障海洋资源的永续利用。澳大利亚出台了《*Oceans Policy for Australia*(澳大利亚海洋政策)》(1987)和《澳大利亚海洋科学技术发展计划》(1998),通过制订一系列的海洋科学技术发展政策,激励和引导科学技术发展,保护海洋生态环境,提升海洋竞争力,保持其在海洋科技领域的领先地位。1990 年,日本政府出台了《海洋开发基本构想及推进海洋开发方针政策的长期展望》,提出以海洋技术为先导,着重开发包括海洋卫星、深潜技术、深海资源开发技术等海洋高新技术,用以加强日本海洋开发能力和提高国际竞争地位(于谨凯,2007)。韩国在《*OK*(*Ocean Korea*)*21*(海洋韩国)》中,提出要通过"蓝色革命",加强韩国的海权,通过发展以科技知识为基础的海洋产业促进海洋资源的可持续发展(Hong SY,1995)。欧盟 2002 年出台了《*Integrating Marine Science in Europe*(欧洲综合海洋科学计划)》,对欧盟海洋科学发展提出了许多战略性的建议(国家海洋局科技司译,2003)。2003 年和 2004 年,皮尤海洋委员会和美国海洋政策委员会(USCOP)先后公布两个国家海洋政策报告:《规划美国海洋事业的航程》和《21 世纪海洋蓝图》。

总体来看,世界各国越来越重视争取海洋权益,发展海洋经济,海洋经济的竞争正在成为世界各沿海国家和地区竞争的新焦点,相关国家和地区通过国家战略的制定和实施促进海洋经济的发展。

### (三)海洋经济对国民经济影响的研究

1967 年,美国罗德岛大学教授 N. Rorholm 研究了 13 个海洋经济部门对新英格兰南部地区的经济影响,并用投入产出法得出一些衡量海洋经济影响的尺度;美国哥伦比亚大学学者 G. P. Tecorvo 和 M. Wilkinson 从国民收入的角度分析了海洋部门在国民经济中的地位(石洪华等,2007)。美国学者 J. M. 阿姆斯特朗和 P. C. 赖纳在其著作《从新角度看海洋管理》中,从经济学和管理学角度对海洋经济的远景进行了预测(孙斌等,2004)。Seung-Jun Kwak、Seung-HoonYoo 和 Jeong-In Chang(2005)运用投入—产出法,分析了 1975—1998 年间海洋产业对韩国社会经济的影响。The Allen Consulting Group(2004)利用 1995—2003 年的数据,评估了海洋渔业、养殖业、海洋旅游业、造船业、港口产业等海洋产业,对澳大利亚社会经济的贡献。Y Shields,J O'Connor,J O'Leary(2005)从海洋服务、海洋制造、海洋资源、海洋教育和科研以及培训等方面,分析了爱尔兰的海洋经济现状,探讨了知识、科技及创新在爱尔兰海洋经济中的重要作用。Colgan,CS(2003)研究了海洋经济和沿海经济的计量理论和方法。Colgan,CS(2004)研究了美国海洋经济和沿海经济中就业和收入的变化情况。Foresight(1997),Pugh,

D和Skinner L(2002)研究了英国经济中与海洋相关的经济活动。RASCL研究机构(2003)分析了1988—2000年海洋产业对加拿大经济的贡献。Colgan,CS(2003)研究了海洋经济和沿海经济的计量理论和方法。Mellgorm,A(2004)研究了经济合作组织各海洋经济部门价值。Y Shields(2005)分析了爱尔兰的海洋经济现状,对爱尔兰海洋经济具有重要影响的知识、科技及创新进行了探讨。美国S. Managi和J. J. Opaluch等(2005)根据近美国墨西哥湾石油开采的数据建立了若干个经验模型,分析技术进步对石油开采的影响力。D. Jin等(2003)对海洋经济和生态系统进行联合分析研究。

虽然研究角度及研究对象各不相同,但其基本的结论具有相似性:海洋经济对国民经济的贡献呈现出不断提升的趋势。

### (四)海产品贸易的研究

Sprouland Queirolo(1994)研究了日本和美国在世界海洋水产品贸易中地位的转换并定量分析了日本冻鲑鱼价格提高的重大影响,记录了日本水产品从自给到对进口依赖性不断提高的过程;欧盟、美国、日本是最重视研究国际贸易TBT的“超国家组织”,欧盟《对投放市场和生产水产品的卫生规定》(EEC91/439)是具有强制性的欧洲议会法规,已经将出口产品的养殖企业纳入HACCP计划体系。韩国学者徐薇娜(2005)在《中韩主要海水养殖品对日本出口的国际竞争力比较研究》一中采用市场占有率、显示比较优势指数、国际竞争优势指数等指标来分析韩中主要海水养殖品对日本出口状况,用以判断韩中两国海水养殖产品的在日本市场的国际竞争力。

综上所述,国外对海洋经济的研究主要是把传统的理论和分析方法运用于海洋经济领域进行研究,研究对象往往是针对某一国家和地区展开的具体研究。由于国情差异较大,不同国家的研究结论有很大不同,也未必适用于我国的实际情况。但其研究方法、研究视角等可以被借鉴到我国海洋经济相关研究中。

## 二、国内研究现状

早在1981年,国家海洋局和中国社会科学院经济研究所联合召开的海洋经济座谈会上即明确提出了“开展海洋经济问题研究”的号召。此后,海洋经济研究成果开始涌现,根据“中国期刊网”收录的期刊论文进行统计,20世纪80年代共有论文25篇,90年代共有论文238篇,2000—2005年共有论文377篇,2006—2010年共有论文558篇,2011年至2012年12月共有论文

536篇。可见,海洋经济研究越来越成为学界关注热点。从总体来看,我国的海洋经济研究可以分成两个层面:一是国家层面的海洋经济研究,二是区域层面的海洋经济研究。

## (一)国家层面的海洋经济研究

从国家整体进行的海洋经济研究内容非常宽泛,概括而言主要包括如下几个方面:

第一,海洋经济发展战略与路径问题研究。王淼(2003)对21世纪我国的海洋经济发展战略进行了分析,从依法治海、可持续发展、人才开发、科技兴海、产业结构优化、机制创新、开放式发展、立体式发展、海陆式开发等方面探讨了21世纪我国海洋经济的发展战略及其实施策略。由于我国海洋经济发展相对落后,很多学者对发达国家的海洋经济进行了研究,并提出了其对于我国海洋经济发展的借鉴意义。有些学者单独借鉴了某一发达国家的海洋经济发展经验。如荣艳红(2008)、宋炳林(2012)对美国的海洋经济发展经验进行了借鉴,徐嘉蕾(2010)、赵伟(2010)、杨书臣(2006)对日本的海洋经济发展经验进行了借鉴,赵清华(2008)、谢子远(2011)对澳大利亚发展海洋经济的经验进行了借鉴。有些学者则对多个发达国家和地区的经验进行了总结与借鉴。如储永萍(2009)借鉴发达国家经验分析了我国海洋经济的发展战略,从全球海洋经济开发的总体趋势出发,分析了日本、挪威、英国、澳大利亚、美国、加拿大六个发达国家海洋经济发展战略,总结了六国海洋经济发展对我国发展海洋经济的启示。王敏旋(2012)、姜旭朝(2009)、苏纪兰(1998)也进行了这方面的相关研究。

第二,海洋经济可持续发展问题研究。王长征(2003)认为近年来,我国海洋经济发展较快,特别是海洋运输、旅游、海上油气开采等新兴产业发展迅速,但同时也存在第一产业比重过高、资源开发不合理、海洋生态环境恶化、海洋灾害频繁、领土争议等困扰可持续发展的一系列问题,基于上述分析,作者提出了提升我国海洋经济可持续发展能力的对策措施。高强(2004)从观念创新、海陆经济一体化、科技兴海、国际合作、以法制海、综合管理等方面,提出了促进我国海洋经济可持续发展的一系列对策。马志荣(2008)分析了我国海洋经济可持续发展的影响因素,吴明理(2009)对海洋经济可持续发展的金融支持问题进行了研究。吴凯(2006)从产业结构优化的角度研究我国海洋经济的可持续发展问题,认为虽然我国海洋经济呈上升趋势,但由于传统产业占比偏高,新兴产业占比偏低,海洋开发的综合指标仍较低，传统产业转型、新兴产业强化，将是我国海洋经济可持续发展的关键。刘明(2008)构建海洋经济可持续发展能力的评价指标体系，建立评价海洋经济可持续发展能力的模型，并对我国沿海区域海洋经济可持续发展能力进行定量分析和评价。

第三，海洋经济发展的区域差异问题研究。殷克东、战德坤(2001)对我国六大主要海洋产业发展的现状、规律、趋势和结构进行了比较分析。韩增林等(2003)采用基尼系数、变异系数、加权变异系数等指标，分析了 20 世纪 90 年代我国海洋经济发展的地区差距以及海洋产业空间集聚的变动趋势。张耀光、魏东岚等(2005)研究了我国海洋经济的省际空间差异问题，对各省(市、区)海洋产业以及海洋三次产业结构等的空间集聚与扩散程度进行了分析。伍业锋(2006)建立了中国沿海地区海洋科技竞争力的评价理论与评价体系，据对沿海 11 个地区的科技竞争力进行了分析与评价。于谨凯、李宝星(2007)基于 Rabah Amir 模型、SCP 范式，建立了由海洋市场结构以及规模经济决定的海洋产业市场绩效模型。刘洋、丰爱平等(2008)对山东半岛 7 个沿海城市 1996—2005 年的海洋产业竞争力做了聚类分析。韩增林、许旭(2008)以沿海 11 个省、自治区、直辖市为研究的基本空间单元，对区域海洋经济差异的构成进行了来源分解。有些学者专门研究了沿海地区海洋科技发展的差异问题。殷克东、方胜民(2008)构建了 14 个二级指标、56 个三级指标的海洋产业国际竞争力的评价体系。白福臣(2009)运用灰色系统理论建立了多层灰色评价模型，并对中国 11 个沿海省和直辖市的海洋科技竞争力进行了综合评价及比较分析。殷克东、王晓玲(2010)构建了中国海洋产业竞争力评价的联合决策测度模型并进行了实证分析。

第四，海洋经济发展中的重大单项问题研究。一是无居民海岛开发问题。王琪(2011)系统回顾了我国无居民海洋开发的历史进程，并分析了无居民海洋开发的趋势及政府职能定位。汤坤贤(2012)研究了我国海洋开发的开放政策，介绍了马尔代夫、韩国和日本等国海岛开发的经验，分析了我国国家和地方的海岛开发政策，指出我国海岛开发开放的优势和面临的主要问题，提出了我国海岛开发开放政策。张祥国(2011)研究了无居民海岛开发的环境问题及其可持续利用，通过有限资源对区域社会生产线性约束的动力学模式说明了环境资源的短板约束作用，提出了无居民海岛环境资源可持续利用的原则要求和建议。另外，张杰(2012)、李丕学(2011)、陈亮(2012)就某些地区的无居民海岛开发问题进行了研究。二是海陆统筹发展问题研究。王倩(2011)对海陆统筹进行了理论探索，从国家层面与沿海区域层面分别界定海陆统筹广义与狭义概念，对海陆统筹广义概念的内涵进行了探讨，并分析了海陆统筹与“海陆一体化”“海陆互动”“五个统筹”之间的区别与关系。鲍捷(2011)基于地理学视角，对“十二五”期间我国的海陆统筹方略进行了研究，认为海陆统筹既是维护国家利益和战略安全的需求，也是区域经济协调发展的迫切要求，并提出了我国海陆统筹战略对策建议。孙吉亭(2011)研究了我国海洋经济发展中的海陆统筹机制。另外，朱坚真(2011)、叶向东(2007)、李义虎(2007)等也从不同角度研究了这一问题。三是海洋经济中的对外合作问题研究。左晓安(2011)、郭楚(2011)对粤港澳海洋经济合作问题进行了研究，叶向东(2011)提出了 APEC 海洋经济技术合作的政策建议。四是港航物流发展问题研究。《世界海运》(2011)杂志分析认为，我国港航物流存在很大问题，就单项物流成本来说，中国几乎每项都低于发达国家，如劳动力成本、仓储成本等，但中国综合物流成本却比发达国家高得多。因此，我国很多沿海省市均十分重视发展和完善港航物流体系，降低港航物流成本。黄飞舟(2010)对海南的港航物流发展问题进行了研究，罗贯三(2008)对重庆港航物流发展问题进行了研究，史晓原(2012)、秦诗立(2011)对浙江省港航物流发展问题进行了研究，孙万通(2012)、周珂(2012)、毛铁年(2012)对舟山的港航物流发展问题进行了研究。五是海洋清洁能源利用问题研究。孙雅萍(1998)展望了 21 世纪海洋能源开发利用的前景并分析了其环境效应，认为只有合理、有序地开发利用海洋，才能使人类实现可持续发展. 特别强调：在开发利用海洋资源和能源的同时，要注重环境效应。张桂红(2007)研究了中国海洋能源安全与多边国际合作的法律途径，认为在能源安全问题的处理上，中国面临双重压力。加强海洋能源安全问题的国际合作有助于中国的能源安全战略以及和平发展，中国海洋能源安全问题目前主要表现在海洋能源的开发和海上能源交通安全的保障。杨木壮(2007)分析了我国海洋能源矿产资源的潜力。

### (二)区域层面的海洋经济发展研究

地区层面的研究主要关注特定经济区域或者行政区域海洋经济发展的特殊问题。这些研究可以分为如下几个方面：

第一，区域海洋经济发展比较问题研究。黄霓(2011)对粤、鲁、浙海洋经济发展中的定位与目标、总体布局和发展重点、海洋经济实力和后续发展潜力等问题进行了比较研究。谢子远(2012)从海洋经济发展总量水平、海洋产业结构、海洋科技竞争力、海洋经济可持续发展能力等方面对浙、鲁、粤海洋经济发展进行了比较研究。

第二,区域海洋经济发展战略问题研究。2005 年,陆立军,杨海军就认为浙江经济得到了长足的发展,但陆域资源对经济进一步增长的承载率越来越小,必须将探索资源的眼光投向海洋。建设“海洋经济强省”是浙江经济发展阶段性的迫切要求,也是发挥浙江资源优势与区位优势的必然之路。因此,他们提出了浙江“十一五”海洋经济发展的若干建议。马涛(2007)对上海市发展海洋经济的战略进行了分析,分析了上海市发展海洋经济所面临的机遇和挑战,提出了上海市海洋经济发展的战略主体和发展重点,并就如何推动上海海洋经济发展提出了几点建议。孙群力(2007)研究了山东海洋经济的发展路径问题,在分析山东省海洋经济优势及存在问题的基础上,提出了加快海洋经济发展的若干建议。张耀光(2001)对辽宁区域海洋经济布局机理与可持续发展研究问题进行了研究,通过对辽宁海洋资源的评价,海洋经济发展、海洋产业部门结构和海洋产业布局特点等的分析,并根据海域资源差异、区域海洋经济结构差异、海洋产业分布状况等,划分出辽宁渤海海洋经济区和黄海海洋经济区;探讨了区域海洋经济区的形成与区域海洋经济布局机理;采用定性与定量相结合,从定性到定量的研究方法,应用层次分析法确定辽宁海洋经济区的发展方向与重点海洋产业部门,提出了辽宁区域海洋经济可持续发展的对策和措施。

第三,区域海洋产业结构优化问题研究。朱勇生(2004)对河北省的海洋产业结构进行了研究,就河北省如何抓住机遇、迅速提高其海洋经济水平提出对策和建议。纪建悦(2007)对环渤海地区的海洋产业结构进行了静态与动态分析,并对其产业结构的调整提出了相应的对策。叶波(2011)研究了海南省的海洋产业结构优化策略,分别从产业结构变动值指标、产业结构熵数指标和 MOORE 结构变化指标来分析海南省海洋产业结构的动态变化,揭示海南省海洋产业发展的特点。在此基础上,通过灰色关联度和区位商分析确定海南省海洋主导产业和优势产业,最后提出优化产业结构的具体对策。房帅(2007)研究了环渤海地区海洋经济支柱产业的选择问题,建立了海洋支柱产业选择的评价指标体系,采用因子分析的方法对环渤海地区海洋经济支柱产业的选择问题进行了分析,结合环渤海地区实际情况,确定环渤海地区海洋经济的支柱产业群。朱坚真(2007)分析了环北部湾海洋经济增长与主导产业选择问题。孙瑛、殷克东等(2008)通过构建多准则的层次分析模型和动态规划的资源最优配置模型,对我国沿海省市海洋产业结构的差异、海洋产业结构优化的调整方向、资源配置的动态最优方案进行了研究。桂丽雯(2009)探讨了广东建立现代产业体系的必要性和主要对策,认为“构建现代产业体系是广东省提高产业结构层次的需要,是广东省抢占产业发展制高点的需要,广东省有效提高国际竞争力的需要”。

第四,海洋经济发展对区域经济的影响问题研究。张文杰(2011)研究了海洋产业对上海经济的拉动效应,吴明忠(2009)研究了海洋经济发展对江苏经济发展的影响。

第五,关于宁波海洋经济的研究。宁波作为沿海港口城市,具有发展海洋经济的天然优势,海洋经济发展也具备较好的基础,但对宁波海洋经济的研究起步较晚。20世纪90年代,个别学者如屈强(1994)、常益民(1997)、陈敏铭(1998)、楼朝明(1999)、李德荣(1999)对分别就宁波市海洋开发规划、海洋渔业发展、海洋经济强调的指标体系、海洋资源开发的可持续发展、开发海洋资源的重要性等进行了零星的研究。进入21世纪之后,宁波对发展海洋经济高度重视,相关研究也逐渐多了起来。练兴常(2001)提出了宁波21世纪海洋经济发展的战略设想。2003年,宁波原市委书记黄兴国特别提出要“加快海洋经济发展,建设海洋经济强市”,并提出了如下几个具体发展方向:一是大力发展海洋运输业,加快建设港口物流基地;二是大力发展临港工业,加快建设能源原材料基地和先进制造业基地;三是大力发展海洋渔业,加快建设海洋渔业开发基地;四是大力海洋旅游业,加快建设特色海洋旅游基地;五是坚持科技兴海和依法治海,促进海洋经济可持续发展。陈飞龙等(2003)提出了宁波海洋经济发展的战略重点与产业布局。陆立军,杨海军(2005)对宁波建设海洋经济强市提出了许多卓有成效的建议。张祝钧(2011)对宁波市三次产业结构、海洋产业内部各行业结构以及传统产业和新兴产业结构进行了实证分析,进而探讨了宁波海洋产业结构存在的问题,并就产业结构优化升级提出了对策。苏勇军(2011)、舒卫英(2011)研究了宁波海洋文化旅游产业发展问题。张士锋(2011)研究了宁波海洋渔业转型升级问题。农晓丹(2010)研究了宁波海洋高科技产业发展问题。尤其是浙江被确立为国家海洋经济示范区,宁波被确立为海洋经济示范区核心区之后,关于宁波海洋经济发展的研究快速增多,研究角度和研究内容得到很大拓展。陈德金(2012)分析了宁波梅山保税港区物流业面临的机遇与挑战,并提出了相应的发展对策。陈辉等(2012)分析了海洋经济新时代梅山保税港区物流业的现状,并对保税港区未来的发展提出了建议。黄敏辉、宋炳林(2012)借鉴美国经验,从海洋意识、海洋科技、海洋产业及海洋生态等方面分析了美国促进海洋经济发展的举措,从中得出对宁波海洋经济发展的若干启示。邱璐轶(2012)研究了宁波现代临港服务业发展问题,认为"十二五"期间,全球服务业呈现新一轮的快速增长势头,宁波应该抓住这一轮产业转型升级的机遇,促进临港服务业多角度、多领域突破,发挥其在整个产业体系中的引领作用。同时,宁波还应抓住海洋经济发展上升为国家战略的重大契机,采取有力措施,促进临港服务业全面发展。高亚丽(2012)研究了宁波航运金融发展问题,认为航运金融的发展是构建宁波从单纯的运输港到贸易、金融综合港过程中不可或缺的内在因素,也是把宁波打造为国际强港过程中重要一环,是今后金融工作的重点。罗曼丽(2012)研究了宁波海洋经济发展的法律保障问题。孙瑶瑶(2012)研究了国外主要海洋强国的海洋经济发展经验,并提出了国际经验对宁波发展海洋经济的五点启示。谢梦达(2012)运用 SWOT 分析法对宁波市发展海洋经济的优势、劣势、存在的机遇与挑战进行了分析,并在此基础上从保持传统优势项目、港口建设、发展临港大工业、科学开发海岛、参与国际竞争、加强区域合作、产业转型等方面提出了建议。邓启明等(2012)以宁波市核心示范区为例,研究了国家海洋经济发展示范区建设中的国际合作问题,分析了当前加强海洋经济国际合作的必要性与可行性,提出了包括科学、合理引进国外资金及先进技术,尤其是加强海洋高科技产业及相关法律法规与生态环境保护等方面合作重点及其相应策略措施。宁波市社科院院长黄志明(2012)提出了建设宁波海洋经济核心示范区的四个重要方面:一是大力推进"三位一体"的港口物流服务体系建设;二是加快构建海洋产业集群区与都市功能区协同体制;三是创新海岛开发开放机制;四是建立资金投资海洋经济的可持续投入机制。宁波市政府副秘书长张延(2012)认为打造国际强港是宁波发展海洋经济的一项重要举措,并提出了宁波打造国际强港的具体路径。

综上所述,人们在国家层面和区域层面就海洋经济问题展开了深入而广泛的研究。我国海洋经济的发展具有明显的时代特征,随着全球范围内对海洋经济发展的日益重视,2011 年山东、浙江、广东的海洋经济发展集中上升为国家战略,浙江舟山被确立为国家海洋经济新区,最近福建海洋经济发展规划也已得到国务院正式批复,我国海洋经济发展已经进入全新的历史阶段。浙江被确立为海洋经济发展示范区之后,宁波则被确立为海洋经济发展核心示范区。在这种背景下,对宁波现代海洋产业选择进行研究,意在探索新形势下宁波现代海洋产业发展的有效战略与路径,从而为其他区域现代海洋产业的发展发挥示范和引领作用。

# 第二章　宁波现代海洋经济发展概况

## 第一节　海洋经济相关概念界定

“海洋经济”可以说是一个新兴的概念，是随着人们对海洋重要性的认识逐步加深并不断对海洋进行探索和开发的过程中逐渐产生的。由于海洋实践活动的复杂性，人们对海洋经济概念的认识远未统一，对其内涵与外延的界定还在不断探索之中。

### 一、海洋的定义

1980年上海辞书出版社的《辞海》中，对“海洋”的注释为：“海洋，由作为主体的海水水体、生活于其中的海洋生物、临近海面上空的大气和围绕海洋的周缘的海岸及海底等组成的统一体。通常仅指作为海洋主题的连续水体。”1998年辽宁人民出版社出版的《海洋大辞典》对海洋的注释为“海洋”，地球上由广大的连续水体组成的“海”和“洋”的统称。

综合以上注释可知，海洋是地球上广阔的连续咸水体的总称。海洋的中心部分称洋或大洋，濒临陆地的边缘部分称海，二者相互连通为一体统称为海洋。

海洋资源有以下特点：(1)广泛性；(2)海洋水体的连续性；(3)海水水质的障碍性；(4)服务性；(5)共生性以及分布的立体性；(6)海陆资源的交叉性；(7)可变性；(8)系统性。

## 二、海洋经济的定义

### (一)海洋经济的界定

虽然全球发展海洋经济的热潮如火如荼,但对于什么是海洋经济,海洋经济的内涵与外延是什么,目前并没有统一的、权威的解释,相关国家和机构给出的海洋经济定义也各有不同的表述。

2000年,美国启动了国家海洋经济计划(*National Ocean Economics Program*),其中把海洋经济定义为"指来自海洋(或五大湖)及其资源为某种经济直接或间接地提供产品或服务活动"。美国海洋政策委员会(United Committee on Ocean Policy,2004)在《美国海洋政策要点与海洋价值评价》中,将海洋经济(Ocean Economy)定义为直接依赖于海洋属性的经济活动,或在生产过程中依赖于海洋作为投入,或利用地理位置优势,在海面或海底发生的经济活动。新西兰统计局在《新西兰海洋经济(1997—2002年)》中把海洋经济定义为"发生在海洋或利用海洋而发生的经济活动,或者为这些经济活动提供产品和服务的经济活动,并对国民经济具有直接贡献的经济活动的总和"。

我国国家海洋局编制的国家标准《海洋及相关产业分类》(GB/T 20794—2006)给出了海洋经济的明确定义,即"海洋经济是指开发、利用和保护海洋的各类产业活动,以及与之相关联活动的总和"。

陈可文指出:海洋经济是以海洋空间为活动场所或以海洋资源为利用对象的各种经济活动的总称。海洋经济本质是人类为了自身需要,利用海洋空间和海洋资源,通过劳动获取物质产品的生产活动。海洋经济与海洋相关联的本质属性是海洋经济区别于陆域经济的分界点,也是界定海洋经济内容的依据。

因此,我们可以看出海洋经济是以海洋为载体而发生的开发、利用、保护海洋的各类产业活动以及与之相关联的活动的总和;而海岸带经济更侧重于区域性的概念,是区域经济的范畴,侧重于产业所处地理位置,其含义较"海洋经济"更为宽泛,既包括海洋也包括许多非海洋的相关经济活动。

### (二)海洋经济的特点

虽然对海洋经济的定义各不相同,但海洋经济具备如下几个公认的基本特征:

(1)公共性。公共物品会产生“公地悲剧”，海洋资源也具有同样的特点。由于海洋资源的连续性和公共性，决定了海洋资源开发利用上存在着共享性与竞争性。一个国家巨量的海洋资源以及海洋资源的不可分割性，决定海洋资源的所有权不能确定给个人或企业所有，只能由公众或国家占有而成为公共资源。海洋资源的公共性又决定了海洋资源开发上的共享性与竞争性并存。资源的共享性使得所有个人和企业不需要付费或只需要付很少的费用就能开发利用，资源的竞争性使得开发利用有限的海洋资源的个人和企业出现拥挤，过量使用海洋资源会造成资源的破坏、衰退甚至枯竭。因此，政府应加强海洋资源开发利用的引导和管理。

(2)整体性。海洋水体流动性和连续性，使得海岸带和海区成为一个整体并连通，海洋资源的开发利用具有依赖性，因此在进行海洋资源开发的过程中需要从整体考虑，不能只考虑局部，这就要求从区域和国家角度进行总体布局。

(3)综合性。由于海洋资源的多样性，不同区域具有不同类型的海洋资源，因此体现其综合性。

(4)高科技、高投入、高风险性。海洋资源开发与陆地经济相比明显具有更大的风险。由于人是陆生动物，进入广袤的海洋必须借助工具(船舶、潜水器等)，而这些工具提供的生存条件总是有限的。人们远离陆地、工作空间狭小、生活供给保障有限。而海洋是如此之大，有时风平浪静，有时狂风恶浪，还有台风、海啸等自然灾害，风险不可避免。另外，海洋资源分布于海底和海水中，这使得开发难度增大，需要大量资金和高新技术。比如海底油气开采要深入水下几十、几百乃至上千米的海底，对技术和资金的要求远高于陆地上的勘探和开采。又如海洋捕捞，现在的远洋作业往往行程几千海里，跨越东西两个半球。一条金枪鱼船的造价在2000万～2200万元(人民币)，还需要卫星导航、鱼探技术等高新技术的支持。

(5)国际性。海洋的连通性和流动性，决定了海洋经济具有国际性。由于海水水体是流动的，以及海洋生物具有向水平方向迁移的特点，许多自然资源尤其是生物资源也是流动变化的，海洋鱼类的洄游不受地域和国界的限制，给不同地域和国家带来经济利益。同时，海洋水体一旦发生污染等灾害，其蔓延速度和面积比较大，控制和治理的难度也比较高。海洋的各种污染也会随着海水的流动迅速扩散，一个国家某一海域的污染有时也会使其他国家的海域同样遭受经济损失。

## 三、海洋产业的定义

很多国家并不用海洋经济这个概念，而是用海洋产业。如澳大利亚的海洋产业（Marine Industry）、英国的海洋关联产业（Marine-related Activity）、加拿大的海洋产业（Marine and Ocean Industry）以及欧洲的海洋产业（Maritime Industry）等。虽然说法不同，但是各国用海洋产业表示海洋经济意思是一致的。

海洋产业是指人类开发利用海洋空间和海洋资源所形成的生产门类。海洋产业发展既是海洋经济发展的一个主要标志，也是目前世界海洋经济发展水平的一个重要标志。

根据国际通行惯例，海洋产业是指开发和保护海洋资源而形成的各种物质生产和非物质生产部门的总和，即人类利用海洋资源和海洋空间所进行的各类生产和服务活动，或人类在海洋中及以海洋资源为对象的社会生产、交换、分配和消费活动。海洋产业是人类在海洋和滨海采集、加工海洋资源并对其开发利用而形成的产业，是一个综合性、多层次的产业系统。

海洋资源要转化为现实经济效力必须大力发展海洋产业。

美国国家海洋经济项目（NOEP）将海洋产业划分为海洋依赖型（如海洋渔业、水产品加工、海洋交通运输、港口服务）、海洋联系型（船舶修理与制造、水产品加工机械制造、海上运动产品等）和海洋服务型（如海洋油气勘探、水产品贸易、滨海旅游、教育与科研等）三大类。

根据美国国家经济分析局（BEA）的一项研究，海洋产业可依据与海洋的供给或需求关系划分为四大类，即海洋资源依赖型（如海洋渔业、海洋油气开发等）、海洋空间依赖型（如海洋交通运输业）、海洋供给型（如仓储物流、海上供给等）和空间便利型（如水产品贸易、滨海旅游接待、商业服务等）。

2003 年，Colgan 等依据美国《国民经济统计标准产业代码》将美国的海洋产业划分为七大类，即海洋工程建筑、海洋生物资源（海洋捕捞、海产品养殖、海产品加工等）、海洋矿产（石灰石、沙、砾石、油气钻探和油气生产等）、海洋娱乐与旅游（海洋娱乐、动物园和水族馆、游艇运营、餐馆食宿、娱乐公园和营地、运动产品等）、海上运输业（货物运输、海洋客运、海洋运输服务业、探索和航行设备、仓储等）、船舶制造与修理业及其他海洋产业活动（包括各级政府的海洋管理、滨海不动产和海洋研究与教育）。

在英国，尽管目前还没有专门的海洋产业统计，但对海洋相关产业活动的研究比较深入。英国政府海洋科学和技术委员会于1994—1995年和1999—2000年两次对英国的海洋产业活动进行了系统调查(Pughand Skirmer,1996、2002),依据英国《产业活动标准产业代码》,该调查所包含的海洋关联产业类型包括9类,即海洋渔业、海洋矿产、海洋制造、海洋工程建筑、海洋运输与通讯、商业服务与保险、海洋管理、海洋教育与科学研究及其他服务业。其范围基本涵盖现有的海洋产业类型,并将海事保险与金融、海洋污染防治和海军等也涵盖在内。

法国海洋经济中有15个产业,包括海洋食品(包括海洋渔业)、船舶修造业、海洋石油天然气业、发电、海洋土木工程、海底电缆、滨海旅游、航海、海洋金融服务、海军、公共干预、沿岸和海洋环境保护、海洋研究。

White对加拿大海洋产业进行了归纳(朱凌、宋维玲,2010),分为四大类,即海洋技术及相关产业(包括海洋通讯与电子产业、海洋技术与机械制造、水产养殖技术提供、海洋服务、海洋工程建筑和油气勘查与开发)、船舶制造业(含船舶修理与相关服务产业)、海洋资源开发与海洋运输业(海洋捕捞、海水养殖、海产品加工、海洋油气生产、海洋运输、港口服务)和公共服务业(港口管理、国防与安全、海洋科学研究、破冰、船舶导航、规制与授权、海洋环境)。加拿大对海洋产业的定义认为海洋产业是以加拿大海区及与海区相邻的沿海社区为基准的海洋产业,或其收入与海区活动密切相关的产业活动。

1997年澳大利亚发布的《海洋产业发展战略》将海洋产业归纳为四大类,即海洋资源开发产业(海洋油气、海洋渔业、海洋药物、海水养殖和海底矿产)、海洋系统设计和建造(船舶设计/建造与修理、近海工程、海岸带工程)、海洋运营与航行(海洋运输、漂浮或固定海洋设施的安装、潜水作业、疏浚和废物处理)和海洋仪器与服务(机械制造、电讯、航行设备、海洋研发与环境监测、教育与培训)。

新西兰认为海洋经济是产业与地理因素相互作用的结果。它包括发生在海洋的经济活动,还包括使用海洋环境作为投入的经济活动,还包括为其生产必要的物质和服务的经济活动,并能为国民经济做出直接贡献的经济活动。它包括九个类别:远洋矿砂、海洋渔业、海洋运输业、政府和国防、滨海旅游和休闲海洋服务业、海洋科研和服务业、海洋制造业、海洋工程建筑业。

1999年国家海洋局发布的《海洋经济统计分类与代码》界定了海洋产业,在一定意义上可以认为是从产业角度界定了海洋经济。其定义是:“海洋产业是涉海性的人类经济活动”。并指出了“涉海性”的 5 个方面：(1)直接从海洋中获取产品的生产和服务；(2)直接从海洋中获取的产品的一次加工生产和服务；(3)直接应用于海洋和海洋开发活动的产品的生产和服务；(4)利用海水或海洋空间作为生产过程的基本要素所进行的生产和服务；(5)与海洋密切相关的科学研究、教育、社会服务和管理。并把海洋经济分为 15 个大类，54 个中类，107 个小类进行统计。

我国的海洋产业分类在总结了国外分类方法的基础上进行了更为细致的区分，不仅仅简单区分了各个海洋产业，而且把国外所说的海洋产业分为海洋产业(Ocean Industry)和海洋相关产业(Ocean-related Industry)两个大类。海洋产业是开发、利用和保护海洋所进行的生产和服务活动，分为三个层次：第一产业包括海洋渔业；第二产业包括海洋油气业、海洋矿业、海洋盐业、海洋船舶工业、海洋化工业、海洋生物医药业、海洋工程建筑业、海洋能利用、海水利用业；第三产业包括海洋交通运输业、滨海旅游业、海洋科研教育管理服务业。海洋相关产业是以各种投入产出为联系纽带，与海洋产业构成技术经济联系的产业，包括了海洋农林业、海洋设备制造业、涉海产品及材料制造业、涉海建筑与安装业、海洋批发与零售业、涉海服务业。

## 第二节　现代海洋经济发展的国内外现状与趋势

当前世界海洋经济迅猛发展，在国民经济中的地位日趋重要，人们的海洋意识普遍增强。在此背景下，沿海国家和地区都高度重视海洋经济发展，纷纷把建设海洋强国作为国家的长远发展战略。

### 一、国外海洋经济发展现状及趋势

#### (一)各国高度重视发展海洋经济

世界各主要海洋国家十分重视发展海洋经济，纷纷制定海洋经济发展规划、政策促进海洋经济发展。20 世纪 50 年代起，美国先后出台了一系列战略规划，如《全球海洋科学规划》《21 世纪海洋蓝图》及其实施措施《美国海洋行动计划》等。日本政府于 1990 年出台了《海洋开发基本构想及推进海洋开发方针政策的长期展望》，1997 年制订了《日本海洋开发推进计划》和《海洋科技发展计划》，进入 21 世纪后日本组织实施了“西太平洋深海研究 5

年计划”，2007 年 4 月日本众议院通过了《海洋基本法》和《关于设定海洋构筑物安全水域的法律草案》，2008 年 2 月日本出台了《海洋基本计划草案》。此外，日本先后推出了《深海钻探计划》《大洋钻探计划》《海洋高技术产业发展规划》《天然气水合物研究计划》《海洋研究开发长期规划》《综合大洋钻探计划》等。日本在《海洋产业发展状况及海洋振兴相关情况调查报告 2010》中就明确提出计划 2018 年实现海底矿产、可燃冰等资源的商业化开发生产；计划到 2040 年整个日本用电量的 20％由海洋能源提供。

澳大利亚在 1997 年提出《海洋产业发展战略》，在全面推进海洋产业健康快速发展的同时，特别重视发展海洋高技术产业，积极推进海洋高新技术研发，在海洋生物技术、海水淡化与综合利用技术、海洋可再生能源技术、深海探测技术等对海洋经济发展有显著推动作用的前沿技术方面重点加大政策倾斜和投资力度。澳大利亚海洋产业和科学理事会(AMISC)提出了海洋产业发展存在的一些重要问题，提出了 21 世纪海洋产业各领域的发展战略，特别指出要重点发展一些规模小、未充分发展的海洋产业，如：海洋生物技术和化学品(目前规模很小)、海底矿产(未得到充分发展)、海洋替代能源(波能、热度梯能等)和海水淡化。

韩国在 2006 年颁布实施国家海洋战略——《海洋韩国 21 世纪》，1996 年韩国海洋水产部发表了《21 世纪海洋水产前景》(1997—2001 年)强调要发展成为海运强国、水产大国、海洋科技国家、有良好海洋环境的海洋国家，目标是发展成为一个海洋强国。1999 年 12 月制定了国家海洋开发战略——《海洋韩国 21》，提出了建设 21 世纪世界第五大海洋强国的建设目标，规划海洋产业增加值占 GDP 的比重从 1998 的 7.0％提高到 2030 年的 11.3％，将水产品中养殖业产量所占比重从 2000 年的 34％提高到 2030 年的 45％；启动开发大洋矿产资源，到 2010 年达到年 300 万吨商业生产规模；开发利用生物工程的新物质，到 2010 年创出年 2 万亿韩元以上的海洋产值；到 2010 年推出年发电 87 万千瓦时规模的无公害海洋能源开发。通过国家海洋开发战略，欲通过蓝色革命，实现三个基本目标：创造有生命力的海洋、建设知识型的海洋产业和可持续地利用海洋资源。为有效地达到这些目标，《海洋韩国 21》还分别设有创建充满活力的海洋管辖范围、创造干净而安全的海洋环境、制定海洋科技开发综合计划、促进附加值高的海洋产业、打造世界一流的海洋服务产业、建立可持续发展的海洋渔业、海洋资源能源和空间的全面利用、扩展对外合作和交流等 8 个特定目标，下有 100 个具体计划。韩国把实现“四化”作为海洋发展的基本方向：(1)世界化：把整个世界作为海洋产业,进行海洋开发;(2)未来化:为子孙后代建设舒适的海洋国土空间,进行海洋开发;(3)实用化:以发展国家经济为先导的海洋开发;(4)地方化:保持地区特性的海洋开发。2010年,国土海洋部制定“五个主要项目的行动计划”,其中提到培养有前景的未来产业,以在建筑、航运和物流等产业中创造竞争优势,禁止粗放发展以保护土地、自然与海岸线等与海洋发展相关的政策目标。2012年在韩国丽水召开的世博会,主题为“海洋与海岸生存:多样性资源与可持续活动”,下设“可持续的海洋”“明智地利用海洋(包含产业用途)”及“海洋文化与历史”三个副主题,韩国将通过此次世博会展现其重视海洋开发与可持续发展的形象。①

### (二)海洋经济增长速度较快

20世纪50年代以来,世界海洋经济快速增长,各海洋产业发展迅速。60年代末,世界海洋经济产值仅130亿美元,到70年代初达到1100亿美元,1980年增至3400亿美元,1992年达到6700亿美元,2000年为10000亿美元,占世界GDP总值的4%。2001年达到13000亿美元,2005年已达15000亿美元,预计2010年为20000亿美元,2020年达到30000亿~35000亿美元,占世界经济总值的10%。海洋产值几乎每十年翻一番,增长速度远远高于同期GDP的增长。海洋经济已经成为沿海各国(地区)国民经济的重要组成部分,2004年美国海洋GDP达到1380亿美元以上;2005—2006年,英国18个海洋产业总产值868.06亿英镑,增加值460.41亿英镑,就业总人数达890416人;2002—2009年,澳大利亚海洋产业产值的平均增长速度达到3.90%。2008年澳大利亚海洋产业产值415亿美元,2009年达到441亿美元,比上年增长6%(林香红,2011)。据欧洲委员会(The Council of Europe)的研究估计,海洋和沿海生态系统服务直接产生的经济价值每年在180亿欧元以上;临海产业和服务业直接产生的增加值每年约1100亿~1900亿欧元,约占欧盟国民生产总值(GNP)的3%~5%;欧洲地区涉海产业产值已占欧盟GNP的40%以上。②

---

① 王双、刘鸣:《韩国海洋产业的发展及其对中国的启示》,《东北亚论坛》2011年第6期,第10—17页。

② 向云波、徐长乐、戴志军:《世界海洋经济发展趋势及上海海洋经济发展战略初探》,《海洋开发与管理》2009年第2期,第46—52页。

### （三）重视海洋产业可持续发展

韩国为了实现海洋资源的可持续开发，将水产品中养殖业产量所占比重由2000年的34%提高到2030年的45%，2006年韩国海洋养殖产量已超过近海渔获量（王双，2011）。韩国调整其渔业政策，海洋渔业从近海捕捞转向远洋捕捞和海洋养殖，以保护和储备其渔业资源。主要方式是通过回购来减少海洋资源的开发，1994年到2007年，韩国政府出资10670亿韩元，减少了8324艘渔船。该项目对减缓韩国渔业资源下降起到了重要作用。韩国1998年开始实施“海洋牧场计划”。海洋牧场建设是由粗放型、无序开发利用海洋资源向集约化、综合开发利用海洋资源转变，由掠夺性开发海洋资源的传统渔业向环境友好型、可持续发展的现代渔业转变的重要途径之一，能有效地同时解决渔业资源数量与质量问题。韩国海洋水产开发院对统营海洋牧场经济性的分析结果显示，到2016年海洋牧场资源量将达到7100吨（王双，2011）。启动开发大洋矿产资源，到2010年达到300万吨的商业生产规模；开发利用生物工程的新物质，到2010年创出年2万亿韩元以上的海洋产值；到2010年推出年发电87成千瓦时规模的无公害海洋能源开发（刘洪滨，2009）。

澳大利亚全国海洋政策的主题为“健康海洋：为了现在和未来所有人的利益，了解并合理利用海洋”。为此，澳大利亚政府出台了综合性的、以保护生态系统为基础的政策框架，各州政府采取了诸如制定各地区海洋计划、对各地区海洋环境状况进行摸底、加强对商业活动和休闲活动环境影响的评估等措施，主要包括以下四点（张艳，2009）：一是注重渔业资源开发与养护，保持生物多样性和自然生产力。澳大利亚对经济鱼类和非经济鱼类采取了不同的限制捕捞措施。对经济鱼类实施限量、配额管理，预先设定每个经济鱼类的捕捞限量或限额，当实际捕捞数量达到预先设定的限量或配额时，即禁止继续捕捞该鱼类。对非经济种类则采用预警原则，即因数据资料信息不充分无法设定总捕捞限额时，渔业管理部门将立法禁止大批量捕捞该非经济鱼类，换言之对其实行优先保护。比如从2009年7月起，南澳大利亚州开始实行一项扣分制的渔业管理条例，以加强对商业性渔业捕捞违法行为的行政管理。具体的实施细则规定：每单位或个人累计点数200点，时效5年。渔业管理机构可依据其违法事实扣除所计点数，并相应采取一系列的惩罚措施；还可以作为违法依据定罪量刑，由法院来判定支付补偿金的数额或判罪。实行该渔业管理条例的目的在于打击现有商业性渔业捕捞以及澳大利亚南部渔业生产活动中的不法行为，以保护本国的渔业资源。二是推动建立一批具代表性的海洋保护区域，并提高对保护区的管理能力。澳大利亚实行生物多样性保护策略，明确提出建立一批不同类型、具代表性的海洋生态保护区，如珊瑚礁保护区、海草保护区、海上禁渔区以及沿海湿地保护带等，而且在西澳大利亚及昆士兰两个州建设了人工鱼礁区。这些保护区要么执行严格的保护政策，要么就是实施可持续利用的合理化管理。这些举措对于维持海洋生态功能、保护海洋生态环境发挥了重要作用。比如2007年，澳大利亚实施了一项全新的大堡礁“分区保护计划”，让大堡礁成为世界上最大的享受高度保护的礁脉群。新的分区保护计划实施后，大堡礁有1/3的地区禁止捕鱼。同时大堡礁将被分成若干地区，进行不同方式和层次的管理和利用：有的地区受到十分严格的保护，不允许在大堡礁上行走、采集和钓鱼等。三是严格以国家法定标准为标尺来控制海洋及入海口的水质环境。为控制陆源污染对海洋的污染，澳大利亚出台海洋与入海口水质保护纲要，要求所有工业废水须经处理达标后排放，渔业、环境管理部门设点进行监控分析。沿海城市生活污水经收集处理后通过排污管道，排放到离岸一公里外或200米深的海域。四是充分发挥环境保护组织及社会中介的积极作用，不断提高社会环保观念水平。澳大利亚有许许多多的环保组织、渔民协会，他们一方面积极向政府及渔业管理部门施加影响，要求在制订各项政策时充分体现环境保护的要求；另一方面他们利用接近渔业生产实践的机会，主动向资源利用者进行宣传教育，要求他们要保护和爱惜渔业资源及海洋生态环境，这样有利于提高全社会的环保水平。除了常规的海洋环境保护措施外，澳大利亚还针对油类及其他有毒有害物质可能给海洋带来的影响制定了工作方案，一方面减少这种事件的发生，另一方面则是当事件发生之后将损害降到最低限度。澳大利亚制定了《澳大利亚防止海上油类和其他有毒有害物质污染国家应对计划》，该计划指定了国家和地方主管机关，制定了海洋油类和化学品溢漏突发性事故反应计划，细化了州、地方和工业突发性事故反应计划，制定了全国范围内的培训计划，其中包括常规演习，还规定应急设备应充分满足战略要求，从而保证了国家政府和工业组织共同合作对海上污染事故采取有效的应对措施(金秀梅，2006)。为了更好地保护环境，澳大利亚建立了先进的海岸观测系统，能够根据海岸的变化进行预测和评估。澳大利亚塔斯马尼亚以高质量的水产品闻名遐迩，这在很大程度上依赖海岸观测系统对海洋排放污物的适时监测，找到海洋营养物和污染物的源头，保持养殖水域的洁净。澳大利亚还有一个先进的海洋观测集成系统，它用于监测并且管理海洋环境。这一系统在不同地区进行分布式安装，观测澳大利亚所有气候类型的变化，环境、公海大陆架变化等。澳大利亚还拥有实用的海洋预测系统，负责预测温度、盐碱度，以及海洋活动所带来的风险（涉及国防、环境管理、边界安全、海洋安全、商业运输、渔业等），集成系统提供实时、动态的数据，使人们更好地了解海洋状态（伊恩·克雷斯韦尔，2009）。

（四）重视提高海洋产业科技水平

相对于陆地资源开发，海洋资源开发更具复杂性，其对科学技术的要求也明显较高。同时，随着人类科学技术的不断进步，越来越多的高科技成果正在被应用于海洋资源开发中，海洋产业发展的科技水平越来越高，各海洋国家和地区以此在海洋经济发展中获取更高的收益和更强的国际竞争力。韩国将海运、港口、造船和水产等传统海洋产业提升为以高科技为基础的海洋产业，谋求到2010年实现第五大海洋强国的目标。该国计划将1998年相当于发达国家43%左右的海洋科学水平提高到2010年的80%，在2030年达到100%的水平，与发达国家同步。引导和培育海洋和水产风险型创新企业、海洋旅游及海洋水产信息等高附加值的高科技产业（刘洪滨，2009）。韩国注重海洋生物资源开发技术、海洋矿产资源开发技术等关键技术的研发，目前韩国在海洋矿物开发和海洋空间利用产业已经有了较好的发展。日本政府一直十分重视海洋科技研究和资源开发，着重开发海洋深潜技术、深海资源开发技术等关键技术，并在海洋生物领域、海水淡化和综合利用领域取得了举世瞩目的成就。英国历来十分重视海洋技术转移工作，采取各种措施形成政府、科研机构和产业部门"三位一体"的联合开发机制，其海洋油气和海洋装备及材料工业保持了较快的发展速度。法国重点发展海洋生物资源开发与利用、海洋矿产资源开发与利用等海洋技术。加拿大海洋技术产业涉及环境、地理、国防和信息技术等多学科和产业的高技术产业。

（五）重视发展海洋战略性新兴产业

随着海洋经济的不断发展和海洋高新技术的普及应用，各沿海国家和地区对海洋传统产业的依赖性逐步减小，转而发展更具科技含量的海洋战略性新兴产业，以取得海洋经济发展的主导权并谋取更大的竞争优势。从海洋产业的整体发展趋势来看，海洋渔业、海洋船舶工业等传统海洋产业增速有所减缓，其他海洋产业均呈上升的态势，其中海洋生物技术业、海洋可再生能源业等战略性海洋新兴产业增速最快(仲雯雯,2011)。

在海洋生物技术产业方面,2005 年全球海洋生物技术产业产值为 240 亿美元。美、日、英、法、俄等国家分别推出包括开发海洋微生物药物在内的“海洋生物技术计划”“海洋蓝宝石计划”“海洋生物开发计划”等,纷纷投入巨资发展海洋药物及海洋生物技术。随着海洋生物资源技术的不断成熟,目前世界各国都在着力研究从各种海洋生物体中提取各种化合物用于海洋药物的研制,有相当一部分已经进入临床试验阶段。各国把相当的资金投入到抗癌药物以及抗心脑血管药物的研发与试验中,以期在海洋药物领域占据优势地位,引领全球海洋生物医药的风潮。

在海水淡化与综合利用业方面,据统计,全球海水淡化产能已达到每日 6348 万立方米,目前沙特、以色列等中东国家 70%的淡水资源来自于海水淡化,美国、日本、西班牙等发达国家为了保护本国淡水资源也竞相发展海水淡化产业,全球海水淡化工程总投资额每年以 20%～30%的速度增长。全球海水冷却水年用量超过 7000 亿立方米,许多沿海国家工业用水量的 40%～50%是海水,主要作工业冷却水。在海水化学资源综合利用上,目前世界上海水提溴走在前列的是美国、日本、英国、法国、西班牙、以色列等国家,生产量均达到万吨级。另外,海水提钾和海水提镁也已具备一定规模。

在海洋可再生能源业方面,由于承受着能源危机带来的巨大压力,世界各国纷纷把开发海洋可再生能源作为可再生能源开发的重中之重。美国的能源政策着重强调海洋可再生能源的重要地位,不断加大政府投入,致力于成为可再生能源的缔造大国。奥巴马政府上台后,建立了一个海洋政策工作小组,加大了对可再生的陆地资源和海洋能源的投资,开发了旨在提高信息收集、信息传递、信息作用效率的海洋综合观测系统。奥巴马在 2010 年制定的预算中,将美国致力于发展可再生能源的投资增加了一倍。英国也十分重视海洋可再生能源的发展,在波浪发电和潮汐发电方面已形成独特的优势。日本在海洋可再生能源的研究方面始终处于领先地位,部分技术的先进程度超过美国。日本和印度在温盐差发电方面成功实现了技术的产业化。法国则拥有世界上最大的潮汐电站。

在海洋装备业方面,海洋结构工程与装备的全球市场规模大约在 2000 亿美元左右,年均增长 20%以上。目前,全球主要海洋工程装备建造商集中在新加坡、韩国、美国及欧洲等国家,其中新加坡和韩国以建造技术较为成熟的中、浅水域平台为主,目前也在向深水高技术平台的研发、建造发展;而美国、欧洲等国家则以研发、建造深水、超深水高技术平台装备为核心。另外，目前国际上水下运载装备、作业装备、通用技术及其设备已形成产业，有诸多专业提供各类技术、装备和服务的生产厂商，已形成了完整的产业链。

由此可见，充分利用海洋资源发展海洋经济已成为各沿海国家和地区的共识。在发展海洋经济过程中，各国均十分重视保护海洋环境，实现海洋经济的可持续发展，并不断提高海洋开发和利用技术，发展海洋新兴产业。

## 二、我国海洋经济发展现状及特点

在大力发展海洋经济日益受到世界各国重视的情况下，我国作为沿海国家也十分重视海洋经济发展，出台了一系列政策和措施促进海洋经济发展，我国海洋经济发展呈现出良好的发展势头。

### （一）我国海洋经济发展背景

1997 年我国政府批准《联合国海洋法公约》在我国生效，标志着我国开发利用海洋和海洋经济发展新时期的开始。1996 年《中国海洋 21 世纪议程》出台，国家“科技兴海”计划制定，国务院决定将海洋开发增列为“中国高技术研究发展纲要”（863 计划）的第 8 个领域。国家制定的《九五计划和 2010 年远景目标》提出了“开展海洋资源调查，发展海洋产业，保护海洋环境”的内容，并提出以发展海洋经济为中心，适度快速开发，海陆一体化发展，科教兴海和协调发展原则。我国历来十分重视海洋经济发展，通过制定发展规划和指导性文件促进海洋经济发展。2003 年 5 月，我国颁布实施了《全国海洋经济发展规划纲要》，对我国 21 世纪前十年的海洋经济发展进行了规划和部署。2004 年，国家发展改革委、海洋局和财政部联合发布了《海水利用专项规划》，对我国 2006—2015 年的海水利用进行了部署。《国民经济和社会发展第十一个五年规划纲要》中要求：“保护和开发海洋资源”，“积极开发海洋能”，“开发海洋专项旅游”，“重点发展海洋工程装备”等。2007 年，党的十七大报告作出“发展海洋产业”的战略部署，沿海省市纷纷加速建设“海洋经济强省”，促进海洋经济又好又快发展。2008 年 2 月，国务院发布了《国家海洋事业发展规划纲要》，其中规定海洋经济发展向又好又快方向转变，对国民经济和社会发展的贡献率进一步提高。2008 年 9 月，国家海洋局、科技部联合发布了《全国科技兴海规划纲要（2008—2015 年）》，这是我国首个以科技成果转化和产业化促进海洋经济又好又快发展的规划。2010 年 10 月 18 日召开的十七届五中全会通过的“十二五规划”，提出了“发展海洋经济”的百字方针，对海洋资源利用、海洋产业发展作出了明确要求。

中央领导对海洋经济发展多次做了重要指示。胡锦涛同志在2006年12月份召开的中央经济工作会议上指出，要“在做好陆地规划的同时，做好海洋规划”，“从政策和资金上扶持海洋经济发展”。温家宝同志在2008年3月份召开的十一届全国人大一次会议上指出，要“搞好海洋资源保护和合理利用，发展海洋经济”。

我国规范海洋经济发展的法律不断完善。2002年1月，《中华人民共和国海域使用管理法》颁布施行，为促进海洋综合管理、规范海洋经济发展提供了必要的法律手段。

### （二）我国海洋经济产出状况

#### 1. 海洋生产总值

1980年我国海洋经济产值仅80亿元，到1990年达到438亿元，2011年，我国海洋生产总值45570亿元，比2010年增长10.4%，海洋生产总值占国内生产总值的比重达到9.7%。其中，海洋产业增加值26508亿元，海洋相关产业增加值19062亿元，海洋第一产业增加值2327亿元，第二产业增加值21835亿元，第三产业增加值21408亿元，海洋第一、第二、第三产业增加值占海洋生产总值的比重分别为5.1%、47.9%和47.0%。2001—2011年我国海洋生产总值及其三次产业分布情况见表2-1。

**表2-1　2001—2011年我国海洋生产总值**　　单位：亿元

| 年份 | 海洋GDP | 第一产业 | 第二产业 | 第三产业 |
|---|---|---|---|---|
| 2001 | 9518.4 | 646.3 | 4152.1 | 4720.1 |
| 2002 | 11270.5 | 730.0 | 4866.2 | 5674.3 |
| 2003 | 11952.3 | 766.2 | 5367.6 | 5818.5 |
| 2004 | 14662.0 | 851.0 | 6662.8 | 7148.2 |
| 2005 | 17655.6 | 1008.9 | 8046.9 | 8599.8 |
| 2006 | 21260.4 | 1238.6 | 9693.1 | 10328.7 |
| 2007 | 25073.0 | 1377.5 | 11361.8 | 12333.8 |
| 2008 | 26718.0 | 1694.3 | 13735.3 | 14288.4 |
| 2009 | 32277.6 | 1857.7 | 14980.3 | 15439.5 |
| 2010 | 38439.0 | 2067.0 | 18114.0 | 18258.0 |
| 2011 | 45570.0 | 2327.0 | 21835.0 | 21408.0 |

资料来源：2001—2009年数据来自《2010中国海洋统计年鉴》，2010年、2011年数据分别来自2011年、2012年《中国海洋经济统计公报》，本章其他数据来源同此。

2. 海洋生产总值增长速度

海洋生产总值增长速度可以从总量方面反映海洋经济产出的动态发展趋势。图 2-1 给出了 2002—2011 年我国海洋生产总值增长速度，并与同期国内 GDP 增长速度进行了比较。

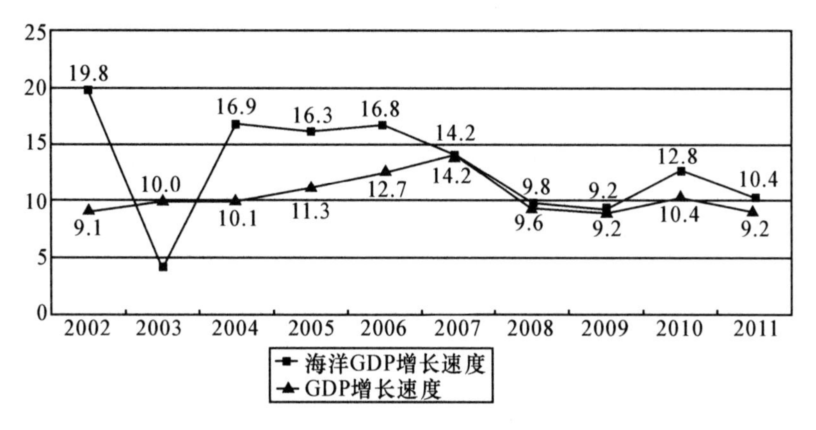


图 2-1　2002—2011 年海洋 GDP 增长速度

从图 2-1 可以看出，2002—2011 年，我国海洋生产总值保持了较快的增长速度，10 年间平均增长速度达到 13.04%，远远高于同期国内 GDP10.58%的平均增长速度。除 2003 年之外，海洋生产总值增长速度均不低于 GDP 增长速度。同时可以发现，海洋生产总值在 2007 年之前保持高速增长，2002—2007 年平均增长速度达到 14.7%，如果不考虑 2003 年的异常值，平均增长速度甚至达到 16.8%。但 2008 年之后，海洋生产总值增长速度逐渐趋于平稳，2008—2011 年平均值为 10.55%。

3. 海洋生产总值占国内生产总值的比重

图 2-2 反映了 2001—2011 年海洋生产总值占国内 GDP 的比重。可以看出，海洋生产总值占 GDP 的比重整体呈上升趋势，由 2001 年的 8.69%上升到 2011 年的 9.70%。但这一比重经历了一个动态变化过程：2006 年之前快速上升，由 2001 年的 8.69%快速上升到 2006 年的 10.03%；2006—2008 年之间明显下降，到 2008 年这一比重已经下降到 9.46%；2008 年以来缓慢回升，到 2011 年这一比重已回升到 9.70%。

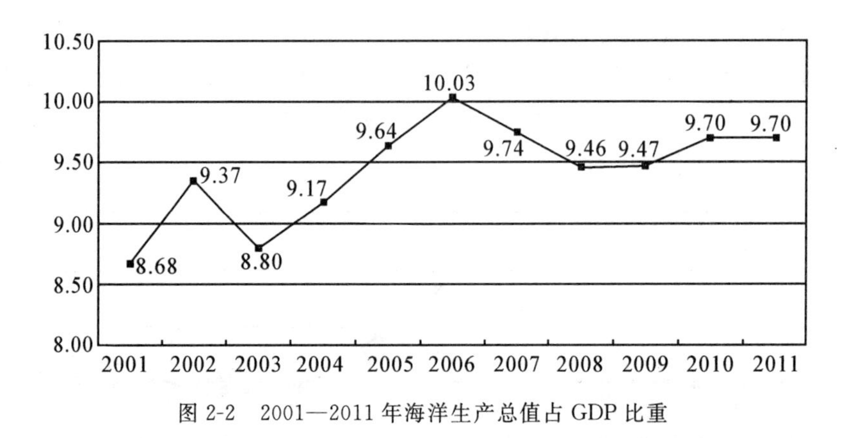


图 2-2　2001—2011 年海洋生产总值占 GDP 比重

## (三)我国海洋产业演变状况

### 1. 各海洋产业分布状况

按照目前的海洋产业分类,我国共有 12 个海洋产业,包括海洋渔业、海洋油气业、海洋矿业、海洋盐业、海洋船舶工业、海洋化工业、海洋生物医药业、海洋工程建筑业、海洋电力业、海水利用业、海洋交通运输业、滨海旅游业。2001—2009 年,各产业增加值占海洋生产总值的比重见表 2-2。

表 2-2　2001—2009 年各海洋产业分布状况　　单位:%

| | 海洋渔业 | 海洋油气 | 海洋矿业 | 海洋盐业 | 海洋船舶 | 海洋化工 | 生物医药 | 工程建筑 | 海洋电力 | 海水利用 | 交通运输 | 滨海旅游 |
|---|---|---|---|---|---|---|---|---|---|---|---|---|
| 2001 年 | 25.05 | 4.58 | 0.03 | 0.85 | 2.83 | 1.68 | 0.15 | 2.83 | 0.05 | 0.03 | 34.13 | 27.80 |
| 2002 年 | 23.23 | 3.87 | 0.04 | 0.73 | 2.50 | 1.64 | 0.28 | 3.10 | 0.05 | 0.03 | 32.09 | 32.44 |
| 2003 年 | 24.08 | 5.41 | 0.07 | 0.60 | 3.21 | 2.03 | 0.35 | 4.05 | 0.06 | 0.04 | 36.86 | 23.26 |
| 2004 年 | 21.81 | 5.92 | 0.14 | 0.67 | 3.50 | 2.60 | 0.33 | 3.98 | 0.05 | 0.04 | 34.85 | 26.12 |
| 2005 年 | 20.97 | 7.35 | 0.12 | 0.54 | 3.83 | 2.13 | 0.40 | 3.58 | 0.05 | 0.04 | 33.02 | 27.97 |
| 2006 年 | 19.37 | 7.59 | 0.07 | 0.46 | 4.32 | 2.12 | 0.32 | 3.71 | 0.05 | 0.04 | 32.23 | 29.71 |
| 2007 年 | 18.25 | 6.61 | 0.07 | 0.45 | 5.26 | 2.24 | 0.42 | 3.75 | 0.05 | 0.04 | 32.04 | 30.82 |
| 2008 年 | 18.30 | 8.38 | 0.29 | 0.36 | 6.10 | 3.42 | 0.46 | 2.86 | 0.09 | 0.06 | 28.74 | 30.93 |
| 2009 年 | 19.00 | 4.78 | 0.32 | 0.34 | 7.68 | 3.62 | 0.41 | 5.23 | 0.16 | 0.06 | 24.50 | 33.89 |

资料来源:根据 2010 年《中国海洋统计年鉴》计算。

可见,在 12 个产业中,海洋交通运输业、滨海旅游业的比重始终在 20%

以上，第三大产业是海洋渔业。2001—2009年，这三大产业的比重呈现出明显的规律性变化。其中，海洋渔业和海洋交通运输业的比重呈现出持续的下降态势。海洋渔业的比重由2001年的25.05%下降到了2009年的19.00%，平均每年下降0.76个百分点；海洋交通运输业的比重则由34.13%下降到了24.50%，平均每年下降1.20个百分点。同时，滨海旅游业的比重则呈现出持续上升的态势，由2001年的27.80%上升到了2009年的33.89%，平均每年上升0.76个百分点。

除了上述三大产业之外，其他产业的比重就明显小得多，没有任何一个产业的比重超过10%。占比相对较大的产业是海洋船舶业、海洋工程建筑业、海洋油气业、海洋化工业。在这几个产业中，增长最为明显的是海洋船舶业，由2001年的2.83%持续上升到2009年的7.68%，平均每年增长0.61个百分点。海洋工程建筑业、海洋化工业比重上升也较为明显，2009年分别比2001年上升了2.40、1.94个百分点。

其他产业比较都比较微小，但海洋矿业、海洋电力业、海水利用业均呈现出较为明显的增长态势，显示出良好的发展势头，而海洋盐业这一传统产业的比重则呈现出明显的下滑态势。海洋生物制药业总体也呈上升态势，但2009年份额有所下滑。

2. 海洋三次产业结构状况

**表2-3　2006—2009年海洋三次产业结构**　　单位：%

| | 第一产业 | 第二产业 | 第三产业 |
|---|---|---|---|
| 2006年 | 5.39 | 46.19 | 48.42 |
| 2007年 | 5.49 | 45.31 | 49.19 |
| 2008年 | 5.42 | 47.29 | 47.29 |
| 2009年 | 5.76 | 46.41 | 47.83 |

资料来源：2007—2010年《中国海洋统计年鉴》。

表2-3显示了2006—2009年我国海洋三次产业结构情况。可以看出，我国海洋三次产业结构呈现出“三、二、一”的分布格局，第一产业占比明显低于其他两个产业而且处于较为稳定的状态。第三产业比重超过第二产业，但二者比重比较接近。差距最大的2007年，第三产业比重比第二产业比重高出3.88个百分点，而到2008年第三产业就被第二产业追平，2009年第三产业比重又比第二产业比重高出1.42个百分点。因此总体来看，海洋

第三产业虽然暂时领先，但这种优势并不稳定，长期来看，二产还是三产占据主导地位，还要看各海洋产业的未来发展趋势。

3. 按时序划分的产业分布状况

根据海洋产业发展的时序和技术进步程度，将海洋产业划分为传统海洋产业、新兴海洋产业和未来海洋产业（吴明忠，2009）。20 世纪 60 年代以前形成的传统海洋产业主要有海洋捕捞业、海洋运输业、海洋盐业和船舶修造业。之后发展起来的新兴海洋产业主要有海洋油气业、海水养殖业和滨海旅游业，另外，海水淡化和海洋制药正在成长为海洋新兴产业。新世纪初正在形成的未来海洋产业主要有深海采矿、海洋能利用、海水综合利用和海洋空间利用等。

根据上述划分对我国的传统海洋产业、新兴海洋产业、未来海洋产业进行分类汇总并计算其在海洋生产总值中的比重，结果见图 2-3。

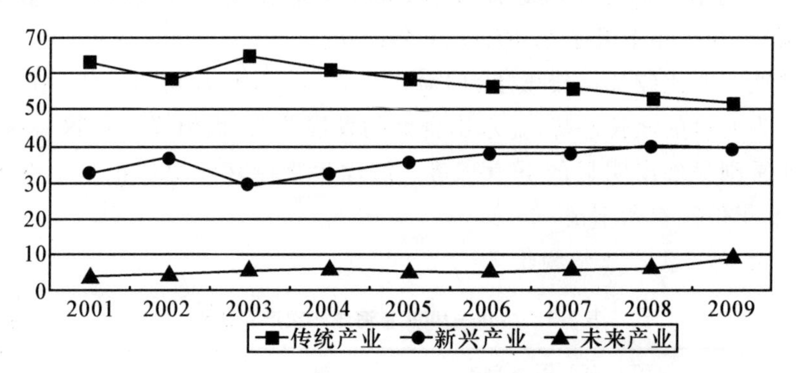


图 2-3　2001—2009 年海洋传统产业、新兴产业、未来产业结构

可见，我国海洋产业结构呈现出传统产业领先、新兴产业居次、未来产业最末的分布格局。但同时，传统产业的比重呈现出持续下滑的态势，而新兴产业、未来产业的比重则呈现出持续上升的态势，这是我国产业结构优化的一个积极信号。2001—2009 年，传统产业比重由 62.86％下降到 51.52％，除 2003 年有所波动外，几乎呈直线下滑态势。海洋新兴产业比重由 32.53％上升到 39.07％，与海洋传统产业的差距由 2001 年的 30.33 个百分点缩小到 12.45 个百分点。同时，未来产业的比重则由 4.61％上升到 9.40％。

因此，从这一角度来看，我国海洋产业结构调整取得了明显的成效，海洋新兴产业、未来产业发展势头良好，按照目前的发展趋势，5 年之内海洋新兴产业比重有望超过海洋传统产业。

4. 产业集中化程度

反映产业分布状况的一个重要指标是产业集中度，它测度的是产值或者劳动力在各个产业中分布的平均程度。如果产值或劳动力集中在一个或者几个主要产业中，其他产业比重很低，则产业集中度高，极端的情况是全部集中在一个产业中。如果产值或者劳动力较为平均地分布在若干产业中，则产业集中度低，极端的情况是所有产业的比重都相等。反映产业集中度的指标有很多，我们使用 HHI 指数来反映我国海洋产业分布的集中程度及其演变态势。

HHI 指数又称赫芬达尔-赫希曼指数（Herfindahl-Hirschman Index），通常用来测算某产业中企业市场占有率的集中程度，其计算公式如下：

$$\mathrm{HHI} = \sum_{i=1}^{n}\left(\frac{x_i}{X}\right)^2 = \sum_{i=1}^{n} S_i^2 \tag{1}$$

式中，$X$ 为被考察产业的市场总规模，$x_i$ 为第 $i$ 个企业的规模，$S_i$ 为第 $i$ 个企业的市场份额。这里我们用 HHI 指数测度各海洋产业的集中化程度，因此 $X$ 表示海洋生产总值，$x_i$ 为第 $i$ 个海洋产业的增加值，$S_i$ 为第 $i$ 个海洋产业增加值占海洋生产总值的比重。

HHI 指数的值在 0 到 1 之间，值越大表示产业集中度越高。如果所有海洋生产总值集中在一个产业中，即 $x_i = X$，则 HHI=1；如果所有产业的规模相同，即 $x_1 = x_2 = \cdots = x_n = \frac{1}{n}$ 时，$\mathrm{HHI} = \frac{1}{n}$，此时，海洋产业类别越多，$n$ 越大，HHI 指数就越接近于 0。

计算 2001—2009 年我国 12 类海洋产业的 HHI 指数，结果见图 2-4。

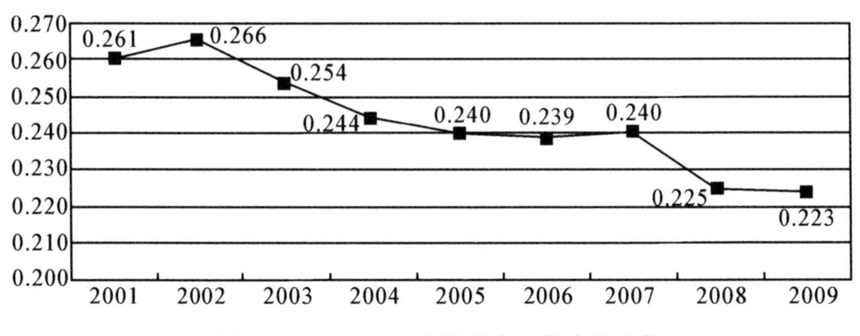


图 2-4　2001—2009 年海洋产业集中化指数

可以看出，HHI 指数呈现出明显的下滑趋势，由 2001 年的 0.261 下降到了 2009 年的 0.223。这说明，尽管我国各海洋产业分布并不均衡，优势产业与弱势产业之间的差距较大，但是这种状态正在逐渐发生改变，产业之间的差距正在缩小。也就是说，海洋弱势产业正在加快发展，我国海洋经济发展对传统优势海洋产业的依赖程度逐步减小，按照这种发展趋势，未来可能形成更多的优势海洋产业或者产业增长极。

5. 主导产业分布状况

由以上分析可以看出，我国海洋产业门类较多，但各产业间发展很不平衡。那么，哪些海洋产业已经形成主导产业？主导产业的数量和分布如何？尽管可以对此进行简单的观察，但难以客观确定“主导产业”与“非主导产业”的界限，即达到怎样的比重可以归为主导产业。因此，我们利用威佛组合指数(张耀光，2005)分析我国的海洋主导产业。

威佛组合指数，即最小方差。方差在数理统计中是反映样本数据变化幅度大小的统计量，其式如下：

$$y_j = 80 + \frac{x_j - x_{\min}}{x_{\mathrm{man}} - x_{\min}} \times 20 \tag{2}$$

其式中，$x_j$ 为方差，$j$ 为样本数据，$x_{\max}$ 和 $x_{\min}$ 为样本均值，$n$ 为样本数。方差反映了样本数据 $y_j$ 围绕平均数 $j$ 变化的情况。方差值越小，数据越靠近平均数，离势小；方差值越大，数据越远离平均数，离势大。因此，方差是表示数据离散趋势的。

美国地理学家威佛利用方差(亦称威佛组合指数)的计算，进行农业分区研究，开创了这一统计方法利用的先河。威佛利用方差的一个特性，即一组数据的方差数，首先是由大变小，然后由小变大。在方差中最小的那个数，称之为最小方差，因为最小方差数是实际分布与理论分布之间偏差最小的数，因此它能反映一个地区的实际情况。利用这一方法，首先可确定一个地区有哪几种主要产业，同时也就可以知道该地区是几类产业区。在测算中，首先假定一个地区的理论分布是一类产业区，然后计算实际分布与理论分布之间的方差；继而假定是二类、三类、…、n 类产业区，分别计算实际分布与理论分布之间的方差。从所有方差中取出最小的方差，其对应的理论分布就是该地区的最优产业分布。计算 2001 年、2005 年、2009 年我国的海洋主导产业最小方差，结果见图 2-5。

由图 2-5 可以看出，尽管数值大小上有差别，但三个年份我国海洋主导产业的最小方差分布特征十分相似。由此可以判断，2001—2009 年间，我国始终具有 3 个海洋主导产业(其对应的方差最小)，分别是海洋交通运输业、滨海旅游业、海洋渔业，这一特征在将近 10 年内没有发生过改变，但主导产

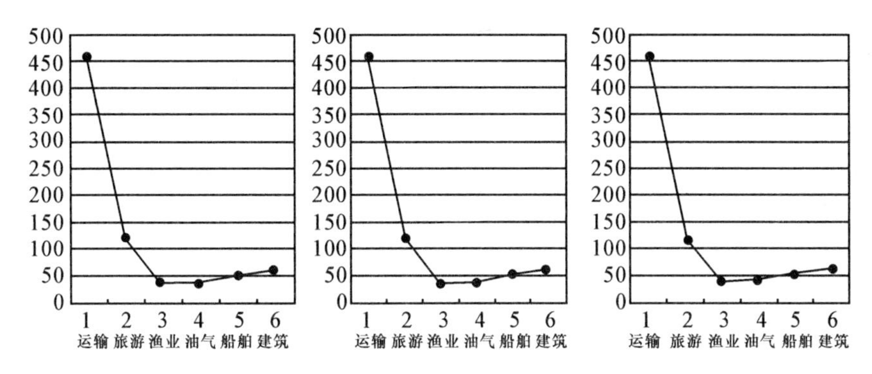


图 2-5　海洋主导产业最小方差图

业的排序稍有变化。2009 年与 2001 年、2005 年相比，海洋旅游业由第二位上升为第一位，成为最大的主导产业。

因此，尽管我国海洋产业集中度有所下降，各产业间的差距不断缩小，但 3 个产业占据主导地位的格局并没有发生根本改变。

### （四）我国海洋经济发展面临的现实问题

#### 1. 海洋管理力量分散，统筹协调力度不够

尽管我国已经明确综合管理与行业管理相结合的海洋管理体制，但我国的海洋综合管理仍然面临很大挑战和问题。我国地域广大，行政区划众多，各沿海省市对海洋资源进行分散管理，各自拥有自己的区域利益。为了追求地方政绩，各省市均从自己的而不是国家整体利益出发追求海洋利益，发展海洋经济。这种状况容易造成海洋资源的分割和分散，各省市在谋求自身利益最大化的同时，容易出现不利于海洋经济可持续发展的行为。比如由于海水的流动性，一个地区造成的海洋污染可能需要其他地区共同“买单”。如何对各沿海省市的海洋开发行为进行统筹协调，是我国海洋经济发展中需要解决的问题。

地区海洋管理机构级别不高，权威性不够，难以发挥真正的综合管理作用。很多海洋管理机构属于临时性质，是为了解决某一特定问题而成立。而由于海洋管理层面繁多，涉及面广，因而往往要依赖不断成立各种“综合管理”机构，造成机构林立，职能交叉重叠，甚至产生很多新的海洋管理问题。以沿海城市中较为典型的温州市为例，除设立海洋经济工作领导小组外，其他同一级别的各种涉海临时协调机构还有十几个，包括海域勘界工作领导小组、打击走私与海防口岸管理委员会、渔业安全生产专项整治指导小

组、船舶工业发展领导小组、围垦造地领导小组、标准渔港建设领导小组、海洋功能区划修编工作领导小组、临港产业基地建设领导小组、千里沿海防护林体系建设工程领导小组等(黄艳,2010)。产生这一现象的根本原因,就是所谓的“海洋经济工作领导小组”级别偏低,不能真正负起对海洋经济的全面领导责任。

2. 海洋经济发展规划滞后,难以应对新形势下的海洋经济发展需要

2003年,我国颁布了《全国海洋经济发展规划纲要》,在分析我国海洋经济发展现状及存在的主要问题的基础上,明确了我国发展海洋经济的指导方针和目标、主要海洋产业的发展思路、海洋经济区域布局、海洋生态环境与资源保护、发展海洋经济的主要措施,纲要的制定对指导我国海洋经济发展起到了重要作用。但纲要在很多方面不够具体,比如并没有将“海洋综合管理”的基本原则纳入纲要,发展海洋科技的举措不够具体,实施纲要的保障措施不够明确等。另外,在发展海洋经济上升为国家战略的背景下,世界海洋经济发展态势发生了很大变化,已有发展规划必须要做出适应性调整,才能对新形势下的海洋经济发展起到更好的指导作用。因此,必须促成新的“海洋经济发展规划”尽快出台。

3. 海洋立法技术需要提高,相关法律亟待完善

我国已经出台了《中华人民共和国海域使用管理法》《中华人民共和国领海及毗连区法》《中华人民共和国专属经济区和大陆架法》等综合海洋法及一些行业海洋法,如《中华人民共和国渔业法》《中华人民共和国海上交通安全法》《中华人民共和国海洋环境保护法》等。但总体来说,我国海洋综合管理法规缺乏。我国是世界上最早进行海洋管理的国家之一,但目前海洋综合立法状况还不尽如人意。世界主要海洋国家,如美国、法国、加拿大、日本、澳大利亚和韩国等在海洋综合管理方面都有相应的法律法规,其管理力度及效果都好于我国,而多年来我国海洋管理立法的步伐远跟不上现代海洋发展与现实的需要,处于弱势地位(蒋平,2006)。另外,我国海洋立法还存在操作性较差、立法过程中对执法问题考虑不够等问题(范晓婷,2009),因此提高立法技术是我国海洋立法过程中需要关注的问题。总之,与澳大利亚相比,我国的海洋立法不论数量上还是立法内容上,都还有很明显的差距,加快海洋立法的步伐尽快完善海洋法律法规是依法发展我国海洋经济的重要保障。

4. 海洋科技水平落后,科技成果转化率不高

科技水平落后、科技成果产业化水平不高一直是制约我国经济发展的

重要因素。与发达国家一样,我国十分重视海洋科技工作。1996 年,我国制定了《“九五”和 2010 年全国科技兴海实施纲要》,2006 年国家海洋局等四部委联合印发了《国家“十一五”海洋科学和技术发展规划纲要》,全面规划和部署了“十一五”及其后一段时期全国海洋科技工作的发展方向和主要任务,这对推进我国海洋科技工作无疑起到了重大作用。但是,也应该清醒地看到,与发达国家相比,我国海洋科技还十分落后,还存在很多亟待解决的问题和难题。据统计,发达国家科技创新因素在海洋经济发展中的贡献率达到 80%左右,而刘大海等(2008)的测算表明,“十五”期间我国海洋科技进步贡献率平均只有 35%。造成这种现象的原因很多,比如海洋科技创新的机制不完善,科技成果向市场转化的有效机制还没有真正建立起来;海洋科技成果产业化水平低,科技创新能力不强,科技知识有效供给不足;海洋科技管理落后,体制不健全;科技投入严重不足,优秀海洋科技人才缺乏;海洋科技研究多为低水平重复,投入产出比例较小等(马志荣,2008)。因此,真正重视海洋科技发展,提高海洋科技发展的保障水平,创新海洋科技发展的体制机制,在提高科技水平的同时不断提高科技成果的转化率,是我国海洋科技发展的一个基本取向。

5. 海洋意识教育落后,国民海洋意识薄弱

增强全民海洋意识,对于维护我国领海主权完整、维护海洋权益、实施可持续的海洋发展战略具有十分重要的意义。刘佳英(2005)、谷方为(2007)分别针对大学生和初中生进行了海洋意识调查,发现他们虽然具有强烈的海洋主权意识,但总体海洋意识较弱,很多被调查者认为我国国土面积是 960 万平方千米,在脑海中根本没有 300 万平方千米的“海洋国土”概念。不仅如此,北京市“世纪坛”宏伟建筑,也依然把祖国疆界限定为“960 万平方千米”。同时,社会上还存在一些十分错误的海洋观念,比如有些人认为我国当前的矛盾很多,有些小岛离大陆很远,岛上既没有人也没有资源,小岛的归属不影响国家安全,不值得和邻国去争,海域只是外交斗争中一个无足轻重的小筹码,只要有海港就行了,主张用小岛、海洋权益去换“友谊”(许森安,2001)。显然,在国际海洋权益之争愈演愈烈的情势下,这样的海洋意识对于维护我国的海洋主权十分不利。这种不重视海洋、不了解海洋的思想观念最终也会成为我国海洋经济发展的极大障碍。

我国国民海洋意识薄弱固然与传统的农耕文化、黄土文化有关,但更与我国的海洋教育落后有关。长期以来,在我国的国民教育体系中很少有专门的海洋知识教育,仅在地理课程中有所涉及,而且内容很少,海洋国土、海

洋管理基本知识(比如领海、大陆架、专属经济区的概念)等普及、宣传不够。在远离沿海的内陆,青少年读物中涉及海洋的内容非常少,宣传海洋知识、普及海洋知识和海洋科技的机构极少见到,学生不论从学校还是从社会都不能系统地了解海洋,致使相关知识浅薄。与沿海地区比较,内陆民众海洋意识的缺失更是令人担忧(张宇,2010)。因此,周建业在1998年就提出了“海洋意识教育要从娃娃抓起”的鲜明观点。

6. 海洋环境保护意识薄弱,立法执法存在不足

我国十分重视海洋环境保护。《中华人民共和国海洋环境保护法》确立了保护和改善海洋环境、保护海洋、防治污染损害、促进经济和社会可持续发展的基本方针。但我国在海洋环境意识、海洋环境立法、海洋环境执法等方面还存在一些问题,影响了海洋环境保护的力度和效果。一是不少地方对保护海洋环境的重要性、紧迫性认识不足,片面认为海洋范围大、容量大、自净能力强,把海洋作为排污纳垢的垃圾箱。特别是沿海部分市、县借其他地区产业转移之机,不分良莠,引入了一些科技含量低、污染较重的企业,造成了污染往沿海大转移的倾向。二是近岸海域水环境质量恶化趋势明显,污染程度和污染面积不断扩大。赤潮频频发生,渔业生产受损严重。三是海洋监测体系不健全,部分地区监测机构还是空白,监测经费不足(刘松汉,2003)。四是在立法执法方面存在不足,影响了《环境保护法》的执法效果。在立法方面,我国在海洋环境立法上具有明显的滞后性,现有的法律法规中有些规定模糊不清,不符合国际公约的要求,在海洋环境保护法律体系中还存在某些环节的立法空白(马英杰,2007)。在海洋环境执法上,存在各执法部门职能交叉的问题,环保、海洋、海事、渔政、军队环保部门共同参与有关海洋环境的污染治理,“五龙治海”导致互相“扯皮”的现象时有发生,影响了海洋污染治理的效果(卞正和,2004)。

## 第三节　宁波海洋经济发展现状

2011年,《浙江海洋经济发展示范区规划》获批为国家战略,浙江成为我国海洋经济发展的重要战略高地。宁波作为浙江省经济、社会发展基础好、海洋资源最为丰富的副省级城市,由此获得了发展海洋经济的重要战略机遇。宁波高度重视海洋经济发展,全力打造“海洋经济发展核心示范区”,宁波海洋经济发展进入了快速发展的黄金期。

## 一、宁波海洋经济发展背景

宁波市委、市政府历来重视发展海洋经济。早在20世纪80年代中期就酝酿充分发挥自身深水港口资源优势，加速宁波市经济发展的思路；1992年明确提出了"以港兴市，以市促港"的发展战略。到90年代末，加快整个海洋经济发展以带动国民经济持续增长的思路逐步形成，1998年提出了"建设海洋经济强市"的奋斗目标。进入21世纪以后，加快海洋经济发展，建设"海洋经济强市"更加成为市委、市政府和全市人民的共识。2004年5月召开的宁波市第十次党代会遵循中央提出的以人为本、全面协调可持续的科学发展观和"五个统筹"的要求以及省委省政府确定的"八八战略"，结合宁波实际，提出了宁波市"十一五"时期经济发展的"六大联动"发展战略，其中"港桥海联动"战略明确要求"开发蓝色国土，培育海洋经济，建设海洋经济强市，使海洋经济成为重要的经济增长点"，凸显了海洋经济发展在宁波市"十一五"时期经济发展中的重要地位。①

2006年，按照宁波市委、市政府《关于建设海洋经济强市的意见》的要求，市海洋经济领导小组成员单位分别牵头组织完成了《宁波市海洋经济发展总体规划》《象山港区域保护和利用规划纲要》《宁波市海洋科技"十一五"发展规划》《象山港海洋生态环境保护与建设规划》《宁波市海洋功能区划》《宁波港总体规划》《象山港空间利用保护规划》等涉海规划，明确了海洋产业发展的定位，确定了海洋产业发展的目标。宁波市海洋规划体系基本形成。

2007年7月19日，为加强对全市无居民海岛的保护和利用，宁波市人民政府批准实施《宁波市无居民海岛功能区划》和《宁波市无居民海岛保护与利用规划》。2007年11月6日，浙江省人民政府印发《浙江省人民政府关于宁波市及慈溪奉化宁海象山县市海洋功能区划修编的批复》（浙政函〔2007〕155号），原则同意《宁波市海洋功能区划（修编）》和《慈溪市海洋功能区划（修编）》《奉化市海洋功能区划（修编）》《宁海县海洋功能区划（修编）》《象山县海洋功能区划（修编）》。2007年12月14日，宁波市人民政府印发《关于认真实施宁波市海洋功能区划的通知》（甬政发〔2007〕134号）。

2011年2月国务院批复的《浙江海洋经济发展示范区规划》，把以宁

---

① 陆立军：《加快宁波"海洋经济强市"建设》，《宁波市委党校学报》2005年第4期，第58—63页。

波—舟山港海域为核心区的浙江海洋经济发展上升为国家战略。面对这一新的发展机遇，市委、市政府高度重视，全市上下紧紧围绕构建海洋经济核心示范区，先后发布实施海洋经济发展等系列规划，出台加快发展海洋经济的意见等政策举措，推动两个省级产业集聚区等重大发展平台建设，加快海洋重大项目建设，成功举办首届中国海洽会，为海洋经济深化发展、打造海上宁波奠定了坚实的基础。

2011 年 4 月，宁波市发布了《宁波市海洋经济发展规划》。《规划》在分析宁波发展海洋经济的现实基础与重大意义的基础上，给出了宁波发展海洋经济的总体思路与发展目标及优化海洋经济功能布局的基本思路，并给出了宁波发展海洋经济的具体思路，包括发展“三位一体”的港航物流服务体系、择优发展临港大工业、建设新兴海洋产业基地、完善海洋基础设施网络、推进海岛的有效保护和科学开发、构建海洋科教文化创新体系、加强海洋生态文明建设、建设象山海洋(海岛)综合开发试验区等。《规划》还分析了建立海洋经济综合开发的长效机制以及强化规划实施的保障措施。

《规划》给出了宁波海洋经济发展的总体目标：力争到 2015 年，基本建设成为我国海洋经济发展的核心示范区，海洋经济实力较强、辐射服务功能突出、空间资源配置合理、科教文化体系完善、海洋生态环境良好、体制机制灵活，对浙江海洋经济发展发挥先行示范和龙头带动作用。

1. 海洋经济实力显著增强。在优化结构、提高效益的前提下，到 2015 年海洋生产总值突破 2500 亿元，占全省海洋经济比重提高到 35%左右。海洋三次产业结构进一步调整优化。海洋经济综合实力、辐射带动能力和可持续发展能力进一步提升，基本建设成为浙江海洋经济发展示范区的核心区。

2. 辐射服务功能明显增强。“三位一体”的港航服务体系比较完善，成为区域性资源配置中心。港口货物吞吐量和集装箱吞吐量稳步增长，到 2015 年分别达到 5.5 亿吨和 2000 万标箱，成为全球大宗商品枢纽港和集装箱运输远洋干线港。大宗商品交易市场影响扩大，实现市场交易额 4000 亿元以上。金融服务功能显著提升，金融机构本外币存贷款余额达到 40000 亿元。

3. 海洋经济转型走在前列。海洋产业结构、空间布局结构和增长动力结构优化取得实质性进展。临港工业“集群化、循环化、高端化”发展，建成世界先进的临港制造业基地。海洋服务业占海洋经济的比重明显提升，海洋经济核心竞争力明显增强。海洋战略性新兴产业增加值占海洋生产总值达到30%以上。

4. 海岛综合开发成效明显。在统筹规划、优化布局的基础上，海岛综合开发步伐加快，形成定位清晰、导向明确、功能协同的海岛开发新格局。象山海洋（海岛）综合开发试验区顺利推进。海岛基础设施进一步完善，形成海陆联动、便捷高效的现代化综合交通网、城乡给水和能源供应设施网、海洋环保设施网等。

5. 海洋科教文化比较发达。"科技兴海"战略顺利实施，涉海院校和学科建设加快，海洋自主创新能力显著提升。建成一批国家级海洋科研基地，基本建成海洋经济高等教育和职业教育改革试点城市。到2015年，海洋研发投入占海洋产业增加值比重在2.5%以上，海洋科技进步对海洋经济贡献率达70%。

6. 海洋生态建设全国领先。海洋生态文明建设扎实推进，象山港区域保护等取得实质性进展，陆源污染和涉海污染得到有效治理，沿海地区和主要大岛基本建成有效的防灾减灾体系，滩涂资源得到科学保护和开发，重点海域主要污染物排海量比2010年削减15%以上，基本建设成为我国海洋生态文明建设示范区。

《规划》预计，到2020年，全市海洋生产总值达到4500亿元，海洋三次产业结构进一步优化，形成特色明显、竞争力强的现代海洋产业体系，海洋经济科技贡献率达80%左右，海洋战略性新兴产业增加值达40%左右。全面建成海洋经济强市和浙江海洋经济发展示范区的核心区，对全省海洋经济发展的龙头带动作用进一步发挥。

根据海洋经济发展要求，宁波及时成立了由市主要领导任组长的海洋经济工作领导小组，在市发改委增设海洋经济处，承担领导小组办公室职责。各县（市）、区也成立了海洋经济工作领导小组和相应的工作机构。宁波市在全省率先印发《宁波市海洋经济发展规划》，形成了海洋经济发展的总体思路、发展目标和重点任务，谋划173个重大海洋经济项目，总投资2800亿元。制定印发了《宁波市委市政府关于加快发展海洋经济的意见》等配套政策，从财政、税收、金融、要素等方面，支持海洋经济重点领域和薄弱环节发展。组织编制了《浙江海洋经济示范区规划宁波市实施方案》，组织编制现代渔业、海洋事业、海洋环保等相关涉海规划，余姚、慈溪、奉化、宁海、象山等沿海县（市）分别编制了《浙江海洋经济发展示范区规划实施方案》，基本形成了全市海洋经济规划体系。2011年11月10日至12日成功举办了首届中国海洋经济投资洽谈会，成功签约了106个海洋经济重大项目，总投资达3600亿元，其中100亿元投资额以上的项目有12个。2012年9月15日至17日又举办第二届海洽会，省内共签约91个海洋经济重大项目，总投资超过2127亿元。①

## 二、宁波海洋经济发展的基础与条件

### （一）宁波发展海洋经济的地理及自然资源优势分析②

宁波市位于我国大陆海岸线中段的东海之滨，长江三角洲南翼。市辖土地面积9365平方千米，海域面积9758平方千米，其中滩涂面积940平方千米，大陆岸线长达788.3千米，具有“港、渔、矿、景、涂”五大海洋资源优势，这为宁波海洋经济发展提供了天然基础。

1. 地理条件。首先，宁波“以水为魂，倚港衍生”。宁波位于我国T字形经济带和长江三角洲城市群中的核心地带，从海域上来讲，它位于长江黄金水道的入海口，是连接长江三角地区与黄金海岸的纽带。宁波—舟山港口一体化的建设，使沿海港口物流、物资储运优势得以进一步发挥。杭州湾跨海大桥、甬台温铁路的建成，促使宁波一跃成为连接上海、江苏、温州、金华、台州乃至福建南部地区的枢纽城市，为发展海洋经济，打造“海上浙江”提供了坚实的基础。

2. 港口资源。港口是宁波最大的优势，在经济和社会发展中具有龙头和领头羊的作用。宁波港口岸线总长1562千米，占全省的30%以上，其中可用岸线872千米。宁波港是我国大陆四大国际深水中转港之一，深水岸线170千米。航道条件良好，北仑港区域可进出30万吨级船舶，拥有生产性泊位300多座，其中万吨级以上深水泊位60多座。象山可进出5万吨级船舶。宁波港口航道资源主要集中在镇海港区、北仑港区、大榭港区、穿山北港区、梅山岛港区、象山湾港区、石浦港区、宁波老港区。宁波港是我国大陆第二大港，是浙江省内腹地物资进出口及上海、长江沿海地区钢铁、石化企业的铁矿石、原油中转运输服务基地，先后开辟了北仑港区、大榭港区等深水港区。港口岸线资源既是宁波社会经济发展的战略性、龙头性资源，也是浙江省发展海洋经济、打造“海洋浙江”最为独特的优势和载体。宁波港

---

① 数据来自宁波市发展和改革委员会海经办。

② 叶向东：《宁波建设海洋经济强市的调查》，《海洋开发与管理》2007年第10期，第12—21页；陈亚君：《宁波发展海洋经济前景广阔》，《中国市场》2011年第5期，第81—82页。

已与100多个国家和地区的600多个港口通航，2010年宁波—舟山港货物吞吐量达6.3亿吨，跃居世界海港吞吐量首位，宁波港完成集装箱吞吐量1300.4标箱，居全球第六位。

3. 渔业资源。宁波市紧邻中国四大渔场之一的舟山渔场，渔业资源种类多，长生殖周期和短生殖周期的种类尤多，种群恢复能力强。在滩涂浅海，水产资源增养殖的自然条件良好，依靠科技进步扩大生产范围，提高品种档次的潜力很大。尤其是象山港，是我国沿海不可多得的鱼虾贝藻类等海洋生物栖息、生长、繁殖和肥育的优良场所，是具有国家意义的大渔池。

4. 海洋旅游资源。宁波市滨海旅游资源具有“滩、岩、岛”三大特色，主要集中在象山港内和象山县沿岸。丹城的松兰山沙滩、石浦的东沙角沙滩、横山岛沙滩等，均有较大的开发价值。象山的东门岛、檀头山岛、渔山岛群以及象山港内的强蛟岛群，具有良好的海岛开发条件。象山的红岩和石林，是岩石质海岸地貌的奇观。象山港水域宽广，风平浪静，水质清净，是开展现代海洋娱乐活动和建设游艇基地的理想海域。

5. 岛屿资源。宁波市岛屿众多，面积大于500平方米的海岛531个，岛屿面积达254.07平方千米，岛屿岸线长774千米。岛屿优势资源较多，大榭、梅山、南田、高塘和东门等岛屿深水岸线长，建港条件佳。岛屿周围海域渔业资源和贝类资源丰富，发展渔业潜力较大。具备“海洋气候、海岛风光、海洋食品、海上垂钓、海上运动”5个旅游资源基本要素，人文景观丰富，易开展自然景观和人文景观于一体的海岛旅游。

6. 海洋矿产资源。北仑港区蕴藏丰富的可开采海砂，盐分低，经淡化后，可作为建筑用砂。宁波以东的东海油气盆地新生代沉积厚度大，生油岩系发达，构造圈封闭，储集条件好，具有良好的油气开发前景。东海一直以来被誉为“东亚的波斯湾”，海域蕴藏着丰富的自然资源，仅在中国大陆架上的天然气储藏量就有5万亿立方米，原油储藏量约1千亿桶，春晓油气田总面积22000平方千米，探明天然气储藏量达700多亿立方米。

7. 滩涂资源。宁波市滩涂面积约940平方千米，拥有可围垦滩涂资源约140万亩，占浙江省滩涂总面积的34%，居浙江省首位，主要分杭州湾南岸、象山港内、大目洋沿岸和三门湾北岸四大片。滩涂资源具有淤涨型、面积大、完整性好等特点，围垦开发条件优良。目前在建围垦工程有10处，共计19.6万亩，主要用于农业开发、湿地保护、城镇工业开发。滩涂资源为各级政府提供了丰富的土地后备资源，为滩涂养殖提供了良好的场所，是沿海农业增效农民增收的重要途径。

综上可见，宁波拥有海洋资源、深水大港、海洋产业、旅游资源等优势，已经具备了发展海洋经济的诸多基础和便利条件，为宁波海洋经济发展奠定了坚实基础。

### （二）宁波发展海洋经济的基础保障条件分析①

宁波高度重视并充分利用自身的海洋资源优势大力发展海洋经济，海洋经济发展已经取得了明显的成效，海洋经济发展的基础条件和保障日趋优化，这为宁波海洋经济的进一步发展提供了无限广阔的空间。

1. 港航服务能力快速上升。宁波穿山港区中宅煤炭码头、大榭港区实华二期45万吨原油码头全面建成。梅山港区3—5＃集装箱泊位、镇海港区21—23＃泊位加快建设。2011年完成货物吞吐量4.33亿吨，集装箱吞吐量1450万标箱，继续位居全球前列。物流业迅速发展。第四方物流市场注册会员达到8350家，全年物流网上交易额突破17.7亿元，电子支付额达5.5亿元。拥有各类物流相关企业4000多家，世界排名前20位的船公司，联邦快递、UPS、DHL等国际知名快递企业、物流巨头及投资商纷纷落户宁波。大宗商品交易取得突破。宁波大宗商品交易所揭牌成立并于2011年11月11日开业，首个品种阴极铜开市交易。宁波华商商品交易所、大榭能源化工交易中心相继开业，浙江金属矿产品交易中心、宁波北仑煤炭交易中心注册成立，镇海大宗生产资料交易中心启用，宁波航运交易所建设工作进展顺利。金融服务快速提升。海洋产业基金管理公司挂牌成立，首期将募集资金30亿元。由宁波港与上港集团、中国人保合作组建的航运保险法人机构正在积极筹建。信息支撑全面加强。宁波电子口岸政务项目和宁波口岸应急联合指挥中心项目建设深入推进，智慧交通、智慧港口等重点项目快速启动，宁波港集装箱作业管理系统、散杂货作业管理系统已成功研发并上线运行。

2. 重大平台建设取得成效。大榭岛开发建设成果显著。引入中石油、中石化、中海油、烟台万华、日本三菱化学等一批世界500强和行业龙头企业，建成了MDI、PTA、PTMG、重交沥青等一批临港石化工业项目和原油、燃料油、LPG等能源中转设施，形成了主导产业突出、集聚效应显现、竞争实力较强的产业发展格局。杭州湾产业集聚区建设加速推进。吉利汽车一期

---

① 宁波市海洋经济发展办公室：《迈向蓝色经济时代——2011年宁波海洋经济发展纪实》，《宁波通讯》第20—21页。

年产12万辆汽车整车项目正式投产，上海大众汽车项目正式开工。累计引进优质项目66个，总投资超过300亿元。梅山国际物流产业集聚区建设全面展开。累计引进国际贸易、仓储物流等企业近1500家，完成固定资产投资近130亿元。梅山3—5＃集装箱泊位正式开工，梅山国际商贸区、春晓中心商务旅游区等功能区块建设全面启动。此外，还启动了宁波三门湾区域、石浦新区、慈东滨海新区等重大区块的谋划工作，前期研究和规划工作有序推进。

3. 涉海配套能力快速提升。海洋科教支撑不断加强。研究组建高层次综合性海洋经济研究机构。国家海洋局和宁波市政府签署了共建宁波大学的框架协议，宁波大学成立海洋学院，浙江万里学院成立海洋经济战略研究中心，宁波大红鹰学院开设大宗商品试点班，宁波海洋开发研究院与中国海洋大学合作建立院士工作站。目前，全市已拥有涉海科研机构8家，重点实验室9家，企业工程(技术)中心8家，从事海洋科技研究人员2000余人，初步形成了以科研院所、高等院校、重点实验室和企业研发中心为主体的海洋科研体系。

基础设施建设加快推进。绕城高速公路东段全线通车，象山港大桥箱梁预制全部完成，穿山疏港高速公路、镇海港区疏港专用公路、大榭第二大桥工程等疏港公路有序推进，建成后将构成“一环六射”高速公路骨架网和疏港公路网。宁波货运北环线征迁工作全面推进，集装箱海铁联运中心站已完成初步设计审查，大榭、穿山港区铁路支线完成可研报告审查，跨杭州湾铁路、甬金铁路前期工作全面启动，开通了江西上饶至宁波的集装箱海铁联运“五定”班列及台州至宁波的集装箱海铁联运班列，杭甬运河与京杭大运河实现了对接沟通，宁波栎社机场国际快件监管中心正式投入试运营，国家综合交通枢纽地位进一步增强。

4. 海洋生态保护扎实推进。严格执行涉海法律法规和政策性文件，强化了对重点海域、重点海岛和无居民海岛的保护工作。海岛开发日趋规范。位于象山县的旦门山岛获得了全国第一本无居民海岛使用权证，宁波市3个海岛入选国家公布的首批无居民海岛开发目录，其中象山大羊屿岛已完成保护与利用规划编制，公开挂牌拍卖并以2000万元成交。海洋保护区建设取得新进展。韭山列岛省级自然保护区成功升级为国家级自然保护区，象山港马鲛鱼国家级种质资源保护区获得农业部批准成立，岱衢族大黄鱼种质保护成果通过了国内权威专家的鉴定论证。开展岛礁整治修复、人工渔礁建设、海洋渔业增殖放流、鸟类专项保护等多项保护工作，探索出了海岛保护的新路径和新模式。

因此，宁波海洋经济发展不仅具备良好的资源、区位条件，而且发展海洋经济的各种保障措施和服务能力也已经日益完善，海洋经济发展已经具备雄厚的基础，借助国家和浙江省提供的各种政策支持，相信宁波海洋经济将会取得更快、更好的发展。

## 三、宁波海洋经济产出状况

宁波依托绵延二十几公里的沿海临港产业带，形成3000万吨炼油、100万吨乙烯、400万吨钢铁、200万吨不锈钢、250万载重吨造船、150万吨白纸板、27万辆整车等产能，基本建成华东地区重要的原材料基地和先进制造业基地，在全国临港产业生产力布局中的战略地位进一步提升，逐步走上了一条循环化、科技化、集约化的新型发展路子。海洋新兴产业加快培育。海洋新装备、海洋新材料、海洋新能源、海洋生物医药被列入宁波市工业"4+4+4"产业升级工程，成为"十二五"期间宁波市工业发展的重要方向。装备制造方面，全市现有船舶修造企业60多家，其中建造万吨级以上船舶的企业20多家，初步形成了以石化成套设备、特种船舶等为主导产品的产业体系，培育出了浙江造船、洋普重工等一批高端装备生产企业。新材料方面，以中科院材料所为依托，形成了飞轮造漆、东升科技、大达化学等一批骨干海洋防腐涂料生产企业。清洁能源方面，宁波LNG接收站及储备基地建设扎实推进，49.5兆瓦的慈溪风电场项目运营情况良好，檀头山、穿山半岛等风力发电项目建设进展顺利。生物医药方面，已拥有浙江万联、宁波超星等年产值500万元以上的海洋生物医药相关企业10余家，角鲨烯胶丸、鱼蛋白胨等海洋生物制品已在全国占据较大的市场份额。①

2002—2011年，宁波海洋经济持续快速增长，主要海洋产业总产值及海洋产业增加值见表2-4，相应的变动趋势见图2-6。

由表2-4可以看出，宁波市海洋经济产出保持了迅速增长的态势，海洋经济总产值由2002年的294.60亿元增长到2005年的1537.18亿元，继而增长到2010年的3079.47亿元，8年间年均增长34.09%；海洋产业增加值由2002年的159.87亿元增长到2005年的336.11亿元，到2010年已经达到855.79亿元，8年间年均增长23.33%。据初步统计，截至2011年，宁波

---

① 宁波市海洋经济发展办公室:《迈向蓝色经济时代——2011年宁波海洋经济发展纪实》,《宁波通讯》第20—21页。

**表 2-4　2002—2011 年宁波市海洋经济总产值及海洋产业增加值①　单位:亿元**

| 年份 | 海洋产业总产值 | 海洋产业增加值 |
| --- | --- | --- |
| 2002 | 294.60 | 159.87 |
| 2003 | 1040.32 | 177.36 |
| 2004 | 1238.06 | 321.14 |
| 2005 | 1537.18 | 336.11 |
| 2006 | 1759.45 | 381.69 |
| 2007 | 2011.94 | 502.93 |
| 2008 | 2468.72 | 403.58 |
| 2009 | 2499.21 | 543.12 |
| 2010 | 3079.47 | 855.79 |
| 2011 | 3220 | 959 |

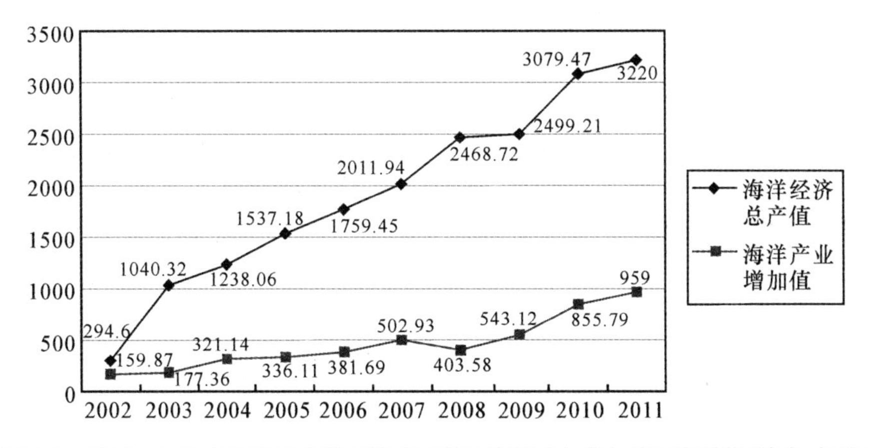


图 2-6　2002—2011 年宁波市海洋经济总产值及海洋产业增加值演变趋势(单位:亿元)

实现海洋产业总产值约 3220 亿元,海洋产业增加值约 959 亿元。由图 2-6 可以更加明显地观察到宁波市海洋经济快速增长的势头。

2002 年,宁波海洋产业增加值占 GDP 的比重为 11%,而到 2010 年,这一比例已达到 16.58%。2002—2010 年宁波海洋产业增加值占 GDP 的比重见图 2-7。

① 2011 年数据为初步测算数据,数据来自 http://www.chinaacc.com/new/184_900_201202/22zh1096361246.shtml。

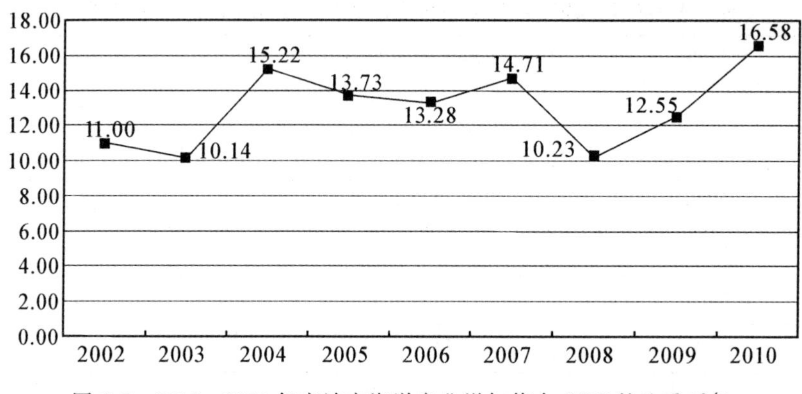


图 2-7 2002—2010 年宁波市海洋产业增加值占 GDP 的比重(%)

由图 2-7 可以看出,2002—2010 年年间宁波市海洋产业增加值占 GDP 的比重经历了几次明显的变化:2002—2004 年年间快速增长,由 2002 年的 11%提高到 2004 年的 15.22%;2004—2007 年保持相对稳定,虽然有波动但幅度很小;2008 年明显下降,由 2007 年的 14.71%下降到 10.23%,下降了 4.48 个百分点;2008—2010 年年间持续上升,2009 年、2010 年分别提高了 2.32、4.03 个百分点。

为了更好地反映宁波市海洋经济发展水平,我们就海洋产业增加值占 GDP 的比重这一指标,将宁波市与其他相关城市包括舟山、青岛、大连、厦门等进行简单的比较分析。表 2-5 列示了相关年份这些城市海洋产业增加值占 GDP 的比重。

**表 2-5 相关城市海洋产业增加值占 GDP 的比重** 单位:%

| | 宁波 | 舟山 | 青岛 | 大连 | 厦门 |
|---|---|---|---|---|---|
| 2006 年 | 13.28 | 63.10 | — | 18.90 | — |
| 2007 年 | 14.71 | 64.41 | 13.02 | 17.50 | — |
| 2008 年 | 10.23 | 66.45 | 12.42 | — | — |
| 2010 年 | 16.58 | — | — | — | 12.01 |

舟山由于特殊的区位特征,使得其海洋产业增加值占 GDP 的比重很高,超过 60%,而且这一比重还在不断提升。随着舟山海洋经济特区的获批及持续建设,相信这一比重将会以更快的速度提升。与青岛相比,2007 年宁波市海洋产业增加值占 GDP 的比重高于青岛,但 2008 年则明显低于青岛,但由于青岛最近两年的数据无从获取,因而无法对两个城市最近两年的发

展情况进行比较。大连海洋产业增加值占 GDP 的比重 2006 年、2007 年分别达到 18.90%、17.50%，明显高于宁波。2010 年，厦门海洋产业增加值占 GDP 的比重为 12.01%，低于宁波 16.58%的水平。

从最近的发展情况来看，2012 年上半年，宁波海洋经济呈现出主要海洋产业发展基本平稳，港航物流服务体系进一步提升，重大平台建设成效明显，海洋经济总体呈现平稳较快发展的良好运行态势。①

从主要海洋产业来看，海洋渔业总产值达到 42.99 亿元，同比增长 3.94%。全市 1—6 月份水产品总产量 37.57 万吨，同比增长 3.83%；实现渔业产值 42.99 亿元，同比增长 3.94%。其中：国内海洋捕捞产量 20.87 万吨，同比增长 4.25%；远洋渔业产量 0.7 万吨；海水养殖产量 12.5 万吨，同比下降 1.11%；淡水产品产量 3.46 万吨，同比下降 1.66%。主要临港产业中，化学原料和化学制品制造业产值 571.5 亿元，增长 2.9%；汽车制造业产值 266.5 亿元，增长 11.6%；受镇海炼化检修影响，石油加工、炼焦和核燃料加工业产值 745.7 亿元，下降 6%；受市场需求低迷、铁矿石价格仍处高位等因素影响，有色金属冶炼和压延加工业产值 272.9 亿元，下降 7.9%。海洋旅游业加速发展，2012 年上半年全市旅游总收入 372.25 亿元，同比增长 11.5%。其中接待入境旅游者 52.25 万人次，同比增长 6.99%，旅游外汇收入 3.3 亿美元，同比增长 2.16%；国内旅游收入 350.78 亿元，同比增长 12.1%。滨海湿地、滨海露营、海钓、海岛休闲等旅游新业态已逐渐成为旅游经济增长的新亮点。

港口运输较快增长。2012 年上半年，宁波港完成货物吞吐量 2.22 亿吨，同比增长 6.1%，增速比一季度提高 1.1 个百分点；完成集装箱吞吐量 780.3 万吨标准箱，增长 10.1%，增幅超出我国大陆主要港口平均增幅 2.1 个百分点。水水中转和内支线业务增长显著，同比分别增长 32.9%和 22.7%。海铁联运市场开拓良好，完成海铁联运箱量 2.97 万标箱，同比增长 11%，新增设了宁波至西安、东北地区的集装箱铁水联运业务，上饶至宁波的“五定班列”又延伸到江西鹰潭，同时上饶—宁波集装箱铁水联运“五定”班列被铁道部纳入全国“百千”快捷货运班列规划。航运金融支撑不断增强。上半年，海洋产业基金资金募集工作推进有力，累计募集资金 12 亿元。船舶融资租赁业务加快发展，保税区共筹集境内融资规模 25 亿元，境外融资规模 5 亿美元。全市第一家海洋经济特色银行——东海银行正式对

① 《宁波 2012 年上半年海洋经济发展状况》来自宁波市发展与改革委海洋经济处。

外营业，并且已与象山县政府签署未来5年内投入30亿元信贷规模的战略合作协议；宁波通商银行新设立航运金融部，专门支持港航业；国内首家专业航运保险法人机构——东海航运保险公司申请工作进展顺利，已正式报送中国保监会。大宗商品交易增势良好。全市主要大宗商品交易市场(平台)交易额超1700亿元，其中宁波大宗商品交易所自阴极铜和PTA正式上线以来，分别实现成交货值460亿元和39亿元；保税区固体化工、金属、船舶、煤炭等大宗生产资料实现营业收入450亿元，同比增长12.5%；北仑进口煤炭交易中心交易量1200万吨，实现交易额90亿元；镇海液化品市场实现交易额84.7亿元。交易平台发展良好，新注册成立宁波甬鑫大宗商品交易股份公司；宁波华商商品交易所、宁波神化亚太金属网上商城进入试运行阶段。

海洋基础设施建设有序推进。港口和航道项目进展顺利，宁波—舟山港穿山港区中宅煤码头、镇海港区19#、20#液化泊位、镇海港区通用散货码头等项目的水工工程已通过交工验收，年度均可投入使用。梅山港区3—5#集装箱泊位水工工程完成60%，大榭港区招商国际码头二期堆场形式建设；穿山港区澳洲重工迁建项目码头工程、梅山港区多用途码头工程等前期工作有序开展；高速公路项目进展良好，象山港大桥及接线完成全线征迁工作，主桥顺利合龙。穿山疏港调整路基、桥梁和隧道完成均超过80%，年度主体基本完成。重大产业项目加快推进。上海大众汽车、宁波万华三期(二期技改扩能)、宁波禾元化学等项目加速推进。其中宁波禾元化学有限公司年产40万吨聚丙烯50万吨乙二醇项目土建已基本完工，预计年内建成投用。台塑AA/AE扩建、宁钢薄带连铸及热基镀锌等项目开工建设；能源和电网项目进展良好，浙江省LNG接收站及港口工程已进入扫尾阶段，年底前将建成投用。象山涂茨风力发电、宁海茶山风电等项目顺利开工。服务业项目积极推进，宁波环球航运广场主体已建至地上34层，杭州湾湿地、奉化阳光海湾等重点旅游休闲项目建设步伐进一步加快。

重大平台建设成效明显。杭州湾新区平台载体效应突出。2012年上半年，新区完成固定资产投资61.62亿元，同比增长88.4%；实现工业总产值同比增长10%，其中规模以上工业总产值同比增长16.7%；财政一般预算收入14.48亿元，同比增长42.8%，主要经济指标增幅在全省14个产业集聚区中处于领先，也明显高于全市平均水平。产业结构继续优化，以上海大众等为代表的一批汽车整车及高端汽车零部件制造、新材料、新能源、新光源和装备制造业在新区集聚发展。初步形成了以海水淡化设备、海洋防腐钢管、海洋特种紧固件、海用特种电器等新产品为代表的海洋经济制造业产业集群。汽车产业异军突起，上海大众、吉利汽车两大整车项目加速推进，占地面积3000亩的上海大众宁波基地供应商园区集中开工建设，新朋、屹丰等10个一期总投资达24亿元的汽车核心零部件制造项目入驻发展，国际汽车产业城初具雏形。梅山保税港区开发开放成效显著。特色产业渐成集聚之势，有色金属、固体化工、石化产品、冷链物流等交易平台和特色产业优势日益明显。重大项目推进良好，吉利汽车、集装箱码头等一批重点项目全面超过年度计划目标；梅山水道、海天全电动注塑机等一批重点项目实现顺利开工，游艇基地、洋沙山风景区等重大旅游功能项目有序推进。口岸开放取得重大突破，梅山港区口岸正式开放申请获得国务院批准，成为宁波港第六个获批开放的港区口岸，使宁波市打造国际强港、发挥浙江省海洋经济核心区功能得到进一步支撑。梅山港区口岸还被国家质检总局批准为进口罗汉松特定口岸，成为华东地区首个进口罗汉松特定口岸。目前，梅山港区正在积极争取汽车整车进口特定口岸。象山“两区”建设效应初步显现。《浙江象山海洋综合开发与保护试验区规划》《浙台（象山石浦）经贸合作区建设方案》相继获得省政府批准同意，标志着象山县“两区”建设正式拉开帷幕；大项目、大平台建设积极推进，石浦对台码头、大目湾新城基础建设、半边山旅游度假区等6个海洋经济重点项目共完成投资额6.47亿元，占5000万以上16个项目的47.9%。首届海洽会上签约的28个项目中，已有11个项目完成注册并有资金到位，2个外资项目实现报批；浙台（象山石浦）经贸合作区建设取得初步成果，全省首个台湾商城在象山石浦海峡广场正式开业，目前已进驻了包括吕美丽精雕艺术馆在内的台湾客商20余家，经营范围涉及超市、餐饮、珠宝等15个行业。此外，象山港区域保护和利用规划修编工作进展顺利，已完成初稿；三门湾区域规划编制进入文本起草阶段，预计三季度前正式发布。

科技支撑人才不断加强。海洋科技基础明显改善。目前，全市已相继成立了中科院宁波材料所、宁波海洋与渔业研究院、宁波海洋开发研究院、宁波大学海洋学院、海运学院等一批涉海科研机构，宁波大学首个国家地方联合工程实验室“海洋生物技术与工程”实验室于2011年正式授牌。截至2012年上半年，全市累计培育建成市级以上海洋领域重点实验室13家、工程（技术）中心13家、科技创新平台26个，引进培育海洋科研人员2000余名。海洋高新技术产业加快发展。着力实施海洋科技发展专项，上半年经过全市征集、筛选、专家论证等程序，择优选取了海洋石油勘探开采孔弹关键技术研究及应用等27个项目作为2012年海洋科技发展专项重大项目，目前已发布项目申报指南；水下机器人系列研发及产业化项目和集中开发高端石油勘探设备项目2个创业团队入选首批市“3315计划”C类资助团队；船舶柴油机橡胶叶轮海水泵等3个创新项目和船舶设计技术公共服务平台建设项目获得国家企业创新资金支持。

海域海岛开发与保护并重。健全海域海岛资源开发和保护机制。以象山全国海洋管理创新试点为契机，以大羊屿岛公开拍卖后续管理为重点，积极探索创新无居民海岛开发建设管理体制机制；按照国家海洋局要求，组织开发第二批海岛岛碑设置、全国第二次海岛资源综合调查宁波试点；继续加强象山渔山列岛、韭山列岛整治修复与保护，推动象山檀头山岛综合整治修复和基础设施改善。同时，加快推进海洋环境保护工作，已在宁海强蛟投放近岸海域实时自动监测浮标1个；加快开发象山港海洋生态修复示范区建设项目调查申报工作。稳步推进滩涂围垦工作。围涂项目推进情况良好，2012年上半年，共完成围垦工程投资5.86亿元，占年度计划的58.6%，完成圈围面积2.81万亩，占年度计划的95.3%，杭州湾十二塘围涂工程、象山县黄沙岙围涂工程如期正常开工；12个在建的围垦工程中，郭巨峙南围涂二期、七姓涂围涂等三个项目已全面完工，下洋涂围涂、象山道人山涂围涂工程等四个重点续建项目进展顺利，上半年各自完成投资均在年度计划的60%以上。

## 四、海洋经济对宁波经济发展的作用分析

为了定量测算海洋经济发展对宁波经济增长的贡献，我们构建如下指标：

$$C_j=\frac{O_j-O_{j-1}}{G_j-G_{j-1}}\times 100\%$$

其中，$C_j$ 为第 $j$ 年地区海洋经济发展对经济增长的贡献度，$O_j$ 为第 $j$ 年海洋产业增加值，$G_j$ 为第 $j$ 年的地区国内生产总值(GDP)。

根据上述公式进行计算，得到2003—2010年海洋经济发展对宁波经济增长的贡献度(见图2-9)。

由图2-9可以看出，海洋经济发展对宁波经济增长的贡献度在2003—2010年年间有较大波动。其中2004年达到最高，对经济增长的贡献接近40%。其次是2009年、2010年，分别达到了36.45%、37.50%，直逼历史最高水平。值得注意的是，2008年海洋经济增长对宁波经济增长的贡献为负，

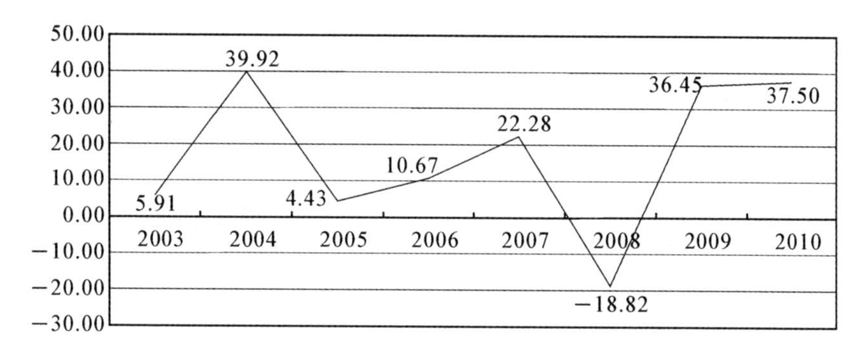


图 2-9 2003—2010 年海洋经济发展对宁波经济增长的贡献度

达到－18.82%,原因是该年宁波海洋经济出现了负增长,海洋生产总值由2007年的502.93亿元下降到2008年的403.58亿元。

观察2009年和2010年的数据可以看出,随着宁波对发展海洋经济的重视程度越来越高,宁波海洋经济发展对经济增长的贡献度呈明显的上升态势,预计未来海洋经济发展将会对宁波经济增长作出越来越大的贡献。

# 第三章　宁波现代海洋产业的选择

## 第一节　现代海洋产业选择的理论基础

### 一、主导产业选择理论

《产业经济辞典》对主导产业界定为主导产业亦称“带头产业”“起爆剂产业”，是一国产业结构中需求价格和收入弹性极高，可以带动其他产业的先导型产业。从实际应用来看，区域主导产业就是在区域经济发展的各阶段居于支配地位的地区专门化产业或产业群，是构建区域核心竞争力的一个重要方面。从我国的区域经济发展来看，自 1996 年国家在“九五”计划及未来长远规划中提出要着力振兴机电、石化、汽车以及建筑业四大支柱产业之后，各地方政府纷纷提出要选择和培育自己的区域主导产业。与此同时，从区域经济角度对主导产业的选择研究也成为区域经济研究的热点问题，对主导产业的应用研究逐步由国家层面向区域层面转移。

#### (一)罗斯托的主导产业选择理论

罗斯托(W. Rostow)是最早提出主导产业理论的学者之一，他在《主导部门和起飞》(1998)一书中，提出了产业扩散效应理论和主导产业的选择基准，即“罗斯托基准”。他认为，应该选择具有较强扩散效应(前瞻、回顾、旁侧)的产业作为主导产业，将主导产业的产业优势辐射传递到产业关联链上的各产业中，以带动整个产业结构的升级，促进区域经济的全面发展。

罗斯托根据技术标准把经济成长阶段划分为六个阶段：传统社会、为起飞创造前提、起飞、成熟、高额群众消费和追求生活质量阶段，而每个阶段的演进都是以主导产业部门的更替为特征的。

罗斯托把经济各部门分为三类：(1)主导增长部门；(2)辅助增长部门；(3)派生增长部门。主导增长部门是指："在这些部门中，革新创造的可能或利用新的有利可图的或至今未开发的资源的可能，将造成很高的增长率并带动这一经济中其他方面的扩充力量。"这些部门按罗斯托的定义就是"主导产业部门"(Leading Sectors)。罗斯托认为，无论在哪一个时期，甚至在一个已经成熟并继续成长的经济中，所以能够保持前进的冲击力，是因为为数有限的主要部门，即主导部门迅速扩大的结果，而且这些部门的扩大，又对其他产业部门的发展起到了决定性的作用。

他在研究经济起飞问题时提出，主导产业部门应具备以下特征：一是依靠科学技术进步，获得新的生产函数；二是有持续高速增长的增长率；三是具有较强的扩散效应，对其他上游产业乃至所有下游产业的增长起着巨大的影响。以上三个特征反映了主导产业必须具备的能力和作用，它们是有机的整体，缺一就不能称其为主导产业。尤其是扩散效应，是与其他产业区别的重要特征和标志。首先，主导产业部门自身的增长能对其他非主导产业部门产生回顾效应；其次，主导产业部门能对新兴工业、新技术、新质量、新能源的出现起诱导作用，发挥前瞻效应；再次，主导部门能对周边地区社会经济发展发挥旁侧效应。

### (二)赫希曼的主导产业选择理论

美国经济学家艾伯特·赫希曼在他的著作《经济发展战略》(1991)一书中提出了主导产业选择的基准。他认为，产业关联效应可以促进资本积累并带动市场取得更大的效益。不同区域范围内的主导产业都有一定的共性，就是必须与其他不同产业保持广泛的经济联系和技术支持。只有这样，才有可能通过聚集经济与乘数效应的作用带动区域内相关产业的发展，从而促进整个国家或者区域的经济腾飞。产业关联①效应是进行主导产业选

---

① 产业关联度，即产业对整个国民经济的影响程度，有方向和大小之分。产业关联分为前向关联和后向关联，如果某一产业(如煤炭)的产品可作为另一产业(如钢铁)的中间产品，那么，该产业(煤炭)就是另一产业(钢铁)的后向关联产业，而(钢铁)另一产业是该产业(煤炭)的前向关联产业。在进行区域经济主导产业研究时，主要是利用投入产出法中的影响力系数和感应度系数来衡量、分析和反映产业关联强度的。

择中一个重要的参考标准。在实际选择过程中,应当选择那些产业影响[①]广度比较大、带动效应比较大的产业优先发展主导产业。关联效应标准具体是指某一产业的经济活动能够通过产业之间相互关联的活动效应影响其他产业的经济活动。关联效应较高的产业能够对其他产业和部门产生很强的前向关联、后向关联和旁侧关联,并依次通过扩散影响和梯度转移形成波及效应而促进区域经济的发展。区域内主导产业只有与其他产业具有广泛密切的技术经济联系,才有可能通过聚集经济与乘数效应的作用带动区域内相关产业的发展,进而带动整个区域经济的发展。产业关联效应作为区域主导产业的一个重要标准,实际应用过程中应当选择那些产业延伸链较长,带动效应大的产业作为主导产业。

赫希曼基准的出发点是在不发达国家资本相对不足以及扩大资本形成能力的要求相当迫切的情况下,基础产业的成长要靠市场需求带动收入,在此意义上,可把赫希曼基准理解为以需求带动供给增长的不平衡结构的选择战略。赫希曼基准突出后向联系意味着主导产业部门的选择以最终产品的制造业部门为主,这样,主导部门的市场需求就有保证。因主导部门具有强烈的中间产品需求倾向,这又为支持主导部门增长的中间投入部门提供了市场。因此,主导部门通过需求(或市场)扩大的连锁反应,可带动经济的有效增长。

### (三)筱原的主导产业选择理论

筱原三代平作为日本的产业经济学家,根据日本当时的经济和产业发展状况,1957 年提出了规划日本产业结构的基准,分别是收入弹性基准和生产率基准。

对于收入弹性基准的理解,主要是以需求收入弹性的系数来作为衡量产业发展的指标和准则,产品的收入弹性,就是指在价格不变的前提下,产业的产品(某一商品)需求的增加率和人均国民收入的增加率之比。某一产业的产品收入弹性系数=某一产业的产品的需求增加率/人均国民收入的增加率。通过对收入弹性系数的观察,生产高收入弹性产品的产业由于人

---

① 影响力系数:指某个部门生产一个最终产品时,对国民经济各个部门所产生的生产需求波及程度。影响力系数大于 1,则表示该部门生产对其他部门所产生的波及及影响程度超过社会平均影响力水平(即各部门所产生的波及影响的平均值),影响力系数越大,该部门对其他部门的需求拉动作用越大。

均收入的增加对其需求增加将较多，从供求关系同价格的关系看，需求高增长的产业就较易维持较高的价格，从而获得较高的附加价值。这必将使这些产业在产业结构中能够占有更大的份额。一般说，农产品的收入弹性持续低于工业品的收入弹性；轻工业产品的收入弹性又不断低于重工业产品。在工业化的不同阶段不同产业的产品，其收入弹性是不同的。因此产品的收入弹性可以揭示：工业结构在某一时点上变化的趋势和方向；各工业部门在不同时点上的阶段性和结构性的变化。因而产品的收入弹性是一个判定某产业发展前景和对经济牵动度的一个重要指标。

生产率基准的发展是由于生产力发展决定的，因为各个部门生产率存在差异，在价格因素的影响下，生产率高、产业部门技术水平好的产业，因为降低了生产成本，所以能够创造更多的剩余价值。给予这种产业更大的资源支持，才可以加快国民收入增长速度，为主导产业的选择提供依据与方法。生产率上升较快的产业，即技术进步速度较快的产业，大致和该产业生产费用(成本)的较快下降是相一致的。同时这一产业也是投入产生效率较高的产业，其受有限资源的限制也较小，在这种情况下，这一产业就可能在相对国民收入上占有越来越大的优势，资源要向这个产业移动。因此，具有较高生产率上升率的部门将在产业结构中占有更大的比重。一般来说，工业比农业、重工业比轻工业、组装加工工业比原材料工业在生产率上升率上逐渐形成越来越大的优势。因而，“生产率上升率”是主导产业选择的另一个重要基准。

### (四)国内主导产业选择理论

#### 1. 梯度推移模式

梯度推移模式认为，由于不平衡的区域经济技术发展水平所导致的经济梯度；高梯度地区的创新，在市场驱动下由于扩散效应向低梯度地区转移，转移方向依照梯度最小律原理向具有较高接受创新能力的地区转移；主导产业的发展状态决定区域经济的发展状态，较强的创新能力是主导产业的主要特征。梯度推移模式局限性在于，作为区域经济不均衡开发模式，由于扩散效应远低于极化效应及回波效应之和，反而会拉大地区间发展差距；对梯度划分以及对不同梯度或相同梯度间经济发展内涵的理论界定与纷繁复杂、情况各异的现实相去甚远，尤其是在像中国这样的大国，高梯度地区有低梯度特征的局部而低梯度地区也会有高梯度特征的局部，因而在实施中存在理论障碍。对该模式的发展提出了一些新的空间推移理论，如：反梯度推移模式、跳跃模式等。这些开发模式主要是对平行、常规推移发展的观点提出了“修正”，运用后发优势，实现超越发展。

2. 增长极模式

增长极模式有别于其他模式的是强调“经济空间”。认为经济增长是在非均匀空间情况下，以不同强度的创新水平首先出现在一些增长点或增长极上，围绕推动性主导工业部门而组织的、有活力的高度联合的一组工业，他不仅本身能快速增长，而且能通过乘数效应，推动其他部门增长。然后通过不同渠道向外扩散，并对整个经济空间产生不同的影响；经济发展的主要动力源自创新，而经济中的主导产业是创新的源头；具有高创新能力、高关联度和高增长性特征的主导产业与区域经济增长极相关联。与模式关联的增长极的数量、起始规模、内部产业结构等一系列技术性问题是增长极模式具有的一定局限性，增长极所处区域的生产要素供给结构的限制性条件尤其严苛，因而不易实施。点轴开发模式(强调“点”即增长极和“轴”即交通干线相关联的作用)、圈层结构开发模式(主张以城市在区域经济发展中起主导作用，逐步向外发展)是对增长极模式的延伸。

3. 产业集群模式

产业集群模式认为，大量相同产业或关联性很强的产业、社会组织和机构通过专业化的社会网络根据纵向专业化分工以及横向竞争和合作的关系在空间上集中，以创新、合作、竞争为基础形成互动机制与路径依赖，这是区域经济发展的基础；在共同产业文化背景下，以互信为基础的经济网络关系，大大降低了交易成本，提高了生产效率，创造了和谐的市场秩序；专业化分工以及横向竞争和合作的关系使知识与技术不断创新，同时扩散也有了基础，从而实现产品的持续创新。产业竞争力源自生产成本、基于质量基础的产品差异化、区域营销以及市场竞争优势等，主导产业是由市场依据产业市场竞争力进行判断、筛选，由主导产业集合的核心竞争力是区域经济发展的动力。产业集群作为区域经济发展的强大载体，是提高区域经济竞争力的有效途径，是增强区域经济竞争力的必然要求，也是工业化发展到一定阶段的必然趋势。

4. 区域主导产业选择理论

(1)区域主导产业选择基准理论综述

国内区域经济主导产业选择基准主要沿袭比较优势理论、产业关联理论、经济增长理论和筱原三代平准则的相关内容。表 3-1 总结了目前国内学者给出的主导产业选择的各种基准及关键的指标体系。其中代表性的有周振华提出的“增长后劲基准、短缺替代弹性基准和瓶颈效应基准”；关爱萍的六基准：持续发展基准、市场基准或需求基准、效率基准、技术进步基准、产业关联基准和竞争优势基准。此外，有的学者还提出边际储蓄率基准、高附加值基准、货币回笼基准、就业与节能基准等。

**表 3-1　国内主导产业选择理论一览表**

<table>
<tr><th>基准</th><th>代表性观点</th><th>关键指标体系</th></tr>
<tr><td>三基准</td><td>周振华(1992)：增长后劲基准，短缺替代弹性基准，瓶颈效益基准。</td><td rowspan="8">感应度系数<br>影响力系数<br>比较优势系数<br>需求收入弹性<br>区位商<br>生产率上升系数<br>资产规模<br>产值实现率<br>能耗和排放治理<br>就业增长指数<br>市场占有率<br>比较劳动生产率<br>专门化率<br>人力资本匹配系数<br>劳动生产率</td></tr>
<tr><td>四基准</td><td>刘再兴(2004)：产业关联度基准，收入弹性基准，增长率基准，劳动就业基准。</td></tr>
<tr><td rowspan="3">五基准</td><td>张圣祖(2001)：收入弹性基准，生产率上升率基准，产业关联度基准，生产协调最佳基准，增长后劲最大化基准。</td></tr>
<tr><td>王莉(2004)：可持续发展基准，收入弹性基准，生产率上升率基准，效益基准，产业关联度基准，比较优势基准。</td></tr>
<tr><td>陈刚(2004)：创新率基准，生产率上升率基准，需求收入弹性基准，产业关联度基准，规模经济性基准。</td></tr>
<tr><td>六基准</td><td>关爱萍等(2002)：持续发展基准，需求基准，效率基准，技术进步基准，产业关联基准，竞争优势基准。</td></tr>
<tr><td rowspan="2">七基准</td><td>郛义钧等(2001)：需求收入弹性大，供给弹性大，劳动生产率高，能体现劳动生产率的方向，对相关产业的推动和带动作用强等。</td></tr>
<tr><td>张魁伟(2004)：动态比较优势基准，收入弹性基准，生产率上升率基准，产业关联度基准，生产要素的相对集约基准，就业基准，可持续发展基准。</td></tr>
</table>

(2)区域主导产业选择方法的分类比较分析

主导产业选择是一个典型的多指标、多决策的问题，国内关于主导产业选择常用的方法是综合评价法，主要需要解决两个问题：一个是指标体系的选择，一个是权重的赋予。其中王宏伟(1994)建立了城市主导产业选择的模糊优选模型；蔡艺(2001)选用主成份分析方法；张根明、刘韬(2004)采用了非参数的 DEA 方法确定主导产业；王旭(2008)基于钻石理论，结合 DEA 模型和 AHP 方法构建了区域主导产业选择模型；赵永刚、王燕燕(2008)将模糊系数与 AHP 相结合；王艳秋、朱兆阁(2009)采用了灰色关联度和主成分分析的方法；王敏晰、李新(2010)基于粗糙集方法对国家高新区主导产业选择模型进行了分析。

综合来看，众多学者的选择方法可以分为两种：(1)以区位商、产业贡献率、集中指数、关联指数等单个指标进行计量。(2)采用偏离—份额分析法、层次分析法、定权聚类评估、数据包络、成本—利益分析、主成分分析、BP 神经网络法等复合指标进行研究。在实际应用时，一般参照区域经济环境特征及数据精确程度进行选择：当数据欠缺或数据质量不高时，一般用区位熵、层次分析法、模糊分析法、BP 神经网络法、钻石模型、灰色关联分析法；数据库完备，数据质量高时，常用投入产出法、SSM、DEA、主成分分析法、因子分析法、聚类分析法、加权求总法；对区域各产业做深入研究时，用比较客观、精确的分析方法，包括投入产出法 DEA、主成分分析法、因子分析法；大体了解区域产业概况时，则用简单易行的区位熵法、SSM、加权求总法。

笔者在对上述各类方法进行深入对比后发现：钻石理论则适用于产业原始数据较少、部门不全的劣势区域的主导部门选择；DEA 模型能较客观精确地分析区域主导产业，但对数据要求比较高；灰色聚类分析可以较好概括出区域的差异性特征；AHP 在数据缺乏情况下具有较强的实践意义；主成分分析法一般不能进行指标层次处理，比较适合单层指标体系的分析；投入产出表法、SWOT 分析方法在层次性和权数处理上都存在不足，比较适合作为主观评价的决策方法。

## 二、关键种理论

“关键种”概念是美国华盛顿大学的 Paine 于 1969 年在“食物网复杂性与物种多样性”中首次明确提出的。在一个自然生态系统中，群落或群落中物种之间的相互作用强度是不同的，只有少数几个物种对系统的结构、功能及动态起到决定性的“关键”作用。关键种是指一些珍稀、特有、庞大的、对其他物种具有与生物量不成比例影响的物种，它们在维护生物多样性和生态系统稳定方面起着重要作用。如果它们消失或削弱，整个生态系统可能要发生根本性的变化。关键种理论目前仍是生物多样性保护研究的热点问题之一。

关键产业本质是一种传递产业，处于整个产业体系的关键节点上，是现代产业体系的核心，其发展与壮大对整个产业体系的发展与稳定具有极其重要的作用。现代产业体系必须有关键产业组成，才会有发展的实力；必须有辅助企业多元化的结构和多样化的产品为基础，才能分散风险，增强稳定性。主导性和多样性的合理匹配是实现现代产业体系可持续发展的前提。关键产业确定以后，还要注意关键产业与辅助产业之间发展的协调与配套，这不仅有利于关键产业的发展和产业结构的合理化，而且将有效地带动整个区域经济的全面发展，形成各产业部门相互渗透、相互融合、相互协作、相互促进的现代产业体系。

# 第二节　宁波海洋产业发展现状分析

## 一、宁波各细分海洋产业发展规模分析

根据现有的统计口径，宁波海洋经济统计中共包含了18个具体行业，我们利用2004—2010年的数据对这些行业的结构状况进行计算分析。表3-1给出了2004—2010年宁波各细分海洋产业总产值和增加值，从该表可以看出，宁波全部海洋产业总产值和海洋产业增加值呈现了良好的增长态势。

为了说明宁波各细分海洋产业的发展规模，作者选择了宁波主要海洋产业①，根据表3-1的相关数据制作了图3-1至图3-5。

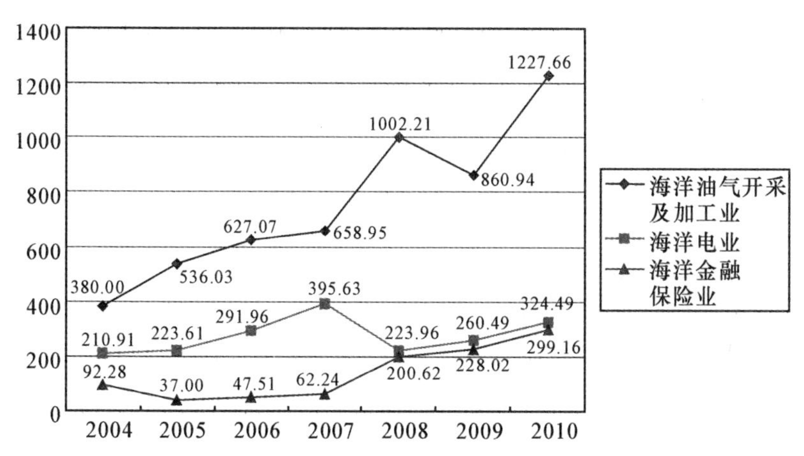


图3-1　近年来宁波海洋油气开采及加工业、海洋电业、海洋金融保险业总产值(单位：亿元)

从图3-1可以看到，2004—2010年间，宁波海洋油气开采及加工业呈现了良好的增长态势。除2009年其总产值有所下降外，其余年份都在较快增长。尤其是2010年的增长速度非常迅猛，成为了宁波海洋经济非常重要的产业之一。需要指出的是，国家为了支持我国海洋石油(天然气)的勘探开发，财政部、海关总署、国家税务总局2011年9月已联合下发通知，明确“十二五”期间在我国海洋开采石油(天然气)进口物资免征进口税收的相关政

① 海盐及盐加工业、海洋教育与科研2010年产值为0，而“涉海建筑业”界定比较宽泛，因此这三个行业没有画图说明。

**表 3-1 近年来宁波各细分海洋产业总产值和增加值**

单位:万元

| | 2004 | | 2005 | | 2006 | | 2007 | | 2008 | | 2009 | | 2010 | |
|---|---|---|---|---|---|---|---|---|---|---|---|---|---|---|
| | 海洋产业总产值 | 海洋产业增加值 | 海洋产业总产值 | 海洋产业增加值 | 海洋产业总产值 | 海洋产业增加值 | 海洋产业总产值 | 海洋产业增加值 | 海洋产业总产值 | 海洋产业增加值 | 海洋产业总产值 | 海洋产业增加值 | 海洋产业总产值 | 海洋产业增加值 |
| 合计 | 12380595 | 3211417 | 15371884 | 3361109 | 17594512 | 3816944 | 20119363 | 5029349 | 24687242 | 4035790 | 24992070 | 5431173 | 30794656 | 8557912 |
| **第一产业产值小计** | 691759 | 393052 | 753077 | 427658 | 805548 | 443487 | 726243 | 445623 | 926517 | 586917 | 996556 | 613581 | 1056250 | 629810 |
| 其中:海洋渔业 | 594858 | 337999 | 647598 | 367758 | 674646 | 371420 | 691456 | 376318 | 856295 | 516913 | 927409 | 542543 | 1006250 | 564381 |
| **第二产业产值小计** | 9552059 | 1870134 | 12751317 | 1773956 | 14477979 | 2005078 | 16520022 | 2983307 | 18612464 | 1692164 | 19260814 | 2961448 | 23948933 | 5564411 |
| 1. 涉海工业 | 8124267 | 1584576 | 10155332 | 1254760 | 12661549 | 1806093 | 14555666 | 2551934 | 16609464 | 1252164 | 16735031 | 2441137 | 21859818 | 5056076 |
| 海洋油气开采及加工业 | 3800000 | 660000 | 5360309 | 213065 | 6270734 | 502880 | 6589476 | 772626 | 10022100 | —221200 | 8609395 | 869812 | 12276614 | 2978959 |
| 海滨矿砂 | 6591 | 833 | 4739 | 584 | 3600 | 520 | 1963 | 643 | 4507 | 997 | 17860 | 3950 | 3763 | 994 |
| 海盐及盐加工业 | 2480 | 1749 | 3446 | 2316 | 3785 | 2400 | 4472 | 843 | 616 | 519 | 0 | 0 | 0 | 0 |
| 海洋化工业 | 385746 | 70041 | 359166 | 64550 | 522469 | 89276 | 666631 | 248460 | 1087474 | 237090 | 1292961 | 231800 | 1486905 | 267643 |
| 海洋生物医药业 | 4662 | 932 | 7184 | 1182 | 9690 | 2592 | 13221 | 3647 | 229643 | 58151 | 287060 | 55412 | 318797 | 56048 |
| 海洋电业① | 2109101 | 498342 | 2236078 | 548332 | 2919555 | 663268 | 3956334 | 974302 | 2239600 | 476600 | 2604865 | 494924 | 3244854 | 987255 |
| 海水综合利用业 | 14349 | 6711 | 16770 | 7711 | 21097 | 9527 | 26613 | 12829 | 28100 | 13700 | 30200 | 13700 | 2042 | 1374 |
| 海洋船舶修造业② | 141079 | 21872 | 273790 | 67382 | 457842 | 81279 | 79843 | 171856 | 1150300 | 310400 | 1216736 | 241184 | 1139357 | 222472 |
| 海洋机械仪器制造及修理业 | 450560 | 99718 | 491283 | 89542 | 1047958 | 166032 | 1425545 | 284992 | 1137141 | 227410 | 1932509 | 376470 | 2125760 | 414081 |

① 海洋电业包括火电、核电、潮汐能、风能等。

② 中国海洋统计年鉴中“海洋船舶修造业”与国家海洋产业分类中的“海洋船舶工业”基本一致，此后本书将统一使用“海洋船舶修造业”概念。

续表

| | 2004 | | 2005 | | 2006 | | 2007 | | 2008 | | 2009 | | 2010 | |
|---|---|---|---|---|---|---|---|---|---|---|---|---|---|---|
| | 海洋产业总产值 | 海洋产业增加值 | 海洋产业总产值 | 海洋产业增加值 | 海洋产业总产值 | 海洋产业增加值 | 海洋产业总产值 | 海洋产业增加值 | 海洋产业总产值 | 海洋产业增加值 | 海洋产业总产值 | 海洋产业增加值 | 海洋产业总产值 | 海洋产业增加值 |
| 海洋涉渔工业 | 199588 | 19892 | 245242 | 24937 | 293606 | 32330 | 342747 | 40981 | 669228 | 107742 | 702690 | 113130 | 920459 | 109411 |
| 2.涉海建筑业 | 1427792 | 285558 | 2595985 | 519196 | 1816520 | 398985 | 1964356 | 431373 | 2003000 | 440000 | 2525783 | 520311 | 2089115 | 508335 |
| **第三产业产值小计** | 2136777 | 948231 | 1867490 | 1159495 | 2310985 | 1368379 | 2873098 | 1600419 | 4531535 | 1971759 | 4264717 | 1968555 | 5789473 | 2363691 |
| 海洋交通运输业 | 767316 | 547122 | 998327 | 684830 | 1242917 | 804796 | 1538731 | 942416 | 1775696 | 1058333 | 1589248 | 1071033 | 1948418 | 1285240 |
| 海洋批零贸易餐饮业 | 263233 | 122159 | 294170 | 136516 | 353004 | 158267 | 414779 | 184381 | 486536 | 213144 | 122692 | 217620 | 579021 | 260056 |
| 海洋旅游业① | 23718 | 8360 | 28857 | 9819 | 35319 | 12017 | 43830 | 14660 | 52688 | 17739 | 62066 | 20134 | 75100 | 23959 |
| 海洋金融保险业 | 922761 | 206940 | 369990 | 248860 | 475120 | 301575 | 622407 | 389333 | 2006170 | 475465 | 2280151 | 552839 | 2991559 | 695471 |
| 涉海信息服务业 | 5585 | 3910 | 6360 | 4452 | 7726 | 5455 | 9138 | 6365 | 10445 | 7078 | 10560 | 6929 | 11669 | 7581 |
| 海洋教育与科研 | 4574 | 2424 | 5189 | 2750 | 5967 | 3161 | 0 | 0 | 0 | 0 | 0 | 0 | 0 | 0 |

① 中国海洋统计年鉴中“海洋旅游业”与国家海洋产业分类中的“滨海旅游业”基本一致，此后本书将统一使用“海洋旅游业”概念。

策。根据通知，自 2011 年 1 月 1 日至 2015 年 12 月 31 日，在我国海洋进行石油（天然气）开采作业的项目，进口国内不能生产或性能不能满足要求，并直接用于开采作业的设备、仪器、零附件、专用工具，在规定的免税进口额度内，免征进口关税和进口环节增值税。① 因此，宁波海洋油气开采及加工业面临着良好的发展机遇，可以预见未来其发展前景非常良好。

海洋电业在 2004—2007 年呈现缓和增长态势，2008 年总产值与 2007 年相比有较大幅度下降，但是 2009—2010 年已经出现恢复性增长。2010 年该产业总产值已经达到 324.49 亿美元，逐步接近 2007 年的水平。

宁波海洋金融保险业在 2005—2010 年呈现缓和增长势头，2005—2007 年增速较慢，2007 年以后开始出现较快增长，2010 年其总产值达到 299.16 亿元。

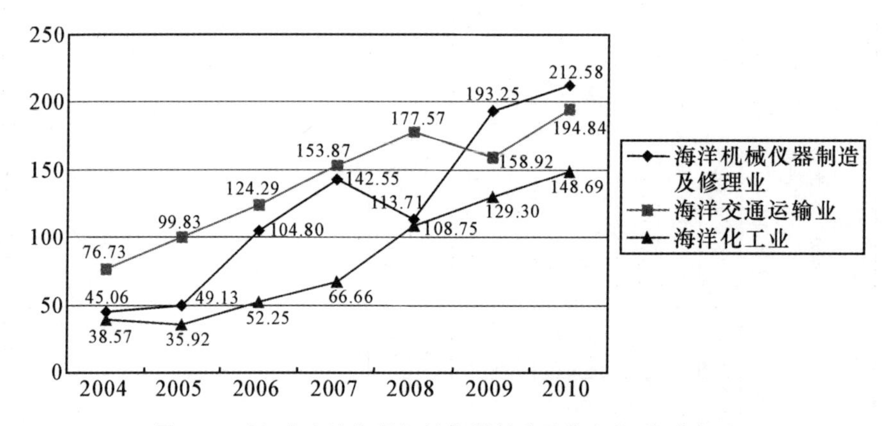


图 3-2　近年来宁波海洋机械仪器制造及修理业、海洋交通运输业、海洋化工业总产值（单位：亿元）

从图 3-2 可以看到，总体来看，宁波海洋机械仪器制造及修理业、海洋交通运输业、海洋化工业均呈现良好的增长势头。其中，近两年来，海洋机械仪器制造及修理业的增长势头最为强劲，其总产值由 2004 年的 45.06 亿元增长到了 2010 年的 212.58 亿元，增长了近四倍，2010 年其总产值超过了海洋交通运输业；海洋化工业的增长最为稳健，2007—2008 年增速较快，2010 年总产值达到了 148.69 亿元；海洋交通运输业在 2009 年曾出现一定程度下降，其余年份呈现稳健增长态势。

① 参见"海洋油气开采进口物资享税收优惠"，http://finance.huagu.com/yw/110902/97784.html。

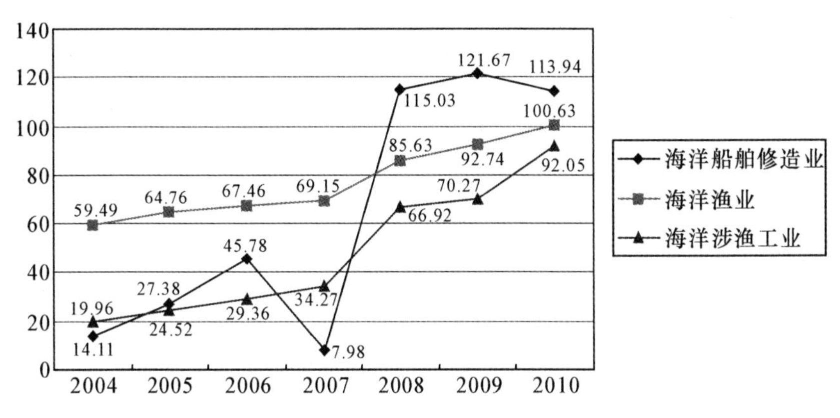


图 3-3　近年来宁波海洋船舶修造业、海洋渔业、海洋涉渔工业总产值(单位:亿元)

从图 3-3 可以看到,在 2004—2010 年年间,宁波海洋渔业、海洋涉渔工业都呈现增长态势,且走势较为相似。这两个行业增长较快的年份都出现在 2008 年,但 2010 年海洋涉渔工业的增长速度快过海洋渔业。

海洋船舶修造业总产值在 2007 年曾出现较大程度下降,2008 年一反 2007 年颓势,出现反弹式增长,一举超越海洋渔业和海洋涉渔工业,总产值达到 115.03 亿元。近年来则由于船舶行业整体的不景气,呈现徘徊格局。

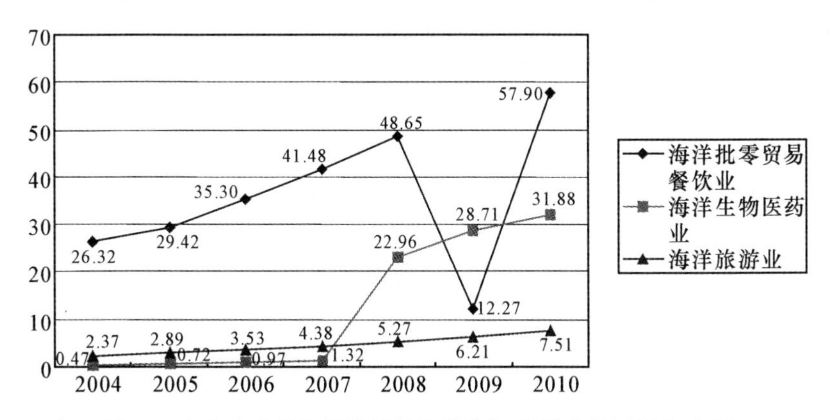


图 3-4　近年来宁波海洋批零贸易餐饮业、海洋生物医药业、海洋旅游业总产值(单位:亿元)

从图 3-4 可以看到,宁波海洋旅游业发展较为平稳,2004 年其总产值为 2.37 亿元,2010 年则为 7.51 亿元。海洋生物医药业在 2007 年以后的发展最为迅猛,该产业总产值从 2004 年的 0.47 亿元增长到了 2010 年的 31.88

亿元，发展前景值得期待。海洋批零贸易餐饮业在2004—2008年年间呈现稳步增长态势，2009年则出现深度下降，总产值从2008年的48.65亿元下降到了2009年的12.27亿元；2010年则出现快速反弹，总产值达到57.90亿元。

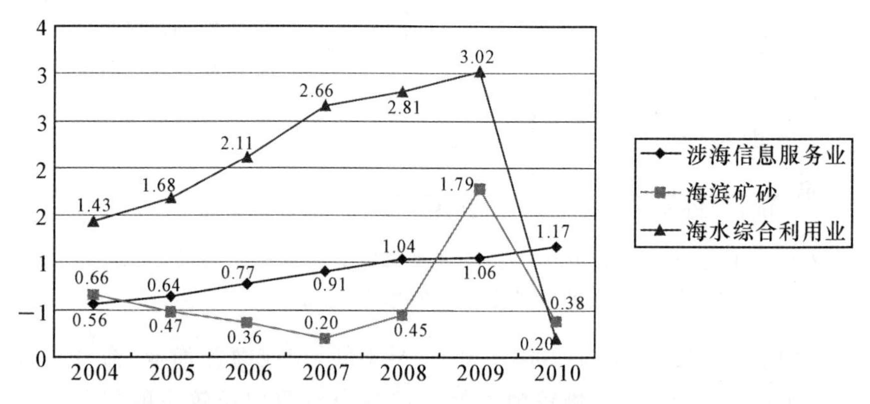


图3-5　近年来宁波涉海信息服务业、海滨矿砂业、海水综合利用业总产值(单位:亿元)

从图3-5可以看到，宁波海水综合利用业在2004—2009年年间呈现良好的增长态势，但是2010年则出现急剧下降，该产业总产值由2009年的3.02亿元下降到了2010年0.20亿元。需要指出的是，随着《宁波市海水利用发展规划(2008—2020)》2009年6月的评审通过，[①]宁波将在热电厂冷却水、海水淡化前处理、海岛风能海水淡化耦合等技术研究方面取得进展与突破，也会给宁波海水综合利用业带来新的增长空间。

宁波涉海信息服务业近年来增长较为稳定，增速比较缓和。而海滨矿砂业在2004—2007年间呈现缓慢下降态势，2007—2009年重拾增长势头，但2010年相对2009年又出现下降，产值下降为0.38亿元。

总体来说，图3-5展示的三个产业在宁波整个海洋经济中占的比重都比较小，未来依然有很大的发展潜力。

## 二、宁波海洋产业结构分析

海洋产业结构是指各海洋产业部门之间的比例构成及其相互依存、相

① 《宁波市海水利用发展规划(2008—2020)》通过专家会议评审，http://www.nbhyj.gov.cn/html/zonghepindao/haiyangyuyedongtai/tupianxinwen/2009/0625/8365.html。

互制约的关系，合理的海洋产业结构能够带动海洋经济快速健康发展，提高海洋经济运作效率，实现各海洋产业的协同发展。因此，下面我们对宁波市海洋产业结构的特点进行具体分析。

（一）三次产业结构

三次产业结构，即第一产业、第二产业、第三产业分别占国民经济的比重，是根据社会生产活动的顺序对产业结构进行的划分，是国民经济中产业结构问题第一位的重要关系。因此，我们首先考察宁波海洋经济发展的三次产业结构问题。宁波海洋经济统计数据中，相比于海洋增加值，海洋总产值的数据相对完整，因此，我们用三次产业总产值占海洋经济总产值的比重来计算分析宁波市海洋三次产业结构。

**表 3-2　2004—2010 年宁波市海洋经济三次产业结构**　　单位：%

| | 第一产业比重 | 第二产业比重 | 第三产业比重 |
|---|---|---|---|
| 2004 年 | 5.59 | 77.15 | 17.26 |
| 2005 年 | 4.90 | 82.95 | 12.15 |
| 2006 年 | 4.58 | 82.29 | 13.13 |
| 2007 年 | 3.61 | 82.11 | 14.28 |
| 2008 年 | 3.37 | 78.52 | 18.11 |
| 2009 年 | 3.68 | 79.15 | 17.18 |
| 2010 年 | 3.43 | 77.77 | 18.80 |
| 平均值 | 4.17 | 79.99 | 15.84 |

资料来源：2004—2009 年来自张祝钧：《宁波海洋产业结构分析及优化升级》，《港口经济》，2011(4)：48—51；2010 年数据根据 2011 年《中国海洋年鉴》相关数据计算得到。

表 3-2 列示了 2004—2010 年宁波市三次产业结构状况，可以看出宁波市海洋三次产业结构具有如下几个特点：一是第一产业所占比重较低，除 2004 年超过 5%以外，近年来已稳定地低于 5%的水平；二是第二产业占绝对优势，其占海洋经济总产值的比重接近 80%；三是三次产业结构正在发生动态调整，其中第一产业比重整体呈下降趋势，第二产业比重也呈小幅下降趋势，第三产业比重则整体呈明显上升趋势，这一趋势可以从图 3-6 中清楚地观察到。

因此，从三次产业结构分析，宁波海洋经济具有第二产业优势明显，第三产业比重不断提升，三次产业结构不断优化的明显特点。

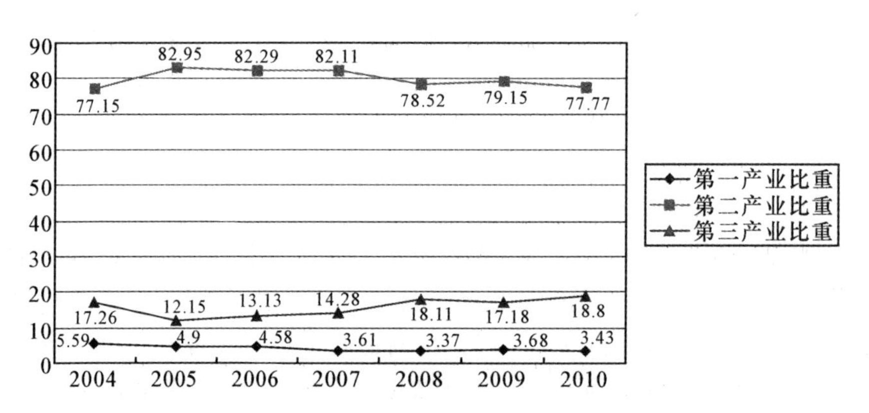


图 3-6 2004—2010 年宁波海洋三次产业结构演变趋势

为了更好地反映宁波海洋产业结构的特点，我们把宁波与青岛、舟山、厦门等城市做简单的比较，相关数据见表 3-3。

**表 3-3 相关城市海洋经济三次产业结构比较**

| | 宁波 | 舟山 | 青岛 | 厦门 |
|---|---|---|---|---|
| 2006 年 | 4.58：82.29：13.13 | — | — | 27.66：59.17：13.17 |
| 2007 年 | 3.61：82.11：14.28 | 10.95：68.48：20.77 | 7.5：43.7：48.8 | — |
| 2008 年 | 3.37：78.52：18.11 | 8.22：71.35：20.43 | 6.55：49.38：44.07 | — |
| 2010 年 | 3.43：77.77：18.80 | — | 10.3：36.2：53.5 | — |

由表 3-3 可以看出，与舟山、青岛、厦门等城市比较，宁波市海洋产业结构的第一个明显特点是海洋第二产业所占比重很高，虽然舟山海洋第二产业的比重也较高，但与宁波相比还是有一定差距；第二个明显特点是宁波海洋第一产业比重很低，在四个城市中是最低的，相比之下，厦门海洋第一产业的比重较高；第三个特点是宁波海洋第三产业的比重较低，低于舟山、青岛等城市，四个城市中青岛海洋第三产业的比重最高，已经超过了海洋第二产业的比重，这也是青岛海洋产业结构不同于其他三个城市的显著特点。综合来看，宁波海洋产业结构与舟山最为相似。

### （二）海洋产业内部各行业结构

由于三次产业内部包括包含了很多不同的海洋行业，因此三次产业结构只能从宏观上反映海洋经济的结构状况。下面我们对宁波市海洋经济各行业的具体结构状况进行分析，以更为具体细致地把握宁波市海洋经济产业结构情况。

表 3-4　近年来宁波市各海洋行业结构状况　　单位：%

| 行　业 | 2010 年 | 2007 年 | 2006 年 | 2005 年 | 2004 年 |
|---|---|---|---|---|---|
| 海洋油气开采及加工业 | 39.87 | 32.75 | 35.64 | 34.87 | 30.69 |
| 海洋电业 | 10.54 | 19.66 | 16.59 | 14.55 | 17.04 |
| 海洋金融保险业 | 9.71 | 3.09 | 2.70 | 2.41 | 7.45 |
| 海洋机械仪器制造及修理业 | 6.90 | 7.09 | 5.96 | 3.20 | 3.64 |
| 涉海建筑业 | 6.78 | 9.76 | 10.32 | 16.89 | 11.53 |
| 海洋运输、港口业 | 6.33 | 7.65 | 7.06 | 6.49 | 6.20 |
| 海洋化工业 | 4.83 | 3.31 | 2.97 | 2.34 | 3.12 |
| 海洋船舶修造业 | 3.70 | 0.40 | 2.60 | 1.78 | 1.14 |
| 海洋渔业 | 3.27 | 4.09 | 3.83 | 4.21 | 4.80 |
| 海洋涉渔工业 | 2.99 | 1.70 | 1.67 | 1.60 | 1.61 |
| 海洋批零贸易餐饮业 | 1.88 | 2.06 | 0.20 | 0.19 | 0.19 |
| 海洋生物医药业 | 1.04 | 0.07 | 0.06 | 0.05 | 0.04 |
| 海洋旅游业 | 0.24 | 0.22 | 2.01 | 1.91 | 2.13 |
| 涉海信息服务业 | 0.04 | 0.05 | 0.04 | 0.04 | 0.05 |
| 海滨矿砂 | 0.01 | 0.01 | 0.02 | 0.03 | 0.05 |
| 海水综合利用业 | 0.01 | 0.13 | 0.12 | 0.11 | 0.12 |
| 海洋教育、科研 | 0.00 | 0.00 | 0.03 | 0.03 | 0.04 |
| 海盐及盐加工业 | 0.00 | 0.02 | 0.02 | 0.02 | 0.02 |

从表 3-4 可以看出，2010 年，海洋油气开采及加工业是宁波市海洋经济比重最大的行业，其总产值占海洋经济总产值的比重高达 39.87%，接下来依次是海洋电业、海洋金融保险业、海洋机械仪器制造及修理业、涉海建筑业、海洋运输、港口业、海洋化工业等。

2004—2010 年，海洋油气开采及加工业始终是宁波海洋第一大产业，而且其比重呈明显上升态势，其重要地位不断提升。这与春晓油气田的开采及镇海炼化的加工能力有密切关系。2005 年宁波春晓油气田建成，日处理天然气 910 万立方米，为宁波以至浙江省供应大量的天然气。随着我国经济的快速发展，油气需求日益增长，宁波海洋油气产业还有很大的增长空间，海洋油气产业作为宁波海洋经济支柱产业的地位在很长时间内不会发生根本改变。

除2005年之外，海洋电业作为海洋第二大产业的地位也十分稳固，但整体来看，其比重明显下降，占海洋经济总产值的比重已从2007年的19.66％下降到2010年的10.54％。宁波海洋电业主要包括火能、核能、潮汐能及风能发电。海洋电业的稳步增长为解决宁波市及周边地区的供电紧张问题发挥了积极作用。

在2007年之前，海洋金融保险业的比重并不是很高，比如2006年、2007年海洋金融保险业的比重仅排在第八位，但到2010年这一产业的比重已排在第三位，说明宁波市的海洋金融保险业近年来发展很快。

2007年之前，涉海建筑业在宁波海洋经济中的比重一直较高，可以稳定地排在第三位，但2010年，涉海建筑业已排在第五位，地位有所下降。海洋经济的发展离不开海洋工程项目的投资建设，涉海建筑业也必将成为支撑宁波海洋经济发展的重要产业。

另外，海洋运输、港口业的比重呈下滑趋势，而海洋化工业、海洋船舶修造业等产业的地位则有所上升。随着宁波—舟山港的一体化，宁波港的发展迈上了新台阶，货物吞吐量位居内地沿海港口第一位，集装箱吞吐量位居内地沿海主要港口第三位。虽然由于其他海洋产业的迅猛发展而使得其比重有所下降，但宁波港的重要地位必将日益上升，并对宁波其他海洋产业发展起到重要的支持作用。

总体来看，宁波海洋经济中占据明显优势地位的行业主要还是来自第二产业，海洋第一产业、第三产业各行业的比重明显偏小，这与三次产业结构的分析结果相吻合。

## 第三节　宁波现代海洋产业选择的评价指标体系构建

### 一、现代海洋产业的主要特征

一般来讲，现代海洋产业具有如下基本特征：(1)能有效地缓解区域经济社会发展中所面临的交通、能源、水资源紧张状态；(2)发展潜力大，经济效益显著，能够创造更多的就业机会，吸纳更多的劳动力；(3)影响面广，具有较强的关联性，不仅能全面带动和促进海洋各产业发展，还与内陆地区产业之间存在“能量转移”梯度(产业势能差)，能促进海陆经济(产业)的有效融合;(4)具有很强的科技开发优势,可以吸收和应用海洋科技新成果,更好地开拓新兴海洋产业,促进海洋经济可持续发展。

## 二、选择现代海洋产业的原则

在海洋经济(产业)发展的不同阶段,主导产业的选择有所不同,应从海洋资源禀赋条件出发,综合考虑地区社会经济发展战略的需求。在选择现代海洋产业时应遵循以下原则:

第一,市场需求导向原则。产品市场扩展能力强,社会需求增长快,是现代海洋产业选择的首要条件。在主导产业选择研究中,应把握市场需求的动态准则,对市场需求的分析应具有预测性。

第二,资源比较优势原则。现代海洋产业的选择应以区域内海洋自然条件、资源优势为基础。在考察海洋资源优势时,要用发展的、动态的、前瞻性的眼光,从区域海陆经济一体化和可持续发展的角度长远考虑。

第三,经济效益原则。海洋产业结构调整的最终目标是实现经济效益的提高,因此,现代海洋产业应是在各产业产值和国民经济构成中占有较大的份额,在区域经济发展中具有较高的投入产出比的产业。

第四,产业优势原则。产业的发展状况、基础和潜在发展实力是决定产业未来发展态势的重要因素。现代海洋产业应具有资源、市场、技术等基础优势和广阔的发展前景,通过培育和开发能够形成未来经济发展的支柱,成为本行业、本部门的龙头产业。

第五,技术进步推动原则。由于海洋环境的复杂性和不确定性,海洋开发对科学技术有着巨大的依赖性。产业结构调整也是不断培育新兴海洋产业,利用先进技术改造传统产业、提高产业技术基础的过程。因此,现代海洋产业应该是区域内具有领先技术或较强的技术储备,能够顺应海洋产业技术发展的潮流,在海洋产业结构升级中具有推动作用的技术含量较高的产业。

第六,关联效应原则。现代海洋产业不仅应在产业间有着较高的关联度,还应在整体区域经济发展中发挥重要作用,能够与陆域产业发展形成一定的梯度,带动区域经济的全面发展。

第七,可持续发展原则。在选择现代海洋产业时,要强调把环境保护作为一个重要的衡量标准,不能以破坏生态与环境为代价来换取片面的经济利益。

## 三、宁波现代海洋产业选择评价指标体系构建的原则

现代海洋产业选择的指标体系是具有内在逻辑关系，并满足一定要求的指标结合。指标的简单堆积不能构成指标体系，因此建构现代海洋产业选择评估指标体系必须遵循以下原则：

### （一）重点和准确相结合原则

在构建现代海洋产业选择的评价指标时，可以选用的指标很多。多选择一些指标，虽然在一定程度上可以提高评价的准确性，但由于指标列得太多，反而可能影响关键因素作用的体现。因此该评价指标的选择与设置必须抓住现代海洋产业的主要方面和本质特征，尽可能用少而准确的指标把欲评价的内容表达出来。

### （二）科学性和可行性相结合原则

可行性是指建立的评价体系的数据必须有现实的可达到的收集渠道，科学性是确保评价结果准确合理的基础。建立评价指标体系要考虑可行性，同时又要确保所选取的指标科学地反映现代海洋产业的特点，并能够用统一测算和量化的办法实现。

## 四、宁波现代海洋产业选择的评价指标体系

为了较为客观准确地选择现代海洋产业，应建立主导产业选择的指标体系。海洋经济属于区域经济学研究范畴，因此，在建立现代海洋产业选择的指标体系时，可以参考目前比较成熟的区域经济主导产业的选择标准，并充分考虑海洋产业在区域生产中所占的比重以及在全国地域劳动分工中的重要性。依据宁波市现代海洋产业选择评价指标体系的设计原则和设计思路，在选择指标过程中，坚持运用系统论的观点和系统分析的方法，充分考虑当前各海洋产业发展的一般趋势与面临的主要问题，力求全面概括和充分体现现代海洋产业发展的本质、内涵和特征，做到绝对量指标与相对指标、总量指标与人均指标、存量指标与流量指标相互兼顾。确定了由规模、结构、效益、成长和潜力等五个领域共 14 个指标构成的宁波市现代海洋产业选择评价体系。

第一，发展规模指标。由于当前宁波海洋经济尚处于稳步增长阶段，海洋经济发展空间广阔。因此，此阶段宁波海洋经济发展的首要目标应该是

确保海洋经济总量的较快增长，保持规模的适当扩大，并逐步改善增长的质量。为了保证指标可比性，选取产出水平、增加值水平和从业人员规模来反映各海洋产业的发展规模。一般来说，主导产业应是发展规模较大的产业，反映在各个指标上，也应是越大越好。

第二，关联结构指标。当前经济发展面临的矛盾和问题很多都是由结构问题所引起的。结构问题中要解决的一个重要议题就是产业结构的合理化。它不仅包括三次产业之间的合理化，更包括产业内部各部门之间发展的协调问题。海洋产业内部结构的合理化是海洋经济今后发展的一个重要问题。考虑到海洋产业统计指标现状，关联结构指标包括区位商、产出占比和从业人员占比指标。其中，区位商是区域某产业经济活动水平（通常以总产值、增加值或就业水平等表示）占区域总的经济活动水平比重与基准经济（通常为全国）该产业总水平占基准经济总水平比重之比值。通常情况下，区位商越大，说明该产业在研究区域的集中程度越高。

第三，发展效应指标。海洋产业发展效应指标包括主要是指海洋产业发展的经济效益，某产业的发展效应可以用两个指标表示：一是比较生产率系数，表示某产业的全要素生产率与总体产业的全要素生产率的比值；二是比较税率系数，表示某产业的利税率与总体产业的利税率的比值。此处采用比较生产率系数，比较生产率系数由在整个产业中不同产业产值所占有的比重与所占有的劳动力相比而得。此外，发展效应指标还包括各海洋细分产业对就业的贡献水平，对海洋经济增长的贡献率。

第四，增长速度指标。适当的增长是保证规模和效益的重要基础，是促进结构调整的动力，也是反映宁波现代海洋产业发展动态趋势的重要指标。本着突出反映宁波现代海洋产业发展内涵，体现存量、增量、效益、就业之间协调关系的理念，选取产业的产出增长速度、增加值增长速度和从业人员增长速度来反映各海洋细分产业的成长状况。

第五，发展潜力指标。宁波现代海洋产业的发展水平与发展潜力密不可分，产业潜力是产业持续发展的基础。这里采用专家打分法对宁波各海洋产业的发展趋势进行评估，并利用趋势预测法预测各海洋产业增加值增长趋势，用发展趋势和增长潜力这两个指标来共同反映海洋产业的发展潜力。

## 第四节　宁波现代海洋产业选择的评价方法与评价结果

### 一、宁波现代海洋产业选择的评价方法

以实际数据为基础，采用合理的评价指标，应用科学的计算方法对现代海洋产业进行定量分析与选择是至关重要的。考虑到海洋经济统计数据有限，没有典型分布规律的特征，同时尽可能避免主观判断的影响，笔者拟采用层次分析法、灰色聚类方法进行分析，对宁波市海洋经济的主导产业选择进行实证分析，旨在准确、巧妙地找出主导或优势因素。

#### （一）指标综合

评价指标确立以后，接着需要解决如何将单个指标的评价结果化成一个能反映综合水平的评价结果，而且最好是一个量化的、可比较的数值。具体的处理方法有很多种，这里我们采用层次分析法，把竞争力评价的各个指标先化为无量纲的分值，即量化测度，再得出一个容易比较的、量化的结果，能够直观显示海洋产业综合效益的大小。

1. 层次分析法

层次分析法（Analytic Hierarchy Process，简称 AHP）是由美国著名的运筹学家、匹兹堡大学教授 T. L. Saaty 最早提出来。层次分析法在本质上是一种决策思维方式，它把复杂的问题分解成各组成因素，将这些因素按支配关系分组以形成有序的递阶层次结构，通过两两比较判断的方式确定每一层次中因素的相对重要性，然后在递阶层次结构内进行合成以得到决策因素相对于目标重要性的总顺序。层次分析法体现了人们决策思维的基本特征：分解、判断、综合，具有系统性、简洁性、灵活性、实用性等特点，是进行评价、决策、计划和系统分析的简单而实用的方法。该方法作为一种定性与定量相结合的工具，目前已在油价规划、教育计划、钢铁工业未来规划、效益成本决策、资源分配和冲突分析等方面得到广泛的应用。

同样，我们可以利用层次分析方法来确定海洋产业选择中各因素的权重，以 $Xp_1, Xp_2, \cdots, Xp_n$ 作为现代海洋产业选择的二级指标，以 $C_1, C_2, \cdots, C_n$ 作为一级指标。通过计算得出各二级指标的量化测度，利用层次分析法对二级指标进行计算得出一级指标的量化测度，再对一级指标利用层次分

析法得出一级指标的值并进行综合分析，得到的结论就是我们需要的结果。其计算过程的拓扑结构如图 3-7。

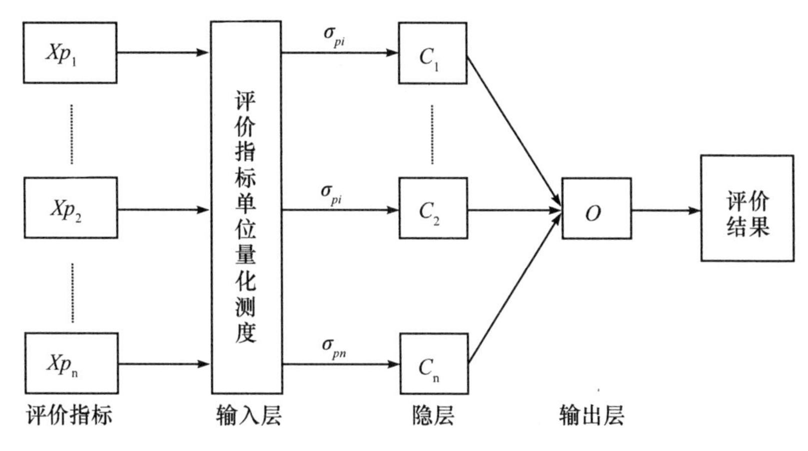


图 3-7　层次分析法

2. 确定各项指标的权重

采用专家德尔菲法，由九位专家对各项指标的重要性权重作出判断，确定操作层具体指标体系在其对应的第二子层评价因素中的权重，并且总权值等于 1；然后，对每个第二子层评价因素予以分值，取加权平均计算出各个第二子层评价因素的分值，为以后的模型所用。计算公式如下：

$$M = \sum_{j=1}^{m} W_i j \sum_{k=1}^{n} W_i k \times Z_i k$$

其中，$W_{ik}$ 为第 $i$ 个一级指标中第 $k$ 个二级指标的权重；$Z_i k$ 为第 $i$ 个一级指标中第 $k$ 个二级指标的量化测度；$W_i$ 为第 $i$ 个指标的权重；$n$ 为一级指标数，本评价指标体系中 $n=5$；$m$ 为一级指标所含的二级指标数。

## （二）最终的指标体系

详见表 3-5。

## （三）评价方法

1. 无量纲化处理

评价体系是由不同统计指标构成的综合评价指标体系。因此，在计算综合评价指数的过程中，数据必须进行无量纲化处理，即通过对各指标数据进行标准化处理，以消除量纲，将其转化为无量纲、无数量级差别的可以进行比较和运算的标准分值。无量纲化有多种方法，考虑到直观性、简单性和可行性等因素，我们采取标准化方法消除数据量纲的影响。标准化公式为：

$$y_j = 80 + \frac{x_j - x_{\min}}{x_{\mathrm{man}} - x_{\min}} \times 20$$

其中，$x_j$ 表示宁波市第 $j$ 个海洋产业统计指标统计值，$x_{\max}$ 和 $x_{\min}$ 分别表示宁波各海洋产业对应统计指标中的最大值和最小值，$y_j$ 表示无量纲化后第 $j$ 个海洋产业的统计指标值。

2. 评价方法

我们采用线性加权法对评价目标进行综合评价。反映第 $i$ 个海洋产业总评价目标的评价公式为：

$$U_i = \sum_j y_{ij} \times W_j$$

其中，$W_j$ 表示第 $j$ 项统计指标的权重，$W_j$ 满足 $\sum_j W_j = 1$ ，$0<W_j<1$；$U_i$ 表示第 $i$ 个海洋产业的综合评价指数。

## 二、宁波现代海洋产业的选择结果

表 3-6 是专家认为发展趋势和增长潜力最好的宁波现代海洋产业，最后专家普遍给了这些产业较高的分数。

表 3-7 是依据评价指标体系采集到的原始数据。

根据表 3-7 中的数据，采用如前所述的研究方法，得到的最终结果如表 3-8 所示：

由表 3-8 可以看到，综合得分靠前的五个海洋产业分别为海洋交通运输业(综合得分为 92.45)、海洋渔业(综合得分为 89.78)、海洋生物医药业(综合得分为 89.44)、海洋旅游业(综合得分为 89.30)、海洋船舶修造业(综合得分为 89.15)，这五个产业即为我们选择出来的宁波主导海洋产业。此后的章节中会对这五个产业的发展现状等进行详细阐述。

表 3-5　宁波市现代海洋产业选择的评价指标体系

| 一级指标 | 权重 | 二级指标 | 计算方法 | 权重 |
|---|---|---|---|---|
| 发展规模 | 15 | 产出水平 | 某海洋产业产值 | 5 |
| | | 增加值 | 某海洋产业增加值 | 5 |
| | | 从业人员 | 某海洋产业从业人员 | 5 |
| 关联结构 | 15 | 增加值区位商 | 某海洋产业增加值占宁波海洋产业增加值比重/全国该海洋产业增加值占全国海洋产业增加值比重×100％ | 6 |
| | | 产出占比 | 某海洋产业产值/宁波海洋经济总产出×100％ | 4 |
| | | 从业人员占比 | 某海洋产业从业人员/宁波海洋经济总从业人员×100％ | 5 |
| 发展效应 | 25 | 比较劳动生产率 | （某海洋产业产值/宁波海洋经济总产出）/（某海洋产业从业人数/宁波海洋经济总从业人员）×100％ | 9 |
| | | 对新增就业的贡献水平 | （某海洋产业当年从业人数－某海洋产业上年从业人数）/（全社会当年从业人数－全社会上年从业人数）×100％ | 8 |
| | | 对海洋经济增长的贡献率 | 灰色关联分析方法来研究宁波各海洋产业对宁波海洋增加值的影响程度 | 8 |
| 增长速度 | 25 | 产出增长速度 | （当年某海洋产业产值－上年某海洋产业产值）/上年某海洋产业总产出×100％ | 8 |
| | | 增加值增长速度 | （当年某海洋产业增加值－上年某海洋产业增加值）/上年某海洋产业增加值×100％ | 9 |
| | | 从业人员增长速度 | （当年某海洋产业从业人员数－上年某海洋产业从业人员数）/上年某海洋产业从业人员数×100％ | 8 |
| 发展潜力 | 20 | 发展趋势 | 定性指标，采用专家打分法进行评价 | 12 |
| | | 增长潜力 | 定性指标，采用专家打分法进行评价 | 8 |

表 3-6　专家认为发展趋势和增长潜力最好的宁波现代海洋产业及其主要理由

| 细分海洋产业 | 选择原因 | |
|---|---|---|
| | 发展基础较好 | 发展前景和增长潜力较好 |
| 海洋渔业 | 宁波拥有丰富的"岛、涂、渔、景"等海洋资源,组合优势明显,渔业基础很好。 | ①鄞州、奉化、宁海、象山等沿象山港区域"海、湾、岛、滩"资源优势显著,适合大力发展海洋旅游业、海洋渔业、海洋船舶工业。<br>②象山对面山岛、东门岛、铜钱礁等岛屿具有良好的海域生态环境,渔业资源丰富。<br>③宁波将重点建设象山港、渔山列岛和韭山列岛等三个海洋牧场核心示范区。 |
| 海洋船舶修造业 | 2010 年,全市海洋船舶修造业完成工业总产值 113.9 亿元,其中 20 家规模以上海洋船舶制造重点企业完成产值 112.3 亿元。2011 年上半年,宁波船舶制造产业完成工业总产值 52 亿元,同比上升 2.4%;工业销售产值 39.7 亿元,主营业务收入 57.9 亿元,利润总额 4.97%。 | ①鄞州、奉化、宁海、象山等沿象山港区域"海、湾、岛、滩"资源优势显著,适合大力发展海洋旅游业、海洋渔业、海洋船舶工业。<br>②宁波将着力建设宁波船舶及船用产品交易市场:培育组建专业的船舶投资公司,提供船舶金融服务。<br>③北仑、杭州湾新区和三门湾区域将着力发展高技术专用船舶。<br>④虽然船舶制造、船舶修理等细分行业较为低迷,但受政策着重扶持的海工装备制造业却呈现出良好的发展势头。 |
| 海洋生物医药业 | 宁海三门湾等地海洋生物医药产业发展基础较好。 | ①规划建设石浦水产城等一批水产品加工区<br>②将筹建宁波海洋生物工程院,发展海洋生物育种业、现代海水健康养殖业。 |
| 海洋交通运输业 | ①宁波具有天然的港口优势,交通运输业基础很好。<br>②宁波临港大工业发展基础和趋势都非常好。 | ①梅山岛将发展成为国际物流和对外贸易示范区。<br>②宁波将着力构建大宗商品交易平台、海陆联动集疏运网络、金融和信息支撑系统"三位一体"的港航物流服务体系,建设我国大宗商品区域性配置中心和现代化国际枢纽港。 |

续表

| 细分海洋产业 | 选择原因 | |
|---|---|---|
| | 发展基础较好 | 发展前景和增长潜力较好 |
| 海洋旅游业 | ①宁波旅游资源种类丰富，覆盖面广，优良级资源多，品级出众，拥有“大港”（宁波港），“大桥”（杭州湾跨海大桥），“大湖”（东钱湖），“大海”（象山滨海旅游资源）层。<br>②2011 年度游客满意度列全国第二位。2011 年接待入境旅游者 107.42 万人次，同比增长 12.87%；旅游外汇收入 6.55 亿美元，同比增长 10.96%。实现旅游总收入 751.3 亿元，同比增长 15.4%。 | ①鄞州、奉化、宁海、象山等沿象山港区域“海、湾、岛、滩”资源优势显著，适合大力发展海洋旅游业、海洋渔业、海洋船舶工业。<br>②大目湾产业集聚区将依托滨海区位和生态优势，促进大目湾新城和松兰山景区联片开发。<br>③宁海三门湾产业集聚区将积极谋划田湾岛港区、下洋涂区域、胡陈港旅游度假区等开发建设，重点发展新能源、生物医药、滨海旅游等战略性新兴产业。<br>④象山港内的强蛟群岛，奉化的阳光海湾群岛，象山的花岙岛、檀头山岛，三门湾满山岛，鄞州的盘池山岛等岛屿将建设成海洋旅游岛。 |

**表 3-7　宁波现代海洋产业选择的原始数据表**

| 二级指标 | 海洋渔业 | 海洋油气开采及加工业 | 海滨矿砂 | 海洋化工业 | 海洋生物医药业 | 海洋电业 | 海水综合利用业 | 海洋船舶修造业 | 海洋机械仪器制造及修理业 | 海洋涉渔工业 | 海洋交通运输业 | 海洋批零贸易餐饮业 | 海洋旅游业 | 海洋金融保险业 | 涉海信息服务业 |
|---|---|---|---|---|---|---|---|---|---|---|---|---|---|---|---|
| 产出水平(万元) | 1006250 | 12276614 | 3763 | 1486905 | 318797 | 3244854 | 2042 | 1139357 | 2125760 | 920459 | 1948418 | 579021 | 75100 | 2991559 | 11669 |
| 增加值(万元) | 564381 | 2978959 | 994 | 267643 | 56048 | 987255 | 1374 | 222472 | 414081 | 109411 | 1285240 | 260056 | 23959 | 695471 | 7581 |
| 从业人员(人) | 55945 | 8733 | 105 | 1585 | 229 | 14325 | 722 | 9484 | 69084 | 5855 | 81302 | 18173 | 2863 | 5044 | 595 |
| 增加值区位商 | 1.460231 | 1.026324 | 1.402408 | 1.324781 | 1.478921 | 1.350272 | 1.160287 | 1.458219 | 1.012961 | 1.263362 | 1.483502 | 1.429856 | 1.472015 | 1.032143 | 1.410565 |
| 产出占比(%) | 3.71081 | 34.44851 | 0.07146 | 5.17349 | 1.14860 | 10.42277 | 0.12084 | 4.86849 | 7.73249 | 2.81165 | 6.35901 | 0.49092 | 0.24834 | 9.12350 | 0.04225 |
| 从业人员占比(%) | 13.33113 | 2.08099 | 0.02502 | 0.37769 | 0.05457 | 3.41350 | 0.17205 | 2.25994 | 16.46202 | 1.39519 | 19.37344 | 4.33044 | 0.68222 | 1.20193 | 0.14178 |
| 比较劳动生产率 | 0.27836 | 16.55394 | 2.85617 | 13.69772 | 21.04890 | 3.05339 | 0.70236 | 2.15425 | 0.46972 | 2.01525 | 0.32823 | 0.11337 | 0.36402 | 7.59068 | 0.29802 |
| 对就业的贡献水平 | −3.13139 | −19.68038 | 0.06102 | −1.78878 | −0.42336 | 1.33094 | 0.18689 | 6.51436 | 8.90537 | −1.94134 | 6.37705 | 1.28914 | 1.19070 | 0.57592 | 0.04958 |
| 对海洋经济增长的贡献率 | 1.35872 | 16.19974 | −0.24294 | 3.34237 | 0.54695 | 11.02938 | −0.48527 | 1.33353 | 3.33043 | 3.75296 | 6.18983 | 4.86424 | 0.82462 | 9.26019 | 0.01911 |

续表

| 二级指标 | 海洋渔业 | 海洋油气开采及加工业 | 海滨矿砂 | 海洋化工业 | 海洋生物医药业 | 海洋电业 | 海水综合利用业 | 海洋船舶修造业 | 海洋机械仪器制造及修理业 | 海洋涉渔工业 | 海洋交通运输业 | 海洋批零贸易餐饮业 | 海洋旅游业 | 海洋金融保险业 | 涉海信息服务业 |
|---|---|---|---|---|---|---|---|---|---|---|---|---|---|---|---|
| 产出增长速度(%) | 8.50121 | 12.59555 | −78.93057 | 14.99999 | 11.05588 | 14.56899 | −93.2384 | −2.35956 | 6.00001 | 30.99076 | 22.60000 | 371.93053 | 21.00023 | 31.20004 | 10.50189 |
| 增加值增长速度(%) | 4.02512 | 22.48309 | −74.83544 | 15.46290 | 1.14777 | 19.47608 | −89.97080 | −2.75839 | 7.99044 | −3.28737 | 20.00004 | 19.50005 | 18.99772 | 25.79992 | 9.40973 |
| 从业人员增长速度(%) | −14.53298 | −37.14101 | 17.97753 | −22.83350 | −32.64706 | 46.45742 | 7.28083 | 21.96502 | 60.09455 | −7.99811 | 2.09971 | 1.89515 | 1.77746 | 3.08604 | 2.23368 |
| 发展趋势 | 98 | 82 | 80 | 86 | 96 | 82 | 81 | 95 | 80 | 88 | 99 | 85 | 99 | 90 | 82 |
| 增长潜力 | 95 | 82 | 80 | 81 | 95 | 88 | 80 | 93 | 81 | 87 | 94 | 84 | 98 | 89 | 89 |

**表 3-8 宁波现代海洋产业评价结果**

| 二级指标 | 海洋渔业 | 海洋油气开采及加工业 | 海滨矿砂 | 海洋化工业 | 海洋生物医药业 | 海洋电业 | 海水综合利用业 | 海洋船舶修造业 | 海洋机械仪器制造及修理业 | 海洋涉渔工业 | 海洋交通运输业 | 海洋批零贸易餐饮业 | 海洋旅游业 | 海洋金融保险业 | 涉海信息服务业 |
|---|---|---|---|---|---|---|---|---|---|---|---|---|---|---|---|
| 产出水平 | 4.08 | 5.00 | 4.00 | 4.12 | 4.03 | 4.26 | 4.00 | 4.09 | 4.17 | 4.07 | 4.16 | 4.05 | 4.01 | 4.24 | 4.00 |
| 增加值(万元) | 4.19 | 5.00 | 4.00 | 4.09 | 4.02 | 4.33 | 4.00 | 4.07 | 4.14 | 4.04 | 4.43 | 4.09 | 4.01 | 4.23 | 4.00 |
| 增加值区位商 | 5.94 | 4.83 | 5.79 | 5.60 | 5.99 | 5.66 | 5.18 | 5.94 | 4.80 | 5.44 | 6.00 | 5.86 | 5.97 | 4.85 | 5.81 |
| 产出占比(%) | 3.29 | 4.00 | 3.20 | 3.32 | 3.23 | 3.44 | 3.20 | 3.31 | 3.38 | 3.26 | 3.35 | 3.21 | 3.20 | 3.41 | 3.20 |
| 从业人员占比(%) | 4.69 | 4.11 | 4.00 | 4.02 | 4.00 | 4.18 | 4.01 | 4.12 | 4.85 | 4.07 | 5.00 | 4.22 | 4.03 | 4.06 | 4.01 |
| 比较劳动生产率 | 7.21 | 8.61 | 7.44 | 8.37 | 9.00 | 7.45 | 7.25 | 7.38 | 7.23 | 7.36 | 7.22 | 7.20 | 7.22 | 7.84 | 7.22 |
| 对就业的贡献水平 | 7.33 | 6.40 | 7.50 | 7.40 | 7.48 | 7.58 | 7.51 | 7.87 | 8.00 | 7.39 | 7.86 | 7.57 | 7.57 | 7.53 | 7.50 |
| 对海洋经济增长的贡献率 | 6.58 | 8.00 | 6.42 | 6.77 | 6.50 | 7.50 | 6.40 | 6.57 | 6.77 | 6.81 | 7.04 | 6.91 | 6.53 | 7.33 | 6.45 |

**续表**

| 二级指标 | 海洋渔业 | 海洋油气开采及加工业 | 海滨矿砂 | 海洋化工业 | 海洋生物医药业 | 海洋电业 | 海水综合利用业 | 海洋船舶修造业 | 海洋机械仪器制造及修理业 | 海洋涉渔工业 | 海洋交通运输业 | 海洋批零贸易餐饮业 | 海洋旅游业 | 海洋金融保险业 | 涉海信息服务业 |
|---|---|---|---|---|---|---|---|---|---|---|---|---|---|---|---|
| 产出增长速度(%) | 6.75 | 6.76 | 6.45 | 6.77 | 6.76 | 6.77 | 6.40 | 6.71 | 6.74 | 6.83 | 6.80 | 8.00 | 6.79 | 6.83 | 6.76 |
| 增加值增长速度(%) | 8.66 | 8.95 | 7.44 | 8.84 | 8.62 | 8.90 | 7.20 | 8.56 | 8.72 | 8.55 | 8.91 | 8.90 | 8.89 | 9.00 | 8.75 |
| 从业人员增长速度(%) | 6.77 | 6.40 | 7.31 | 6.64 | 6.47 | 7.78 | 7.13 | 7.37 | 8.00 | 6.88 | 7.05 | 7.04 | 7.04 | 7.06 | 7.05 |
| 发展趋势 | 11.87 | 9.85 | 9.60 | 10.36 | 11.62 | 9.85 | 9.73 | 11.49 | 9.60 | 10.61 | 12.00 | 10.23 | 12.00 | 10.86 | 9.85 |
| 增长潜力 | 7.73 | 6.58 | 6.40 | 6.49 | 7.73 | 7.11 | 6.40 | 7.56 | 6.49 | 7.02 | 7.64 | 6.76 | 8.00 | 7.20 | 7.20 |
| 综合得分情况 | 89.78 | 88.60 | 83.55 | 86.79 | 89.44 | 88.99 | 82.41 | 89.15 | 87.74 | 86.41 | 92.45 | 88.27 | 89.30 | 88.52 | 85.80 |

# 第四章　宁波现代海洋产业之一:宁波海洋渔业发展现状与发展对策

宁波市位于浙江沿海东北部,三面环海,沿海有三门湾、杭州湾和象山港。宁波市海域总面积为9758平方千米,岸线总长为1562千米,其中大陆岸线为788千米,岛屿岸线为774千米,占全省海岸线的1/3;拥有500平方米以上的岛屿531个,面积524.07平方千米;滩涂资源总面积940.04平方千米,占浙江省总量的34%,居全省首位。宁波市海洋经济总产值早在2005年就已达1537.2亿元,占居浙江省第一位。2011年,宁波市渔业经济总产出达237.58亿元,实现海洋渔业总产值109.60亿元,其中水产品总产量98.92万吨,海洋捕捞59.49万吨,海水养殖面积达58884公顷,海水养殖产量27.98万吨,渔民人均收入19084元。"十二五"之初,宁波市海洋渔业得到了快速的发展,海洋渔业经济已初具规模。

## 第一节　宁波海洋渔业发展概况

宁波有漫长的海岸线,港湾曲折,岛屿星罗棋布。宁波境内有两港一湾,即杭州湾、北仑港和象山港。这些海湾海港,因有钱塘江、甬江及众多溪水河流注入,夹杂着大量泥沙和营养物质,为海洋生物繁殖提供了丰富的养料。宁波市多个海域还是全国的重要渔场,拥有全国性意义的渔业资源,丰富的渔业资源和良好的区位条件为宁波市海洋渔业的发展提供了得天独厚的条件。

## 一、海洋捕捞业的基本现状

海洋捕捞指在海洋中对各种鱼、虾、蟹、贝、珍珠、藻类等天然水生动植物的捕捞活动,海洋渔业是我国沿海省份海洋经济的传统支柱产业之一。海洋捕捞渔业一直是我国水产品的主要来源,长期以来是我国水产品供给的主要途径之一和沿岸渔业的重点投资方向。20 世纪 80 年代后期以来,虽然我国沿岸海淡水养殖业有了迅速发展,但是,沿海水产品以海洋捕捞为主体的格局一直未能改变。

### (一)海洋渔业资源丰富

宁波市濒临东海渔场,鱼类品种繁多,也是浙江省海洋鱼类重点产区之一。宁波市临近海域内渔业资源种类多、数量大,种群恢复能力强。在海洋捕捞的游泳生物中,宁波具有较高经济价值和较高产量的鱼类有:带鱼、马面鱼、小黄鱼、鲐鱼、乌贼、鳗鱼、梭子蟹、海蜇、鲳鱼、鳓鱼等。其他如石斑鱼、鲥鱼、毛尝鱼、真鲷、对虾,潮间带生物中蛤蜓、泥蚶、牡蛎、贻贝、杂色蛤子和青蛤等都是很有经济价值的种类。在大型海藻中,坛紫菜、羊栖菜、石花菜等都有较大的资源量。特别是象山港由西向东约 60 千米,是我国沿海不可多得的鱼虾贝藻等海洋生物栖息、生长、繁殖的优良场所。例如,仅仅在象山县沿海捕鱼区域,海洋鱼类就约有 440 种,蟹虾 80 余种,贝类 100 余种,海藻类及其他海产品数 10 种,其中大小黄鱼、带鱼、鲳鱼、梭子蟹、对虾、石斑鱼以及墨鱼、鲍鱼、贻贝等更是声名远扬。

### (二)海洋捕捞业稳步发展

改革开放 30 年以来,宁波市的海洋渔业经济得到了迅速发展,全市有慈溪、余姚、镇海、北仑、鄞州、象山、宁海、奉化共八个临海渔业县(市)、区,14 个渔业乡镇,90 个渔业村,海洋渔业从业人员达 13.6 万人,海洋捕捞在宁波市海洋渔业中具有举足轻重的地位。据统计,2008 年宁波市共有生产渔船 7682 艘,总吨位达 382817 吨,总功率为 741466 千瓦;远洋渔船 36 艘,总功率达 16112 千瓦。至"十二五"期末,宁波市为推进设施渔业发展,提高渔业设施化水平,在全市规划实施水产养殖池塘标准化建设 4000 公顷,建设国家中心渔港 1 个、一级渔港 3 个、二级渔港 8 个、三级渔港 10 个、贸易渔港 5 个和避风锚地 33 个。

宁波市海洋捕捞生产受气候影响,加之柴油价格不断上扬、捕捞成本大幅度增加、渔业资源衰退等多重压力，捕捞生产受到一定影响，甚至出现减产，但海洋捕捞产值仍呈上升趋势，保持一定增幅，并向着稳定、适度、远洋方向发展。据统计，2005 年宁波市海洋捕捞产量 56.79 万吨，比“九五”末减少 1.4%；2009 年宁波市海洋捕捞总量为 55.94 万吨，同比减少 0.68%；2010 年宁波市海洋捕捞总量为 58.17 万吨，同比增长 4%；2011 年宁波市海洋捕捞总量为 59.49 万吨，同比增长 2.26%(见表 4-1)。总体上看，宁波市海洋捕捞产量虽然有增有减，但总体上还是稳步增长的，20 世纪 90 年代保持在 40 万吨以上，而 2001 年以来则一直稳定在 50 万吨以上。

**表 4-1　宁波市海洋渔业统计主要指标统计**

| 主要指标 | 2007 年 | 2008 年 | 2009 年 | 2010 年 | 2011 年 |
|---|---|---|---|---|---|
| 海洋捕捞(吨) | 553574 | 563205 | 559356 | 约 581700 | 约 594900 |
| 海水养殖(吨) | 278895 | 266606 | 274740 | 约 270900 | 约 279800 |
| 养殖面积(公顷) | 67487 | 61904 | 62990 | 61660 | 58884 |
| 海水养殖面积(公顷) | 40362 | 36428 | 36150 | 比上年减少 2% | 比上年减少 1.84% |
| 机动渔船艘数(艘) | 8938 | 9068 | 9655 | | |
| 生产渔船数(艘) | 8643 | 8547 | 9129 | | |
| 远洋渔业(吨) | 23151 | 29990 | 22332 | 35796 | 24357 |
| 水产品交易市场数(个) | 4 | 8 | 8 | | |

资料来源：《宁波市 2007—2011 年度渔业生产情况分析》，宁波市海洋与渔业局网。

### (三)远洋渔业捕捞开始兴起

受近海渔业资源、环境等因素影响，宁波市 20 世纪 90 年代以来开始发展远洋渔业，加强远洋渔船更新改造和远洋渔场的开拓。从 1987 年宁波首次派出“海丰 825”冷冻加工母船参与国际捕鱼船队以来，已经先后有几十艘远洋渔船“走大洋”，作业海区远涉北太平洋、西南大西洋等海域。至 2010 年，宁波市已有农业部远洋渔业资格企业 6 家，建设海外渔业基地 2 个，建设远洋装备研发中心 1 个。共从事 11 个远洋渔业项目，外派远洋渔船 31 艘(其中鱿鱼钓船 19 艘、拖网 2 艘、灯光围网 4 艘、定置网 6 艘)，总功率 14341 千瓦，实现产量 3.58 万吨，产值 3.28 亿元。远洋捕捞作业海域涉及缅甸、乌拉圭和印尼管辖海域以及北太平洋与东南太平洋。宁波市已初步形成了捕捞、运输、加工、销售、后勤补给一条龙的海外渔业发展体系，使宁波市远洋渔业的生产规模、产量及从业人员数量有了较大的提高。①

## 二、海水养殖业的发展概况

海水养殖业是在海涂、浅海和港湾，人工控制下繁殖和养育鱼、虾、贝、藻类等动植物而形成的生产行业。海水养殖业是海洋经济中的传统产业，宁波的海水养殖业有着悠久的历史，尤其是近10年以来发展很快。宁波拥有潮间带滩涂面积约156万亩，可直接用于养殖的约28万亩。拥有－10米以上的浅海面积115万亩，其中可直接养殖面积约5万亩，发展海水养殖业具有较大的空间。

### （一）海水养殖产量稳步增长，产值不断增长

宁波市也有着较早的海水养殖历史，最早被利用的场地是潮间带，主要进行贝类、对虾以及海水鱼类的池塘养殖。宁波市海水养殖的方式主要包括滩涂养殖，传统海带、紫菜养殖，浅海网箱养殖以及筏式养殖、底播增殖等，主要养殖种类有藻类养殖，贝类养殖，虾、蟹类养殖，鱼类养殖等。截至2009年，宁波市水产养殖总面积达6.3万公顷，较2008年增加0.11万公顷，而2010年和2011年海水养殖面积连续两年持续下降（见表4-1）。其中从事海水养殖的企业有31家，海水养殖面积达3.62万公顷。2009年宁波市养殖产量稳步增长，总产量35.02万吨，同比增长3.5％。全市全年养殖总产值49.03万元，同比增长8.0％，其中，海水养殖产值35.63万元，较上年增长8.4％。

以宁波象山为例，从2002年开始，象山县在稳定梭子蟹、南美白对虾等主导品种的同时，围绕增加养殖经济效益，大力发展品质优良、适销对路、有市场潜力的养殖品种，先后从福建、广东、山东等地引进鲍鱼、龙须菜、半滑舌鳎、美洲黑石斑鱼、“申福”紫菜等20余种渔业新品种，建成了象山南部海岛紫菜新品种养殖基地和西沪港海参网箱养殖基地。② 2010年，又相继引进越南文蛤、海参、鲍鱼等经济附加值高的品种，其中“申福系列”紫菜栽培

---

① 宁波市海洋与渔业局：《宁波市“十二五”现代渔业发展规划（2011—2015年）》，http://www.nbhyj.gov.cnhtmlzonghepindao/zhengwugongkai/jihuaguihua/fazhanguihua/2012/0425/14622.html。

② 张慧英：《宁波象山县大力提升传统水产养殖业》，http://nb.people.com.cn/GB/13786577.html，人民网。

面积2011年达到了1000余亩。

"十一五"期间，宁波市用于设施渔业之一的水产养殖池塘标准化改造的总投资超过了2.68亿元，总建设规模达6.93万亩，约占全市池塘养殖总面积的18.9%。养殖池塘标准化使养殖环境面貌一新，有效水体大幅度增加，放养密度进一步提高，养殖经济效益平均增长15%以上。2009—2010年连续两年各争取中央2500万专项扶持资金，先后建立南美白对虾、梭子蟹标准化高效健康养殖示范区4000亩，辐射推广南美白对虾、梭子蟹标准化高效健康养殖40000亩。2011年启动建设的3个主导产业示范区和6个特色渔业精品园区，改扩建高标准池塘8570亩、新建工厂化养殖区22000平方米，总投资达到8454万元。

### （二）渔业生态资源的养护和保护进程加快

为了更好地改善水域生态环境，恢复近海贝类资源、保护生物多样性和促进渔业资源可持续利用，宁波市以渔业资源增殖放流为重点，推进水生生物资源养护工程建设，促进渔业资源生态环境保护。宁波市的渔业资源增殖放流事业起始于20世纪80年代，经过20多年来的不懈努力，获得了良好的生态效益、社会效益和经济效益，受到广大渔民群众的普遍欢迎，也越来越得到各级政府的重视和社会各界广泛关注（见表4-2）。宁波市海洋与渔业局及各级部门通过人工增殖放流、人工鱼礁等项目的实施，直接补充了海域水生生物幼体和饵料基础，提高海域渔业资源的数量和底栖生物生物量，修复和改善了海域渔业生物种群结构，增加了放流海域中渔业资源补充量，并在局部海域形成了区域性渔场，改善了水域生态群落结构。

**表4-2　宁波市海洋与渔业局及相关部门渔业资源增殖放流一览表**

| 放流时间 | 放流地点 | 放流鱼类品种 | 放流数量 |
|---|---|---|---|
| 2004年11月至2009年6月 | 姚江 | 鲢鱼、鳙鱼、草鱼、团头鲂等经济鱼类，部分翘嘴红鲌及鳜鱼等 | 约6000万尾 |
| 2006年7月7日 | 象山港口、南韭山、渔山等海域 | 大黄鱼、黑鲷鱼苗 | 300余万尾 |
| 2006年12月4日 | 慈溪市十塘江、三八江和九塘横江等 | 梭鱼 | 6.4万尾 |

续表

| 放流时间 | 放流地点 | 放流鱼类品种 | 放流数量 |
| --- | --- | --- | --- |
| 2007年6月8日 | 象山港白石山附近海域 | 曼氏无针乌贼 | 6.5万尾(2005年已投放一次) |
| 2008年6月24日 | 象山港白石山附近海域 | 梭子蟹苗 | 250斤 |
| 2008年7月2日 | 象山港内的白石山群岛附近海域 | 43万尾黑鲷鱼苗、36万尾黄姑鱼苗、7.5万尾黑鮸鱼苗 | 约86.5万尾 |
| 2009年6月9日 | 姚江、慈江水域 | 花白鲢鱼苗 | 500万尾 |
| 2009年6月18日 | 象山港海域 | 三疣梭子蟹苗种 | 蟹苗(P3/P4期)265斤,约80万只 |
| 2009年6月21日 | 象山港水域 | 黑鲷100万尾,条石鲷15.6万尾、曼氏无针乌贼10万尾 | 约125.6万尾 |
| 2009年6月21日 | 象山港水域 | 大黄鱼374万尾、黄姑鱼50万尾、黑鲷60万尾鱼苗 | 约484万尾 |
| 2009年11月6日 | 宁海三门湾钓鱼礁附近海域 | 海洋"活化石"鲎 | 约1000多尾 |
| 2010年6月30日、7月1日 | 象山港、南韭山附近海域 | 486万尾大黄鱼、27.5万尾黄姑鱼 | 约500万尾 |
| 2010年7月6日 | 象山港海域 | 日本对虾 | 3000多万只 |
| 2010年8月18日 | 宁海岳井阳海域 | 曼氏无针乌贼 | 58.3万 |
| 2010年6月25日 | 宁海县的岳井洋与三门湾湾口交界 | 曼氏无针乌贼 | 10万余只 |
| 2011年11月3日 | 宁海三门湾蟹钳港 | 毛蚶,壳长9.25毫米 | 600斤(折合355万颗) |
| 2011年11月4日 | 象山港白石山海域 | 毛蚶,壳长9.25毫米 | 400斤(折合237万颗) |
| 2011年11月8日 | 象山港横码海域 | 毛蚶,壳长6.7毫米 | 1240斤(折合992万颗) |
| 2012年4月6日 | 宁波南韭山自然保护区水域 | 毛蚶 | 800多万颗 |
| 2012年4月13日、14日 | 宁波市港湾 | 岱衢族大黄鱼 | 首批480尾,预计1000万尾 |

**续表**

| 放流时间 | 放流地点 | 放流鱼类品种 | 放流数量 |
| --- | --- | --- | --- |
| 2012 年 4 月 13 日 | 宁海铁港水域 | 中国对虾苗 | 2000 万尾，预计 1 亿尾 |
| 2012 年 4 月 18 日 | 象山港海洋牧场 | 毛蚶苗种 | 400 多万颗 |
| 2012 年 4 月 20 日 | 象山港港缸爿山海域 | 日本对虾苗 | 3300 多万尾，预计 1 亿尾 |
| 2012 年 4 月 27 日 | 宁海三门湾蟹钳港海域 | 毛蚶苗种 | 1500 斤(前期已投放 5000 多斤) |
| 2012 年 6 月 8 日 | 姚江流域 | 鲢鱼、鳙鱼等多种鱼苗 | 1500 万尾 |
| 2012 年 6 月 19 日 | 韭山自然保护区海域 | 岱衢族大黄鱼 | 300 万尾 |
| 2012 年 6 月 29 日 | 象山港缸爿山海域 | 日本对虾苗 | 2000 多万尾 |
| 2012 年 8 月 16 日 | 东钱湖畔 | 甲鱼苗种 | 4 万余只 |
| 2012 年 8 月 13 日 | 象山港海洋牧场 | 管角螺苗种 | 30 多万颗 |

“十一五”期间，宁波相关部门在象山港、渔山列岛、韭山列岛等保护区海域及姚江水域投放鱼苗近 5700 万尾、梭子蟹苗近 5000 万只、贝类苗近 7400 万粒；渔山列岛海洋生态特别区和象山港白石山群岛人工鱼礁建设和海洋牧场建设工作取得了初步的成效。2006 年宁波市各级部门共投入放流资金 160 万元，放流大黄鱼、黑鲷、梭鱼、淡水鱼等苗种 742.4 万尾，其中 15 公分大规格大黄鱼 30 万尾，13 公分梭鱼 10 万尾，桂标记鱼苗 6 万尾。2008 年 6 月 24 日，宁波市海洋与渔业局在象山港白石山附近海域放流梭子蟹苗 250 斤；7 月 2 日，又在象山港海域实施大规模渔业资源增殖放流活动，43 万尾黑鲷鱼苗、36 万尾黄姑鱼苗、7.5 万尾黑鮸鱼苗在象山港内的白石山群岛附近海域放流……宁波海洋与渔业局通过组织相关部门、企业和人员，有组织、有计划、系统地在宁波近海区域实施海洋鱼类放流工程，有效地加快了宁波市海洋渔业生态资源的养护和保护。

2011 年 11 月 3 日，宁波市海洋与渔业局渔业资源增殖放流小组在三门湾蟹钳港放流壳长 9.25 毫米毛蚶 600 斤(折合 355 万颗)；11 月 4 日，在象山港白石山海域放流壳长 9.25 毫米毛蚶 400 斤(折合 237 万颗)；11 月 8 日在象山港横码海域放流壳长 6.7 毫米毛蚶 1240 斤(折合 992 万颗)；2012 年 6 月 19 日，宁波相关市局会同省局在南韭山自然保护区海域进行岱衢族大黄鱼人工增殖放流，共放流岱衢族大黄鱼300万尾。经过前后几轮的渔业资源增殖放流工程，据初步调查评估显示，近些年增殖放流效果显著，放流水域中放流品种的资源密度指数上升，局部水域生态环境得到改善，不仅促进了捕捞渔民增产增收，也带动了休闲旅游业的发展，渔区反映良好。[①]

（三）海水养殖高科技术应用效果突出

随着现代渔业经济的兴起，"十一五"期间，宁波市通过科研部门的协作，推广先进实用技术，大大提高了水产养殖科技水平。如应用"底增氧"先进实用技术的养殖面积达2万亩以上；研究南美白对虾大棚养殖模式，全市已推广南美白对虾养殖大棚6000多亩，并发展错季生产和多茬的养殖模式，大大提高养殖效益；开展水产与水生经济动植物共生等复合生态养殖，累计推广池塘生态套养面积近8万亩，发展池塘空心菜种植面积2000亩、种草养鹅面积2000多亩、虾—草—牧—菜生态循环养殖面积达到3000多亩。通过宁波海洋与渔业研究院和宁波大学生命学院为核心的苗种科研，进行种子种苗工程建设，已建设重点水产苗种场6家，宁波市200余家水产育苗企业可规模化繁育近30余个品种，成功突破了岱衢族野生大黄鱼、曼氏无针乌贼等品种全人工繁育技术。一系列科技创新，使得宁波市渔业综合效益逐步提高，对虾养殖亩产量最高达到1500公斤，实现亩产值近5万元，创宁波水产养殖的单产之最。

宁波市以岱衢族大黄鱼原种采捕、保存、繁育与选育工作为重点，推进水产良种工程建设，不断提高良种化的水平。2011年以来，宁波市启动了国家级中华鳖良种场和岱衢族大黄鱼良种场及"宁波市水产增养殖种质资源库"建设，采捕并保存岱衢族大黄鱼野生亲本，繁育子一代岱衢族大黄鱼10余万尾。开展了梭子蟹、泥蚶、缢蛏等良种选育研究，突破黄姑鱼、银鲳和马鲛鱼等本地野生经济种类的采捕和繁育技术难题。例如象山宁波鑫亿鲜活水产有限公司的梭子蟹养殖产业，从水泥池设施化模式到土池立体养殖模式，使用包括信息化，自动化，到配合饲料制作、软壳蟹制备等配套技术。并推广"三疣梭子蟹设施化、集约化养殖方式与新品种养殖"技术带动一个产业，这项技术使其梭子蟹的产量从原来每亩不足50公斤，提高到400多公

---

① 宁波市海洋与渔业局：《宁波市2006年渔业资源增殖放流成效明显》，http://www.nbhyj. gov. cnhtmlzonghepindao/ziyuanhuanbao/haiyangshengtaihuanjing/2009/0504/7304.html。

斤,亩产值提高到6万元。[①]

### (四)培育新型渔业经营主体,渔业公共信息服务到位

近年来,在科技入户工程的支持下,宁波市渔业技术实用人才培训工作及时到位,形成点、线、面互动的人才培训格局。通过海水生态养殖技术、南美白对虾等优质品种养殖新技术的推广应用,实现了养殖形势持续好转、养殖结构持续优化、水产品质量安全意识明显提高、渔民收入持续增加的目标。目前,宁波市渔业科技入户示范工程稳步推进,共推广健康养殖及无公害标准化养殖技术22项,累计培训养殖户近18000人次。同时,宁波市相关部门不断优化和提升水产养殖病害测报网络,推进南美白对虾、三疣梭子蟹等七个主导养殖品种的病害监测,积极开展全市水产养殖病害测报员病害技术培训,先后组织测报人员到浙江大学、上海海洋大学等地开展水生动物防疫体系建设、水产养殖病害测报工作等方面的交流与学习,每年发送各类技术通讯200多篇,利用短信平台发送8万多条信息,咨询养殖户各类问题近千次。为使养殖户能够及时获得准确可靠的气象和水质信息,相关渔业部门还进行水产养殖智能监测系统建设,自动收集气象要素和水质实时数据,建立养殖水域温度、溶氧数学模型,进行预测预报,根据不同气候情况和生产季节特点,以手机短信等形式为养殖户提供信息服务,提高对养殖生产指导的技术水平。[②]

## 三、海洋产品加工业的现状

海鲜、干海产品极为丰富的宁波,地处长江入东海口,海岸线纵长,是咸水、淡水交汇处,因此海鲜味道特别鲜美,水中微生物营养价值很高。宁波是中国盛产海鲜的主要区域之一,黄鱼、带鱼、墨鱼、石斑鱼、香鱼、弹涂鱼、海鳗、梭子蟹、海虾、蚶子、蝤蛑、牡蛎、泥螺、贡干、海蜇、苔菜等各类海鲜一应俱全。干海产品中,鱼翅、海参、黄鱼鲞、明府鲞、红膏枪蟹、酒醉泥螺、虾干、鲍鱼、虾皮、新风鳗鲞、海蜇、海带、烤鱿鱼片等。其中"西店牡蛎""长街蛏子""南田泥螺"等滩涂海水产品早就负有盛名。

---

① 宦建新:《梭子蟹养殖技术 每亩从不足50公斤提高到400公斤》,科技日报2012年7月30日第3版。

② 海洋与渔业局课题组:《宁波市大力发展高效养殖 推进渔业转型升级》,http://www.nbhyj.gov.cn/,宁波市海洋与渔业局网。

### （一）海产品质量和水平获得较大提高

宁波地区海洋资源丰富，海洋产品年产量长期保持稳定增长，为了使水产品经济总产值实现长足发展，脱俗经济及创新经济发展模式显得尤为重要。如宁波市象山县石浦南方水产公司用废料鱼骨加工成松脆美味的休闲小食品，售价竟高达每公斤 91 元……近些年来，宁波市水产品加工业通过转方式、调结构，着重突出海产品“三品”加工方面的优势作用，在此基础上引进技术、引进资金、扩大规模、扩大领域、提高档次等手段，使得水产品加工能力不断提高、壮大，海洋鱼类产品也朝着精深加工方向发展，一个涵盖冷冻保鲜、鱼粉、鱼糜、鱼油和海洋生物等的多层次水产加工体系正在形成。

宁波市相关部门还开展生态养殖技术示范与推广以及健康养殖示范区建设，推进生态渔业发展，提升渔业产品质量和水平。培育了大黄鱼、鲈鱼、南美白对虾、青蟹、梭子蟹、甲鱼等一批名特优主导产品，开展了水产与水生经济植物共生、渔业与畜牧轮作等复合生态养殖系统的试验推广，建设农业部水产健康养殖示范区(场)29 个、市级农业产业渔业基地 15 个。

### （二）海产品加工业规模不断扩大

早期海产品的加工主要靠家庭作坊式等人力加工，规模较小，未满足现代化的市场需求。为此，宁波市大力推动水产品加工园区和水产市场化的建设工作，推进水产品加工与流通的发展，努力延伸渔业产业链。2010 年年底共建立 4 个水产品加工园区和 8 个水产市场，水产品加工工艺、装备水平和生产能力进一步提高，涌现一批年产值上亿元、有较强发展后劲的水产加工企业和名牌水产品，有中国名牌农产品 1 个、中国驰名商标 5 个、省级名牌产品 17 个、市级名牌产品 32 个，有机产品 16 个、绿色水产品 13 个。[①] 同时还积极通过设立直销窗口，举办节庆，利用水产品博览会、展销会和推介会等平台进行品牌宣传、引导消费等方式，提升了宁波市渔业品牌的知名度和影响力。在提高养殖产品质量安全水平的基础上，积极开拓新的国际国内市场，发展养殖水产品加工与出口业，据宁波市海关提供的数据：2010 年，宁波市出口水产品 18.08 万吨，创汇 5.19 亿美元，同比分别增长 11.37%、38.3%。

---

① 宁波市海洋与渔业局：《宁波市“十二五”现代渔业发展规划(2011—2015 年)》，http://www.nbhyj.gov.cn/html/zonghepindao/zhengwugongkai/jihuaguihua/fazhanguihua/2012/0425/14622.html。

### （三）高科技的海洋生物产业初现端倪

海洋生物产业作为一个高新技术产业，具有高附加值，高技术含量的特点，也是当前世界关注的新热点。海洋生物技术涉及海洋生物的分子生物学、细胞生物学、发育生物学、生殖生物学、遗传学、生物化学、微生物学，乃至生物多样性和海洋生态学等广泛内容。海洋生物技术及其产业应用在海水养殖业方面，可以提升传统养殖产业，促使海水养殖业在优良品种培育、病害防治、规模化生产等诸多方面出现跨越式的发展，保证海洋生物资源可持续利用和产业的可持续发展。

例如，宁波大学的海洋生物工程重点实验室从基础研究到应用研究、从天然活性物质研究到水产增养殖技术、从栽培育苗到分子遗传育种等系列海洋生物技术研究。1994 年以来，其创新技术和研究成果在南方沿海近 300 家育苗场推广应用，累计应用育苗水体 4800 万立方米，受益养殖面积 14.3 万公顷，海水鱼系列饲料销售遍及沿海各省。宁波超星海洋生物公司利用鱼类内脏、鱼头等开发了深海鱼油、DHA、深海鱼氨基酸胶囊、深海鱼钙等系列保健品，其产品附加值成几何级数增长；宁波海浦生物公司成功开发系列酶解鱼蛋白胨、鱼精膏产品，被医药、食品、饲料、化妆品等企业广泛应用。

## 四、海洋休闲渔业蓬勃兴起

作为海洋渔业与现代旅游业相结合的一项新兴产业，海洋休闲渔业是现代渔业向第三产业的进一步延伸与拓展，是根据当地生产和人文环境规划、设计相关活动和休闲空间，提供人们体验海洋渔业活动并达到休闲、娱乐功能的一种产业。海洋休闲渔业自 20 世纪 60 年代开始，在一些经济较为发达的沿海国家和地区迅速崛起，集休闲、娱乐、旅游、餐饮等行业与渔业有机结合为一体，提高了渔业的社会、生态和经济效益，形成一种新型产业。这种新型产业对一个国家或地区的总体经济结构发挥着巨大的影响，使休闲渔业逐渐成为现代渔业的支柱性产业。

休闲渔业是把旅游业、旅游观光、水族观赏等休闲活动与现代渔业方式有机结合起来，实现第一产业与第三产业的结合配置，以提高渔民收入，

发展渔区经济为最终目的的一种新型渔业。[①] 宁波沿海是我国著名的渔场,内陆江河水网纵横,湖塘水库棋布,有着丰富的渔业资源和悠久的渔业产业基础,在发展休闲渔业产业经济上有着得天独厚的条件。

### (一)休闲渔业成为宁波海洋产业经济中新的亮点

随着人民生活的改善,休闲渔业已成为渔业经济发展中的一个亮点。渔业经济占宁波农业经济总量的1/3,而为渔业经济重要组成部分的海洋休闲渔业近些年也获得了较快的发展。据统计,早在2005年,宁波市休闲渔业总产值达到9021.6万元,增加值3006.68万元,分别比上年增长48.3%和84.9%,接待游客人数约60万人次。鄞州、余姚、慈溪等地纷纷改造沿海港湾、内河池塘,吸引民间资本投入休闲渔业基础设施建设,为市民营造休闲娱乐的好去处,使得休闲渔业成为渔业经济中新的增长点,2005年上述三地分别实现产值2337万元,2224万元和2014万元。[②] 目前国内休闲渔业还只是刚刚起步,为了实现宁波海洋渔业经济产业的可持续增长,海洋休闲渔业也是渔业经济发展的一项重要内容。

### (二)海洋休闲渔业基地建设成效卓著

随着国内休闲渔业的快速兴起与发展,休闲渔业基地是在一些无人居住的荒岛海礁、港湾沙滩、渔港海岸、浅海池塘等修筑休闲、游览、垂钓的住宅或场所,使闲置资源被充分开发利用。休闲渔业基地可以利用捕捞渔船、渔网、渔具,让游客参与近海传统拖、流、钓、张网等各种生产作业,体验渔业作业场景中的"海味";而且沿海一些渔村闲置的空房经过改造配套,还可以为旅游者提供住宿、餐饮服务。[③]

宁波沿海区域依靠现有条件和渔业设施,突出在"渔"字上做文章,广泛兴建以渔业、渔村、渔事作为其主要载体,建设集观光、旅游、垂钓、餐饮、娱乐等为一体的休闲渔业基地,在当地形成了一定声誉。2010年宁波市各种休闲渔业基地共有142家,总产值达到2.06亿元。其中,宁波象山县北黄

---

① 郑岩:《大连旅顺口区休闲渔业发展对策研究》,《经济研究导刊》2009年第19期,第1—3页。

② 宁波市海洋渔业局计财处:《宁波市2005年度海洋经济统计年报分析》,http://www.nbhyj.gov.cn,2006年10月20日。

③ 苏勇军:《宁波市休闲渔业发展研究》,《渔业经济研究》2007年第4期,第38页。

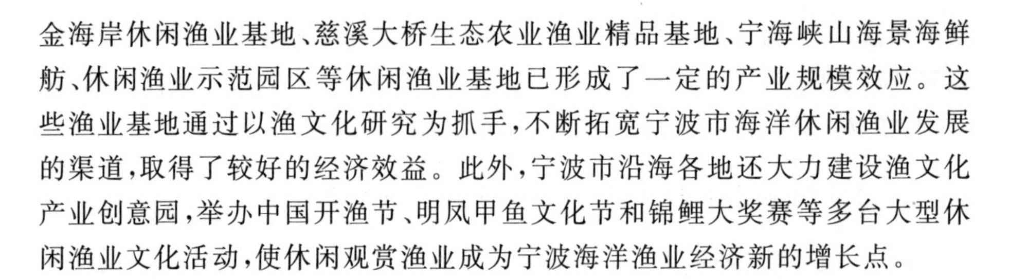

金海岸休闲渔业基地、慈溪大桥生态农业渔业精品基地、宁海峡山海景海鲜舫、休闲渔业示范园区等休闲渔业基地已形成了一定的产业规模效应。这些渔业基地通过以渔文化研究为抓手,不断拓宽宁波市海洋休闲渔业发展的渠道,取得了较好的经济效益。此外,宁波市沿海各地还大力建设渔文化产业创意园,举办中国开渔节、明凤甲鱼文化节和锦鲤大奖赛等多台大型休闲渔业文化活动,使休闲观赏渔业成为宁波海洋渔业经济新的增长点。

### (三)海洋休闲渔业节庆活动具备了一定的品牌效应

宁波市紧紧围绕挖掘和培育海洋文化资源,充分利用本市悠久的海洋历史文化资源优势,结合蓬勃兴起的休闲业、旅游业,成功举办了以"生态、休闲、和谐"为主题的宁海长街蛏子节;以提升地域特产、致富百姓为目的的余姚牟山湖大闸蟹休闲节;倡导关注老人、奉献爱心的中国·宁波(明凤)甲鱼文化节;推动朝阳产业、引领时尚生活的中国(宁波)"鄞州杯"锦鲤大赛暨观赏鱼精品展等活动。通过举办各种丰富多彩的海洋渔业节庆活动,带动和培育了一批附属的专业类型节庆活动,形成了一定的知名度,有力地推动了海洋渔业产业的繁荣,提升了宁波海洋渔业文化发展的软实力。诸如象山中国开渔节、象山国际海钓节、象山"三月三·踏沙滩"、象山海边泼水节、象山海鲜美食节、宁海长街蛏子节、宁海(越溪)跳鱼节等一系列海洋文化节庆已连续成功举办,吸引了国内外大量的游客和观光者。宁波市通过主导海洋文化节庆的活动,特别是象山的中国开渔节、象山国际海钓节、宁海长街蛏子节等已具备了较大的知名度和品牌效应,促进了宁波海洋渔业经济的发展,对宁波海洋渔业经济的发展起到了积极的作用。

总体看来,作为海洋大市的宁波,渔业经济占农业经济总量的1/3。特别是象山县有着中国重点渔业县、中国渔文化之乡、中国海鲜之都、国家级海洋渔文化生态保护实验区等多项殊荣,在宁波的海洋渔业经济中占着举足轻重的地位。改革开放30年以来,宁波市不断加大海洋开发的力度,海洋渔业经济发展很快,不仅传统的海洋渔业快速增长,而且一些新兴的海洋渔业产业也得到快速发展,出现了海洋渔业产业多元化发展的新局面。从2007—2010年,宁波市海洋渔业有了较大的发展,海洋捕捞面积基本上保持了稳定,还略有增长;海洋养殖产量和海水养殖面积基本上没有变化;海水养殖业的发展改变了仅靠海洋捕捞发展海洋渔业的局面,这个变化有利于宁波市渔业资源的恢复和渔业产量的稳定,同时也改善了海洋渔业的构成比例,从而使海洋渔业结构不断优化(见图4-1)。此外,宁波渔民收入自2008年有了较大幅度

的增长,但是2009年,因为气候和禁渔期以及市场需求的变化,渔民收入出现了小幅的下降,但总体来说渔民的收入是逐渐增长的。①

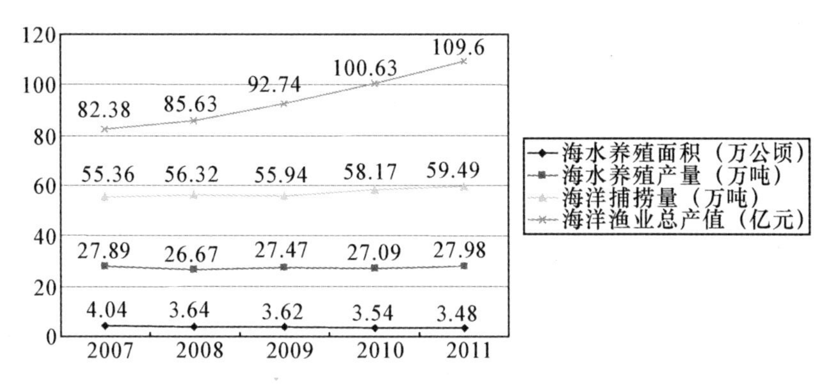


图4-1　宁波市海洋渔业发展状况

资料来源:《宁波市2007—2011年度渔业经济运行分析》,http://www.nbhyj.gov.cn/,宁波市海洋与渔业局网。

## 第二节　宁波海洋渔业存在问题及影响因素分析

"十一五"期间,宁波市积极转变渔业增长方式,不断优化渔业产业结构,逐渐实现从传统渔业向现代渔业转变,海洋渔业得到了快速发展。2010年宁波市水产品总产量达到97.78万吨,实现渔业总产值100.63亿元,渔民人均收入16061元,分别比"十五"末增长2.43%、25.58%和62.32%。但近些年来,受来自资源、环境、产品质量安全和市场等诸方面的影响,并且随着我国沿海海洋环境污染加剧,捕捞强度不断加大,渔业资源日益衰退,渔业成本不断增加,渔业形势日益严峻等不利因素影响,这也使得宁波市的海洋渔业也存在着一系列问题。

### 一、海洋渔业受自然环境影响较大

#### (一)海洋污染问题严重

随着经济建设的迅猛发展,我国海洋污染日益加重。《2005年浙江省海

① 邵立浩:《宁波海洋经济发展模式浅析》,《商场现代化》2012年第2期,第76页。

洋环境公报》指出，重大涉海工程建设项目对海域环境质量造成了一定影响。根据相关部门监测数据表明，浙江省近岸海域海水污染程度未见好转，中度污染和严重污染面积占全省近岸海域面积的70%，严重污染海域面积增幅较大。来自长江流域的工业污染和大城市生活污染被冲入东海后，在浙江海域汇聚，使海洋污染加剧，浙江近岸海域四类和劣四类海水达81%，重点河口、港湾海水均超四类；海洋灾害增多，赤潮已连续三年超过全国总量的50%以上。

宁波市近些年来海洋环境质量也不容乐观，据宁波市海洋环境公报报告，全市近岸海域未达清洁和较清洁标准的海域面积为4672平方千米，占总海域面积的47.88%，其中严重污染海域面积为2233平方千米，中度污染海域面积为696平方千米，轻度污染海域面积为1743平方千米，水体中的主要污染因子为无机氮和磷酸盐，局部海域还受到石油类和铅的污染。① 根据2011年宁波市海洋与渔业局对外发布宁波市海洋环境公报显示，甬江入海口、排污口等污染物入海量仍高居不下，与2010年相比，宁波市海域污染物入海量仍有所增加。2011年宁波市甬江主要污染物入海总量为157699吨，比上年增加了19%。从监测的陆源入海排污口情况看，废水存在超标排放现象。而海域面积水质一半以上属于劣四类，虽然劣四类和四类海水水质的面积较上年减少14.92%，但仍然占总海域面积的57.54%和13.79%，三类和二类分别占21.16%和7.51%。在对海洋垃圾的监测中，海上航运、捕捞活动和陆上倾倒是海洋垃圾的主要来源，发现最多的是泡沫、救生衣、塑料瓶等各种塑料，占到总量的87%，另外还检出玻璃类、金属类、橡胶类、织物类等。

另据宁波海洋渔业三大公报显示，2006年象山港海域发现赤潮共4起，累计面积110平方千米，主要优势种类为具槽直链藻、中肋骨条藻、红色中缢虫，无毒性。2006年9月份宁海县西店镇第一电镀厂非法排放高浓度超标污水，造成象山港海域一起较大的渔业污染事故，赔偿渔民经济损失24万元。而宁波市2006年共发生主要渔业污染事故共25起，污染面积约为125.9公顷，造成直接经济损失218.4万元，获经济赔偿58.22万元。2009年宁波也发生较大渔业污染事故22起，污染总面积为179.2公顷，造成渔业污染主要原因是工业、畜禽养殖场等废水违法超标排放和农药污染等。

---

① 宁波市海洋与渔业局课题组：《宁波市海洋牧场建设思路及对策研究》，《经济丛刊》2011年第1期，第55页。

此外，2011 年宁波市海洋与渔业局对象山港海洋环境质量和生态环境进行了监测和评估，发现象山港海洋生态系统处在亚健康状态，健康指数为 55（指数大于 75 属于健康状态，小于 50 属于不健康状态）。评估报告显示，象山港内水体交换能力相对较差，水体自净能力弱，自身环境容量不大。港内水体中的主要污染物为有机氮、磷酸盐和石油类等，水体富营养化严重，赤潮发生频繁，海洋生态脆弱。

### （二）海水养殖业易受疾病、自然灾害的影响

水产养殖业有一个特殊性，水生动物疫病的发生几率会很高，一旦遇到海水污染、疫病等灾害，养殖品种疾病的爆发可能带来严重的后果。海洋环境污染、赤潮频发、产业良种覆盖率低、病害发生加剧等现象均制约着海水养殖业的可持续发展。宁波的海水养殖业当前还存在着超养殖容量的严重问题，如象山港渔区的水体富营养化指数已比正常值高出数倍，在网箱下生活的底栖生物已近绝迹，海底硫化物浓度是非养殖区的数倍，养殖生态环境已亟待治理。

海水养殖业在快速发展的同时正面临诸多压力，中科院海洋研究所所长孙松认为，海洋酸化加剧、低氧区扩大、赤潮频发、水母异常增多等问题，也给海水养殖业带来了不确定风险。如 2005 年，发生在长江口邻近海域的米氏凯伦藻赤潮，给南麂岛附近网箱养殖的鱼类造成了毁灭性的打击，一次赤潮的直接经济损失达 3000 万元。[①] 据宁波市渔业部门初步统计，宁波市目前除双盘涂遭遇漂流大米草草籽的祸害外，其他沿海各县（市、区）的滩涂也都程度不同地受到了大米草的侵袭。其中，宁海全县目前约有 3 万至 5 万亩滩涂被大米草所霸占，每年仅渔业经济损失就在 5000 万元以上。[②]

另外，海水养殖易遭受台风的侵袭。2005 年"卡努"台风的影响中，宁波市宁海县强蛟镇的海上养殖网箱、一市镇的养殖内塘、长街镇的沿海养殖塘和滩涂低坝高网等损失惨重，据不完全统计，此次台风造成的海水养殖业总损失达 3.6 亿元。[③] 因此，海水养殖企业应当做好充分的防范工作，及时预

---

① 李彤：《海水养殖业面临多重压力 科研与产业需要无缝衔接》，http://scitech.people.com.cn/GB/15941846.html，人民网。

② 吴晓鹏：《宁波水产养殖业遭遇生态难题》，《浙江日报》2004 年 4 月 6 日。

③ 林木：《海水养殖业在挫折中奋起》，http://nh.cnnb.com.cn/gb/nbnews/xwzt/tudi/node1856/userobject1ai/06405.html，宁波新闻网。

防、监测、治理，导致病情发生并大范围的扩散、传播，具有预见并能应付赤潮、台风等给企业带来的不利影响，根据企业所处的海洋环境和海水条件进行实地考察论证，谨慎选择适宜养殖的海产品，做好风险预测和防范工作。

## 二、海洋渔业资源趋向严重衰退

人类活动的加剧导致目前海洋生物的数量减少，海洋鱼类出现小型化现象，不仅数量在减少而且大型鱼类的体型逐渐变小。近些年由于大量钢质渔船建成并投产，致使捕捞能力大大超过海洋渔业资源再生能力，造成对有限资源的掠夺性使用。中国海洋大学水产学院副教授慕永通认为："先捕经济价值高的鱼种，然后是价值低的；大的捕完了捕小的；为了多捕鱼，船也越造越大。即便是一些新开发的种类，例如马面鲀，一旦进入商业捕捞阶段，其群体很快就表现出衰退的迹象。"虽然宁波近些年每年都有 50 多万吨的海洋捕捞产量，但渔获物中低值鱼所占的比重增加，个体小型化和低龄化的趋势明显。

20 世纪 80 年代以来，由于海洋污染的加剧和捕捞强度的增大，宁波市近海海洋环境质量不断下降，海洋渔业资源持续衰退，同时海水养殖带来的环境、病害等问题也日益凸显。作为我国主要经济鱼类的集中产区，受海洋环境污染的影响，赤潮等灾害日益增多，近海的鱼类产卵场和育肥场遭到破坏，宁波、舟山等地的东海渔场近些年来传统的大黄鱼、小黄鱼、墨鱼等经济鱼类已基本形不成渔汛，小杂鱼和低质鱼类占了捕捞总量的 2/3 左右。特别是近些年来工业化、城市化进程加快，导致宁波市海水养殖区域逐渐萎缩。据统计，在 2004—2009 年六年间，由于滩涂围垦、沿岸开发等原因，宁波市海水养殖面积减少了 13 万亩，约占全市养殖面积的 20%，而今后几年养殖区减少的速度还将加快。

近年来，作为海洋渔业的主要产区之一，宁波象山港内渔业资源有所衰退，主要经济鱼类渔获量降低，捕获个体也变小。① 虽然近年来宁波市政府及相关部门采取了伏季休渔等一系列养护资源的措施，加强了渔船建造和捕捞方面的管理，但近海渔业资源衰退的趋势一直未能得到根本性的扭转。宁波市海洋捕捞能力与渔业资源衰退的矛盾日益突出，近海渔业捕捞生产效益不断下降，每年的 3—5 月，因渔获量减少，部分拖网渔船不得不回港休

---

① 周皓亮：《宁波海域劣四类水质过半 10 排污口仅一个没危害》，《钱江晚报》2012 年 4 月 6 日。

渔；虽然全面停止捕捞渔船更新改造审批，但还有违法造船发生。

例如，宁波市象山县是浙江省重点渔业县，拥有大小渔船 4200 多艘，其中作为现代化渔业重要标志的 250 匹以上大马力钢质渔轮达 1500 多艘，年捕捞量近 40 万吨。强大的捕捞能力使海洋捕捞主要品种从 20 世纪六七十年代的大小黄鱼、墨鱼、带鱼转变为 90 年代的带鱼、鲐鱼、虾类和头足类，近些年带鱼、虾类资源也呈现衰退现象，而象山渔民切实感受到渔业资源衰退给渔民生计带来的威胁，60 多岁的老渔民龚世财描述道："我 14 岁开始下海捕鱼，我刚开始捕鱼时，愁的不是没鱼捕，而是怕捕上来的鱼太多而臭掉。但是现在，以前常见的大黄鱼都快绝迹了。以前捕鱼的时候，用的都是小船，没有像现在这样大马力的船只，当然也不用担心捕不到鱼。只要在近海，就能捕到十几斤重的大黄鱼，可是现在，就算你把船开到深海，也很难有大黄鱼了。当时的带鱼有两个手掌那么宽，现在嘛，一个手掌宽的带鱼也不常见。"①因此，沿海渔民经济效益日益下降，亏损渔船逐年增多。

## 三、海洋捕捞生产渔场拓展难度加大

沿海工业快速推进、近海资源开发导致渔民作业海域大量被占用，滥捕滥捞带来的海洋资源"荒漠化"，以及渔民作业成本不断快速攀升等因素，正在不断侵蚀我国渔区渔民的生存空间，也使当前海洋捕捞的生产渔场面临困境。

### （一）海洋捕捞生产渔场的空间缩小

21 世纪以来，新海洋制度的实施，沿海各个国家为维护本国权益，纷纷制订有关规定，限定入渔条件，并大幅度提高入渔费，将使过洋性远洋渔业的开展增加新的难度。中日和中韩渔业协定的生效实施，使宁波市原在大、小黑山，济州岛等传统渔场作业的 85％捕捞渔船被迫退出，给宁波市的海洋渔业生产造成较大的影响。特别是 2001 年 6 月 30 日《中韩渔业协定》生效后，使我国历史上一直在韩国水域的对马、大小黑山，济州岛等传统外海渔场作业的 2 万余艘渔船，只准留在过渡水域的渔船数不超过 5500 艘，其中专属经济区管理水域入境船只为 2796 艘，并从 2005 年起继续减至 2000 艘左右。这意味着绝大多数渔船从传统的外海渔场撤出挤向国内近海渔场

---

① 杨建毅：《海洋捕捞渔业可持续管理》，http://www.zjoaf.gov.cn/kxfzg/fzjdzzj/2008/11/19/2008111900016.shtml.浙江省海洋与渔业局网。

(尤其是2001年9月16日12时东海渔场伏季休渔期结束以后),争抢已十分有限的水产资源。[①]

现代海洋渔业的兴起和发展得益于外海渔场的开拓、渔船性能的提高和所配助导航设备的先进,而这些先进的现代渔业装备、技术等,使得东海、黄海区域几乎所有的渔场均有生产渔船涉足。这不仅使宁波市海洋捕捞生产渔场的空间进一步缩小,大批渔船转入近海资源已经衰竭的传统渔场生产,加剧了东海渔业资源的过度利用,“船多海小”“船多鱼少”的矛盾更加突出,而且将导致大量的渔船陷入减产减收、入不敷出的困境,给宁波市沿海渔区,尤其是纯渔区和海岛渔区的社会、经济发展带来巨大冲击。同时,也意味着宁波渔区部分渔船被迫转产转业,数万渔民面临出路和生计问题,渔业生产遭到了前所未有的困难。

港口、通讯等沿海工业的快速发展,也在大量侵占渔民赖以生存的海域。随着宁波—舟山港口一体化进程加快、杭州湾跨海大桥的建成、舟山跨海大桥的建成、象山港大桥的建设、北仑港口外轮航线进一步增多,经过宁波近海渔场的各种管线密布、航线纵横,目前整个宁波市的渔业生产海域受到了不同程度的限制。与此同时,随着通讯事业的发展,大量海底光缆、电缆、油气管从宁波海域经过,按规定,其周边南北各两海里内不能生产作业,使传统的渔场作业空间进一步缩小。

### (二)海洋渔业生产安全威胁较多

中日、中韩渔业协定生效后,大量渔船撤回近海渔场作业,加上近海航道来往商船增多,使航道渔场拥挤,航行区域集中,渔船的东西航向与大轮的南北航向极易交叉相遇,海上碰撞和作业事故隐患激发。宁波市沿海迅速发展的海运业、临港工业等占用了大量渔业区域,并直接威胁渔民的生命财产安全,据统计,2010年宁波市因渔业船舶事故死亡人数就达24人。[②]当前,通过宁波近海生产渔场的航线可以说是“密密麻麻”,过去渔业安全事故中被大轮碰撞的一年没几起,但这些年因为被大船碰撞造成渔民翻船的事故频发,在海洋渔业总安全生产事故中占到了较大的比例。另外,由于海洋捕捞业的投资风险加大,渔民已无力吸引社会闲散资金投资生产,导致渔

---

① 徐博龙:《冷静应对中韩渔业协定》,《海洋开发与管理》2002年第2期,第49页。

② 宁波市安监局:《宁波市安全生产“十二五”发展规划》,http://gtog.ningbo.gov.cn/art2011/5/25/art_13452_842064.html,中国宁波网。

民借贷无门，缺乏调改资金，造成目前海洋渔民转产转业等工作结构调整困难重重。

## 四、海洋渔业比重过小，与沿海城市相比仍有差距

### (一)海洋渔业占海洋生产总值的比例过小

根据2002—2010年宁波市各项海洋产业分别占海洋经济总产值比重以及一、二、三次海洋产业对GDP贡献率的数据来看，宁波海洋渔业作为传统的海洋第一产业，在宁波海洋经济总值中的比例由2002年的17.87%下降到2010年的3.27%(见表4-3)，海洋渔业增加值的比例也由2002年的18.89%下降到2006年的9.73%，而且所占比重一直缓慢下降，所占比重趋向减少，对宁波海洋经济影响逐渐降低。

**表4-3　2002—2010年宁波市海洋渔业的产值和增加值比重表**

| | 宁波海洋经济总值(万元) | 海洋渔业经济总值(万元) | 海洋渔业经济总值所占比重 | 宁波海洋产业增加值(万元) | 海洋渔业增加值(万元) | 海洋渔业增加值所占比重 |
|---|---|---|---|---|---|---|
| 2002年 | 2945989 | 526498 | 17.87% | 1598746 | 301970 | 18.89% |
| 2003年 | 10403208 | 543347 | 5.22% | 1773616 | 310798 | 17.52% |
| 2004年 | 12380595 | 691759 | 5.59% | 3211417 | 337999 | 10.52% |
| 2005年 | 15371814 | 647591 | 4.21% | 3361109 | 367758 | 10.94% |
| 2006年 | 17594512 | 674646 | 3.83% | 3816944 | 371420 | 9.73% |
| 2007年 | 20119363 | 823807 | 4.09% | 5029349 | | |
| 2008年 | 24687242 | 856295 | 3.47% | 4035790 | | |
| 2009年 | 24992070 | 927409 | 3.71% | 5431173 | | |
| 2010年 | 30794656 | 1006250 | 3.27% | 8557912 | | |

资料来源：宁波市年度渔业经济运行分析，http://www.nbhyj.gov.cn/，宁波市海洋与渔业局网。

### (二)海洋渔业经济运行较好，但与国内沿海城市渔业经济仍有一定差距

在"十一五"期间和"十二五"开局之初，宁波市海洋与渔业系统紧紧抓住科学发展、转型升级的主题主线，以渔业可持续发展为目标，加快全市现

代渔业建设，加大渔业投入，开拓创新，扎实推进海洋与渔业各项工作，使全市渔业经济保持健康运行和稳定发展的态势。在柴油价格不断上扬、捕捞成本大幅度增加、渔业资源衰退等多重压力情况下，宁波市各级渔业主管部门积极采取措施加大力度调整作业结构及生产方式，发展深水灯光围网作业，积极推广应用新技术，普及渔船节能装置等，加之今年气候较好，海上无台风，从而使宁波市渔业生产形势保持健康、稳定发展，扭转近些年捕捞减产的被动局面。

从2007—2011年近五年宁波市渔业统计主要指标增减数据表上来看(见表4-4)，全市海洋经济已走出经济低迷的影响，开始恢复和稳定发展。其中2010年渔业总产值首次突破100亿大关，渔业经济总产出、渔业总产值、水产品总量、水产品出口、创汇额以及渔民人均收入均平稳增长，呈现良好的运行态势，沿海渔民人均收入2012年有望突破2万元。这些数据表明，随着现代海洋渔业的兴起和发展，在水产养殖业、远洋渔业发展壮大，休闲渔业、海洋生物业等新兴海洋渔业崛起的支撑下，作为宁波市海洋传统第一产业的海洋渔业经济运行态势良好，但其还有较大的发展空间，在未来宁波市海洋经济总值中的比重还有待提高。

**表4-4　宁波市2007—2011年渔业统计主要指标数据表**

| | 渔业经济总产出(亿元) | 渔业总产值(亿元) | 水产品总量(万吨) | 水产品出口(万吨) | 贸易额(亿美元) | 渔民人均收入(元) |
|---|---|---|---|---|---|---|
| 2007年 | 192.09 | 82.38 | 94.49 | 10.13 | 3.47 | 12190 |
| 2008年 | 211.93 | 85.63 | 93.87 | 12.45 | 4.18 | 15458 |
| 2009年 | 218.83 | 92.74 | 93.95 | 13.36 | 3.43 | 14845 |
| 2010年 | 225.92 | 100.62 | 97.78 | 18.08 | 5.19 | 16061 |
| 2011年 | 237.58 | 109.60 | 98.92 | 21 | 6.98 | 19084 |

资料来源：《宁波市2007—2011年度渔业经济运行分析》，http://www.nbhyj.gov.cn/，宁波市海洋与渔业局网。

与我国沿海的大连、青岛、厦门以及邻近城市舟山的海洋渔业相比，宁波市的海洋渔业经济总产值与大连、青岛还是有一定的差距。以2010年中国海洋年鉴统计数字为例(见表4-5)，我们可以看出，虽然宁波市海洋经济总产值在2009年达到了218.83亿元，但大连、青岛的海洋经济总产值却分别达到了479亿元、335.7亿元；宁波市海洋渔业总产值在2009年达到92.74亿元，2010年又突破100亿元大关，但是大连和青岛在2009年渔业总产值就已经分别达到了235.9亿元、104.7亿元；宁波市在2009年的水产品总量为93.95万吨，但是大连和青岛却分别达到了234.4万吨和105.82万吨。虽然宁波渔业经济主要指标在稳定增长，但与国内发达的海洋渔业城市相比，仍存在一定的差距。

**表4-5　2009年沿海五城市渔业统计主要指标数据对比**

| | 渔业经济总产出(亿元) | 渔业总产值(亿元) | 水产品总产量(万吨) | 水产品出口(万吨) | 创汇(亿美元) | 渔民人均收入 |
|---|---|---|---|---|---|---|
| 宁波 | 218.83 | 92.74 | 93.95 | 13.36 | 3.43 | 14845元 |
| 舟山 | 259.24 | 84 | 123.78 | | | 12716元 |
| 大连 | 479 | 235.9 | 234.4 | 39.6 | 13.15 | 15000元 |
| 青岛 | 335.7 | 104.7 | 105.82 | | | 12800元 |
| 厦门 | | 35.26 | 3.68 | 3.99 | 0.937 | 7483元 |

资料来源：《中国海洋年鉴》编纂委员会.2010中国海洋年鉴，2010年12月。

## 五、生产组织化程度不高，现代渔业生产经营方式观念滞后

改革开放30多年来，宁波市渔业发展取得了巨大成就，但随着劳动力、柴油价格等渔业生产成本的递增，并且受传统渔业发展空间日渐缩小，经济效益明显下降等社会、环境因素的影响，宁波市渔业粗放型增长方式、组织化程度较低、科技研发和转化能力缺乏等问题正在日益凸显。目前宁波海洋渔业科技水平还比较落后，运用高新技术促进海洋渔业经济发展的投入不足，海洋渔业产业结构性矛盾突出，产业链较短，海洋渔业产品附加值不高且深加工产品不多。

近年来，海洋渔业生产的环境发生了较大变化，各地新兴的临海经济发展战略对传统渔业生产和渔民生活造成了很大影响。多年延续下来的平静的渔村生活也在前所未有的海洋经济大发展思路冲击下逐渐瓦解。宁波地区沿海渔民分散经营，相互间信息闭塞，渔船之间合作意识淡薄，导致竞争力不强、抗风险能力脆弱。再加上缺乏相关行业协会或联合体对各渔业生产单位在生产、销售等方面的指导、协调、流通和管理，因此总体效益不高。尽管发展海上水产品冰鲜运销船有利于提高鱼货质量、降低生产成本、延长作业时间、改善交易环境、增加渔民收入，却由于大部分渔民不愿接受这种新的运销方式，一味坚持自产自销的传统方式，使得海上运销船的组建工作

进展缓慢。[①]

目前海洋捕捞业、水产养殖业、水产品加工业等竞争日趋激烈的情况下，各种渔业生产成本的提高也使渔民难上加难，收入难以稳定增长。海洋捕捞业、海水养殖业等作为海洋经济中的传统资源类产业，在发展海洋经济、地区经济转型之际将会面临更大的机遇和挑战。宁波市大部分海洋渔业、海水养殖企业依然维持过去的传统模式经营，往往出现“小、散、乱”的局面，发展规模不大，提升不了自己的竞争力。因此，如何抓住海洋经济发展的契机，调整宁波海洋渔业的产业结构和产品结构，提高水产养殖水平，促进宁波市海洋渔业、海水养殖产业化进程，是目前重要的研究课题。

## 第三节　推进宁波海洋渔业发展的对策与措施

发展现代海洋渔业，宁波市要建立以三门湾海区、象山港海区、强蛟群岛海域，以及从余姚黄家埠镇到慈溪与镇海澥浦海区为核心的临海渔业产业带，重点发展远洋捕捞、海涂养殖、网箱养鱼、蓄水养蛏、蓄水养蚶、工厂化养鱼、绳式养海带、网笼养蟹及水产品加工与流通等，以促进和推动宁波市现代海洋渔业的发展。

### 一、做好海洋牧场的建设，保障宁波用海资源

所谓“海洋牧场”，就是在某一海域内，为了有计划地培育和管理渔业资源而设置的人工养殖基地。通俗地讲，海洋牧场就是人为地把鱼贝藻类等海洋生物投放到特定的自然海域里生长，就像在陆地上放牧牛羊一样。宁波海域地处长江口和杭州湾南侧，处在多种海流的交汇处，衔接舟山渔场、大目洋渔场和渔山渔场，是渔业资源最丰富的海区之一。但随着海洋污染的加剧和过度捕捞，宁波市海洋渔业资源严重衰退，专家认为，建设海洋牧场是保护海洋环境、恢复和增殖渔业资源的最好手段，不仅有显著的生态环境效益，也有很好的经济社会效益。[②]

海洋牧场是一种生态型渔业发展理念与模式，它颠覆了以往单纯的以

---

① 宁波市海洋渔业调查组：《宁波市海洋渔业结构调整、转产转业调研报告》，《中国水产》2001 年第 2 期，第 16—18 页。

② 黄剑跃：《今后的增量海鲜或来自海洋牧场》，《宁波晚报》2010 年 6 月 22 日第 8 版。

捕捞、设施养殖为主的传统渔业生产方式，克服了由于过度捕捞带来的资源枯竭，以及由近海养殖带来的海水污染和病害加剧等弊端，可以说是海洋渔业生产的一次革命。海洋牧场的构想是日本海洋专家在1970年提出的，从世界上第一个海洋牧场——日本黑潮牧场的建成至今，日本已有2/3海域、107处海区建设了海洋牧场。挪威、韩国、美国、英国等渔业发达国家从20世纪90年代开始把建设海洋牧场作为振兴海洋渔业经济的战略对策。①

宁波市自2004年以来，已先后在渔山列岛海域、象山港白石山附近海域进行了多次人工鱼礁试验性投放，2010年宁波市有关部门深入各县（市）、区，在充分调查的基础上，提出了建设海洋牧场、修复近海传统渔场的基本思路及对策，并于2010年启动了象山港海洋牧场试验区建设。与此同时，宁波市一直重视渔业资源的养护和增殖放流工作，2004年以来，已累计在象山港、韭山列岛、渔山列岛等海域放流中国对虾1.5亿尾，大黄鱼等鱼苗3000多万尾，乌贼、梭子蟹等400多万只，底播毛蚶等贝苗近1000万只，具备了海洋牧场建设的各种基本条件。②“十二五”期间，宁波市已开始在象山港、渔山列岛、韭山列岛以及盘池山岛、檀头山岛、南田岛三个岛屿附近海域，按照各自区位条件和自然基础建设风格各异的海洋牧场。

从地理位置来看，宁波近海可分为杭州湾海域、金塘水道、象山港、象山东部沿岸、三门湾、韭山列岛和渔山列岛等海域，除金塘水道是主要港口区外，其余海域均可建设海洋牧场。在这些区域建设海洋牧场，对恢复宁波的海洋渔业资源起到重要作用，不仅可以通过人工鱼礁、海藻移植等方法，吸引海洋中的自然生物在海洋牧场区集聚，为它们营造一个栖息、索饵、繁衍和躲避天敌的场所，而且面对当今强大的捕捞压力和严峻的生态压力，仅依靠捕捞和设施养殖已难以保证海洋渔业的可持续发展，因此，开展海洋牧场建设，将改变以往单纯“捞海”的渔业生产方式，向“耕海”“养海”的渔业生产方式转型升级，从而实现土地利用最小化，产出结果最大化的目标。③

---

① 宁波市海洋与渔业局课题组：《宁波市海洋牧场建设思路及对策研究》，《经济丛刊》2011年第1期，第54页。

② 王量迪：《加快推进海洋牧场建设 宁波将再造百万亩碳汇渔业区》，http://news.cnnb.com.cn/system/2012/07/27/007397045.shtml，中国宁波网，2012年7月27日。

③ 宁波市海洋与渔业局课题组：《宁波市海洋牧场建设思路及对策研究》，《经济丛刊》2011年第1期，第54页。

## 二、发展现代海洋渔业与保护海洋生态环境并重

海洋经济发展规划,有一个原则,就是在开发中实现保护,在保护中实现开发。实际上海洋经济的各项产业中,都是保护与开发的并重。作为海洋渔业部门来讲,发展现代海洋渔业与保护海洋生态环境并不矛盾。宁波在港口运输、临港工业、海洋旅游、海洋渔业等海洋经济快速发展的同时,近海海域环境质量却有所下降,部分海域水质已不能满足环境功能区划要求,海洋生态系统受到一定程度的损坏,近海渔业资源逐渐衰退,成为宁波建设海洋经济强市的制约因素。为确保宁波市现代海洋渔业的可持续发展,科学合理规划海洋经济,加强海洋生态环境保护已迫在眉睫。

开展海洋生态环境的保护与修复,一是建立一种污染物入海监视、监测与评价体系,对现有海域污染环境的调查,探索陆源污染物入海的总量控制;二是明确海洋、环保、海事、水利、林业、交通等各涉海部门在保护海洋生态环境中的职责,实现海洋生态环境共建共保共享;三是加大入海排污口的监管,对严重超标排放的工业排污要限期整治,对污水直排、偷排的企业要严肃处理,对私自围海造田造湖、非法建造修造船厂等行为要依法查处;四是建立滩涂围垦红线制度,对滩涂围垦规划和滩涂围垦项目进行严格的海洋生态环境影响评估,并且加强杭州湾、三门湾海涂围垦以及北仑港与石浦港产生淤积的科学论证,严禁在象山港区域进行围涂填海;五是加大对渔山列岛的国家海洋特别保护区和韭山列岛的国家级海洋自然保护区的保护力度,建立象山港海岸湿地自然保护区和象山港国家级海洋生态公园,通过多种措施来实现保持海洋生物的多样性,保护宁波的海洋生态环境,逐步探索建立起宁波的海洋生态补偿机制和海洋生态渔业资源的补偿机制;六是尽快出台《宁波市海洋生态环境保护若干规定》《宁波市海洋污染溯源追究管理办法》《宁波市海域海岸带规划管理办法》,以加强宁波市海洋生态环境保护的政策和法规建设。

## 三、实施海洋渔业结构性调整,推进海洋捕捞渔民转产转业

为应对海洋捕捞业的严峻形势,2002 年全国沿海捕捞渔民转产转业工作会议在广东省湛江市召开,标志着全国捕捞渔民转产转业工作正式开始。宁波市从 2002 年开始实行海洋捕捞渔民转产转业政策以来,至今已有十个年头。在实际执行中,该政策和捕捞渔业管理相关的规定和措施暴露出许多问题,如减小船增大船现象、“双转”渔民回流(见表 4-6)、渔船“双控”实际

未控、非渔劳力下海、渔政执法不严等问题。因此,根据国家财政部、农业部和浙江省财政厅、渔业局文件精神,宁波市相关部门需要积极引导帮助捕捞渔民从海洋捕捞向远洋渔业、海水养殖业、海洋旅游业、海洋节庆业、海洋休闲渔业、海产品加工与零售业、海洋信息服务业等相关行业转移,寻找新的发展空间,开拓新的发展领域。

**表 4-6　2002—2007 年浙江省捕捞渔民转产转业情况**

| 地区＼指数 | 转产转业人数(个) | 减船总数(艘) | 上缴马力指标(千瓦) | 实际转业并再就业人数(个) | 转业后返流人数(个) | 返流人员占转业总数比例 |
|---|---|---|---|---|---|---|
| 宁波市 | 4965 | 815 | 35794.39 | 2623 | 714 | 14.4% |
| 舟山市 | 8682 | 1703 | 181853.00 | 7674 | 3994 | 46.0% |
| 台州市 | 6929 | 1544 | 114826.00 | 4680 | 1690 | 24.0% |
| 温州市 | 1566 | 400 | 39128.50 | 1376 | 799 | 51.0% |
| 合计 | 22142 | 4462 | 371601.89 | 16353 | 7197 | 32.5% |

资料来源:阳立军、李舟燕:《浙江海洋渔业的发展与未来走向》,《渔业经济研究》2010年第 2 期,第 52 页。

## (一)加快开发海水养殖业

### 1. 积极推广应用海洋养殖新技术

发展海洋经济将不可避免减少传统海水养殖面积,但更多的是让海水养殖在产业转型方面面临着重大机遇。近些年来,宁波市在水产养殖方面推广低坝高网、工厂化养鱼、封闭式内循环养殖等一系列养殖新技术,进一步主攻海水养殖,大面积发展网箱养殖,加强渔业标准化建设,由规模发展向绿色无公害生态养殖转变,建立规模化水产品绿色基地,有效地提高了养殖效益,实现生态养殖。

发展海水增养殖业,可在梭子蟹良种选育及病害防治、南美白对虾节能高效养殖、大黄鱼抗病育种、乌贼育苗及人工养殖、鲳鱼人工养殖、贝类生物育种、紫菜抗高温品种培育、鲍鱼等海珍品养殖等关键领域实现突破。宁波市 2011 年提出,重点发展海水养殖梭子蟹、大黄鱼、南美白对虾三大主导品种,并从 2011 年起 10 年时间里投资 15 亿元,在沿海建设 6 个各具特色的海洋牧场区,总面积达 100 平方千米,辐射整个宁波近岸主要海域,从而缓解了养殖面积缩减、渔业资源衰退、渔场“荒漠化”等问题。[①]

2. 发展水产品精深加工业

宁波在应用冷冻干燥技术、微冷技术、超低温制冷技术、烘烤和软包装技术、净化脱毒技术、休克(休眠)与唤醒技术、无残留抑菌技术和现代物流技术等方面,打破传统的水产品冷冻加工的单一模式,积极引导企业和渔民发展水产品精深加工,通过保鲜加工技术的推广应用,提高渔产品的质量和品味,生产高附加值的海洋食品,进一步开拓海产品市场,建立以区域性批发交易市场为骨干,渔区初级市场为基础的水产品营销网络体系,逐步形成周边城市鲜活水产品直供体系。[②]

3. 海洋渔业、海水养殖业企业上市

随着新海洋制度的实施以及受到海洋环境污染、过量捕捞等因素的影响,整个海洋捕捞数量呈逐渐下降趋势,海洋渔业的发展重心自然将放在海水养殖产业上。以上市公司的标准衡量当前海洋渔业企业各方面的经营发展状况,逐步建立规模化、科技化、产业化的企业经营模式,在海洋经济中才能独占鳌头。以丰富的渔业资源为基础,在发展海洋经济大方向的指引下,在中央到地方强有力的海洋经济的政策支撑中,近3年来,宁波市海洋渔业的发展呈上升趋势,宁波市的海洋渔业、海水养殖产业有着光明的前景。然而,浙江省内并没有一家海洋渔业、海水养殖企业出现在我国A股市场,这不失为一种遗憾。在长三角地区中,也仅有上海地区内的一家海洋渔业、海水养殖上市公司,即上海开创国际海洋资源股份有限公司。因此,宁波市的海洋渔业、海水养殖业企业要认准目标、找到差距,大力发展海洋渔业产业,壮大海水养殖业,争取上市,为海洋渔业经济的发展铺就更好的平台。

### (二)推动渔港渔村建设,鼓励发展远洋渔业

1. 推动现代渔港建设步伐

2008年,宁波市在各县(市)、区渔港规划基础上,完成《宁波市渔港(避风锚地)布局与建设规划》编制、报批和发布工作。经渔港功能分类后,宁波市有重点渔港11个,主要渔港18个,小型渔港31个。根据国家渔港等级标准,结合实际情况,宁波市确定在“十二五”期间,规划建设国家中心渔港1

---

① 陈旭钦、黄剑跃:《海洋经济号角下的期待》,《宁波晚报》2011年5月14日第9版。

② 郭正伟、阎勤:《加快宁波海洋经济发展对策研究》,http://gtog.ningbo.gov.cn/art/2003/8/11/art_13194_653655.html,中国宁波网。

个，国家一级渔港 3 个，国家二级渔港 8 个，国家三级渔港 10 个，贸易渔港 5 个，避风锚地 33 个，共 60 个渔港和避风锚地。通过以上布局形成以象山石浦中心渔港，鹤浦渔港、石浦番西渔港和桐照渔港三个国家一级渔港为核心，象山石浦东门渔港等重点渔港为基础，沿海普通群众渔港和避风锚地为补充的结构合理、层次有序、功能互补的渔港布局结构。

至“十二五”末，宁波市争取把石浦中心渔港建成设施配套、功能齐全、安全可靠、经济繁荣、交通通讯便利的现代化渔港。宁波市科学规划渔港产业布局，以石浦中心渔港、奉化渔港等建设为重点，带动一、二、三级群众渔港建设，通过渔港建设带动相关产业的发展，大力发展第二、第三产业，做大做强水产品批发流通业和旅游服务业，吸纳捕捞渔民转产转业，将有力地推动渔港经济的发展。

2. 开拓远洋捕捞业，调整海洋捕捞作业结构

合理保护宁波近海资源，需要开发浙江和东海的外海渔业资源，提高远洋渔业比重，形成沿海、近海、外海和远洋四个层次的捕捞生产格局。因此，加快现有渔船的更新改造和先进技术装备的引进，建立几个比较稳固、综合实力较强的远洋捕捞船队，开拓海外渔业生产已成为宁波市海洋渔业的一个必然选择。自 1987 年宁波市积极参与开发国际渔场以来，逐步形成以大型远洋渔业集团为龙头，捕捞补给、加工、销售相配套的集约化组织体系，有效地提高了宁波市远洋渔业在国外渔场的份额。同时，宁波市相关部门积极推进减船转产，引导渔民开辟新的生产就业门路。

2009 年 4 月，宁波远通海外渔业有限公司与印尼一家渔业公司合作，购得了位于印尼马诺夸里的面积 3.5 公顷的金枪鱼围网渔业基地，在印尼海域建立一座远洋捕捞基地，开发印尼东北部渔场。目前这个印尼基地捕捞年产量 5000 余吨、产值约 4000 万元。但至 2009 年，宁波的远洋渔船仅 31 艘，远洋渔业产量 2.2 万吨，与邻近舟山市以及和国内发达渔业城市有明显差距，和宁波的海洋大市地位并不相称（表 4-7）。

按照宁波市海洋与渔业局的“十二五”规划，宁波市将打造现代化远洋船队，培育宁波的远洋渔业基地，利用国家鼓励发展远洋渔业的产业政策，鼓励国内生产渔船从事远洋渔业，重点发展大洋性渔业，推进、促进远洋渔业基地、产品加工和贸易合作平台建设，以提高宁波市远洋渔业企业的竞争力。至 2015 年，远洋渔船数量要发展到 50 艘，这些政策的规划与支持把远洋渔业作为重点产业加以培育，打造现代化远洋船队，将对宁波市的远洋渔业发展起到巨大的推动作用。

**表 4-7　2008 年浙江省海洋机动渔船拥有量对比**

| | 海洋机动渔船 | | | 生产渔船 | | | 远洋渔船 | |
|---|---|---|---|---|---|---|---|---|
| | 艘数（艘） | 总吨（吨）船 | 总功率（千瓦） | 艘数（艘） | 总吨（吨） | 总功率（千瓦） | 艘数（艘） | 总功率（千瓦） |
| 浙江省 | 33393 | 2206369 | 4200543 | 30406 | 1921333 | 3631337 | 317 | 184003 |
| 宁波市 | 8182 | 411263 | 800847 | 7682 | 382817 | 741466 | 36 | 16112 |
| 温州市 | 6874 | 232280 | 531442 | 6587 | 211617 | 462836 | 20 | 4956 |
| 舟山市 | 8851 | 828808 | 1417138 | 7538 | 703191 | 1194028 | 222 | 125482 |
| 台州市 | 8336 | 702641 | 1392916 | 7480 | 592719 | 1176009 | 4 | 2768 |
| 嘉兴市 | 813 | 4799 | 16671 | 809 | 4557 | 16081 | | |
| 绍兴市 | 302 | 2844 | 6844 | 275 | 2698 | 6232 | | |
| 直属 | 35 | 23734 | 34685 | 35 | 23734 | 34685 | 35 | 34685 |

资料来源：2008 年浙江省海洋渔业经济统计报告，http://www.zjoaf.gov.cn/，浙江省海洋与渔业局网。

### （三）发展海洋休闲渔业

发展休闲渔业，可以利用近海、沿岸的环境与渔业资源，结合渔村风俗、海鲜品尝、休闲垂钓、海上观光等内容，为城市居民提供一种亲近海洋、休闲度假的新方式。美国通过发展休闲渔业，转移了大量的剩余劳动力，休闲渔业在美国估计创造了 120 万个就业机会，每年美国人在休闲渔业上花费达 378 亿美元，且近五年以 36％的速度增长。休闲渔业产业化发展是提高海洋渔业整体效益，解决捕捞渔民转产转业的一条重要途径，也是今后宁波市海洋渔业多元化发展的方向之一。宁波市根据现有渔业资源优势，制订规划，充分利用本市滨海旅游景点特色，在象山松兰山、皇城沙滩、南韭山自然保护区，以及石浦中国水产城，逐渐形成了一条以“洗海浴、钓海鱼、吃海鲜、观海景、买海货”为特色的旅游热线，在休闲渔业产业化发展上走出一条新路。①

1. 发展海鲜餐饮文化

美食节是一个人们集中消费的集会，成功举办的美食节对活跃地方经

① 练兴常：《宁波市沿海捕捞渔民转产转业调研报告》，http://gtog.ningbo.gov.cn/art/2006/11/13/art_13228_653892.html，中国宁波网。

济和休闲旅游,提升城市形象有着一定的作用。随着休闲渔业的发展,海鲜餐饮也成为一个城市旅游、休闲、娱乐等吸引力高低的内在动力。作为呈现各种美味佳肴供人品尝的节庆——海鲜美食节,在推动宁波地方经济发展、塑造城市形象中发挥重要作用,并产生良好社会效应。

"来发来发讲啥西,讲出事体侬欢喜;红膏枪蟹咸眯眯,大汤黄鱼摆咸齑;天封塔、鼓楼沿,东西南北通走遍;每日夜到九点半,来发带侬临市面——透骨新鲜。来发来发讲啥西,对来扯起小事体;带鱼要吃吃肚皮,闲话要讲讲道理;柴米油茶酱醋盐,红猛日头龙光闪,哆来咪发嗦啦西,来发又来讲事体——快来看!"宁波电视台的《宁波话歌》中"红膏枪蟹咸眯眯、大汤黄鱼摆咸齑、带鱼要吃吃肚皮"很好地诠释了浙东地道的海鲜餐饮文化。在休闲渔业中,宁波的海鲜餐饮也成为海洋渔业消费经济中一道独特的亮点。休闲渔业经济兴起以来,宁波市的象山海鲜美食节、宁海长街蛏子节、宁波美食节、慈溪庵东小海鲜美食节等成为民众品尝海味海鲜、体验休闲娱乐等最好的平台和载体。

例如,宁波市象山县以中国开渔节为依托,自 2004 年举办象山海鲜美食节以来,到 2011 年为止已成功举办八届,以"品尝象山海鲜、体验象山休闲"为主题海鲜之旅专线,进一步提升了象山海鲜的对外影响力,被评为 2006 年全国十大饮食节庆活动之一。在海鲜美食节期间分别举办象山海鲜美食研讨会、海鲜产品展销展示、海鲜美食品尝、海鲜美食风情游等活动,吸引了上海、杭州、宁波、象山四地近百余家海鲜餐饮企业,借助美食节的舞台打响了自己的品牌,获得丰厚的效益,每年均有近 30 万游客参加过美食节的活动。"餐桌"经济的日渐兴旺使象山海鲜酒楼开始向大型餐饮业集团方向发展,象山丰收日大酒店摘得"全国十佳酒店"桂冠,宁波石浦大酒店有限公司拥有百丈店、天一店、月湖店、镇海店 4 家饭店,总餐位 7000 余座,成为"中国餐饮百强企业"。"象山牌"海鲜餐馆酒楼目前在上海、杭州和宁波三市已不下 100 家。2010 年营业额就超过 5 亿元。

"海鲜美食节"还用不同的表现形式展示象山风情和海鲜美食:象山海鲜产品展销展示、海鲜美食品尝、海鲜美食风情游,挖掘、创新象山海鲜餐饮特色,弘扬地方饮食文化,进一步打响象山海鲜餐饮品牌,推进象山餐饮业、海洋休闲渔业等相关海洋产业的更快发展。该节还使宁波市象山县树立了"天下海鲜数象山,黄金海岸美味多"的旅游形象,有力地促进了宁波市乃至浙江省旅游业的发展,活跃了海洋休闲渔业的市场交流,已成为浙江省旅游业一个强势的节庆旅游、休闲渔业产业品牌。

2. 塑造海鲜产品品牌

建立专业化的海水产品加工公司和园区，完善海产品加工配套设施，逐步引导海水产品加工企业向相关领域集中；鼓励发展海水产品规模经营和精深加工，避免低水平重复建设；鼓励海水产品加工企业在海外建立集捕捞、冷藏加工、渔船修造、补给等于一体的综合性远洋渔业基地，做好相应产地海洋捕捞品的加工和销售。宁波市海鲜产品经过几十年的加工与开发，已形成了“陆龙兄弟”“史翠英”“甬港海产”等众多全国知名的海产品牌。发挥好知名海水产品技工企业、著名品牌的带头示范作用，这对提高宁波地区海水产品的竞争力，实现海鲜产品加工业科技化、市场化和规模化有着巨大的推动作用。

例如作为中国海产领军品牌，始创于 1978 年的宁波市陆龙兄弟海产食品有限公司，从事开发、制造并销售六大系列数百个品种的海产食品及提供优质专业的服务，产销量、纳税额、企业规模等经济指标连续 20 余年位列全行业首位，是业内公认的全国“单打冠军”。“陆龙兄弟”不断创造经典海产食品：黄泥螺、红膏蟹制品、鲜曝大黄鱼、本地淡鳗鲞、对虾干、明府鲞、大开洋、醉河蟹、休闲食品……依托享誉世界的东海黄金渔场，“陆龙兄弟”30 余年专注做海产，也成就了中国最大的全品类海产食品供货商。“陆龙兄弟”不断迈出连锁经营的步伐：宁波大世界店、华严店、马园店、樱花店、慈溪店、杭州学院路店、上海打浦桥店……宁波老外滩的 5000 余平方米总部旗舰店，成为全国规模最大的单品牌海产展示销售中心之一，使得“陆龙兄弟”成为宁波最具代表的特产名片和“海产文化”。到今天，该企业及其产品已拥有“中国有机产品”“中国绿色食品”“中国驰名商标”“浙江省名牌产品”“浙江省著名商标”“浙江省知名商号”，是目前行业内资证最全、等级最高的企业。

宁波市史翠英食品发展有限公司，由史翠英女士创建于 1978 年，主营宁波特色风味海鲜食品，集优质海产品的养殖、收购、生产、销售等于一体，该企业多年坚持创新理念，打造绿色健康产品，与省重点高校宁波大学联合建立“宁波大学—史翠英食品工程技术中心”，努力加快科研技术的转化应用，推动行业变革。2007 年，公司被授为宁波市菜篮子工程重点建设项目，并先后荣获“宁波市农业龙头企业”“浙江省消费者信得过单位”“浙江省信用管理示范企业”“浙江省诚信企业”“工业企业三十强”“2011 年度宁波市商贸系统先进企业”“2012 年宁波服务业百强企业”等称号。该企业的精品专卖店覆盖宁波、杭州、上海、北京等华东、华北区域主要市场，其中浓情海味

系列产品被评定为“浙江省宁波地区十佳城市礼（名）品”；“新风鳗鲞”“黄泥螺”等产品荣获中国有机产品称号，多次被评为省农业博览会金奖、食品博览会金奖，被宁波人亲切地称为“史翠英—大阿嫂”，成为著名的海鲜社会品牌。

此外，诞生于2007年的“甬港海产”，从江浙沿海地区民间酱制品中因循古法秘制，配制十几种独家名贵酱料与辅料，结合绿色加工保鲜技术，成功开发出口感独特的“酱香系列”品牌，成为目前国内首家生产酱香海产品的生产厂家。截至2011年10月，先后在宁波市开设孝闻街店、太古店之后，甬港海产—飞虹店，并在宁波、上海、杭州、新昌、等城市开出多家提货点与专卖店，销售网络将向长三角拓展。同时甬港海产盛情相邀著名节目主持人王阿姨作为品牌代言人，王阿姨亲切、正直地道宁波形象（“酱青蟹，交关好吃！”）与甬港海产地道宁波味不谋而合，很好地诠释了甬港海产酱香文化。

近些年来，休闲渔业在浙江各地逐渐兴起，以渔港为依托，宁波象山石浦和台州玉环坎门开始打造“中国渔村”和“休闲渔都”两大渔港经济综合开发和休闲旅游项目，宁波慈溪杭州湾新区，宁波大榭、郭巨，象山石浦，奉化莼湖等地纷纷发展休闲渔业，以促进海洋渔业的可持续发展。休闲渔业的发展涉及交通、住宿、餐饮、购物、娱乐等多个部分，按现有的管理体制，需要协调好渔业与交通、旅游等部分的关系，更重要的是应尽快建立起一套健全、规范的管理体制，出台相应的规章或者规定，把握这一行业的发展方向，从制度上保障休闲渔业的健康、持续发展。

## 四、应用海洋生物技术，推动传统产业的技术升级

### （一）海洋生物技术的应用

目前，应用海洋生物技术推动海洋产业发展主要聚焦在海水养殖和海洋天然产物开发两个方面。在水产养殖方面，应重视提高重要养殖种类的繁殖、发育、生长和健康状况，特别是在培育品种的优良性状、提高抗病能力方面，如转生长激素基因鱼的培育、贝类多倍体育苗、鱼类和甲壳类性别控制、疾病检测与防治、DNA疫苗和营养增强等；在海洋天然产物开发方面，利用生物技术的最新原理和方法开发分离海洋生物的活性物质、测定分子组成和结构及生物合成方式、检验生物活性等，将会明显地促进海洋新药、海洋保健食品、海洋营养食品、生物酶、高分子材料、诊断试剂等新一代生物

制品和化学品的产业化开发。①

宁波市相关部门要利用宁波大学海洋生物实验室等科研机构力量，实现海洋生物养殖与防病、海洋生物制药、海洋生物综合利用与海洋保健品和药品开发、海洋环境与生物保护等海洋生物技术制品研制和开发的突破。大力促进海洋生物产业的集群式发展，可以充分发挥龙头企业在资金、人才、技术、信息等方面的优势，带动、提升相关产业的科技水平，合理开发、综合利用海洋资源，而且有利于促进宁波市海洋传统产业集群的发展壮大，实现海洋经济产业的可持续发展。由此，宁波市人民政府发展研究中心农新贵建议，重点关注海洋生物中的基因工程药物开发，建成宁波沿海生物药源库，开发一批具有自主知识产权的海洋生物医药产品。同时，针对海水养殖动物及其病原的功能基因组学，开发若干种新型高效海洋生物基因芯片，应用于水产育种、疾病诊断、环境污染检测、水产品质量检测等领域。②

### （二）综合开发和利用海洋生物技术

发展生物转基因工程、微生物工程、发酵工程、生化工程、保健食品工程、药物工程及食品、饲料添加剂等，重点研究和开发从丰富的海洋生物体中提取抗癌、抗菌、抗病毒、抗心血管疾病、免疫促进等多种特殊药物及研制系列海洋保健与功能食品。从国内外引进这方面的科技成果和已有的生产技术及设备，促进海洋生物工业的发展，并使之成为宁波海洋经济的支柱产业。海水养殖要利用生物工程技术开展名特优新品种的繁育，培育优质、高效、抗病害海水养殖品种，提高优良品种普及率。

## 五、推动海洋渔业服务信息化

海洋地理信息产业以地理信息系统、遥感和卫星定位系统等高新技术为支撑，应用于海上交通、海洋渔业、海洋地质勘探、海洋资源开发、海洋工程建设、海底电缆和管道的敷设、海洋环境保护等各个领域。海洋渔业经济的发展离不开海洋基础信息，宁波应兴建海洋信息化平台，建立海洋信息资源综合数据库，通过获取包括海洋地理环境、海洋空间资源、海洋生态环境、海洋经济资源、海洋科学研究及海洋综合管理等海洋信息的时空系列动态信息，使其成为海洋渔业产业的信息服务中心。

---

① 赵小菊：《海洋生物产业将撑起新增长点》，《大众日报》2011 年 1 月 18 日第 3 版。

② 陈旭钦：《蓝海引我们海底捞“金”》，《宁波晚报》2011 年 3 月 20 日第 20 版。

现代海洋渔业的兴起,使得涉海信息服务业逐步获得发展。据统计,在宁波海洋经济总值中,涉海信息服务业的产值由2008年、2009年的10445万元、10560万元,增加到2010年的183706万元,所占海洋经济总产值的比重也增加到0.6%左右。因此,增强渔业服务功能,提高产业组织化程度将使海洋渔业的各项产业获得更多益处。目前,分散的小规模的海洋捕捞渔船生产方式面临越来越困难的环境,迫切需要产业规模和组织化程度,形成整体合力,提高生存能力。捕捞科技进步的重点是应用计算机、卫星遥感、声纳探测等高新技术测报鱼类,推进保护幼鱼的网具改革等。要通过建立各种海洋捕捞专业协会或渔民协会、产供加销联合体和中间组织,沟通各地信息,增强服务,将海洋捕捞的产前、产中、产后各个环节有机地联系起来,形成规划指导、科技创新、技术推广、渔具供应、信贷支持、风险防范、气象监测、洋地运销、市场交易、产品加工等一条龙服务,实行行业管理。[①]

## 六、加快渔区社会保障制度建设

传统渔民生活环境偏僻,依托海洋与渔船,渔业捕捞是他们唯一的生计,这使得海洋渔村渔民的生活来源具有更大的风险性。由于海洋资源衰退,渔业结构调整要求渔民转产转业,200海里专属经济区制度的实施导致渔船作业区域的缩小,伏季休渔又使渔民出海时间减少,综合因素使浙江渔民的收入近年来增幅明显趋缓,部分渔民因失业而陷入生活困境。当前渔区缺乏基本的保障,渔民下岗没有失业救济,2001年10月实施的《浙江省最低生活保障办法》中规定家庭人均收入低于户籍所在地县市最低生活保障标准的居民、村民,均有从当地政府获得基本生活物质帮助的权利。

沿海很多地区已经根据国家的产业调整政策,控制近海渔业规模,实行渔民转产转业,使渔业发展水平能尽快和渔业资源繁殖能力相适应,保护我国的近海海洋资源,同时发展远洋捕捞、渔产品加工、海岛旅游以及港口工业等。政府及相关管理部门需要完善相关法律法规,探索建立海域征用补偿办法,建立失海渔民利益补偿机制。

最近几年来,随着柴油、劳动力价格上涨,一些还有渔船的渔民作业成本快速上升,一些渔船出海打鱼经常亏本。由于渔船造价较高,一些船主亏本经营甚至折价卖船,从而背上沉重债务,生活陷入赤贫。只有通过建立规

---

① 宁波市海洋渔业调查组:《宁波市海洋渔业结构调整、转产转业调研报告》,《中国水产》2001年第2期,第18页。

范的渔区社会保持制度，才能使贫困渔民维持基本的生活水平和医疗救治，使渔民地转产转业时减少后顾之忧，促进渔业劳力的合理流动，保持渔区的社会稳定。由于国家制度的安排，长期以来渔民未能享受到基本的社会保障，但承担着渔业税及几十项各种各样的费用，渔民还承担着渔村公共设施和公共服务的资金投入。为实现社会公平，应加快渔区基本生活保障与政府部门的社会统筹保障接轨，切实将渔民养老、医疗保险和最低生活保障纳入各级社保统筹范围。为促进伏季休渔制度的实施，是否可参照退耕还林政策，国家给予渔民适当的生活补贴，解决休渔期的生计问题。①

① 杨建毅：《海洋捕捞渔业可持续管理》，http://www.zjoaf.gov.cn/kxfzg/fzjdzzj/2008/11/19/2008111900016.shtml，浙江省海洋与渔业局网。

# 第五章　宁波现代海洋产业之二：宁波海洋船舶修造业发展现状与发展对策

7月11日是中国航海日。1405年的这一天，郑和率领庞大船队浩浩荡荡驶向辽阔海域，2.7万人乘大船62艘，其中最大的一艘长44丈，排水量近万吨。100年后，航海家哥伦布的旗舰不过长80多尺，排水量仅233吨。然而，就在郑和最后一次下西洋后不久，明朝海禁，中国造船业自此停滞，而此时的欧洲造船业却快速发展，一直到20世纪50年代，始终在世界占据统治地位，再后，日本、韩国造船业相继崛起，成为世界造船中心。90年代后期，世界造船业的原有格局再度被打破，中国造船业崛起，成为日益强悍的一极，令无数业内人士遥想600年前之辉煌时充满底气。2007年，我国造船完工量占世界市场份额的23%，造船完工量超过日本，新承接船舶订单则超过韩国位居世界第一。在世界造船市场，中、日、韩三足鼎立的格局已基本形成。

海洋船舶业是资金密集型、劳动密集型、技术密集型产业。造船需要巨量的资金投入，自不待言，而说到劳动密集，这恰恰是造船业近年来从日、韩向我国转移的重要因素之一，相关的研究结果显示，世界造船产业第一次转移过程中，与欧洲相比，日、韩等新兴造船国家的劳动力要便宜得多；在第二次产业转移过程中，与日、韩相比，中国在劳动力方面具有很强的比较优势。

海洋船舶修造业是为水上交通、海洋开发和国防建设等提供技术装备的综合性产业，具有技术先导性强、产业关联度大、资本与劳动力密集等特点。是先进装备制造业的重要组成部分，对机械、电子、冶金、海洋资源等上下游资源开发具有较强的带动作用。浙江省是国内船舶制造的主要基地，统筹造船、修船、配套全面发展，对我省加快浙江海洋经济发展示范区建设具有十分重要的意义。

## 第一节　宁波海洋船舶修造业发展概况

宁波不但拥有优良的水域，而且聚集了众多船用设备配套企业，产业链优势明显。因此，海洋船舶修造业已成为宁波市重点发展的五大临港产业之一。目前宁波市拥有造船企业和渔船修造企业 65 家，船用配套企业 50 余家，造船能力达 250 万载重吨。2009 年，船舶产业与石化、钢铁、装备制造、汽车及零部件、纺织、轻工、有色金属、电子信息等产业一起被列入宁波市九大产业调整振兴三年行动计划。该行动计划指出，宁波市将建成 2 个具有较强国际竞争力的专业化海洋工程装备制造基地，发展出 2 家具有国际先进技术水平的船用低速柴油机企业，培育 2 家具有特种船舶研发和制造能力的造船骨干企业，努力将宁波市打造成为长三角区域重要的现代化船舶制造产业基地。该行动计划的实现为宁波海洋船舶修造业的发展带来了新的机遇。据初步统计，2010 年宁波市船舶修造业实现工业总产值 113.9 亿元，海洋产业增加值 22.25 亿元，出口交货值 51.3 亿元，利税总额达 11.33 亿元。

### 一、宁波市海洋船舶修造业发展历史

新中国成立初期，宁波市海洋船舶修造业仅有一些小型船厂，主要修造内河木质运输船舶和沿海木质渔船。20 世纪 70 年代，为发展海上运输，浙江省政府投资新建了浙江船厂，并对宁波航运分公司船厂、宁波渔轮厂进行了扩建改造，初步形成了能够修造 3000 吨级沿海船舶的骨干船厂。至 80 年代初，先后成批量地为沿海航运企业建造了 300 吨级、500 吨级、1000 吨级、2000 吨级货轮以及大批渔轮，促进了宁波市船舶运输企业第一轮技术改造以及钢质渔轮会战任务的完成，其技术水平在当时全省海洋船舶修造业行业中居于领先地位。

20 世纪 80 年代后期及 90 年代，随着国家经济体制改革的不断深入，市场机制逐步建立，浙江船厂等加大技改投入，提高了船台能力，并开始生产 5000 吨级集装箱船，3000 吨级多用途船，1000 吨、2000 吨级油轮和系列车客渡船等，取得了良好的经济效益。

进入21世纪以来，宁波市船舶建造朝着大吨位、大马力、多用途的方向发展。到2005年，宁波市共有船舶修造企业62家，年产值超过70亿元，共交付了80艘大型船舶，总吨位65万吨，其中1/3为出口船舶，主要船型是集装箱船、多用途船、货船和油船。其中，规模以上船舶修造企业16家，完成工业总产值27.32亿元，同比增幅91.56%；完成销售收入23.66亿元，同比增幅94.11%；完成出口交货值20.27亿元，同比增幅95.1%；实现利税总额2.39亿元，同比增幅197.67%。

## 二、宁波海洋船舶修造业发展的背景

工信部党组成员郭炎炎在2011年11月29日举行的“2011年中国国际海事会展高级海事论坛”上预计，“十二五”期间，世界船舶市场将呈现逐步回暖的态势，但是世界船市总量很难再次回到“十一五”期间年均1.7亿载重吨的兴旺状态，需求不足将成为造船市场的基本特征，世界海洋船舶修造业将迎来调整期。郭炎炎指出，“十二五”期间，世界各国造船业将展开更为激烈的市场争夺，一些发达造船国家由于成本等因素将进一步退出常规船舶市场，而中韩造船业之间的竞争将更为胶着，行业洗牌在所难免。“预计未来2～3年，无论从世界范围还是我国国内，海洋船舶修造业将进入兼并重组和结构调整频发期。”

而就我国的造船业来看，尽管我国在2010年已经成为世界第一大造船国，但目前我国海洋船舶修造业也有一些深层次矛盾和问题，包括产业结构不尽合理，整体技术水平仍有差距，海洋工程装备发展刚刚起步，船舶配套业滞后于造船业发展，高端船舶产品设计建造能力有待提高。郭炎炎举例称，2011年以来，以集装箱船（特别是超大型集装箱船）、液化气船和钻井船为代表的高技术、高附加值船型市场明显活跃，并主导整个新造船市场。而由于我国多数造船企业以建造散货船为主，在世界船舶市场需求结构变化的形势下，产品结构单一的弊端尤为突出，在接单上，特别是接单金额上明显落后于韩国。

### （一）我国仍将是世界造船业转移的首选地

经历21世纪前几年的快速发展，中国造船业已经具备坚实的发展基础，造船设施的规模和现代化程度已经接近或达到世界先进水平。从全球船舶产业发展格局看，国际分工已经基本形成，造船业东移已是一种无法扭转的市场规律。未来几年，我国造船业综合竞争优势将更加明显，发展的潜力将进一步释放，有能力承接世界造船中心的转移。长三角区域是我国船舶制造产业发展的主战场，约占全国造船总量60%的份额。象山县作为长三角区域重要的造船基地，将在新一轮国际产业转移中迎来更大的发展空间。

### （二）国家提出了转变海洋船舶修造业发展方式的系列举措

我国将抓住市场调整的机遇，综合应用经济、法律和必要的行政手段，加快淘汰落后生产能力，优化海洋船舶修造业产业结构，大力推进海洋船舶修造业结构调整。支持企业之间强强联合，联合营销，鼓励中、小造船企业成为船舶中间产品配套加工中心和专业化加工中心，完善海洋船舶修造业的产业链。坚持有保有压，有堵有疏，严格控制新的投资项目，今后一个时期原则上不再核准新的造船项目。新形势新阶段要求象山县海洋船舶修造业发展必须紧紧围绕产业整合升级主线来谋划布局。

### （三）产能过剩将导致供求关系出现逆转

据有关专家评估，预计到2012年世界造船能力将接近2.0亿载重吨，其中，韩国将达5000万载重吨，日本将进一步提升至4000万载重吨，中国将形成6000万载重吨以上能力；另外，东欧造船国家及越南、印度、巴西都在加快发展造船业。而且，目前全球手持订单量已超5亿载重吨，与船队规模之比高达44%。手持订单快速增长给航运市场带来的压力日益骤增，一旦经济形势发生变化，国际造船市场新船需求回调压力将加大，产能过剩局面将凸显。

## 三、宁波市海洋船舶修造业发展现状

### （一）宁波海洋船舶修造业总体发展情况

目前，宁波市拥有造船企业和渔船修造企业65家，船用配套企业50余家，造船能力达250万载重吨，其中，建造万吨级以上船舶的企业有20家。造船企业主导产品有各类货船、集装箱船、化学品船、沥青船、LPG石油供应平台船等。

2010年，在世界金融危机强烈冲击船舶市场后，给行业经济前景带入很多不确定性。但在国家和省市政府的正确指导和大力扶持下，宁波船舶行业各企业积极应对，措施有力，通过企业的顽强坚持与拼搏，从整个行业完成的主要经济指标数看,宁波市海洋船舶修造业(市场)并没有出现明显的大起大落的现象,全市经济运行总体态势平稳。2011年,我国船舶行业经济运行总体上保持平稳,造船完工量持续增长。宁波海洋船舶修造业受外部需求增长放缓、人民币升值、通货膨胀和综合成本升高、资金供给趋紧等诸多不利因素影响,企业在生产经营压力加大的情况下,宁波市各海洋船舶修造业企业努力克服成本上升、招工不易、融资困难,资金短缺较大、市场竞争激烈等困难,经济运行继续保持较为平稳发展的态势。但受全球经济增速放缓、航运市场持续低迷的不利影响,承接新船订单量大幅减少,手持船舶订单量持续下降,船舶工业发展面临重大的挑战。

1. 产业规模不断扩展

2010年,全市海洋船舶修造业完成工业总产值113.9亿元,其中20家规模以上海洋船舶制造重点企业完成产值112.3亿元,同比下降5.3%;新产品产值62.3亿元,同比下降2.7%,其中20家重点企业新产品产值62.1亿元,与上年持平;工业销售产值86.6亿元,同比下降16%,其中20家重点企业工业销售产值80.4亿元,同比下降15.8%;实现主营业务收入114亿元,同比增长3.8%,其中20家重点企业主营业务收入108亿元,同比增长3.5%;实现利润总额11.3亿元,同比增长35.%,其中20家重点企业利润总额10.8%,同比增长41.3%。2011年上半年,宁波海洋船舶修造业完成工业总产值52亿元,同比上升2.4%;工业销售产值39.7亿元,同比下降1.7%;主营业务收入57.9亿元,同比下降1.%;利润总额4.97%,同比下降17.8%。2011年上半年,宁波船舶制造产业完成工业总产值52亿元,同比上升2.4%;工业销售产值39.7亿元,同比下降1.7%;主营业务收入57.9亿元,同比下降1.%;利润总额4.97%,同比下降17.8%。

2. 造船三大指标中,订单增长幅度较大

海洋船舶订单向重点企业集中。国际金融危机爆发以来,船舶市场迅速由卖方市场向买方市场转换,市场竞争异常激烈,新船订单向建造技术先进、质量好的优势企业集中。从宁波看,据全市20家规模以上船舶制造重点企业数据统计,2010年,全市主要造船企业新建船舶98艘,造船完工量128.2万载重吨,同比微降2.1%。部分企业造船完工量情况:浙江造船的造船完工量29.5万载重吨,计21艘、新乐造船12.7万载重吨,计8艘、东升造船10.9万载重吨,计7艘、振宇船业10.4万载重吨,计4艘、东红船业6.8万载重吨,计5艘(不含小吨位船舶20艘)。2010年,全市20家重点造船企业新承接订单159.9万载重吨,同比大幅增长240%,其中,宁波市造船企业较为集中的象山县，12 家重点监测企业新承接船舶订单 53.1 万载重吨，同比增长 43.1%，如东红船业新接订单 18.1 万载重吨，占到 1/3 左右。该县船舶企业所接订单主要以散货船、集装箱船和油轮为主，分别达到 12 艘、10 艘和 9 艘，此外渔船和鱿钓船有显著增加。在新承接订单的企业中，浙江造船以 31.5 万载重吨的订单，建造海洋工程船为主的船舶产品，名列全市同行之首。

手持订单稳中有升。2010 年，全市 20 家重点造船企业手持订单 226.2 万载重吨，同比增长 52.9%，其中，浙江造船独占 75 万载重吨，象山县 12 家重点船舶制造企业新接订单量高于船舶完工量 17 个百分点，因此手持船舶订单达到 85.2 万载重吨，同比增长 9.1%。

3. 产业分布呈现集群态势

宁波市修造船企业主要分布在北仑片、象山港片、石浦港片，并且表现出两个比较明显的特点，一是大中型企业比较分散。二是象山企业比较多，且呈现“数量多、吨位小”的局面。

### (二)宁波船舶制造产业出口情况

1. 船舶产品出口规模持续扩大

从全国看，船舶出口交货值增幅下降。2011 年，规模以上船舶工业企业完成出口交货值 2913 亿元，同比增长 14.1%，增幅下降 3.1 个百分点。其中，船舶制造业为 2504 亿元，同比增长 14.8%；船舶配套业为 90 亿元，同比增长 10.2%；船舶修理及拆船业为 276 亿元，同比增长 8.9%。2011 年，全国完工出口船 5182 万载重吨，占全国造船总量的 83.9%；承接出口船订单 2516 万载重吨，占新接订单总量的 74.7%。

表 5-1　宁波船舶产品出口贸易情况

| 年份 | 船舶出口额（万美元） | 增长率(%) | 宁波市总出口额（亿美元） | 船舶出口占总出口额比例(%) |
|---|---|---|---|---|
| 2001 | 378 | 370.40% | 62.44 | 0.06% |
| 2002 | 197 | −47.98% | 81.63 | 0.02% |
| 2003 | 2943 | 1396.63% | 120.74 | 0.24% |
| 2004 | 5231 | 77.74% | 166.90 | 0.31% |
| 2005 | 13679 | 161.50% | 222.17 | 0.61% |
| 2006 | 21947 | 60.45% | 287.71 | 0.76% |

续表

| 年份 | 船舶出口额（万美元） | 增长率（%） | 宁波市总出口额（亿美元） | 船舶出口占总出口额比例（%） |
|---|---|---|---|---|
| 2007 | 43940 | 100.21% | 382.55 | 1.14% |
| 2008 | 114500 | 160.60% | 463.26 | 2.47% |
| 2009 | 152300 | 33.00% | 386.51 | 3.94% |
| 2010 | 164718 | 8.15% | 519.67 | 3.17% |

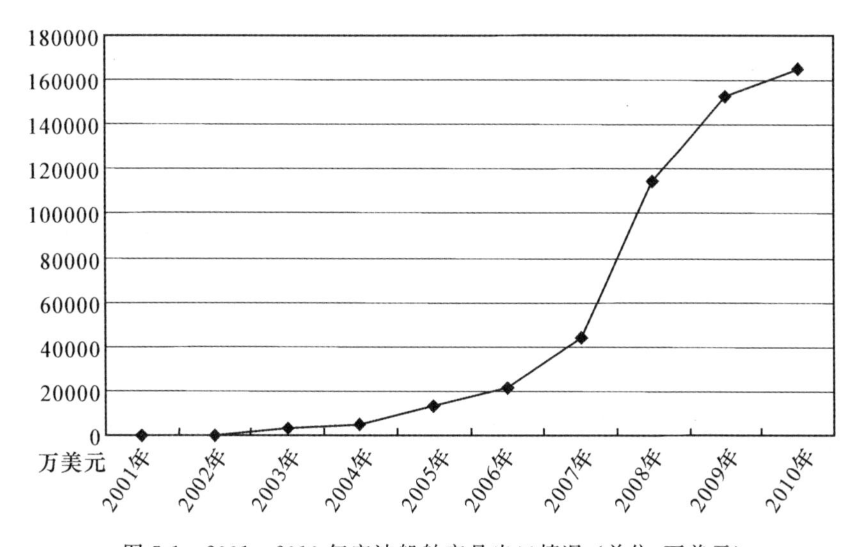


图 5-1　2001—2010 年宁波船舶产品出口情况（单位:万美元）

2000 年以来,宁波船舶行业积极开拓国际市场,船舶出口急剧增长。2001 年的出口额仅为 378 万美元,而 2010 年出口额猛增到 16.5 亿美元。历年来宁波出口的船舶总量保持了持续增长态势,并且船舶产品出口在宁波总出口额中所占比例越来越高,2009 年比例达到 3.94%,宁波船舶出口能力不断增强。

2. 新兴市场开拓取得新进展

宁波的船舶出口市场较为集中,亚洲和欧洲是宁波船舶出口的主要市场,向拉美洲出口增幅最大。2010 年,宁波船舶出口到 50 个国家和地区,其中向欧洲出口 6.3 亿美元,占比 39.4%;向亚洲出口 5.4 亿美元,占比 32.7%;向大洋洲、拉美洲、北美洲和非洲分别出口 2.5 亿美元、2.1 亿美元、180 万美元和 3 万美元,分别占比 15.2%、12.7%、0.1%和 0.002%。

从国家和地区来看,近几年,欧盟和韩国一直是宁波船舶产品出口前两

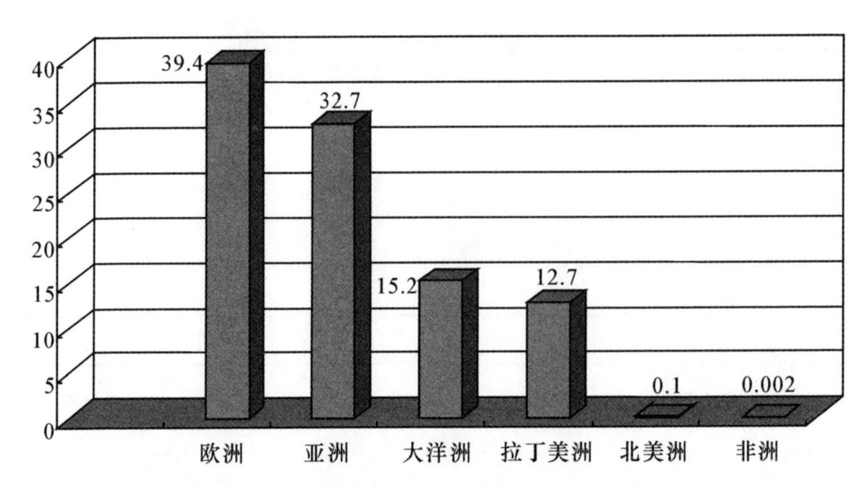


图 5-2 2010 年宁波向各大洲出口船舶产品金额占比(单位:%)

位国家和地区。2010 年宁波向欧盟出口船舶 6.3 亿美元,同比增长 27.4%,占总出口额 39.4%;其次是韩国,2010 年宁波向韩国出口船舶 3.0 亿美元,占比 18.3%;排在第三位的是马绍尔群岛,第四位是香港,第五位是巴拿马,第六位是东盟,出口额占比分别为 15.2%、12.3%、9.5%、2.2%。

**表 5-2 2008—2010 年宁波船舶产品出口国别地区情况** 单位:万美元

| 国别地区 | 2008 年 | 2009 年 | 2010 年 |
| --- | --- | --- | --- |
| 欧盟 | 46848 | 49478 | 63057 |
| 韩国 | 31357 | 43065 | 30146 |
| 马绍尔群岛 | 9700 | 9122 | 25056 |
| 中国香港地区 | 16500 | 19305 | 20255 |
| 巴拿马 | 293 | 4125 | 15713 |
| 东盟 | 4834 | 24474 | 3575 |

3. 出口以加工贸易方式为主

2010 年宁波以加工贸易方式的船舶产品出口 15.8 亿美元,同比增长 17.5%,占比 95.9%。以一般贸易方式的船舶出口 4750 万美元,同比下降 73.2%,占比 2.9%。宁波船舶出口仍是以赚取加工费为主,自主研发和自主核心技术拥有率低,包括船舱内配置的关键设备主要依靠进口,产业发展层次不高。

**表 5-3 2010 年宁波船舶产品出口贸易方式** 单位：万美元

| 贸易方式 | 出口额 | 同比 | 占比 |
|---|---|---|---|
| 一般贸易 | 4750 | −73.20% | 2.9% |
| 加工贸易 | 158033 | 17.46% | 95.9% |
| 其他贸易 | 1935 | 5427.35% | 1.2% |

4. 出口船舶产品结构不断优化

宁波出口的船舶产品中主导产品包括各类货船、集装箱船、化学品船、沥青船、海洋工程类船舶等。目前单船建造最大可达到 11.8 万载重吨的多功能货船，4250 箱集装箱船国内市场占 30%，国际市场占 70%，高技术、高附加值海洋工程类船舶订单量已居全球第一，占总量的 35%，企业效益明显提高，详见表 5-4。

**表 5-4 2010 年宁波船舶出口产品结构统计** 单位：万美元

| 商品名称 | 出口额 | 上年同期 | 同比 | 占比 |
|---|---|---|---|---|
| 合计 | 164718 | 152299 | 8.15% | 100% |
| 载重量不超过 10 万吨的成品油船 | 3703 | 9454 | −60.84% | 2.25% |
| 15 万吨〈载重量≤30 万吨的原油船 | 14055 | 0 | / | 8.53% |
| 容积≤20000 立方米的液化石油气船 | 14541 | 0 | / | 8.83% |
| 其他液货船 | 1498 | 12250 | −87.77% | 0.91% |
| 可载标准集装箱≤6000 箱的机动集装箱船 | 15803 | 13185 | 19.86% | 9.59% |
| 载重量不超过 15 万吨的机动散货船 | 48566 | 42634 | 13.91% | 29.48% |
| 机动多用途船 | 0 | 2685 | −100.00% | 0% |
| 其他机动货运船舶及客货兼运船舶 | 4321 | 3070 | 40.76% | 2.62% |
| 其他非机动货运船舶及客货兼运船舶 | 449 | 0 | / | 0.27% |
| 机动捕鱼船、加工船等加工保藏鱼产品的船 | 41 | 35 | 17.14% | 0.02% |
| 娱乐或运动用充气快艇等船；充气划艇及轻舟 | 36 | 34 | 7.04% | 0.02% |
| 未列名娱乐或运动用船舶、划艇及轻舟 | 959 | 715 | 34.00% | 0.58% |
| 挖泥船 | 64 | 298 | −78.49% | 0.04% |
| 灯船、消防船、起重船等不以航行为主的船舶 | 29839 | 24857 | 20.04% | 18.12% |
| 未列名机动船舶，包括救生船，但划艇除外 | 21 | 17 | 27.73% | 0.01% |
| 未制成或不完整的船舶，包括船舶分段 | 30821 | 43064 | −28.43% | 18.71% |

5. 民营企业出口势头强劲

重点企业出口继续发挥支柱作用。宁波拥有一批如浙江造船有限公司、宁波新乐造船集团有限公司等一批造船骨干企业。2010 年,全市 20 家重点造船企业手持订单 226.2 万载重吨。以浙江造船厂为例,企业实行产业转型升级以来,拥有高技术、高附加值海工船订单一跃世界首位,2010 年该企业手持订单 75 万载重吨,占全市手持订单比例 33.2%;实现利润总额 4.7 亿元,同比增长 4.3 倍,占全市利润总额近 60%的份额。

出口主体多元化,民营企业经营能力持续增强。2010 年民营企业船舶产品出口金额达到了 85260 万美元,占到了 51.8%,名列第一;外资企业出口金额为 77025 万美元,占比 46.8%;国有企业出口金额为 2433 万美元,占比 1.4%(见图 5-3)。

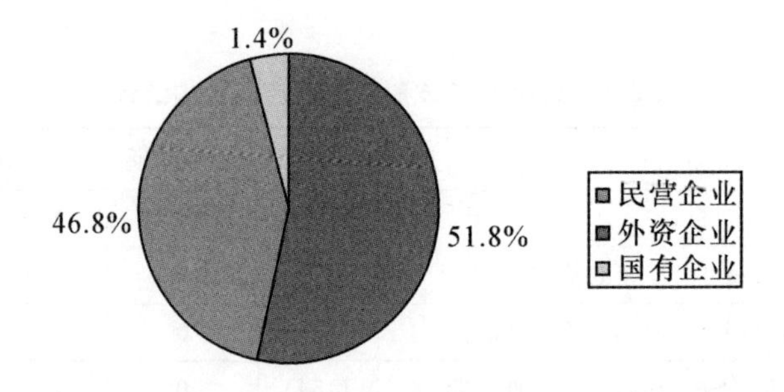


图 5-3　2010 年宁波市按企业性质分类的船舶产品出口情况(单位:万美元)

6. 船舶产品出口竞争实力在国内中等偏上而省内名列前茅

2010 年,我国船舶产品出口省市排名中,江苏省独占鳌头,出口额占全国 21.1%,排名第二位的是浙江省,出口额占全国 18.22%,第三位是上海市。从全国范围来看,目前,宁波海洋船舶修造业的综合实力在国内同行中处于中等偏上的地位。从浙江省内看,宁波市在省内除舟山地区外,与台州地区不相上下。

## (三)宁波市海洋船舶修造业发展特点

1. 高技术、高附加值船型优势突出

从全省来看,舟山建造船舶趋于大型化,而温台地区多半在建造一些传统船型的船舶。宁波市以浙江造船为例,企业实行产业转型升级以来,拥有高技术、高附加值海工船订单一跃世界首位,企业效益明显提高。2010 年,该公司实现利润总额 4.7 亿元,同比增长 4.3 倍,占全市利润总额近 60%的份额。目前,浙江造船有限公司生产的“首制”高端海工船,无论是高科技含量还是在市场的占有份额,已成不争的事实。如浙船在2011年的6—8月成功交付PX105IMR、SX130IMR及GPA696IMR三型高端全球首制海工船,标志着浙船的海工船模块、总装和调试能力已经完全达到了世界最高水平,经得起欧洲市场最严苛的环保标准考验。同时在突破三型船的交船瓶颈后,下半年浙船的交船速度也可大幅提升,可预期完成年初计划,预计完成产值55亿。

又如宁波新乐造船集团研发开工建造的19900吨双相不锈钢化学品船,具有自主知识产权,也是目前国内最大的不锈钢化学品船。目前,象山县与武汉理工大学交通学院合作成立的宁波武汉理工大学船舶与海洋工程研究院承接了国家“十二五”攻关项目——“江海联运船型项目”的开发任务,现已完成前期调研、试验,进入开发设计阶段,新船型开发指日可待。此船型具有最节能、最环保、最大功率利用等特点,前景广阔。开发成功后,新船型将由该县船舶企业生产建造,可以扩大象山船舶企业的接单范围,提升该县船舶产业层次,加快船舶产业的结构调整。研究院近期设计的近海游艇、油货兼运油船等船型也将为象山船舶企业提供新船型技术储备。

2. 优势企业发展较快

2010年,实力较强、市场基础较好的企业,除浙江造船之外,还有宁波市船配龙头企业的宁波中策动力机电集团有限公司。该公司2010年船用柴油机产量达到600万马力,产值10.3亿元,同比增长26.5%;其他各项主要指标,亦有骄人的业绩。此外,在2000kW以上国内中速柴油机领域,市场份额超过50%,在大功率中速柴油机设计、制造、销售方面,均在国内处于优势地位。

如新乐造船、东红船业等企业,先后转型升级,做大做强,成立企业集团有限公司,走一条向多元化方向发展、提升竞争力的集团型道路。宁波新乐开工打造目前国内首艘,世界上档次最高的“新乐型”19900吨双相不锈钢Ⅱ类化学品船,该船的建造标志着宁波新乐在技术创新领域上又取得重大突破;东红船业通过6S管理,从细节着手降本增效,并投入1.88亿元进行技术改造,新建船台,添置先进设备,全面提升企业竞争力;振宇船业按照欧美技术标准和质量要求,打造高质量船舶,目前已有2艘6800吨多用途散货船成功交付德国船东,为余下德国船只的顺利交付打下基础。

3. 造大船能力显著增长

2010年3月,东红船业开工打造52000吨远洋散货船“旗祥7”,引领

"象山造船" 迈入了"5 万吨级"时代。此后,东红船业又陆续接得 52000 吨、40000 吨散货船大单,东升船舶也接得 48000 吨散货船大单,使象山县船舶企业造大船能力得到提高和巩固。12 月 10 日,浙江造船拥有自主知识产权的 118000 吨散货船下水,标志着宁波地区已能打造 10 万吨级以上船舶的建造能力。

继宁波单船建造最高吨位 11.8 万吨的货船,当前各船舶生产企业立足于造大船,如 2011 年 2 月,象山船企中的东升船舶建造的 2.78 万载重吨"神鱼 7"号顺利出港试航,这是迄今为止进出石浦港的最大吨位船舶。这项数据不久将被刷新,东红手持 2 艘 5 万吨级以上船舶订单,其中一艘 5.2 万吨下半年下水;中洋在建 4.2 万吨散货船,年底下水;振鹤 3.5 万吨散货船预计 10 月交船;东升接到 4.8 万吨散货船订单;博大、新乐、振宇等船舶企业也拥有多条 2 万吨级以上船舶订单。象山县船舶制造企业建造大吨位船舶能力得到明显提升,"十二五"期间将形成 3 万～5 万吨船舶为主力船型的发展格局,使宁波造大船能力不断得以提升。

4. 自主研发能力和竞争力增强

发动机是船舶的"心脏",但中国船舶制造产业长期依赖进口,自主品牌的柴油机比重不到 5%。宁波中策动力机电集团公司历经 10 年创新的艰苦努力,攻克了"大功率中速船用柴油机关键技术研究及产业化"的创新项目,一举打破了船舶"心脏"的国外垄断,在 2011 年 1 月的国家科学技术奖励大会上,为宁波捧回一个沉甸甸的国家科技进步二等奖。2010 年 11 月,宁波中策自主研发的 5500 马力大功率柴油机正式下线,这是国内最大功率的自主品牌柴油机,将被装载于 2 万吨级船舶做主机。目前,宁波中策已推出了近 100 种船用柴油机产品,功率从 2500 千瓦到 5500 千瓦,彻底改变了国内船用大功率中速柴油机市场格局。

5. 不断创新经营理念和建造模式

面对后金融危机对船舶行业和船舶市场带来的滞后影响,宁波市船企认真总结经验,坚持苦练内功,积极探索创新的生产经营理念和建造模式,促进企业船舶建造效率,确保生产按计划完成。如浙船 6 月份 3 船开工、3 船上船台、3 船下水、4 船命名、1 船交付;振宇船业首艘 25000DWT 散货船自 2010 年 8 月份投料开工以来,计划周期从 12 个月缩短到 10 个月,该船于 5 月 18 日下水,6 月底交船,创该企业同类吨位船舶周期最短纪录。此外,不少船企本着创新发展的经营理念,积极调整产品结构,努力开拓多元化的发展业务,为企业发展更大的空间。例如博大船业联合股东合资创办了宁波欧亚远洋渔业有限公司，打造远洋船队，目前该公司在建7艘远洋鱿钓船，计划2年间逐步完成渔业深加工项目以及配套码头、现代化规模的水产养殖基地等，总投资约5亿元人民币。

6. 注重船舶企业基础设施建设

为进一步规范船舶建造市场，完善船舶生产企业生产条件要求，与即将出台的新规范、新标准接轨，各船舶生产企业主动加大投入扩建基础设施。在宁波市船舶企业较为集中的象山地区，根据环保部门要求，该县多家船舶建造企业加大投入建设喷涂车间。东红船业、博大船业、浙江新乐已完成涂装车间建设，开始投入使用；中洋船业正在抓紧建设中；振宇船业、振鹤船业和东升等船企计划开始动建，为国际海事组织即将出台的新规范、新标准做好准备。

7. 船配企业配套能力不断提升

中策集团是宁波市船配的龙头企业，几年来，着力深化结构调整，加大投入，努力提高产品质量和档次，打造自主国际品牌，形成了多系列船用柴油机产品，中策集团“宁动”品牌，以综合竞争优势，被评为“浙江出口名牌”称号。宁波大港意宁液压有限公司坚持走自主创新之路，每年的新产品层出不穷，生产的抛落艇用内藏式紧凑型液压绞车，在中国第一个获得了挪威船级社(D)NV颁发的EC型式检验证书，强夯机用节能型液压绞车也已申报宁波市重点工业新产品，这两个产品于2011年6月分别通过了市经信委组织的投产鉴定，产品属国内首创，技术性能达到国内领先水平，最近公司承担的“工程机械用高压柱塞泵和马达传动装置”已被列入财政部和工信部的2011年国家重大科技成果转化项目。象山县的焊接衬垫、耐火材料、船用钢结构件、船舶舾装件、船舶电器等优势船配产品得到进一步发展壮大。广天船配依据自身产业实力，在加强焚烧炉、钢结构件发展基础上，准备开发船用起重设备、环保设备等产品，提高市场竞争力。

## 第二节　宁波海洋船舶修造业发展存在的主要问题及原因分析

世纪之交，世界造船中心开始东移，我国船舶工业由此迎来了难得的战略机遇。辽东半岛和山东半岛成为承接世界造船业转移的重要地区。在国家实施的“造船强国”战略中山东被列为我国船舶工业规划发展的重点区域之一。海滨城市青岛，深水港湾众多，夏天不热冬天不冻，发展船舶工业的自然条件得天独厚。承接世界造船业，特别是日韩造船业转移有着其他地区无可比拟的优势。这些年来，业内素有世界造船“金三角”之说，即指在连接我国大连、山东、上海以及日本、韩国的区域内，集中了占世界85%以上的造船经济要素，形成“金三角”。

“十一五”期间，在宁波市委、市政府的高度重视下，作为宁波市五大临港型工业之一的船舶工业实现了船舶产量和技术的同步快速发展，相继建成了一批数万吨级船台(坞)、舾装码头和数百吨级大型起吊设备等基础设施和重要装备，给下一步发展奠定了较为坚实的基础。当前及今后5年，国内外船舶市场继续看好，但同时，周边省市船舶工业的发展将给宁波市形成较大的竞争压力。我们从分析形势、剖析问题着手，分析相关沿海城市的船舶制造也发展状况，从对比中寻找宁波的差距，就如何进一步加快发展宁波船舶工业提出了一些对策和建议。

## 一、国内相关城市海洋船舶修造业发展现状

### (一)大连：开拓进取，加快建立现代化造船体系

船舶工业是大连市传统支柱产业，也是全市落实辽宁沿海经济带开发开放战略、打造现代产业聚集区的重要内容。为加速船舶工业升级、提升产业核心竞争力，大连市将海洋工程装备与高技术船舶作为全市“十二五”重点发展的10个战略性新兴产业之一，明确重点研发自升式和半潜式钻井平台、大型浮式储油船等海洋工程装备及配套产品，重点发展液化天然气船(LNG)大型集装箱船、超大型原油船等高科技、高附加值船舶产品。近年来，大连市按照保增长、扩内需、调结构的总体要求，通过采取积极的信贷措施，稳定造船订单，化解经营风险；推进产业结构调整，使大型船舶企业形成新的竞争优势；通过加快自主创新，开发高技术高附加值船舶，发展海洋工程装备；认真贯彻落实国务院颁布实施的《船舶工业调整和振兴规划》，加快转变发展方式、促进产业升级，使大连市船舶工业平稳较快发展。为了全力打造世界级造船、修船产业基地，大连将科技创新和技术引进相结合，提高独立设计、独立制造现代化船舶能力，重点发展液化天然气(LNG)、大型集装箱船、超大型油轮、大型重载滚装船、深海钻井平台、大型游船、高档游艇等高科技高附加值的船舶产品和海洋工程设备。加快船舶配套工业园建设，延伸船舶制造业的产业链条，船舶制造配套企业集群，使船舶配套与船

舶制造同步协调发展;加快修船基地建设,在现有修船规模基础上,扩建修船设施,提高修船能力和水平。

1. 看清形势,积极应对

“我们及时地分析了大连船舶工业所面临的形势,并结合自身情况,出台了相应的政策。”大连市市长助理、经信委主任刘岩说。“在国际金融危机影响的大背景下,大连船舶工业确实遇到了一定问题。”刘岩告诉记者:“当前,国际船舶市场出现下行趋势,船东询价减少,价格下降,造成新船成交减少,交船难的困难局面已经出现。”同时,随着近期欧元、英镑纷纷贬值,人民币升值依然对出口产品构成巨大压力;受国际金融危机的影响,船东和修造船企业面临融资困难的问题;此外,受市场的影响,造船企业进行结构调整,加快技术进步和新产品开发,重新确立市场竞争优势,船舶工业面临重新洗牌,竞争力不强的造船企业和船配企业将被迫退出市场。“面对这些问题,我们及时分析了大连船舶工业面临的形势,并结合自身情况,出台了相应的政策。”刘岩介绍说:“一是支持大连的船舶工业企业、航运企业和金融机构贯彻执行国家出台的有关政策。二是加大招商引资力度,支持外地船舶工业企业在大连投资建设船舶工业企业或与大连船企合作。培植大企业集团,提高产业集中度。三是推进重点项目实施,抓住国家新一轮增加投资的机遇,促进重点企业加快发展。四是大力开拓市场,引导企业抓住国际金融危机带来的市场格局调整机遇,提高国际市场份额。抓住国家发展运输业及淘汰老旧船舶的机遇,积极开拓国内市场。五是加快建立现代造船模式,建立以设计为先导、总装造船为核心的现代造船模式。推进总装化造船、数字化造船和精细化管理,提高生产效率。六是引导船舶企业加快建立现代企业制度,推进管理信息化,全面提高决策和管理水平。七是推进企业科技创新,打造产学研联盟。引导企业采用节能环保新技术、新工艺、新设备、新材料,促进企业节能减排。八是拓宽企业融资渠道,积极贯彻国家信贷政策,扩大信贷规模,拓宽资金渠道,为船舶工业企业提供投资信贷支持。”

2. 加大扶持,进军高端

大连市加大扶持力度,对一批重点造船企业实行重点的帮扶政策。此外,大连市船舶工业企业不断加大自主创新和科技攻关力度,推进船舶制造核心技术和关键部件的国产化、规模化,行业的综合竞争力得到了极大地提高。目前,大连市已经能够建造30万吨级等各种类型船舶,包括苏伊士型液货船、好望角型干货船、巴拿马型干/液货船、大型集装箱船等高技术、高附加值船舶在内的30余型船舶。“围绕当前海洋油气田开发以及未来海洋矿产资源开发的需要，我们鼓励支持大连船舶企业加强引进消化吸收再创新，加大新技术、新产品研发投入，培养一支海洋资源开发装备技术队伍，重点研发自升式和半潜式钻井平台、大型浮式生产储油船等海洋工程装备。”刘岩介绍说：“在船舶配套方面重点发展大功率船用柴油机、甲板机械、舾装单元模块、上层建筑总组成品化、推进器、阀门、电缆、舵轴等主要配套设备、材料，提高产品配套率；在玻璃钢船体方面重点发展新式救生艇、高性能玻璃钢艇、休闲游艇和玻璃钢渔船等；同时注重发展高附加值的玻璃钢船体舾装件单元模块等产品。随着造船能力和技术水平的不断提高，大连市船舶工业企业已由单纯追求产量转向追求效益和高附加值。”

大连船舶重工集团荣膺（亚洲）最佳船厂奖及多项国家荣誉。在2009年11月7日的“第十四届中国企业新纪录”评比中，大连船舶重工集团又创四项新纪录；“首次平地建造400英尺自升式钻井平台”创国内以总承包商身份研制最大、最先进的自升式钻井平台新纪录；设计制造的3000米深水半潜式钻井平台，创国内海洋工程重大装备研究新纪录，开展的“超大型油船两/三大段坞内漂浮合拢”工艺研究，使船舶实际建造周期平均缩短2个月，交船期最短5个月，为国内首创；推行质量确定认制，使各型船水下建造周期大同缩短，为国内首创。

大连市造船技术迈上新台阶。2009年11月，继成功交付系列57000吨散货船之后，大连中远船务成功命名并交付首制三万吨多用途重吊船。该船的交付开辟了中远船务特种商船建造的新里程，标志着大连中远船务在奠定“修船航母”地位、跨越式进军高端海工建造领域之后，生产技术又迈上了一个台阶。

3. 发挥集群效应，打造三大造船基地

大连2011年重点了打造三大造船基地：大连船舶重工集团成功建造国内首座具有完全自主知识产权的300英尺自升式海洋石油钻井平台；中远集团大连中远造船工业有限公司创国内船厂最大吨位散货船制造纪录；STX大连集团33.5万吨超大型浮式储油船成功交付。2012年，大连船舶制造企业不断加大自主创新和科技攻关力度，强势进军高技术船舶和海洋工程装备市场，制造水平全国领先。

2012年以来，大连市确定了大连船用柴油机厂低速柴油机改扩建项目、大连中远造船有限公司旅顺造船基地项目、大连重工·起重集团华锐船用曲轴有限公司大型低速柴油机半组合曲轴二期项目、大连船舶重工集团船务工程有限公司修船建设项目、大连船用推进器厂超大型船用螺旋桨生产线建设项目，对这些对全市船舶工业发展影响重大的建设项目加以重点扶持，及时协调解决项目建设过程中遇到的重大问题；围绕海洋工程产业发展，与重点企业一道开展立足本地的配套体系研究，推动项目建设取得阶段性成果。大连嘉林船舶重工建设海工桩腿项目已经竣工，并为大船海工供应了两套海工桩腿，实现了国内首创，替代进口；大连重工·起重集团研发的单点系泊系统关键件，推动钻井船生产能力的提升；大连船舶工业船机配套有限公司船机配套建设项目竣工投产，将为大连船用柴油机厂产能提高到 300 万马力发挥重要作用。

为发挥集群效应，大连市加快优化船舶工业布局，重点打造大连湾、长兴岛、旅顺三大造船基地，通过落实相应扶持政策、帮助重点园区招商引资等措施，推进产业集群建设，推动产业升级和产品结构调整。三大造船基地的崛起，高附加值产品渐成主流，使大连市的船舶制造业面临国际市场严寒依然保持良好的发展势头，2011 年实现销售收入 763 亿元，增长 8%，大连船舶重工集团、中远船务集团两个船舶制造企业销售收入将超 200 亿元。

到 2011 年年底，大连市船舶和海洋工程装备的生产能力将达到 1300 万载重吨，完工量达到 900 万载重吨；船舶工业营业收入达到 870 亿元，其中造修船达到 550 亿元、海洋工程达到 100 亿元、船舶配套达到 200 亿元，玻璃钢船艇、铝合金船艇及配套产品营业收入 20 亿元。

### （二）青岛：海洋船舶工业在变革中求发展

在中国新的船舶工业版图中，青岛的位置不容忽视——青岛及海西湾造修船基地被作为三个国家级大型造船基地之一，列入我国《船舶工业中长期发展规划》。青岛已从仅能建造 1 万吨级以下船舶的低端水平，提升到可建造 10 万吨级以下散货船、油船、多用途集装箱船、军用舰船及海洋工程装备的全新水平。目前正在打造海西湾、即墨、胶南三大船舶基地，远期将形成 620 万载重吨的年造船能力和年产 60 万标吨的海洋工程装备制造能力，船舶工业年产值将达到 500 亿元以上。青岛及海西湾造修船基地作为三个国家级大型造船基地之一，被国家列入《船舶工业中长期发展规划》。

20 世纪 90 年代末，青岛只有北海船厂、青岛造船厂、灵山船厂等几家企业，仅能修理 10 万吨级以下、建造 1 万吨级以下船舶，修造船能力处于低端水平，在国内的位置十分轻忽。这一时期，北海船厂的搬迁，成为青岛船舶工业崛起的标志性事件。青岛没有将这次搬迁仅仅看作简单的位移，而是将其看作产业升级的重要机遇，并由此发端，确立了青岛船舶工业大发展的基调。青岛抓住世界船舶工业转移和北海船厂搬迁的机遇，作出了引入国内外大型造船及配套企业和研发机构，通过集群发展方式，推动产业转型升级的重大战略决策。而这一发展思路，直接促成了青岛船舶工业的勃兴，促成了青岛船舶工业的大变局。2009 年，投资 25 亿元的 712 船舶电力所项目、投资 15 亿元的武汉船舶重工海洋工程项目相继开工建设，带动了配套产业加快投资，船舶产业迅猛发展。海西湾造修船几滴 2 艘 18 万吨级散货船先后交付使用，船用曲轴、柴油机等造船配套企业纷纷投产。其中，由中国船舶重工集团公司(CSIC)、芬兰瓦锡兰集团(Wartsila)和日本三菱重工(MHI)共同组建的青岛齐耀瓦锡兰菱重麟山船用柴油机有限公司(QMD)顺利投产，使已经落户海西湾的青岛北船重工(造修船)、青岛海西重机(港口机械)、船舶电力推进系统研发及产业化核心产业链，海西湾有望成为实习雄厚的世界一流的船舶生产研发基地。海工装备、专用船舶和“双高”船舶生产逐渐展开，完成产值 89.85 亿元。2009 年 8 月 20 日，作为国家船舶工业中长期发展规划三大基地的重点项目之一——青岛海西湾造修基地项目全面建成。

1. 高瞻远瞩，科学布局

根据世界船舶工业发展方向、国家船舶产业政策和全市产业布局规划、资源禀赋和承载条件，青岛统一规划了集造修船、船舶配套和海洋工程装备制造于一体的海西湾、即墨、胶南三大船舶基地，实施集群化发展。这三个基地总占地面积 13 平方千米，五年规划总投资 240 亿元，远期形成 620 万载重吨的年造船能力和年产 60 万标吨的海洋工程装备制造能力，船舶工业年产值将达到 500 亿元以上。由此，青岛市船舶工业将形成东西两翼布局、国资民资外资互倚共赢的发展格局。一位业内资深人士认为，青岛规划的三大基地，呈现出大中小船型错位竞争的局面，足以表明青岛近年来在调整船舶工业结构的过程中思路清晰。三大基地中，海西湾将成为大型船舶、大型海洋平台、大型船舶柴油机、曲轴等产品的生产基地和大型船舶维修基地；即墨主要生产 10 万吨油轮和集装箱船、特种船、豪华旅游客船、公务用船、工程船和游艇；胶南主要扩建舾装码头、新建船台、船坞及配套设施，具备 10 万吨级以下船舶建造能力。这三大基地均是引进重要研发和配套企业，实现集群化发展，成功避免了布局散乱、产业链条不完整等问题。

大约 10 年前，曾有专家尖锐地指出，国内不少地区引进日韩造船企业后，成立的均为船体分段企业，而非总装厂，故此很可能成为日韩企业转嫁成本的加工厂。同时，不少地区的造船产业布局散乱，产业链条很不完整，不具备持续竞争力。当时这些专家的观点,可谓切中肯綮,而青岛近年来在发展船舶工业的过程中,不仅建立了北船重工、即墨马斯特造船等总装厂,而且随之配备了数量众多的研发和配套企业,促使造修船产业不断丰满,发展张力日益强大,从而使青岛得以科学规划三大船舶基地,成功实现了高起点承接世界船舶工业转移。

目前船舶工业已成为青岛发展最快、潜力最大的产业之一。2007 年,全市列入统计范围内的规模以上船舶工业企业达到 35 户,完成工业总产值突破 100 亿元,实现利润 5.8 亿元,比上年分别增长 56.98%、74.3%,比全市规模以上工业增速高 27.78 和 34.3 个百分点。青岛已从仅能修理 10 万吨级以下、建造 1 万吨级以下船舶的低端水平,迅速提升到可修理 30 万吨以下各类船舶,建造 10 万吨级以下散货船、油船、多用途集装箱船、军用舰船及海洋工程装备的全新水平。两年来,北船重工成功造出全省首艘 10 万吨级 FPSO(海上浮式生产储油船),海西重工造出大型船用柴油机曲轴,中海油海工基地造出重达 9382 吨的海上采油平台上部模块,使青岛成为国内第 3 个能够建造 10 万吨级 FPSO、第二个能够制造大型船用柴油机曲轴和目前建造海上采油平台上部模块最大单件的城市。

原先的北海船厂,如今已变身为中船重工集团下属的青岛北船重工公司。中船重工是国内最大的造修船企业之一,在资金、市场、技术、产业链等方面具有强大优势,青岛与其合作后,双方提出把海西湾造修船基地打造成国内最强、国际一流的造修船基地。该基地自北船重工 2003 年下半年整体搬迁开始大规模建设,先后建成 15 万吨、30 万吨修船坞各一座,并将在 2009 年前陆续建成 30 万吨、50 万吨造船坞各一座。借助海西湾造修船基地这一平台,北船重工目前手持船舶订单达到 316 万载重吨,跻身世界造船企业 50 强。

在北船重工搬迁的同时,青岛市还引进了中船重工"四厂三所"等重要研发部门,引进大型船用低速机曲轴、船用风机等多种领域的配套企业,推动海西湾造修船基地集群化发展。引进骨干企业,随后引进重要研发和配套企业,实现集群化发展,海西湾造修船基地的这一成功模式,近年来被不断复制。据记者粗略统计,青岛市已先后引进中船重工及"四厂三所"、中海油、中石油、韩国现代等国内外造船和研发、配套企业以及海洋工程装备制造企业,投资亿元以上的船舶重点项目达到 12 个,总投资 198 亿元,这些项目已于 2010 年前后陆续建成投产。目前,海西湾造修船基地大型修船坞、大型船用曲轴、中海油海工基地等 5 个项目的一期工程已投产;海西湾造修船基地大型造船坞、中石油海洋工程基地等6个项目已开工;即墨马斯特造船项目、青岛造船厂搬迁改造项目已启动;胶南董家口大型修造船基地项目已形成初步规划。

2. 吸引配套,集群效应

没有强大的配套业,就没有强大的造船业。船舶工业是技术密集度最高的产业之一,它集中了航天航空、自动化、卫星导航、通讯、微电子等诸多高新技术门类,涉及水声、光学、电子、激光、自动化、信息化、新能源、新材料等300多个专业学科。如此高的技术密集度,对于配套的要求之高可想而知,而正因如此,一个地区船舶工业配套水平的高低,直接决定着其整个产业水平的高低。青岛市将重点培育一批具有较强国际竞争力的船舶配套企业和产品,将以中船重工集团驻青企业和淄柴博洋、青岛船用锅炉、青岛风机等本地企业为主体,以大型船用柴油机及曲轴、舱室机械、港口机械、系泊锚链、船用电缆等船舶配套产品为重点,密切跟踪国际船舶及同类配套产品技术发展动态,采取技术引进、中外联合设计、自主研发等多种方式,提高船用设备研发、设计、制造水平,逐步掌握核心技术。

对于船舶配套产业的发展,青岛采取的同样是海西湾造修船基地模式,即"坚持船舶工业基地与船舶配套产业同步规划、同步建设,坚持国内外企业引进与本地企业发展并重,坚持现有产品扩大规模和新产品加快研发并重,大力延伸船舶产业链"。早在建设海西湾大造船项目之初,青岛就同步规划引进了中船重工集团的"四厂三所",包括武汉重工铸锻公司、宜昌船舶柴油机厂、武汉船用机械厂等"六厂",以及725研究所、719研究所等有关研发机构新增的科研系统集成、大型船用配套总装能力,近年来,"四厂三所"不断向青岛转移,青岛市以其为依托,逐步建立了大功率低中速柴油机总装基地、大型船用曲轴制造基地和甲板机械总装基地。依靠这些配套产业在技术和设备上的强大支撑,海西湾造修船基地的远期年造船能力将达到468万吨,成为国内最强、国际一流的海西湾造修船基地。

在即墨,马斯特造船项目的开工建设,以及青岛造船厂实施的搬迁改造,使数十家船舶配套企业纷纷到即墨落户,就连当地上百家原先经营五金行业的商家,也迅速转行,专门经营船舶绞车、舷梯、通导设备、甲板机械、防火隔热材料、船用门窗等船舶专用设备与辅件,据初步估计,仅当地已接手的十多亿美元造船订单,即可为这些船舶配件服务商创造逾千万利润。

而在胶南,除了青岛现代造船公司吸引了上下游大批配套企业外,该基地还吸引了青岛北船重工胶南配套基地建设项目前去落户,该项目总投资

5.2亿元，主要生产船舶配套产品。项目建成后，年可生产各类船舶配套产品960万吨，实现产值约9.92亿元，不仅可以为北船重工配套，还可满足周边地区乃至韩、日等周边国家的船舶配套需求。

目前青岛规模以上的船舶配套企业已达19户，中小型配套企业不可胜数，规模以上企业主要生产大型船用低速机曲轴、船用航行数据记录仪、船用通讯导航设备、船用管道连接系统、恒电位仪、FPSO上部模块、船用中速柴油机等20余种船舶配套产品，其中，船用锅炉、船用风机的国内市场占有率达到50%以上。

3. 技术竞争，后发优势

船舶业是劳动密集型、资金密集型、技术密集型产业。我国的劳动力密集为造船业提供了比较明显的优势；船舶业需要大量的资金投入，在金融上给予支持就会极大促进船舶业的发展；在"技术密集"上做文章，将是国内造船业保持长久竞争力的关键途径。青岛在船舶工业发展中长期规划中提出，要加快中船重工科技大厦、防腐防污重点实验室、舰船涂料重点实验室、舰船动力研发和船舶及海工装备研发中心建设，推进船舶企业技术中心建设，建立人才发展平台，全面提高船舶及配套产品研发设计能力。

根据目前手持订单推算，我国在世界造船市场的份额2009年有望达到35%左右，真正与日韩形成鼎立局面。但三足鼎立，并不表明在技术上可以旗鼓相当。尽管进行了多年努力，国内骨干船厂的生产效率仍比日韩企业低4倍左右，这除了国内企业在管理上与日、韩存在差距外，最为重要的因素就是在技术水平上的差距。国防科工委船舶行业管理办公室司长张相木称，随着竞争的加剧，中、日、韩正面交锋的焦点也将由产能和规模转向核心竞争力，而核心竞争力主要表现在技术水平和管理水平上。

就国内船舶市场的竞争而言，在不久的将来，技术上的竞争将不容置疑地成为主旋律。例如，在山东省确定的青岛、烟台、威海三大造船基地中，青岛目前造船能力达到80万载重吨，到"十一五"末有望达到220万载重吨；烟台目前达到50万载重吨，到"十一五"末有望达到180万载重吨；威海目前达到50万载重吨，到"十一五"末有望达到200万载重吨，综合各种因素，到"十一五"末，三城市在规模、资金、劳动力成本甚至管理方面的差异都不会太大，在此前提下，未来是否拥有技术优势，将成为决定青岛造船业未来竞争力的首要因素。

当下，北船重工、海西重工等企业已在技术方面提供了典范。北船重工通过运用国际先进的三维设计软件系统，使其造船设计生产能力大幅提升，为中海油建造的5号钻井平台工期仅为369天，创造了国内同类产品生产最好纪录，并凭借技术优势成功建造了亚洲最大的3万吨导管架下水驳、10万吨级FPSO等高端产品。2007年，青岛海西重工公司研制生产船用大功率低速柴油机曲轴11根，填补了国内空白，打破了我国船舶工业发展的制约瓶颈。

即使是新生的船舶配套企业，也可以依靠自主创新在市场上分得一杯羹。成立于2005年的青岛海德威船舶科技公司，近年来自主研发生产黑匣子、货舱进水报警设备、舰船用LED照明灯、雷达卡等船用配套产品，其研发的上浮式黑匣子单元填补了国内空白，产品已经在美国、希腊等多个国家船舶上安装。该公司与中科院海洋研究所、哈尔滨工程大学等单位进行技术合作，研发成功船舶压载水处理系统，拥有完全自主知识产权，产品计划于2009年投产，80%销往国际市场，预计到2013年可实现净利润20.7亿元。

### （三）舟山：做强做精，稳定发展

船舶工业是舟山的传统产业。2007年船舶工业产值达到192.87亿元，首次超过水产品加工业，成为舟山第一支柱产业。改革开放30年来，舟山船舶工业的发展大致经历起步阶段（改革开放初期至20世纪80年代末）、崛起阶段（20世纪90年代初至20世纪末）和跨越发展阶段（20世纪末至今），走出了一条欠发达地区“立足于竞争优势、充分发挥后发优势”的产业转型升级之路。

舟山发展船舶工业的优势：一是拥有沿海其他地区不可替代的区位优势。舟山位于我国南北航线中点，是南北海运与长江水道“T”型交汇口的要冲；面临日本、韩国以及东北亚环太平洋经济带，可与世界各大港口通航，是西太平洋航运网络的重要枢纽；境内的佛渡航道、双峙航道和虾峙门航道是我国通航条件最好的航道，东南亚各国每年从中东、南美、澳洲运送油料和矿砂的大型船舶大都从这些航道通过，具备了发展船舶工业的区位优势。二是拥有众多可供建造大型船坞的天然良港优势。全市港口资源丰富，具备了发展船舶工业的资源优势。适宜开发建港的岸线总长1538千米，其中水深10米以上岸线183千米，水深25米以上岸线8215千米。航道众多，4条主航道可直接通向国内沿海地区及亚太地区的各大港口城市，深水航道数量超过世界第一大港鹿特丹港。港池面积约1000多平方千米，水深12～30米，大大超过鹿特丹港5～22米的深度。可供大型船舶锚泊使用的水面

119平方千米,可同时容纳数千艘万吨级以上船舶锚泊。三是拥有比较完善的船舶工业体系优势。船舶工业是舟山的主导产业,现已基本形成了集船舶设计、船舶建造、船舶修理、船用配件制造、船舶及船用品交易于一体的产业体系。目前,全市拥有50余座万吨级以上船台和30余座万吨级以上修造船坞,其中,5万吨级以上船台9座,30万吨级以上船坞6座。浙江船舶交易市场是全省最大的船舶交易市场,中国(舟山)船用商品交易市场也初具规模。金海重工、扬帆集团、常石集团2008年进入全球船企30强行列。四是做强做精船舶工业的软硬环境不断改善。从政策环境来说,国务院审议通过的船舶行业调整振兴规划主要致力于解决国内造船行业需求不足、产能过剩和产业结构调整问题,在全球航运业萧条的形势下,为我国船舶产业发展提供了明确的政策利好消息。为做强船舶工业,优化船舶产业结构,保护船舶岸线资源,舟山市在2009年提出后3年内将不再审批一般性(即普通型)造船新项目。这些都为舟山市做强做精船舶工业提供了政策保障。舟山发展硬环境不断改善,舟山跨海大桥正式贯通,水、电、通信、交通等基础设施进一步完善,口岸开放和港口建设步伐加快,临港产业硬件功能完善,都能够满足做强做精船舶工业的需要。2009年,金海重工、常石集团、扬帆集团等产值在5亿元以上的主要造船企业生产势头良好,共实现造船产值295.6亿元,占全市船舶工业总产值的68%。其中金海重工产值超百亿元,实现100.04亿元。

2011年,舟山船舶工业经济运行态势总体平稳,主要经济指标继续保持增长,产业结构加快调整升级,产品结构不断优化提升。同时,受到造船产能结构性过剩、国际航运市场持续低迷、综合成本快速上涨等不利因素影响,接单难、交船难、融资难风险显现,企业生产经营压力加大。船舶工业产值稳中有升。2011年舟山的船舶工业实现总产值666.4亿元,与2010年相比增长21%,占到全市工业产值的46.3%;其中规模以上企业总产值593.2亿元。目前,全市规模以上船舶修造与配套企业超过60家,船舶工业已成为舟山工业经济的第一大支柱产业。[①] 舟山市的"十二五"规划中提出:力争到"十二五"末,全市船舶工业产值达到1200亿元,年造船完工量达1000万载重吨,修船产值占全国份额的20%,5家企业进入全国20强。市船舶局相关负责人说,这也意味着届时舟山的船舶工业产值可占全国的10%。

---

① 数据来自"浙江舟山2011年船舶工业实现总产值666.4亿元,增长21%",http://www.587766.com/news1/35043.html。

2011年船舶经济运行中的主要特点:其一,海工项目启动,产业结构加快调整升级。舟山市加快推进海洋工程装备制造业发展,促进船舶产业调整升级。一批重大海工项目实质性启动,其中太平洋海工项目已经基本建成投产,并成功接获415WC(世界级)可移动自升式起重平台、铺管船及钻井平台修理等海工订单;万泰海工项目已开工建设,惠生海工项目、长宏国际海工项目加快了建设进度。其二,新船订单多样化,产品结构优化提升。年初以来,舟山船企适时调整经营策略,接获包括多用途集装箱船、油船、化学品船、液化石油气船、大马力拖轮、工程作业船、鱿钓船等多种新船型订单,其中金海重工接获阿联酋船东2+2艘VLCC订单和"3+3"艘2000TEU集装箱船,欧华造船接获8艘3.1万吨多用途集装箱船和6艘4800TEU环保型集装箱船,扬帆集团新承接了4艘1100TEU集装箱船,东鹏船厂新承接了6500立方和3700立方常温全压式LPG船,岱山蓬莱船厂承接17000立方耙吸式挖泥船。散货船订单占全部手持订单比例从上年的90%以上下降至76%,特种船舶订单占比达到5%,订单结构得到较大改善。其三,技改项目投资进度加快。仅在2011年1—6月份,船舶工业投资完成48.5亿元,同比减少4.9%,主要是现有修造船企业的技术改造以及船舶配套项目的实施,其中技术改造投资额比例占到55%。企业加大技术创新力度。骨干船舶企业积极引进国内外先进技术,开发新型高附加值产品,着力提升企业自主创新能力。一方面,企业主动"走出去"收购国外的研发机构和设计团队,加强新船型的设计研发能力;一方面,企业加强与国内外科研院校的产学研合作,金海重工与浙江工业大学、中船第九设计研究院、英国劳氏船级社分别签订了战略合作协议;扬帆集团设立博士后科研工作站,广泛吸纳船舶研究设计方面的优秀博士进站从事研究;欧华造船与德国设计公司合作,开发设计4800TEU环保型集装箱船。

当前,舟山的船舶工业已有一定的规模,未来工作的重点应该放在做强做精和提高产业的核心竞争力上。船舶工业既是为交通航运、海洋开发和海防建设提供主要装备的战略产业,又以其广泛的产业关联度,影响和带动着冶金、机械、电子、化工等100多个行业,被誉为"综合工业之冠"。同时,其又是航天、信息、新能源、新材料和自动化等多种学科最新技术成果应用的理想领域。许多临海国家,在实现本国工业化过程中,都把船舶工业作为"重中之重",大大地加快了工业化进程和科技水平的提高。

1. 抓住机遇,快速发展

舟山发展船舶工业的自然、环境资源极为丰富。进入21世纪以来,舟山抢抓全球船舶工业重心东移的历史性机遇，充分发挥深水良港多、海岸线长等地理优势，着力打造船舶修造产业基地，船舶工业实现了跨越式发展，已成为浙江省最大、中国重要、国际知名的船舶工业基地。坚持产业升级和结构优化相结合。由“渔港景”到“港景渔”的转型发展之路，伴随着舟山产业的升级和产业结构的优化过程。“渔荣俱荣，渔衰俱衰”是过去舟山经济发展的典型特点，在突出“港景”这两大得天独厚的资源优势之后，船舶工业成为新时期舟山重点扶持和优先发展的战略性产业，同时舟山加快发展以港口、航运、旅游为重点的现代服务业，巩固调整渔农业，初步形成了以临港工业、港口物流、海洋旅游、海洋渔业为主要支撑的具有海岛特色、有较强竞争力的经济结构体系。坚持产业发展和环境保护相结合。一方面坚持多管齐下，合力推进船舶工业做大、做强，促进经济转型升级。另一方面全面评估船舶产业发展对生态环境的影响，为船舶工业发展划出一条“环保警戒线”，使船舶产业戴上“紧箍咒”，加以环保控制，实现船舶产业发展与生态保护的双赢。

2. 多极带动，集群发展

舟山依据区域特色，合理规划船舶产业布局，着重推进六横—虾峙、小干—马峙、盘峙及周边岛屿、秀山—岱西—长涂和舟山本岛北部等五大区块船舶工业集群化发展，重点规划新港、岱西、六横三个船配业发展集聚园区。同时，在每一集聚区块内，注重龙头企业的扶持、培育，充分发挥它们的产业带动力、辐射力和竞争力，从空间布局上实现多极带动。作为后发地区，舟山立足于自身独特的区位优势、资源优势和政策优势的基础上，充分发挥在经验借鉴、技术引进、资金、制度和资源等方面的后发优势，成功实现了船舶工业的崛起。为了培育修造船业更快发展，舟山市政府专门成立“船舶修造管理服务局”，明确将船舶工业确定为“十一五”期间的主导产业，并出台了一系列优惠扶持政策。同时民营企业家积极响应，形成了民营资本投资和政府推动的互动模式。这不仅激发了舟山船舶工业发展的活力，也促进了船舶工业规范有序地健康发展。坚持外延扩张和集约发展相结合。与日本、韩国、上海、江苏等国际国内先进水平之间所存在的差距，决定了舟山船舶工业的发展实行外延扩张与集约发展相结合。在起步阶段企业以外延扩张为主，属于资金—劳动力密集型，重在扩大产业规模，而在跨越式发展阶段则以集约发展为主，属于资金—技术密集型，重在提高产业发展技术水平，实现产业升级。

3. 做强做精，转型升级

从当前舟山经济社会发展情况看，做强做精船舶工业成为必由之路。随着海洋经济发展步伐加快，港口物流、水水中转、远洋运输等临港产业迅猛发展，往来舟山的船舶特别是大中型船舶日益增多，也迫切需要一个强大的船舶工业作为支撑。船舶工业的产业关联度非常大，船舶业的发展，大大提升了舟山海洋工业发展水平，带动了全市船舶机械配件、海运及船舶交易等产业的同步发展，优化了工业结构，吸引了大批技术人才，有力地转变了经济发展方式。随着渔民转产转业和城市化进程的推进，舟山市的就业压力增大，做精做强船舶工业可以大量吸纳社会劳动力，缓解当地的就业压力。从现代国际港口的发展来看，国际航运中心除了必须具备良好的水域、陆域、广阔的经济腹地和配套的铁路、公路、空中运输体系外，同时还必须有强大的航运保障条件，其中配置规模相当的修船基地，为到港船舶提供维修保障是现代国际港口重要和必备条件之一。这就给在长三角城市中港航资源最有优势的舟山带来了契机。随着上海国际航运中心建设的深入推进，浙江省港航强省战略以及浙江海洋发展带的实施，迫切需要舟山做强做精船舶工业，为建设上海国际航运中心和港航强省服务。

在做精做强方面，舟山市船舶工业是规模经济效应比较突出的产业，而舟山修造船企业小而散，产业集中度还不够。在造船方面坚持常规船舶建造和特种船舶建造并举的方针，在努力提高常规船舶产量，做大规模的基础上通过技术引进、消化、吸收和创新，提高建造高技术、高附加值特种船舶的比例，实现舟山船舶工业量和质的提升。积极与新加坡吉宝等的合作，紧紧依托现有太平洋、惠生、大新华、中远等项目布局，加大招商引资力度，合理集约利用岸线，加快推进以海洋石油平台为主的海洋工程装备制造基地建设，做强舟山船舶工业大型化、规模化优势，建立船舶工业技术研发中心，加大人力、物力和资金投入，支持骨干船舶企业开展海洋工程装备的研发和生产设备的技术改造，大力开发和突破海洋科技调查船、大陆架海上石油勘探船、海洋工程船、大型海上石油钻井平台、海上浮式储油轮等建造技术，并逐渐向海上石油钻井、生产、集中、处理、储存、输送等产业链延伸。

在转型升级方面，经济投入不断加大，加大对设计、绘图、生产过程、放样等“软技术”的投入，缩小与发达国家的差距。积极鼓励舟山市船舶科研机构与国内外船舶设计公司合资组建研发机构，建设异地开发设计平台，共同开发拥有自主知识产权的产品技术。加大对技改的投入和扶持，加快运用先进适用技术提升改造传统技术的步伐。同时为了满足对海洋专业人才的需求,根据船舶工业发展的新趋势,调整浙江海洋学院、浙江海运职业技术学院的专业设置,加强海洋工程专业、船舶专业等师资队伍建设,着力为舟山市培养一批急需的船舶设计、生产和科研人才。

## 二、未来宁波海洋船舶修造业的发展优势

海洋船舶修造业是港口业、航运业、渔业、海洋工程发展的前提和基础,是海洋经济的先导产业。宁波作为全省乃至全国重要的港口城市,具有发展船舶制造产业独特的区位优势和深水港湾优势。

### (一)宁波具有优越的地理位置和自然条件

宁波地处东北亚环太平洋经济带,毗邻上海国际航运中心,宁波—舟山港是我国最重要的深水良港之一,发展海洋船舶修造业有得天独厚的优势,宁波铁路、公路交通极为便捷,海域辽阔、岸线深长,具有明显的区位优势特点和开发建设大吨位泊位的巨大潜力。

宁波岸线较长,按照“深水深用、浅水浅用”的原则,在不阻碍临港工业和航运物流发展的前提下,还有至少 20 千米的岸线可供海洋船舶修造业发展。其中,石浦港区的岸线开发还有较大余地,特别是石浦镇与五岛围成的内港池不宜建设较高吨位的作业码头,而开发成为大中型船舶修造基地的投资成本较省,仅需进行部分炸礁工程和小规模的疏浚。

### (二)宁波市体制机制较为灵活

一方面,表现为可依托保税区功能和政策优势,宁波市在修造船设备展示、展销和国际采购方面,发展潜力很大。另一方面,民营经济发达,民营资金雄厚,能够灵活应对市场需求。

### (三)海洋船舶修造业符合宁波发展新兴产业的战略要求

2011 年,宁波市出台了《宁波市“十二五”海洋经济发展规划》。规划指出,“十二五”期间,宁波将大力发展海洋经济,争取形成若干个产值超千亿元的战略性新兴产业,构建现代产业集群。而在新装备领域,宁波的海工船发展势头很快,目前全球市场份额占到 35%。建造这类船舶产品不仅污染少,而且科技含量高,并且能带动地方配套产业的发展,符合宁波发展新兴产业的战略要求。

### (四)宁波海洋船舶修造业呈现出良好的发展态势

宁波海洋船舶修造业起步较早,近几年发展速度也较快。发达的制造业和强劲的物流能力为海洋船舶修造业发展提供了完善的配套支撑条件。在船舶技术研发方面,宁波市现有的科研水平在省内处于领先水平,再进一步加大扶持力度,也前景乐观。

近年来,宁波船舶企业以过硬的质量、适销的产品结构,以己之长定位细分市场,几大骨干船企都通过了ISO9001、ISO9000质量体系认证,建造的各类船舶达到了中国船级社CCS、挪威船级社DNY等国际著名船级社船舶建造标准。船厂在调整产品结构适应市场需求方面舍得投入,实现了客户需要什么我就生产什么的市场需求。新乐造船开工建造的目前国内首艘、世界上档次最高的“新乐型”19900吨双相不锈钢Ⅱ类化学品船,该船的建造标志着宁波新乐在技术创新领域上又取得重大突破;东红船业通过6S管理,从细节着手降本增效,并投入1.88亿元进行技术改造,新建船台,添置先进设备,全面提升企业竞争力;浙江振宇船业有限公司按照欧美技术标准和质量要求,打造高质量船舶,目前已有2艘6800吨多用途散货船成功交付德国船东,为余下德国船只的顺利交付打下基础。

### (五)宁波周边市县机电制造业发达

发动机是船舶的“心脏”,但中国船舶制造产业长期依赖进口,自主品牌的柴油机比重不到5%。宁波中策动力机电集团公司历经10年创新的艰苦努力,攻克了“大功率中速船用柴油机关键技术研究及产业化”的创新项目,一举打破了船舶“心脏”的国外垄断。2010年11月,宁波中策自主研发的5500马力大功率柴油机正式下线,这是国内最大功率的自主品牌柴油机,将被装载于2万吨级船舶做主机。目前,宁波中策已推出了近100种船用柴油机产品,功率从2500千瓦到5500千瓦,彻底改变了国内船用大功率中速柴油机市场格局。

### (六)各级政府对发展海洋船舶修造业给予高度的重视

近年来,中央和地方政府以及银行对造船企业给予收汇、技改、信贷、财政等方面的大力支持。国家几次调整船舶出口退税率,地方政府部门优先帮助企业解决退税等实际问题,提升了企业出口的信心。

浙江省先后发布了《浙江省人民政府关于加快船舶制造产业发展的若

干意见》和《浙江船舶制造产业"十一五"规划》，提出以浙东沿海的舟山与宁波、浙南沿海的台州与温州和杭嘉湖地区的内河流域作为浙江省船舶修造业发展的主要区域，努力把浙江省船舶制造产业建设成为我国东部沿海重要的现代化船舶修造业基地。并确定了"十一五"末浙江省船舶制造产业实现造船能力 650 万载重吨、年产量 520 万载重吨，修船坞容量 400 万吨、修船量占国内总量 20%以上的目标，这些目标已经顺利实现。

2009 年 11 月，宁波出台了船舶产业调整振兴三年行动计划，表示将把宁波打造成长三角重要的现代化船舶制造产业基地。船舶产业此次与石化、钢铁、装备制造、汽车及零部件、纺织、轻工、有色金属、电子信息等产业一起被列入宁波市九大产业调整振兴三年行动计划。这九大产业也是宁波国民经济的重要支柱产业。据初步估算，九大产业工业产值约占宁波全部工业产值的 85%，在产业发展、财政收入、增加就业等方面具有举足轻重的作用。按照计划，将建成两个具有较强国际竞争力的专业化海洋工程装备制造基地，发展两家具有国际先进技术水平的船用低速柴油机企业，培育 6 家具有特种船舶研发和制造能力的造船骨干企业，努力打造成为长三角区域重要的现代化船舶制造产业基地。计划表明，宁波市将强化造船业空间准入，除《宁波市船舶制造产业中长期发展规划(2006—2015)》规划的区块、岸线以外不再布局修造船项目，重点保障北仑外峙岛、奉化大小列山、象山外干门港、打鼓峙岛、万寿塘等船舶制造产业集聚区内的修造船项目。在象山港周边区域加快集聚船舶配件加工制造企业和船舶表面处理、船用电缆电线切割配送等配套协作企业，形成服务周边地区的综合性船舶配套工业园区。据宁波市发改委相关负责人介绍，近年来，宁波造船企业发展迅猛、技术水平显著提高、重要骨干企业进一步提升、船配产业链逐步延伸，已形成北仑船舶修造区、象山船舶制造区、石浦港船舶修造区等三大船舶制造产业集聚区。未来三年，宁波船舶产业发展"锁定"六大重点：继续密切关注船舶市场形势，研究提出各项针对性应对措施，保持船舶产业稳定发展；大力发展海洋工程装备、化学品船等特种船舶和低速柴油机、船用柴油机曲轴等重点产品，全面提升市场竞争力；强化造船业的空间准入限制，鼓励进行兼并重组或抱团合作，加快造船基础设施的资源整合，优化船舶产业空间布局；积极发展船舶配套产业和船配市场，提升船舶本地配套能力，延伸船舶产业链；鼓励造船企业建立现代造船模式，改革船舶产品的设计、生产和经营方式，缩短造船周期，提高安全生产、清洁生产水平；谋划长远发展，储备船舶产业先进制造能力等。

2011年下半年，宁波市先后出台了《宁波市“十二五”海洋经济发展规划》《宁波市装备制造总部型企业产业链技术改造扶持管理暂行办法》，加大了对具备总部经济形态的产业链龙头企业及其配套企业技改项目扶持力度，被列入该《办法》的重点领域包括船舶修造等十大领域；此外，对危机引发的“融资难”，省市政府在危机袭来之初就出台对重点船企给予金融支持的政策；针对行业中产业结构、产品结构及技术结构中需要转型升级的问题，已日趋引起政府有关部门的重视；针对船舶配套产业链的形成问题，宁波在“十一五”规划中已作了部署，在船舶企业较为集中的象山县率先规划开辟了船配工业园区。

## 三、宁波海洋船舶修造业发展存在的问题

尽管宁波海洋船舶修造业近年来有了长足的发展，特别是受国内外船市需求拉动，纵向自比，无论是生产能力还是技术水平都有了很大的提高，但与先进的造船企业相比，无论在发展环境、硬件设施、技术水平还是产业关联度方面都存在较大的差距和不少的问题。例如亏损企业增加，产品雷同现象较多，产品质量有待提高、企业创新能力不强、相关技术人才匮乏等。国务院《进一步推进长江三角洲地区改革开放和经济社会发展的指导意见》和《长江三角洲地区区域规划》是宁波推进产业转型升级的纲领性文件，为宁波海洋船舶修造业的转型升级提供了契机。因此，为了保证宁波市海洋船舶修造业持续平稳较快发展，就必须着眼于产业转型升级，转变发展方式，优化产品结构，加强投资管理和优化空间布局，以市场需求为导向，以技术创新为动力，在整合提升的基础上积极扶持企业做大做强，切实增强宁波市海洋船舶修造业的国际竞争力。

### （一）规划和政策引导的力度需加强，船舶配套业发展相对滞后

海洋船舶修造业是宁波市重点发展的临港工业，但没有跟上港口、航运业的发展步伐，不但落后于世界海洋船舶修造业的发展水平，即使与周边省市相比，也存在较大的差距。

宁波市船舶配套产业一是企业规模小，二是技术档次低，这几年随着船舶产业的快速发展，因满足不了船企的需求，因此，存在着宁波造船，外地配套的局面。目前，全市有近200家船用配套企业，但是多数企业因为规模小，档次低，高端技术方面船配产品如主机、仪器仪表、导航通讯设备等就比较少。这几年随着船舶产业的快速发展，已远远满足不了船企的需求。因

此,产生了“本地造船,外国配套”的尴尬局面。而造船先进国家如德国、挪威等国船用设备不但能满足本国造船需求,还有大量的产品出口。大量采购国外的配套产品,既会在价格、时间和数量上受到制约,又会削弱宁波船舶出口的价格优势。

### (二)低水平投资、小规模生产现象亟待改变

全市修造船企业平均面积为5万平方米左右,规模在10万平方米以下的企业占绝大多数,为80%多;最后20%企业的面积还不到2%;全市修造船企业单位产能仅为1130元/平方米。象山的修造船企业数达到全市的一半左右,主要集中在石浦、鹤浦等地;特别是石浦港区虽然有造船企业30多家,但都规模偏小,船厂投入资金不足,创新能力有限,设备更新缓慢,产品质量较低。

以新建、在建船企较多的象山县为例,2010年,该县船舶行业共完成工业投资3.5亿元,同比下降48.2%。由于航运市场运力过剩的影响,航运价格处于相对低位,船舶市场也未见明显好转,船舶企业不敢进行大手笔投入,多处于观望状态中,原有投资计划也一再推迟实施。

### (三)造船企业盈利能力不强,产品附加值低

面对近期船用钢材和船用的其他原材料价格的飙升,导致大部分船厂成本预算失控,陷入现行制造成本超出事先销售价格的尴尬局面。

在后金融危机时代,劳动力成本上升,原材料价格上涨造成造船成本上升,而有效需求的长期不足又制约着新船价格的走高,造船行业利润快速下降。据象山县有关统计表明,该县12家重点监测企业实现利润8276万元,在营业收入同比下降18.1%的情况下,利润同比下降47.8%,多数造船企业利润在10%左右,个别企业已到了亏本造船的地步。2011年以来,船舶行业成本上升的压力不断增大。船舶企业劳动力成本平均上升15%;人民币汇率在6月初跌破6.48,创汇改以来新高;银行存款准备金率的不断提高使得企业的财务成本相应增加;新建船舶试航区域较远使企业成本增加不少。由于产能过剩以及不正当竞争的存在,企业接单价格低位徘徊,宁波市部分船企的利润已所剩无几,个别企业甚至已到亏本造船的地步。

此外,融资难问题已成为制约宁波船舶产品出口的主要瓶颈。造船企业是资金密集型行业,银行将造船行业列为高风险行业,融资的门槛很高。目前,宁波造船企业融资需求达200亿元左右,银行融资的比例大多仅在

10%以下。尽管国家和浙江省分别出台了《建造中船舶抵押权登记暂行办法》和《浙江省建造中船舶抵押管理暂行办法》，但真正实现抵押，还存在着许多困难。宁波约50%的船舶企业为了提高市场竞争能力、提升企业的档次、完善企业生产条件，一边造船，一边进行技术升级改造和基本建设，投入巨大，在缺乏资金支撑的情况下，生产维持艰难。

### （四）缺少船舶专业人才培养基地，员工素质较低

通过对宁波市重点修造船企业的统计数据显示，生产、管理、质检、技术人员构成比为78%：10%：3%：9%。宁波市造船水平相对比较低，企业主要采用的是传统造船业模式也即整体造船模式，这类企业占到整个行业近70%；目前只有浙江造船、恒富等几个大型企业采用分段造船模式；另外，宁波福海玻璃钢造船有限公司采用集成制造模式。

### （五）结构调整举步维艰，交船难问题仍存

当前，企业最根本的任务是维持生产，产品结构取决于市场。而目前宁波市很多船舶企业普遍生产水平不高，技术能力不强，无法跟一些大型船企一争高下，因此在产品选择上范围较窄，结构调整难度较大。

交船现象虽有一定好转，但船东对造船质量要求挑剔，推迟付款、借重谈合同延期交船等情况还时有发生。至今，船台空置现象较多，象山地区的船厂，船台空置现象已增加到三成以上。

### （六）石浦港通航能力限制，节能降耗任务艰巨

宁波市船舶企业造大船能力提升较快，仅石浦港内在建船长大于170米的船舶已达7艘、意向建造3艘，总造价约15亿元，其中最大载重5.2万吨，船长195.45米，石浦港现有通航能力已不能满足该区域内海洋船舶修造业发展的需要，提升石浦港通航能力已迫在眉睫。

2011年开始，宁波电力缺口较大，现在已开始对企业采取限电措施，随着电力缺口的进一步扩大，对企业的限电将进一步加强，这将打乱企业的正常生产安排，对企业生产经营造成很大影响。

### （七）与周边城市的竞争加剧，综合实力急待提升

需要指出的是，宁波发展船舶制造业产业面临周边城市较大的挑战。例如，浙江省温台地区海洋船舶修造业及相关配套产业密集，在乐清、温岭

等地已形成相当规模的造船带。早在2005年,仅温州的造船量已占到全国总量的1/9,浙江总量的1/3。舟山也是浙江省海洋船舶修造业发展的主要重点地区。深水岸线密集,具有优越的自然条件,是船厂选址的理想场所,虽然本土企业发展水平较为落后,但近年来大量外资修造船项目的建设,今后几年发展潜力较大。

当然,温台地区和舟山发展海洋船舶修造业也有其局限性。温台地区所在区域无建造大型船舶的深水岸线条件,造船工艺落后,主要针对低端货船市场。同时,由于舟山是海岛,交通不便,物料运输成本较高,水电等公用工程不完善,配套工业欠缺,也在很大程度上制约着舟山海洋船舶修造业的发展。

因此,宁波需要提升综合实力,与温台地区和舟山地区形成错位发展的态势。

## 第三节　推进宁波海洋船舶修造业发展的对策措施

### 一、宁波海洋船舶修造业转型升级的战略目标

#### (一)总体设想

以科学发展观为指导,以国内外市场为导向,以提高海洋船舶修造业国际竞争力为核心,以科技进步与机制创新为动力,坚持扶强扶优、加强配套、培育特色、强化支撑、规范提高,促进海洋船舶修造业企业上规模和产业集群发展,推进海洋船舶修造业转型提升,形成可持续的竞争优势,全方位打造海洋船舶修造业基地,促进宁波市临港产业和海洋经济的又好又快发展。

#### (二)发展理念

1. 坚持内资与外资并举,多种所有制形式共同发展

充分发挥多种所有制在体制上的优势,大力引进外资,积极扶持民资,加强与中央企业的紧密合作,鼓励企业兼并重组,让多种形式的资本实现共赢,大力促进海洋船舶修造业的技术创新和管理提升。

2. 坚持大型船舶与中小型船舶建造并举,以高附加值船舶为特色

大力发展以散货船、集装箱船、油船三大船型为主的大型船舶建造,实

现规模化、标准化、系列化；以近洋运输和江海联运旺盛需求为契机，加快中小型船舶结构调整，重点提升江海联运船舶建造能力；加快设计开发高技术、高附加值船舶和海洋工程装备，提高市场占有率；积极引进先进技术，加快发展游艇制造业。

3. 坚持海洋船舶修造业与配套产业协调，强化配套产业发展

大力促进船舶造、修及改装能力的提升，以船舶制造业的发展带动船舶及配套的设计研发、物流配送、技术咨询和市场交易等船舶服务业的发展，并以现代服务业的发展促进海洋船舶修造业加快发展。鼓励配套产品生产企业走引进、消化、吸收再创新的道路，逐步形成具有自主知识产权的配套产品。

### （三）发展目标

按照国家船舶产业调整振兴规划相关要求，当前既要继续积极应对国际金融危机，着力解决当前船舶产业发展中的突出矛盾和问题，确保宁波市船舶产业持续平稳较快发展；更要着眼于产业升级和转变发展方式，紧紧围绕优化结构、兼并重组、扶优汰劣，以加强投资管理和优化空间布局为抓手，以市场需求为导向，以技术创新为动力，在整合提升的基础上积极扶持企业做大做强，切实增强船舶产业国际竞争力。

到 2015 年，争取建成 4 个具有较强国际竞争力的专业化海洋工程装备制造基地，发展 5 家具有国际先进技术水平的船用低速柴油机企业，培育 7 家具有特种船舶研发和制造能力的造船骨干企业，努力将宁波市打造成为长三角区域重要的现代化海洋船舶修造业基地。

通过 5～10 年的努力，基本形成空间布局合理、产品结构优化、生产技术先进、组织管理高效的海洋船舶修造业发展格局；初步建立符合国际标准的修造船工业体系，修造船产业规模和资源利用效率显著提升；进一步做强船舶配套产业，建立与海洋船舶修造业发展相适应的配套工业和技术服务体系，培育辐射全省乃至全国的船舶交易市场和船用配套产品市场，把宁波市建设成为浙江省乃至全国重要的现代化船舶制造产业基地之一。

### （四）空间布局

强化造船业空间准入，除《宁波市船舶制造产业中长期发展规划（2006—2015）》规划的区块、岸线以外不再布局修造船项目，重点保障北仑外峙岛，奉化大小列山，象山外干门港、打鼓峙岛、万寿塘等船舶制造产业集

聚区内的修造船项目。在象山港周边区域加快集聚船舶配件加工制造企业和船舶表面处理、船用电缆电线切割配送等配套协作企业，形成服务周边地区的综合性船舶配套工业园区。

以深水深用、浅水浅用为总的指导思想，充分保护和发挥深水岸线资源，打破行政区划的局限，跨区域统一开发与协调发展，优先开发中深水以下岸线。布局要综合考虑岸线水深、后方陆域纵深、道路交通、基础设施配套及环境保护等多方面因素，形成三大船舶修造区。

北仑区域仅布点现有的两个岸段，分别为内神马岛和白峰涨埠山段、长跳咀——外雉山段。其中，内神马岛尚有约 3 千米岸线未开发，但主要在内侧，开发余地已不大，在旁边的外峙岛沿岸有 1 千米多岸线的开发余地。同时，考虑到北仑区域岸线的水道条件和航道条件优越，建议该区船舶制造产业的发展方向为加快优化和提升，加快调整产品结构。重点依托恒富造船有限公司和三星重工等优势企业，优先发展 5 万吨级以上成品油船、液化气船(LPG)、化学品船等修造船设施建设，在引进、消化、吸收国外先进技术的基础上，努力形成宁波市船舶制造产业技术高地，带动全市船舶制造产业技术升级。

象山港区域的布点，均是在现有企业基础上的扩建。一是在盘池山及小列山——下还滩段，重点依托浙江船厂、东方船厂提高造船能力和提升造船工艺。二是在内门山——矮人山段，岸线总长约 7.5 千米，现已布局中油重工、浙江新乐船厂和中洋船业等企业，还尚有 3 千米左右的岸线可供开发，可作为“十二五”时期宁波市船舶制造产业的重点建设区域。建议该区域下步工作的重点是要加快完善交通、水、电等基础设施建设，引进国内外优势船舶建造企业，重点推进主力船舶大型化，兼顾高附加值特种船舶建造。

石浦港区域的布点要突出对现有企业的集聚发展的要求。除了鼓励现有小规模企业加强联合之外，对东门岛和对面山已布点修造船企业进行搬迁，主要向林门口集聚。经整合后，2015 年前该区域的修造船布点就集中在打鼓峙岛、南田岛西北岸段和高塘岛林门口以西岸段。其中，高塘岛林门口以西岸段为主要控制区域和未来的开发重点区域，有近 4 千米的适宜建设 5 万吨级以上船舶的岸线。另外，高塘岛南岸还有约 8 千米的远期后备开发优质岸线。

### （五）重点任务

继续密切关注船舶市场形势，研究提出各项针对性应对措施，保持船舶产业稳定发展；大力发展海洋工程装备、化学品船等特种船舶和低速柴油机、船用柴油机曲轴等重点产品，全面提升市场竞争力；强化造船业的空间准入限制，鼓励进行兼并重组或抱团合作，加快造船基础设施的资源整合，优化船舶产业空间布局；积极发展船舶配套产业和船配市场，提升船舶本地配套能力，延伸船舶产业链；鼓励造船企业建立现代造船模式，改革船舶产品的设计、生产和经营方式，缩短造船周期，提高安全生产、清洁生产水平；谋划长远发展，储备船舶产业先进制造能力等。

## 二、宁波海洋船舶修造业转型升级的具体措施

今后很长一段时间，大型集装箱、LNG 船及海洋工程装备等高附加值产品将依然主导国际船舶市场，影响船舶行业成本上升的几大因素还没有缓解的迹象。船舶企业应避免继续盲目扩张产能。通过转换造船模式，提高劳动生产率，消除一部分成本上升的不利影响。企业还应当加大结构调整力度，加快转型升级，提高承接高技术、高附加值船舶的能力。

船舶制造产业是宁波市五大临港型产业之一，是宁波传统制造业和沿海地区特色产业，也是发展海洋经济及宁波大港发展紧密关联的产业链。宁波海洋船舶修造业发展要做大做强，离不开市里和各级政府部门的重视和支持，这几年正是由于各级政府的主持，宁波市的海洋船舶修造业才有长足的发展。但是与省内及省外周边地区相比较，宁波的海洋船舶修造业明显徘徊不前，与临港型产业极不相称。希望市里对发展宁波海洋船舶修造业继续统一认识，合理定位，为加快海洋船舶修造业转型升级创造更好的环境和更有力的支撑力度。具体措施有：

### （一）加强规划引导，提高服务水平

加快出台《关于加快发展船舶制造产业发展的若干意见》，研究制定船舶制造产业专项扶持政策，引导海洋船舶修造业企业加快结构调整，积极推进生产组织规模化，努力增强技术创新能力，提高船舶产品的市场竞争力。

立足于宁波市海洋船舶修造业的发展实际，并与相关规划作好衔接，不盲目求大求强，合理确定宁波市海洋船舶修造业发展的功能定位，即经过 5～10 年的努力，把宁波打造成为长三角区域重要的现代化船舶制造产业基

地,将船舶制造产业培育成为宁波市新的经济增长点和先进制造业基地的重要组成部分。

根据功能定位,经过5～10年的努力,构筑起布局合理、结构优化、组织高效、技术先进的船舶制造产业发展格局,基本建立与船舶制造产业发展相适应的船舶配套工业和技术服务体系,逐步形成面向全国的船舶和船用设备展示、采购和交易中心,基本确立长三角区域重要的现代化船舶制造产业基地地位。到2015年,宁波船舶制造产业竞争力进一步提高,年造船能力达到400万载重吨以上,形成以8万吨级以上船舶为主要产品的发展格局;船舶修理水平大幅提高,能够承担大中型、多品种船舶的修理任务;空间布局进一步优化和拓展,重点开发建设高塘岛北岸林门口以西岸段,三大船舶修造区功能渐趋完善;船舶交易市场功能进一步提升,船用设备展示、展销和国际采购功能齐备。

加强产业集聚。选择一些区位、资源、基础配套条件较好的区块,作为船舶制造产业发展的重点区块;在项目选择上,首先要确保一些国内外大企业集团的选址意向和需求,并以此为依托,促进企业、产业集聚。对现有船舶企业通过整合、迁移,鼓励其向区块集聚,改变目前船舶制造产业发展"低、小、散"现状,逐步形成布局合理,产业集聚,大中小相配套的区域性船舶修造基地。

坚持可持续发展。船舶企业布点要注意生态效益、社会效益、资源效益和经济效益的综合协调发展。严格禁止拆船、洗船行业、有选择地发展修船行业,扶持和鼓励发展高技术造船行业,妥善处理好保护与开发的关系,实现区域资源的永续利用。新建、改(扩)建修造船设施项目,必须努力提高岸线使用效率和土地集约利用水平,必须严格按照我国现行标准船舶制造产业污染物排放标准达标建设。

鼓励技术创新,优先支持以下类型的修造船投资项目:(1)新建8万吨级以上造船设施,造船工艺达到国内领先水平。(2)按照现代总装造船方式的要求,建立船用材料配送中心、工艺专业化加工中心和中间产品生产中心的造船设施改扩建项目。(3)船舶制造产业企业组建民用船舶和海洋工程装备研发机构,高等院校、科研机构建立船舶工程研究中心。建立和完善政策体系。加快出台《关于加快船舶制造产业发展的若干意见》,研究制定船舶制造产业专项扶持政策,引导船舶制造产业企业加快结构调整,积极推进生产组织规模化,努力增强技术创新能力,提高船舶制造产业的市场竞争力。

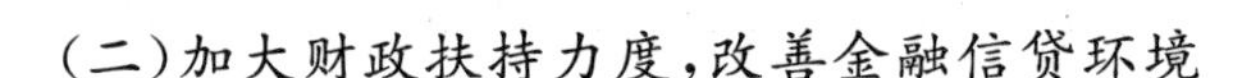

### (二)加大财政扶持力度,改善金融信贷环境

在积极向上争取各类专项资金的基础上,强化市财政对海洋船舶修造业发展的扶持引领作用,重点围绕以下领域实施财政奖励和税收优惠政策:一是鼓励企业兼并联合和做大做强;二是鼓励企业技术创新和自主开发船舶产品、新建现代化修造船基础设施和开展国际资质认证;三是扶持船舶配套工业基地和船舶交易市场的建设;四是鼓励海洋船舶修造业人才引进和技术服务平台建设。

加大对海洋船舶修造业发展的金融支持力度,争取省级银行支持,实行船舶出口预付款履约保函免担保形式,解决船舶出口保函难题。争取上级海事部门支持,实行在建船舶资产登记,解决在建船舶抵押难题,缓解企业资金压力。争取银监会支持设立村镇银行,为海洋船舶修造业企业提供贷款等金融服务。鼓励企业运用远期汇率预约等金融市场衍生工具以应对人民币升值压力。支持大型船舶企业集团在条件成熟时,通过定向募股、发行企业债券等形式筹集资金,甚至上市融资。

在当前严峻的形势下,政府对海洋船舶修造业融资要加强引导和协调,理顺在建船舶抵押实施的各个环节,鼓励金融行业多出一些设备(包括船台船坞)抵押、海域使用证抵押等好的金融产品,在保证银行资金安全的情况下,帮助企业解决融资问题,缓解企业经营压力。可以考虑借鉴江苏的做法,支持金融机构加大对重点船舶企业借款实行优惠利率:出台鼓励金融机构优先支持重点船舶企业的政策,对金融机构当年新增贷款规模、担保额给予奖励。鼓励银行按照国际同行做法,向海洋船舶修造业提供官方借贷或为船东提供买方信贷;探索在建船舶抵押融资机制,鼓励造船厂以在建船舶作为抵押向银行申请贷款;加强出口信用保险体系建设,创新保险业务品种;支持大型船舶企业集团在条件成熟时,通过股票上市、定向募股、发行企业债券等形式筹集资金。

金融是现代经济的核心是实体经济的润滑剂。金融服务业是现代经济的血脉是各种社会资源以货币形式进行优化配置的重要领域。船舶融资是船舶制造和贸易的重要环节之一本身具有回报期长、投入高、技术性强、波动性大等特点。目前国内商业银行大多采取对船舶企业、航运企业直接贷款的方式。选择合适的融资方式把握资金平衡是船公司需要解决的一大难题。随着 2008 年以来股市、房市泡沫的逐步破灭,投资者储蓄意愿再度增强,储蓄存款回流明显,资金由储蓄向投资转化的基础增强。宁波金融业要围绕海洋经济发展的特点立足自身优势开展金融创新,促进地区储蓄向投资的转化为资本的聚集畅通渠道。

长期以来,我们的金融结构以间接融资和银行信贷为主,金融供给品种过于单一,这种单一的金融结构显然不利于分散和转嫁风险,与资本密集型海洋产业发展的要求不相符。这就要求我们必须同时尽快优化金融结构:一是大力发展各种形式的海洋产业风险投资基金;二是努力优化信贷服务;三是大力发展海洋产业保险。四是实施差别性的调控政策。鼓励银行、证券、保险等金融机构根据高端服务行业发展特点,创新金融产品和服务,拓宽高端服务业的融资渠道。采取银企洽谈、项目推介等方式吸引更多信贷资金投入船舶高端服务业;支持风险投资机构和信用担保机构对高端服务业提供融资担保。市政府应大力发展金融业,积极引进外部资源,打破笼统的地区分割,在宁波市与浙江省金融之间、金融机构之间建立资金渠道衡量流动的新机制。抓住发展海洋经济的机遇,带动整个区域的金融以及区域经济的发展。加快资金的聚集和流通将宁波市打造成为又一个沿海国际金融中心至少是国内极具影响力的金融中心。宁波的这一战略将给青岛船舶工业带来不可多得的发展契机。这一措施将极大解决船舶工业所需的资金问题。金融业支持船舶业发展的同时,船舶业也必然会推动金融业的继续发展,这是一个良性循环的过程,二者相辅相成,必然会给宁波市的发展带来无限商机和资金的流通。

### (三)重新测定象山县石浦港通航能力,加快提升其地位

目前,石浦港区建造万吨以上的船舶生产企业拥有10家。2011年建造大吨位船舶有10艘,最大的有5.2万载重吨的散货船,不少船舶年内都要下水出港,但是石浦港通航能力比较差,进出港的船舶吨位都比较小,这不仅影响了象山海洋船舶修造业的发展,也严重影响石浦港区发展,成了该区域海洋经济发展的瓶颈。前几年象山县和大连海事大学也进行过研究、论证和评估等前期工作,希望市县及海事、交通(港航)部门,继续把这项工作抓落实,制定港口开发总体规划,抓紧科学制定通航规程,加快航道整治工作,使石浦港航道能够达到5万～10万吨级空载船舶出港的条件。

此外,要尽快重新测定象山港航道通航能力。象山港航道通航能力早年前测定为3.5万吨以下,而实际通航水深远远不止。目前浙江造船有限公司11.8万吨散货船也在出港。几家电厂煤炭运输船也需要进出港,但通航能力规定还是老的,希望有关部门(交通、海事)牵头,在象山港大桥在建,

有关通航新规出台前，早日立项，做好象山港航道通航能力重新测定工作。

（四）早日提升象山港、石浦港口岸类别

目前，石浦港、象山港还是二类口岸，对打造临港型大工业，对外贸易，海洋产业和旅游都带来不少实际问题。就海洋船舶修造业而言，宁波每年有很多船舶出口必须要到开放口岸去交船。例如浙江造船有限公司公司每年出口船舶 36 艘，每个月有 3～4 艘船舶要到一类开放口岸北仑、大榭甚至到舟山去交船，使船舶生产企业在精力、财力、安全等方面带来诸多麻烦，不利于外向型经济的发展，为此，企业呼吁尽快口岸提升和码头开放，使石浦港、象山港成为一类对外开放的口岸，为地方经济和海洋船舶修造业发展创造更好的外部条件。

（五）延伸产业链，建设配套园区和交易市场

要加快宁波船配产业的发展。造船成本构成中，船用配套产品比重达到 40%，而宁波船用配套产品本土化配套率不到 15%。目前宁波船用配套企业虽有 100 多家，但除中策动力机电集团以及为数不多的船配企业拥有一定规模和富有市场竞争力的产品外，多数还是“小、低、散”，产业集中度低，产品档次低，规格小，造船产业变成宁波造船，外地配套。宁波船配产业发展比较滞后，难以适应宁波市海洋船舶修造业发展的需要。期望政府在规划、政策支持等方面，在船用配套产业发展中，既要壮大、扶植重点骨干企业做大做强，又要帮助、支持小企业做精做专，同时引进科技含量高、附加值高的产品，加快宁波船配产业的发展。

海洋船舶修造业是综合性加工装配工业，对一个地方的工业基础和配套程度有着极大的依赖型，需要大量上游产业为其提供各种原材料和配套产品。要提高宁波市海洋船舶修造业发展水平，延伸船舶产业链，必须有相应的船舶设计和研发园区、船舶配套工业园区、船舶交易市场和船用设备交易市场。

宁波市船舶设计和研发能力虽然不强，但在浙江省内处于领先水平。今后十年浙江省海洋船舶修造业将快速发展，宁波市在船舶设计和研发领域大有可为，建议在科技园区加快建设船舶设计和研发区。

宁波市船舶配套产业包括设施、材料、零配件产业，无论在长三角还是浙江省均仅处于中等水平。象山石浦镇原来就有船舶配套工业园区，但园区建设较为缓慢。今后象山县是宁波市海洋船舶修造业发展的重点区域，建议在象山县建设船舶配套工业园区。另外，象山鹤浦镇也有条件建设

1000 亩以上规模的船舶配套工业园区，可作为该园区的延伸。

象山船舶交易市场位于象山鹤浦镇，现已有一定基础，下步可积极扩大市场影响力，逐步形成多元化经营、多功能服务、具有区域特色的综合性船舶交易市场。

加快筹备建设宁波市梅山船用设备交易市场，依托梅山岛的区位优势和宁波保税区的政策优势，主要定位为集船用设备展示、展销和国际采购及配送于一体的多功能综合交易平台。同时，该市场也兼顾服务于舟山海洋船舶修造业的发展。

### （六）重视人才队伍培养和引进，提供船舶业发展的智慧服务平台

积极打造人才引进平台，制定各项优惠措施和政策，吸引各类紧缺人才和高科技人才。加强国际间技术交流和合作，学习先进造船工艺和设计方法，培养造就一批职业化、现代化、国际化的船舶行业管理和技术人才。加强与宁波市和国内知名高等院校的合作，探索合作培养、柔性流动的机制，为船舶设计、制造提供高级产业技术人才。利用宁波市内乃至周边地区职业技校的优势资源，加强对海洋船舶修造业普通技术工人的培训。

知识服务业是现代服务业的组成部分，是提供知识产品和知识的产业，区别于传统服务业与其他服务业。知识服务以专业知识为服务工具，作为在生产中间投入的一种服务，把经济在地域空间和技术上重新组合，最终将社会所拥有的人力资本和知识资本得以释放出来，并且源源不断地通过价格机制供给于商品生产的实物经济过程，和改善消费者生活质量和生命质量的人力资本的生产过程。因此知识服务业的发展将推动中心城市的经济和社会向更高水平的可持续发展，并对区域经济产生更强的辐射和带动作用。在传统船舶工业的基础上需要不断开拓思路与时俱进，以可持续发展为原则从瞄准国家需求、凝练科技发展目标立足技术前沿、突出技术核心发挥浙江海洋优势、发展现代造船业，选准发展方向、打造浙江特色品牌官产学研用多方面结合、共同培植新兴产业等五方面入手调动广大科技工作者和产业从业人员的积极性为宁波现代造船业提供支撑。

对船舶业的技术支持主要有船用材料、船舶制造工程、新型船舶需求、船用柴油机、船舶电气及自动化设备、船舶设计等。支撑这些具体因素的基本就是人才培养。通过实施人才培养和技术开发战略将有效增强宁波市在船舶制造基地建设、海洋工程、机电设备配套、远洋渔业船舶制造等领域的国际竞争力。

# 第六章　宁波现代海洋产业之三:宁波海洋生物医药业发展现状与发展对策

海洋生物医药行业作为一个新兴行业,是医药行业中最活跃、发展最快的领域,被公认为是21世纪最有前途的产业之一。世界各国在发展海洋经济过程中,均十分重视海洋生物医药产业这一高科技产业的发展。国家、省、市先后在“十二五”发展规划中,明确将海洋生物作为重点研究和开发产业。宁波是沿海开放城市,海洋生物资源十分丰富。合理开发利用海洋生物资源,加快发展海洋生物产业,对推进宁波海洋强市建设具有非常重要的意义。

## 第一节　宁波海洋生物医药业发展概况

### 一、海洋生物医药产业的界定

对于“海洋生物医药产业”的定义,目前不论官方还是学界都没有给出明确的表述。尽管目前相关统计年鉴中涉及海洋生物医药产业的相关数据,但这些数据的具体口径也并不详实。出现这一状况的原因可能在于,海洋经济发展尚处于起步阶段,对于海洋经济的准确定义尚存在很多争议,因而对于其某一个具体产业的准确界定同样存在困难。鉴于这一现状,我们可以把“生物医药产业”与“海洋产业”两个定义结合起来去理解海洋生物医药产业的内涵与外延。

### (一)生物医药产业的界定

桂子凡(2006)给生物医药产业所下的定义是:生物医药产业是指应用基因工程等生物技术改良传统医药产业,开发用作疾病治疗剂、疾病诊断剂和预防的新药的产业,并认为生物医药产业具有如下几个鲜明特征:

一是高技术。这主要表现在其高知识层次的人才和高新的技术手段。生物制药是一种知识密集、技术含量高、多学科高度综合互相渗透的新兴产业。以基因工程药物为例,上游技术(即工程菌的构建)涉及目的基因的合成、纯化、测序;基因的克隆、导入;工程菌的培养及筛选;下游技术涉及目标蛋白的纯化及工艺放大,产品质量的检测及保证。生物医药的应用扩大了疑难病症的研究领域,使原先威胁人类生命健康的重大疾病得以有效控制。21世纪生物药物的研制将进入成熟的 Enabling-technologies 阶段,使医药学实践产生巨大的变革,从而极大地改善人们的健康水平。

二是高投入。生物制药是一个投入相当大的产业,主要用于新产品的研究开发及医药厂房的建造和设备仪器的配置方面。目前国外研究开发一个新的生物医药的平均费用在1亿～3亿美元左右,并随新药开发难度的增加而增加(目前有的还高达6亿美元)。一些大型生物制药公司的研究开发费用占销售额的比率超过了40%。显然,雄厚的资金是生物药品开发成功的必要保障。

三是长周期。生物药品从开始研制到最终转化为产品要经过很多环节:实验室研究阶段、中试生产阶段、临床试验阶段(I、II、III期)、规模化生产阶段、市场商品化阶段以及监督每个环节的严格复杂的药政审批程序,而且产品培养和市场开发较难;所以开发一种新药周期较长,一般需要8～10年、甚至10年以上的时间。

四是高风险。生物医药产品的开发孕育着较大的不确定风险。新药的投资从生物筛选、药理、毒理等临床前实验、制剂处方及稳定性实验、生物利用度测试直到用于人体的临床实验以及注册上市和售后监督一系列步骤,可谓是耗资巨大的系统工程。任何一个环节失败将前功尽弃,并且某些药物具有"两重性",可能会在使用过程中出现不良反应而需要重新评价。一般来讲,一个生物工程药品的成功率仅有5%～10%,时间却需要8～10年,投资1亿～3亿美元。另外,市场竞争的风险也日益加剧,抢注新药证书、抢占市场占有率是开发技术转化为产品时的关键,也是不同开发商激烈竞争的目标,若被别人优先拿到药证或抢占市场,也会前功尽弃。

五是高收益。生物工程药物的利润回报率很高。一种新生物药品一般上市后2～3年即可收回所有投资，尤其是拥有新产品、专利产品的企业，一旦开发成功便会形成技术垄断优势，利润回报能高达10倍以上。可以说，生物药品一旦开发成功投放市场，将获暴利。

英国威尔士大学教授卡布尔在《产业经济学前沿问题》中对生物产业的外延进行了界定：从技术工艺上看，生物医药产业包括微生物、酶工程、单克隆抗体、转基因技术等；从产品看，生物医药产业包括抗生素类药物、抗癌症药物、免疫反应抑制剂、及临床诊断试剂及诊断用品等。广义的生物制药产业是指应用重组DNA技术、单克隆抗体技术、细胞培养技术、生物反应器、蛋白质工程、克隆技术、干细胞技术、生物信息学技术、高通量筛选等技术，所生产的药品或试剂、医疗诊断手段、医疗器械及相关产品所形成的产业。而狭义的生物医药产业仅指生产基因工程药物的企业的集合体。

刑来田(2003)在把生物医药界定为泛指生物技术药物、天然药物和化学药物(俗称"三药")的研发、生产和流通的基础上，认为生物医药产业是一个知识和技术密集型高科技产业，也是21世纪的支柱产业。

尹忠(2008)分析了生物医药产业的属性与特点，认为生物医药产业具有二元对立属性及人文特点。在二元对立属性上，生物医药产业最本质的属性是鲜明的以公众利益为取向的社会福利性质和突出的以产业利益为取向的经济利益性质。在不同的社会形态和发展阶段，这个矛盾着的二元属性的统一程度是不一样的。西方发达国家对这两个矛盾因素进行调整的主要方式是，在充分尊重生物医药产业追求经济利益的前提下，以社会补偿的方式对公众药物消费进行经济支持，使社会公平有合理体现，使医药消费有足够的市场空间，使企业有充分的活力去继续创新活动。由于药物作用于人体，因此与其他经济产业相比，生物医药产业涉及的社会伦理和法规制约最多，所需知识创新支持的内容最多，创新的周期最长、投资和风险最大，这体现了生物医药产业的人文特点。

邓心安(2002)给出了广义的和狭义的生物医药产业概念，认为广义的生物医药产业是指将现代生物技术与各种形式的新药研究、开发、生产相结合，以及与各种疾病的诊断、防治和治疗相结合的产业。狭义的生物医药产业是指以基因工程、细胞工程、发酵工程和酶工程为主体的现代生物技术应用于医药的产业。

### (二)海洋生物医药产业的界定

结合海洋产业及生物医药产业两个概念,可以将“海洋生物医药产业”界定为:主要依赖海洋生物资源或者以海洋生物资源为主要原料进行医药产品生产和加工的产业。在这一定义中,“主要依赖海洋生物资源或者以海洋生物资源为主要原料”体现了海洋生物医药产业的“海洋”特性,以与一般的生物医药产业相区别,同时强调了其“生物”特性,以与一般的医药制造业比如医药化工制造业相区别;“医药产品生产和加工”强调了该产业的最终产品为“医药”产品而不是其他的任何产品。另外,在我国的海洋产业分类中,海洋生物医药产业被分类为第二产业,说明其属制造业而非服务业,因此我们特别强调了海洋生物医药产业的“生产”与“加工”特性。

海洋生物医药产业概念的明确提出,使得传统的“生物医药产业”大概念被明确区分为两类:海洋生物医药产业与非海洋生物医药产业。在理论上二者具有明确的区分,其主要的区分点即是对海洋资源依赖程度的不同。海洋生物医药产业明确依赖于海洋生物资源,而非海洋生物医药产业则不需要或者很少需要海洋生物资源的支持。虽然二者理论界限分明,但在实际的统计中可能存在一定的模糊性。因为有些生物制药可能融合了海洋生物医药与非海洋生物医药两种特性,即生产过程中既依赖于海洋生物资源,又依赖于非海洋生物资源,对于这样的制药企业要明确区分海洋生物医药与非海洋生物医药的比例则会存在很大的困难。

从产业门类性质上来看,按照美国国家海洋经济项目(NOEP)的分类方法,海洋生物医药产业应当属于海洋依赖型产业;按照美国国家经济分析局(BEA)的分类方法,海洋生物医药产业应当属于海洋资源依赖型产业;按照White对加拿大海洋产业的分类方法,海洋生物医药产业应当属于海洋资源开发与海洋运输业的一部分;按照1997年澳大利亚《海洋产业发展战略》对海洋产业的分类方法,海洋生物医药产业当属于海洋资源开发产业;根据新西兰的海洋产业分类方法,海洋生物医药产业应当属于海洋制造业。

## 二、国内海洋生物医药产业发展状况

顺应世界海洋生物医药产业的发展态势,我国在海洋经济过程中也十分重视海洋生物医药产业发展,制定了一系列支持海洋生物医药发展的政策措施,我国海洋生物医药产业已经取得了较好的发展。

### (一)我国海洋生物医药产业发展概述

20世纪60年代初以来,海洋生物资源成为世界各国医药界关注的热点,纷纷投入巨资开发海洋药物及海洋生物技术。我国海洋药物系统研究始于20世纪70年代,到80年代末,在多方的努力和政府的支持下,海洋生物技术于1996年被列入国家863计划。至此,海洋药物的研究与开发正式成为国家重点课题,第一批海洋生物技术的重大项目相继优先启动。“九五”期间,中国海洋药物发展较快,形成了以青岛为主,带动其他沿海城市并重的蓬勃发展的新局面。“十五”期间,863计划海洋生物技术围绕海水养殖业、海洋药业和海洋生物加工业三大新兴产业开展了相关关键技术研究与开发,促进了我国海洋生物医药技术跨越式发展。2007年,国家发改委发布的《高技术产业发展“十一五”规划》把海洋产业列为八大重点产业之一,明确指出要重点培育海洋生物产业,这对国内海洋生物技术的研发和技术成果转化产生了积极影响,推动了海洋生物产业的发展。近年来,我国海洋生物技术和海洋药物的研究队伍已逐步走向规范化和集团化,形成了上海、青岛、厦门、广州为中心的4个海洋生物技术和海洋药物研究中心。我国沿海省市相继建立了数十家研究机构,国家海洋局第一海洋研究所、中国海洋大学、广东海洋大学等单位把海洋生物医药研究开发列入重点研究领域,国内已有数千名科研人员从事海洋药物及海洋生物工程制品的研究与开发。从研究领域上看,我国海洋生物技术研究已经从沿海、浅海延伸到深海和极地,特别是海洋药物研发已在国际上引起了高度关注,很多研究成果申请了具有自主知识产权的国内、国际专利。经过多年的探索和发展,目前我国海洋生物医药的研发已经取得了丰硕的成果,已知药用海洋生物约有1000种,分离得到天然产物数百个,制成单方药物十余种,复方中成药近2000种,在海洋生物体中已有1万多种新型结构的化合物被发现,其中200多种已申请专利。根据《中国海洋统计年鉴》记载,涉及海洋生物医药的品种达到20多种。现已开发的海洋药物在治疗癌症、心脑血管疾病等方面,在抗艾滋病、抗肿瘤、抗衰老等方面显示出巨大的开发潜力。[①] 我国是海洋大国,丰富的海洋资源为研究开发海洋药物提供了极为有利的条件。我国的海洋药物历史也很悠久,《本草纲目》、《本草纲目拾遗》、《海药本草》等都有海洋药物的记载。近年来我国海洋生物技术研究已经从浅海延伸到深海,特别

① 王秋蓉:《海洋生物医药产业异军突起》,《中国海洋报》2008年6月13日第3版。

是海洋生物活性先导化合物的发现、海洋生物中代谢产物的结构多样性研究、海洋生物基因功能及其技术、海洋药物研发等在国际上引起了高度关注，可以说我国海洋药物已由技术积累进入产品开发阶段，并将在抗艾滋病、抗肿瘤、卫生保健方面发挥重要作用。目前我国已经有多烯康、角鲨烯、河豚毒素、藻酸双酯钠、肝糖酯、盐酸甘露醇等海洋药物获国家批准上市，还有多个海洋药物进入临床研究。据不完全统计，国内已经有数十家海洋药物研究单位和几百家开发、生产企业。2009 年 6 月，中国生物技术发展中心发布的一份报告表明，我国未来 10 余年将形成一批海洋药物与保健品，并在抗艾滋病、抗肿瘤、卫生保健方面发挥重要作用。① 加快培育生物产业，是我国在新世纪把握新科技革命战略机遇、全面建设创新型国家的重大举措。

2009 年 6 月 2 日，国务院办公厅印发了《促进生物产业加快发展的若干政策》（以下简称《若干政策》）。提出了发展生物医药产业的四大政策目标：(1)引导技术、人才、资金等资源向生物产业集聚，促进生物技术创新与产业化，加速生物产业规模化、集聚化和国际化发展。(2)建立以企业为主体、市场为导向、产学研相结合的产业技术创新体系，造就高素质人才队伍，增强自主创新能力，掌握一批拥有自主知识产权的重要生物技术、产品和标准。(3)培育若干个跨国经营的大型生物企业和一大批拥有自主知识产权的创新型中小生物企业，形成若干个产业集聚度高、核心竞争力强、专业化分工特色显著的生物产业基地。(4)加强生物技术专利保护和物种种质资源保护，提高种质资源开发、利用水平，保障生物安全。

若干政策明确指出了现代生物产业的五大重点发展领域：(1)生物医药领域。重点发展预防和诊断严重威胁我国人民群众生命健康的重大传染病的新型疫苗和诊断试剂。积极研发对治疗常见病和重大疾病具有显著疗效的生物技术药物、小分子药物和现代中药。加快发展生物医学材料、组织工程和人工器官、临床诊断治疗康复设备。推进生物医药研发外包。(2)生物农业领域。重点发展优质、高产、高效、多抗的农业、林业新品种和野生动植物繁育种源。大力发展生物农药、生物饲料及饲料添加剂、生物肥料、植物生长调节剂、动物疫苗、诊断试剂、现代兽用中药、生物兽药、生物渔药、微生物全降解农用薄膜等绿色农用生物制品，推进动植物生物反应器的产业化开发，促进高效绿色农业的发展。开发具有抗病和促进生长功能的微生物药品及其他生物制剂，保护和改善水域生态环境，发展健康养殖。(3)生物

---

① 潘虹：《海洋生物医药业发展方兴未艾》，《中国海洋报》2009 年 10 月 16 日第 3 版。

能源领域。加快培育速生、高含油、高热值、高产专用能源植物品种，合理利用荒山荒地，推进规模化、基地化种植；积极开展以甜高粱、薯类、小桐子、黄连木、光皮树、文冠果以及植物纤维等非粮食作物为原料的液体燃料生产试点，推动生物柴油、集中式生物燃气、生物质发电、生物质致密成型燃料等生物能源的发展。(4)生物制造领域。加快推进生物基高分子新材料、生物基绿色化学品、糖工程产品规模化发展。支持农产品精深加工和食品生物制造技术、装备、工艺流程的研发及规模化生产。开发新型酶制剂，发展生物漂白、生物制浆、生物制革和生物脱硫等清洁生产工艺，加快生物制造技术推广应用，降低物耗、能耗和污染。(5)生物环保领域。重点发展高性能水处理絮凝剂、混凝剂、杀菌剂及生物填料等生物技术产品，鼓励废水处理、垃圾处理、生态修复生物技术产品的研究和产业化。支持荒漠化防治、盐碱地治理、水域生态修复、抗重金属污染、超富集植物等新产品的生产和使用。

《若干政策》明确了发展壮大生物企业的具体路径：(1)培育具有较强创新能力和国际竞争力的龙头企业。鼓励龙头企业加强研发能力建设，积极开展技术引进、跨国经营等活动。推动生物企业间、生物企业与科研机构间的合作与重组，扩大企业规模，增强企业实力。(2)鼓励和促进中小生物企业发展。对新创办的生物企业，在人员聘任、借贷融资、土地等方面给予优先支持。支持建立一批生物企业孵化器和留学生创业服务中心。加大科技型中小企业技术创新基金对符合条件的中小生物企业的支持力度。(3)大力推进生物产业基地发展。鼓励与生物产业相关的企业、人才、资金等向生物产业基地集聚，促进生物产业基地向专业化、特色化、集群化方向发展，形成比较完善的产业链。在基础条件好、创业环境优良的区域，逐步建立若干个国家级生物产业基地。国家在创新能力基础设施、公共服务平台建设以及实施科技计划、高技术产业计划等方面按规定给予重点支持。(4)积极推进国际合作。鼓励外国企业和个人来华投资生产、设立研发机构和开展委托研究。鼓励和支持具有自主知识产权的生物企业“走出去”，开展产品的国际注册和营销，到境外设立研发机构和投资兴办企业。支持国内机构参与有关国际标准的制(修)订工作，开展生物产业认证认可国际交流。

2011 年 9 月，国家海洋局、科技部、教育部和国家自然科学基金委等部门联合发布了《国家“十二五”海洋科学和技术发展规划纲要》，对我国 2011 年至 2015 年海洋科技发展进行了总体规划，提出要把“生物产业发展成为高技术领域的支柱产业和国民经济的主导产业”。截至目前，各省市也都纷纷制定区域性的生物产业发展规划，引导生物产业快速、健康发展。

2012年6月,财政部、国家海洋局联合下发《关于推进海洋经济创新发展区域示范的通知》,明确支持山东、青岛、浙江、宁波、福建、厦门、广东、深圳等示范地区开展海洋经济创新发展区域示范,同时也提出以海产养殖、海洋生物医药等海洋生物产业为重点,给予专项资金支持。这是继2011年公布《国家"十二五"海洋科学和技术发展规划纲要》之后,海洋生物医药再次被提上国家战略层面。据相关统计,2001—2011年,我国海洋生物医药产业增加值年均增长率达33.04%。

### (二)我国海洋生物医药产业产出状况

海洋生物医药在我国是一个新兴的产业,发展速度迅猛,同时还存在广阔的发展空间。

2001年我国海洋生物医药增加值为5.7亿元,2005年达到28.6亿元,2009年实现增加值52.1亿元,8年平均增长速度达到31.9%。"十五"期间我国海洋生物医药产业增加值增长速度达到49.7%,但"十一五"期间发展速度仅为16.2%,增长速度有所放缓,2009年甚至出现了环比下降的现象。2001—2009年我国海洋生物医药产业增加值见图6-1。

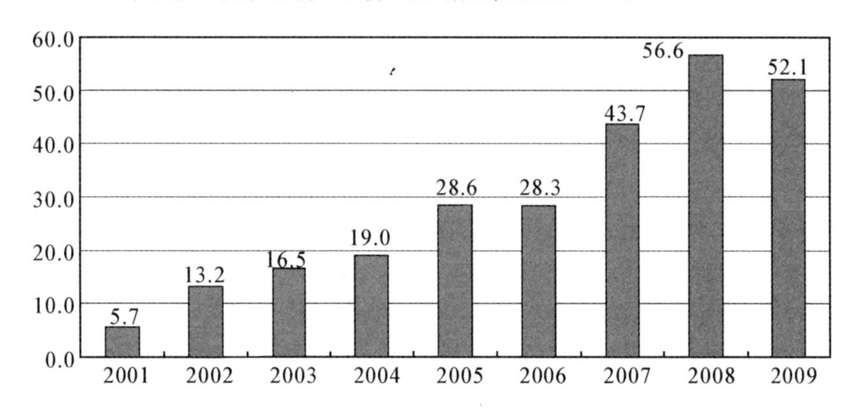


图6-1　2001—2009年我国海洋生物医药产业增加值(亿元)

资料来源:2010年《中国海洋统计年鉴》。

2001—2009年我国海洋生物医药产业增加值占海洋GDP的比重整体保持上升趋势,具体见图6-2。海洋生物医药产业增加值占海洋GDP的比重由2001年的0.06%上升到2009年的0.16%,其中2008年的比重甚至达到0.19%。8年间,除2004年、2006年、2009年之外,海洋生物医药产业增加值占海洋GDP的比重呈持续增长态势。

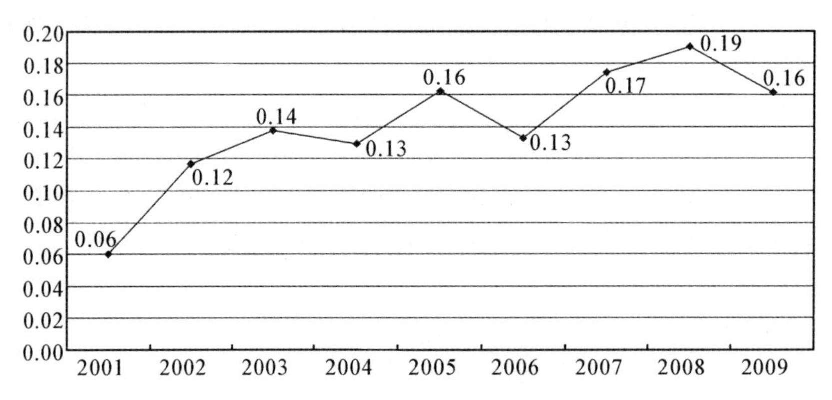


图 6-2　2001—2009 年我国海洋生物医药产业增加值占海洋 GDP 比重(%)

从海洋生物医药产业从业人员数量来看,2001 年我国海洋生物医药产业从业人员为 8244 人,2007—2009 年则保持在 9000 人的水平。2001—2009 年我国海洋生物医药产业从业人员数量见表 6-1。在此期间,2004 年与 2005 年的海洋生物医药产业从业人员数量出现了跳跃式增长,分别达到了 60579 人和 59129 人,但其他年份基本保持在 7000～11000 人的范围之内,并未出现很大波动。

**表 6-1　2001—2009 年我国海洋生物医药产业从业人员数量**　　单位:人

| 年份 | 2001 | 2002 | 2003 | 2004 | 2005 | 2006 | 2007 | 2008 | 2009 |
|---|---|---|---|---|---|---|---|---|---|
| 人数 | 8244 | 10970 | 7352 | 60579 | 59129 | 8000 | 9000 | 9000 | 9000 |

2009 年 9 月 27 日,我国海洋药物领域首部大型志书《中华海洋本草》在北京首发。其中,主篇收录海洋药物 613 味,涉及药用生物以及具有潜在药用开发价值的物种 1479 种,另有矿物 15 种。这是迄今为止我国收录信息量最大的海洋药物专著,为现代海洋药物的研究与开发提供翔实的基础信息。其收集的许多海洋药物开发的技术路线和技术方法,治疗靶点清晰,完全可以直接为企业所用,有力推动了海洋生物医药产业又好又快发展。由此,我国海洋生物医药领域又有了新的进展。

## 三、宁波海洋生物医药产业发展现状

宁波市高度重视生物医药产业发展。宁波市《生命健康产业"十二五"发展专项规划》明确了生物医药产业未来五年到十年的总体思路、重点领域、主要任务和保障措施,总体目标是到 2015 年,生物医药行业总产值达到

150亿元以上,年均增长25%。建成宁海生物医药产业园等3个以上生物医药产业基地;形成4家以上销售收入超过10亿元的企业,20家以上销售收入超过亿元的企业;省级以上工程技术研究中心达8家以上。重点推进化学药物和现代中药创新药、新型疫苗、诊断试剂、生物技术药物等生物医药领域的创新研发和产业化推广。在市委市政府的高度重视下,宁波市生物医药产业发展势头良好,已初步形成一定规模。

宁波市大陆海岸线漫长,海域自然条件优越,适于鱼类、虾类、贝类和藻类的生长繁殖,海洋资源极为丰富。近几年,宁波市在海洋科技领域取得了一批关键技术成果,推动了海洋生物资源的有效开发和利用。宁波大学海洋学院、宁波市海洋与渔业研究院、宁波海洋开发院及多家海洋与渔业领域重点实验室、科技创新服务平台和国家、省、市级企业工程(技术)中心等一批科研机构,已成为宁波市海洋生物科技研发的重要力量,同时形成了一批有规模的龙头开发企业。

2011年,宁波市生物医药产业规模以上企业32家,完成工业总产值39.22亿元,比上年增长15.04%。其中产值亿元以上的企业有11家。从总体上看,宁波市生物医药产业规模不大,但门类较为齐全,拥有化学原料药、制剂、中成药、植物提取、疫苗、诊断试剂、中药饮片和兽药等各类企业。宁波荣安生物药业有限公司和浙江卫信生物药业有限公司生产的双价肾综合征出血热纯化疫苗、狂犬病纯化疫苗等生物疫苗处于行业领先地位。宁波人健药业有限公司绒促性素、尿促性素等激素产品出口欧美。宁波三生日用品有限公司和宁波御坊堂生物科技有限公司二家企业是国内海洋生物保健品生产销售的领军企业。宁波市天衡制药有限公司在抗癌药物开发生产方面有独特的优势。宁波立华制药有限公司近年来将研发总部和销售中心都搬到宁波,着重在风湿免疫药白芍总苷胶囊等专利中药的开发生产。宁波绿之健药业有限公司和宁波中药制药有限公司是国内植物提取方面的龙头企业。宁波美康生物科技股份有限公司引进的胆红素化学氧化法检测填补了国内此项产品的空白,糖化血红蛋白酶法检测试剂盒为国内首创。放射性药品生产企业宁波君安药业有限公司拥有碘-125密封籽源放射性内芯制备和外壳封焊技术的专利和核心知识产权。

### (一)宁波海洋生物医药产业发展概况

#### 1. 宁波海洋生物医药企业的发展

海洋生物医药已被列入宁波市工业“4+4+4”产业升级工程。截至

2011年,宁波已拥有年产值500万元以上的海洋生物医药相关企业10余家,一批海洋生物制品已占据全国较大的市场份额,浙江万联、超星、海浦等海洋生物医药企业已经形成较大规模并具备了较强的市场竞争力。浙江万联药业有限公司成立于1996年年底,以开发、利用海洋生物资源为主要原料,以生产软胶囊、固体制剂为主要剂型,生产海洋药物、保健食品及其他药品的生产企业,并于2000年4月通过国家GMP认证。公司占地面积30000平方米,建筑面积25000平方米,先后投资了"宁波万联海洋药物工程技术研究开发中心、浙江神舟海洋生物工程有限公司",形成了一条稳固发展的产业链。万联药业现有药品:利福昔明(国家二类新药、肠道抗菌素)、赤贝生血胶丸(国家二类新药)、多烯酸乙酯(降血脂药)、角鲨烯胶丸(保肝药)、维尔新胶丸(维生素E烟酸脂)、欣血平(抗高血压药)、米托索(抗癌症药)、普罗雌烯(妇科类抗菌素)、OTC药品"灵诺"感冒软胶囊(成人与儿童)等;保健食品类有:健生宝系列之液体钙、深海鱼油、卵磷脂、大蒜精、蜂胶、羊胎素、芦荟、甲壳素、葡萄籽、大豆异黄酮、牛初乳、鲨烯、月见草小麦胚芽、儿童鱼油等20多个品种和海斯凯尔系列近40个品种。宁波超星海洋生物制品有限公司始建于1995年,占地90亩,拥有标准化厂房25000平方米,冷库存储能力8000吨。公司年水产品加工能力:加工鱿鱼30000吨,鱿鱼制品3000吨,鱼糜制品8000吨,水产冻品5000吨;年调味品生产能力:鱼精调味料4000吨,鱼露8000吨,水解鱼浸膏1000吨,水解植物蛋白、酵母抽提物2000吨。公司利用高新生物技术自主研制开发了深海鱼油、DHA、深海鱼氨基酸胶囊、深海鱼钙等系列保健品。公司产品曾荣获浙江农业博览会金奖、宁波市绿色农产品等多项殊荣。公司下辖三个分公司和一个省级高新技术研发中心,是浙江省高新技术企业、浙江省著名商标企业、宁波市农业龙头企业,公司集科工贸于一体,通过了中国有机认证、HACCP认证、QS认证及ISO22000质量体系等认证。宁波海浦生物科技有限公司是一家专业从事海洋生物系列产品研发、生产和经营的高科技生化公司。公司专业研制和加工鱼蛋白胨、鱼精膏、鱼油、有机液肥、食品添加剂、饲料添加剂等产品。公司拥有标准化厂房12000多平方米,拥有先进的生产设备和配套设施,设有大型冷冻库房、水产品加工车间、分解车间、喷粉车间、食品车间、水处理车间、绿色农业车间、检测中心等。生产和管理严格按照ISO9001:2000国际质量管理体系和GB/T19630-2005有机产品、OFDC有机产品标准运行。该公司是宁波市农业龙头企业和科技型企业,长期与浙江大学合作,承担国家和省市科研项目。海浦生物与国内著名大学联合成立了医药、食品、有机农业、饲料四家研究机构。海浦公司已先后成功开发系列酶解鱼蛋白胨、鱼精膏产品，产品质量经国家权威机构检验，达到国际同类产品水平，被全国医药、食品、饲料、化妆品等行业的企业广泛应用。公司生产的鱼蛋白有机液肥于2009年7月初通过了OFDC有机认证（南京国环有机产品认证中心）。公司建有检测设备先进的化验室，能够独立地完成对产品的理化及各种微生物检测工作，并对每批产品进行动态监控。为不断精益求精，追求更高的产品质量，公司先后多次完成大型技术改造，经过几年的开拓创新，海浦公司在工艺技术上已处于国内同行的领先水平。公司对产品的加工执行GMP规范，按照ISO9001国际质量体系认证要求，将国际标准管理模式引入公司，同时建立起了有效的HACCP监控、管理体系。

2. 宁波海洋生物医药产业产出状况

2006年、2007年、2010年，宁波海洋生物医药产业总产值分别为9690万元、13221万元、318797万元，海洋生物医药产业增加值分别为2592万元、3647万元、56048万元。宁波海洋生物医药产业总产值与增加值分别见图6-3和图6-4。

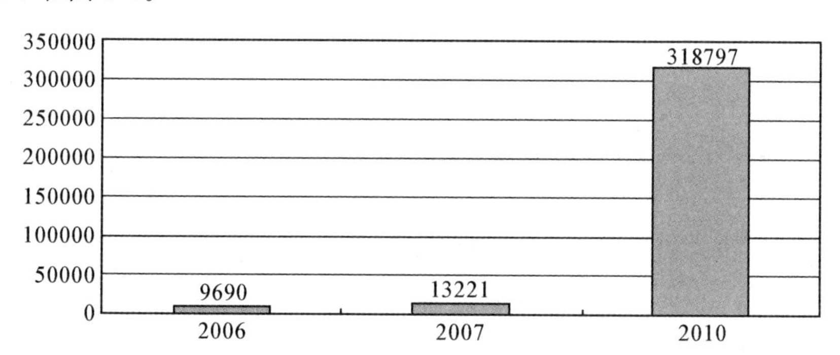


图6-3　宁波市海洋生物医药产业总产值（万元）

2006—2010年，宁波海洋生物医药产业总产值名义增长速度达到139.50%，海洋生物医药产业增加值名义增长速度达到115.64%，增长速度远远超过宁波GDP及海洋增加值的增长速度。2006年、2007年、2010年，宁波海洋生物医药产业总产值占海洋第二产业总产值的比重分别为0.07%、0.08%、1.33%，增加值占海洋第二产业增加值的比重分别为0.13%、0.12%、1.01%，两个比重上升势头均十分明显，海洋生物医药产业在宁波海洋经济发展中的地位和作用正变得越来越重要。

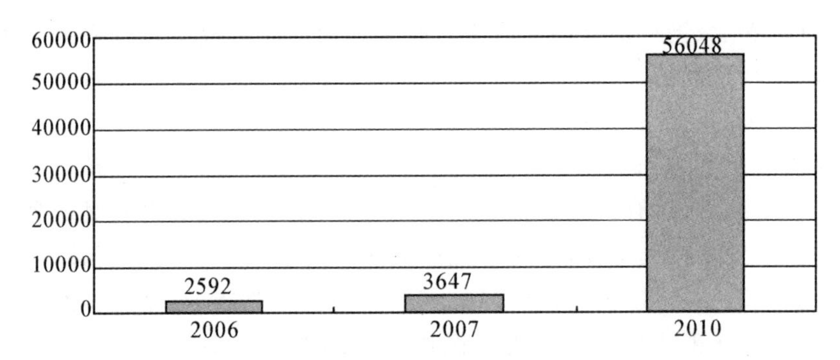


图 6-4 宁波海洋生物医药产业增加值(万元)

资料来源:2007 年、2008 年、2011 年《中国海洋年鉴》。

### (二)宁波市海洋生物医药产业与青岛市的比较

为了更好地反映宁波市海洋生物医药产业的发展态势,我们把宁波与另外一个计划单列市——青岛作简单比较。

《山东半岛蓝色经济区发展规划》获批为国家战略后,山东与浙江都成为国家级海洋经济发展重点区域。青岛作为山东的副省级城市,拥有良好的海洋经济发展区位和资源条件,海洋经济发展已经具备良好的发展基础。2010 年,青岛市主要海洋产业总产值达到 1600 亿元,同比增长 6.7%;主要海洋产业增加值 620 亿元,同比增长 6.9%;海洋三次产业结构为 10.3∶36.2∶53.5。坐落在青岛的以中国海洋大学为代表的一大批实力强大的高等院校具有很强的科研实力,为青岛海洋经济发展提供了良好的智力环境和科技条件。也正因为如此,青岛的海洋生物医药产业发展状况良好。2010 年,以中国海洋大学国家海洋药物工程技术中心为主的一批海洋药物开发单位,在稳定老药生产的基础上,加快新药的研发力度,海洋寡糖、几丁糖酯、D-聚甘酯、泼力沙滋、古糖酯等先后进入临床试验,海洋药物生产稳步发展,全年实现产值 25.7 亿元。九龙药业、颐中生物、信得药业等一批生物制药企业落户青岛市。建成生物医药产业孵化器 13 个,创业面积超过 30 万平方米。海洋寡糖、多糖、生物酶等项目总投资达到 24 亿元。青岛国家生物产业基地公共服务平台项目建设顺利,生物产业园内 13 个项目全面落地,预计总投资约 24 亿元,可实现年销售收入 400 多亿元,年税收近 3 亿元。青岛高新区专门规划了蓝色生物医药产业园和海洋仪器装备产业园两大园区。其中,蓝色生物医药产业园占地约 165.6 公顷,建设规模约 200 万平方米,包含 12 万平方米的孵化中心,185 万平方米的主产业园区和包括医学研究院、中小企业服务、生活配套等的配套区。园区由生物医药领域专业开发商参与规划和开发建设，其中，孵化中心将建设药物研发实验室、生物制药GMP中试车间、药物研发公共技术平台及公共配套服务区，为孵化培育生物医药中小科技企业提供完善的环境和技术服务。以此平台为依托，蓝色生物与医药产业快速成长，仅2012年就引进了佐藤医疗零部件、柯能高纯度胶原蛋白肽、白介素等3个重点项目，总投资约6亿元。由日本佐藤来拓工业株式会社投资建设的佐藤医疗零部件项目一期总投资3600万美元，占地20亩，主要从事肾脏透析仪器用树脂成型器的研发和生产，是首个在高新区落户的日资医疗器械项目。项目建成后预计年可实现销售额2000万美元。柯能高纯度胶原蛋白肽项目总投资2.3亿元，其中固定资产投资1.95亿元，占地约33亩。项目建成达产后可年产1200吨胶原蛋白肽、300吨氨基寡糖和200吨鲨鱼硫酸软骨素，预计年销售收入可达5亿元，胶原蛋白中间体和高端胶原蛋白的国内市场占有率预计将分别达到50%和70%以上。白介素项目总投资约1.09亿元，主要从事抗癌辅助药物白介素－12的生产，建成投产后可填补国内空白。

图显示了相关年份宁波市与青岛市海洋生物医药产业的总产值情况。

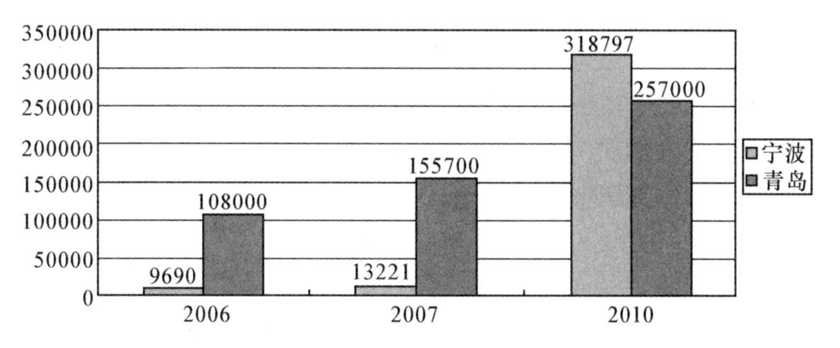


图6-5　宁波、青岛海洋生物医药产业总产值比较(万元)

可以看出，在2010年之前，青岛的海洋生物医药产业产出明显高于宁波，而且二者的差距还相当大。2006年，青岛海洋生物医药产业总产值达到10.8亿元，是宁波的11.15倍；2007年，青岛海洋生物医药产业总产值达到15.57亿元，是宁波的11.78倍。但到2010年，青岛海洋生物医药产业增加值为25.7亿元，仅为宁波的80.6%，宁波实现了明显反超。因此，宁波海洋生物医药产业在明显落后的情况下，在短时间内实现了超速增长，其增长速度明显高于其他相关城市，宁波海洋生物医药产业具有良好的发展前景。

## 第二节　宁波海洋生物医药业发展存在的主要问题

宁波海洋生物医药产业虽然近年来取得了快速发展，但也面临研发力量薄弱、企业规模偏小、高端人才匮乏等明显问题。

### 一、高等教育与研究机构实力不强，研发力量薄弱

与青岛、厦门、大连等计划单列市相比，宁波市高等教育力量较为薄弱，虽然高校数量不少，但高校的层次和水平亟待提高，具有博士培养资格的高校只有宁波大学一所，具有硕士培养资格的学校也只有宁波大学、宁波诺丁汉大学、浙江万里学院3所高校，因此宁波高校的整体科研水平有待加强。同时，宁波的海洋生物医药高端研发机构数量较少，研究力量薄弱。由于宁波的海洋生物医药产业还没有形成规模，世界生物制药领头羊企业很少选择在宁波发展，造成宁波的海洋生物研发力量薄弱，研发与市场难以实现协同发展。

### 二、缺乏核心优势企业，产业规模偏小

宁波海洋生物医药产业组织结构欠合理，企业规模普遍偏小，大型海洋生物医药企业不多，与发达国家和地区还有很大差距。2011年，宁波医药生产企业共有15家，且规模都较小，2011年产值最大的企业是宁波立华制药有限公司，达到4.85亿。2011年全市医药产业产值为22.03亿元，创历史新高，但同期杭州医药工业企业完成销售产值201.22亿元，绍兴2009年医药企业产值已达149.08亿元，2012年上半年台州医药制造业已完成产值123.77亿元，宁波与这些城市相比差距很大。宁波生物医药产业2010年总产值仅为2亿元左右，利润0.20亿元，在长三角城市群中位居下游，与江苏的几个城市相比也有明显差距。苏州生物医药产业近几年快速发展，生物技术和新医药产业的总产值已从2008年的162.7亿元增长到2010年的320.1亿元。2007年，无锡市有生物医药企业约250家，全年总产值在150亿元左右。2008年，无锡市共有生物及医药生产企业约300家，从业人员2万余人，生物医药产业实现产值173亿元，其中重点导向和鼓励的生物医药企业完成产值80.3亿元。2012年上半年，常州市生物技术和新医药产业实现销售收入超100亿元，同比增长22%。

同为计划单列市,厦门的医药产业发展要明显好于宁波。2010年,厦门医药生产企业有170家以上,工业产值上亿元生物与新医药企业共16家,厦门市2010年生物医药产业累计完成工业总产值84.9亿元,较上年增长22%以上;实现销售收入80.5亿元,较上年增长13%以上。[①] 2011年,厦门市生物医药产业累计完成工业总产值123亿元,较上年增长16.8%,首次突破100亿元,生物与新医药产业跻身百亿产业行列。目前,厦门生物医药生产企业达180家,其中产值上亿元企业26家。

## 三、人才资金匮乏,自主创新不足

海洋生物医药研发涉及多学科领域的知识与技术,但宁波市在相关领域人才严重不足,高学历、高素质人才仅占生物医药企业人员总数的2%左右,尤其缺乏产品研发、项目申报和市场动作的生物医药产业化专门人才,生物医药研发人才队伍不够稳定。

海洋生物医药产品研发周期漫长,需要足够的资金予以支撑。目前研发一个新的医药产品一般需要8～10年,成功率为5%～10%,平均研发经费占销售额比率超过20%。但一旦开发成功便会形成垄断优势,利润回报高达10倍以上。由于生物医药产业发展配套支撑体系尚不完善,缺乏政府资金引导,创业风险投资机制不健全,食用担保体系不完善,宁波市生物医药企业豆浆渠道主要还是依靠单一的银行信贷。而由于处于起步阶段,实力不强,缺乏信用、资产抵押等条件,大多数生物医药企业贷款困难,导致用于科研的经费(新药的研发费用和生产技术的改进提高)投入水平偏低。

人才和资金的匮乏,使得相关企业难以开发出拥有自主知识产权的新产品,缺乏可持续发展动力,并且产品在研发、生产和销售环节上严重脱节,实验室研发的产品不能迅速产业化,难以形成自主品牌。

---

① 张振佳:《加快推进厦门生物医药产业发展的对策研究》,《厦门科技》2012年第1期,第17—20页。

## 第三节　推进宁波海洋生物医药业发展的对策措施

### 一、加强组织领导和政策扶持力度

发展海洋高技术产业是一项系统工程，涉及科技创新、研究开发、产业联动、人才培养、环境保护等方面，需要政府加强组织领导。明确海洋高技术产业主管部门，协调涉海各部门各行业的关系，组织海洋高技术产业重大项目的实施，增强规划的科学性、合理性、权威性和可操作性，研究制定鼓励海洋高技术产业发展的扶持政策，建立海洋高技术产业专门的统计制度和体系。

出台海洋生物医药产业发展战略与规划，力争把海洋生物医药产业发展为宁波海洋经济的支柱产业。通过规划加大海洋生物医药产业的投资力度，在财政、税收、融资等方面为海洋生物医药产业提供政策支持。加大海洋生物医药产业人才培养力度，整合宁波高校的相关科研力量，与海洋生物医药企业的需求紧密结合，实行学位教育与行业人员在职教育相结合的方式，大力培养宁波海洋生物医药产业的急需专业技术人才。通过“千人计划”“3315计划”等方式，重点引进高端的海洋生物技术领军人才、企业家和项目管理人才，形成高端创新团队；充分利用宁波市与国家海洋渔业局合作的契机，培养一批急需的海洋生物产业研发人才。

建立海洋高新技术产业发展多元化投入体系。加大对海洋高技术产业发展的资金扶持，设立“海洋高技术产业发展专项资金”，充分发挥金融市场的作用，拓宽海洋高技术项目资金来源渠道。

### 二、引进与培养龙头海洋生物医药企业

海洋生物医药企业数量少、规模小、分布分散，难以形成综合竞争力是宁波海洋生物医药产业发展的重大瓶颈因素。培育龙头企业是发展宁波海洋生物医药产业的有效途径。通过培育龙头企业，一方面可以优化宁波的海洋生物医药产业发展环境，提升宁波海洋生物医药产业的科研能力和综合竞争力；另一方面通过供应链协作，可以引领带动其他相关海洋生物医药企业的发展，从而实现宁波海洋生物医药产业的集群式发展，壮大宁波海洋生物医药产业整体力量。在培育龙头企业方面，可以采用自我培养与外部

引进结合的“两条腿”走路模式。在自我培养方面，选择发展基础好、规模相对较大、主营业务发展潜力大的海洋生物医药企业进行重点培养，在财税政策、融资政策等方面给予特殊的政策支持，必要时利用行政力量克服企业发展中遇到的困难和难题，并在新药审批、政府采购、企业并购等方面提供必要的政策支持。

在引进海洋生物医药龙头企业方面，通过人才培养、财政税收政策优惠、良好的基础设施建设、优质高效的行政服务等途径营造良好的海洋生物医药产业发展环境，通过制定长远的海洋生物医药产业发展规划，塑造宁波良好的海洋生物医药产业发展前景，并通过加大营销力度，强化宁波美好的城市形象，吸引世界海洋生物医药龙头企业入驻宁波。对于海洋生物医药龙头企业，应积极将其认定为“高新技术企业”，并落实高新技术企业应该享受的政策优惠。

## 三、完善现代海洋生物产业发展模式

加大对经济海洋生物的育种研究力度，积极研制开发水产良种，提高名特优新品种在养殖业中的比重；大力发展水产品精细加工，提高海产品附加值；积极研发海洋药物、海洋生物功能保健食品、海洋生化制品等；创办海洋高新技术产业园和示范基地，使之成为海洋高新技术的“孵化”基地和辐射中心；建设一批辐射面广、带动力强、科技含量高、外向度大的龙头企业，扩大宁波海洋生物的全国市场占有率。

## 四、加强技术创新平台建设和产学研一体化进程

技术创新平台是创新活动的支撑系统，构建技术创新平台对于支持海洋生物医药产业发展具有重要作用。在海洋生物医药技术创新平台建设中，要着力进行四大子平台建设，包括研发开发平台、信息平台、区域服务平台、人力资源平台。研究开发平台要鼓励原创性研究开发，以获得具有知识产权的产品，使企业不断推出档次更高、质量更优的新产品；要构建产学研合作平台，为企业开发技术创新和研究开发建立联系，为企业、大学和科研院所寻找合作伙伴。信息平台要利用优先化、网络化新技术，建立完善的信息网络，构建面向国内外的信息平台。信息平台要融合各个企业、政府部门、高校、行业协会中的信息，以及隐含在企业与外界包括供应商、经销商、最终顾客、社会媒体等各种机构和群体交流中的信息，促进创新过程中相关信息的交流及企业之间、企业与外界之间的信息交流。区域服务平台的作

用在于解决海洋生物医药产业技术创新过程中所遇到的相关共性问题，包括行业协会、各类中介组织（如法规、会计、咨询、注册、知识产权、品牌塑造等相关服务）、产品检验中心、质量认证中心、行业技术俱乐部、特定的原材料和部件供给网络、营销机构等。人力资源平台的作用在于提高海洋生物医药产业人力资源的质量与水平，促进相关专业技术人员的良性流动。人力资源平台的一个重要功能是进行人力资源培训，包括企业质量管理培训、电子商务培训、企业家培训、员工素质培训、特殊技能培训等。

宁波市在海洋生物医药技术创新平台建设中，要围绕海洋生物医药产业发展，紧密跟踪世界新技术，整合海洋生物医药产业研发资源，建立"基础研究—应用研究—工程技术研究—产业化"全过程的技术创新体系。采取市场化运作方式整合海洋生物研发力量，组建宁波海洋生物技术研究开发联盟，在关键理论及重大技术方面跟踪国际先进水平，紧密结合国家技术攻关目标超前研究，为产业持续发展提供技术支撑。鼓励大型企业建立研发机构，协调企业、园区和有关单位共建一批省级开放式重点实验室和研究中心，作为开发和消化吸收引进技术的基地。有条件的企业要把研发中心设在国内外技术的前沿地区。鼓励企业通过联合攻关、双向交流等多种形式，加强与国内外生物与医药技术研究机构的合作。大力发展中小型海洋生物企业，发挥他们在技术开发和转化过程中的生力军作用。各研发与工程中心要按照"小中心、大网络"的模式进行建设，采取科研、中试、生产一体化的运行机制和企业化管理，以市场为导向，承担中心以外的中试放大任务，为海洋生物制药提供成熟配套的先进技术及技术咨询、信息服务和可行性方案。引进国外生物医药研发机构，积极开发同发达国家的生物医药研发合作，创建与美国、日本、俄罗斯、古巴、新西兰等国家的生物医药合作机制与平台，加快宁波海洋特征医药产业化基地的国际合作步伐，努力实现海洋生物技术领域的跨越式发展。

此外，还需要加速产学研一体化进程。加大产学研结合力度，加强高等院校、科研机构与海洋生物医药企业之间的联系与合作，鼓励科研成果转化成立创新型公司，建立海洋生物医药产业产学研结合联盟，对产学研结合给予大力支持。加快建设重点涉海实验室、研究基地、工程技术中心等高端研究机构和科技组织，切实推进海洋生物产业"项目、人才、基地"一体化进程，建设与海洋生物产业相适应的新型科技研发和推广服务体系，实现科研成果产业化和多方共赢。

## 五、强化知识产权保护

创新和知识产权在海洋生物医药产业发展中具有重要的战略地位。企业开发一个医药新产品的成本很高，失败的概率也很高，但一旦成功，就可以获取高额收益。因此，医药产品的技术开发是一项高风险、高收益的活动。但如果知识产权保护不力，企业花费高额成本的研发成果很容易被其他企业模仿，则企业的技术创新活动就难以获取相应的回报，其进行技术创新推出医药新产品的积极性就会消失。因此，加强知识产权保护对于保护和促进宁波海洋生物医药产业发展具有重要的战略意义。

为了更好地发展宁波海洋生物医药产业，宁波必须要加强海洋生物医药产业的知识产权保护工作。要建立健全海洋生物医药知识产权管理机构和制度，根据知识产权法律、法规，制定符合本地企业发展战略和实际情况的知识产权管理制度，具体内容应包括知识产权的类别、权属确定与分享、管理体系与办法、保护方式方法与措施、违规责任等。要对企业进行知识产权相关知识普及和培训，鼓励企业积极申请国内外专利，保护自身利益，用好、用活、用足国家鼓励医药卫生科技创新的政策。建立对发明人的激励机制，继续完善相关法律、法规和政策，制定专门的补充性法规，细化国有和政府资助的研究机构的职务人补偿和收入分配办法，落实对发明人的激励机制。重视对商标的国际注册，及时针对产品出口方向，在重点地选择若干国家，及时做好国际商标注册，必要时进行全球注册，严防假冒和抢注。

# 第七章 宁波现代海洋产业之四:宁波海洋交通运输业发展现状与发展对策

## 第一节 浙江省海洋交通运输业发展现状与特点

### 一、海洋交通运输业的构成与竞争力

#### (一)海洋交通运输业的构成

海洋交通运输是国家整个交通运输大动脉的一个重要组成部分,它具有连续性强、费用低的优点。早在公元前,古罗马的一些运货船只不敢出海,害怕海盗袭击,当时的古罗马最高统帅庞培对船长们说,航海是必不可少的,而生命可以置之度外。德国铁路之父、经济学家弗里德里希·李斯特对海有着超乎常人的认识,他认为与大海没有关系的人将会缺乏许多东西,这种人也只能是一个被上帝所厌弃的人。这表明了弗里德里希·李斯特的经济观点,即海洋交通运输在经济建设中有重要的地位。

从宏观上看,海洋交通运输对一个国家的经济走向世界有着至关重要的作用,其意义远远超过其承载的货物运输的数量及价值。据有关资料表明,通过海洋交通运输,我国已与100多个国家和地区建立了经济和技术的交流与合作关系,其中包括:从发达国家进口了我国发展所需的技术设备,从一些国家进口了大量的粮食、铁矿石、木材、金属和非金属矿石等资源和

资源型产品。与此同时,依靠海洋运输我国向国际市场提供了原油、矿产品、纺织品、服装、农产品和机械等。我们可以这么说,海洋交通运输是我国经济与世界接轨的宏伟桥梁,是我国经济由粗放式转向集约式的关键一环。

海洋交通运输业是由海港建设和海洋运输,以及航运服务来构成。海洋交通运输业离不开海港和物流,而物流和海港又是发展海洋运输的基本前提。物流是融合运输、仓储、货代、信息等的复合型服务,对海洋运输的产业结构调整和转型升级、提高竞争力方面发挥关键性的作用。海港不仅是一个国家海洋交通运输的枢纽,而且对振兴经济,尤其是对发展外向型经济有着更为重要的驱动作用。目前,欧美不少国家的工业有向沿海移动的趋势,形成了“临海工业发展区”,特别是许多以进口原料生产出口产品的工业,都纷纷在海港附近建设厂房和相关设施。这是因为外向型经济的发展使工业更依赖于海运,使港口兼备了运输和工业的双重功能。据报道,目前世界上许多著名港口大多建有工业区和工业专用码头,集储存保管、集散、加工、结算和转口于一体,如法国马赛港福斯工业区占地面积达 2 万公顷,而美国有些港口自己经营流通加工区等。

### (二)海洋交通运输业的竞争力

海洋交通运输业是现代服务业中的基础性传统产业,是海陆统筹的联动产业。海洋交通运输业作为全球最主要的贸易运输方式,近年来,在国际贸易和临港重化工业的快速发展影响及带动下,行业景气指数攀升,尽管受当前世界金融危机的影响,仍萌现出“勃勃生机”,处于产业发展周期的成长期,海洋运输企业的整合速度不断加快,港口基础设施建设持续升温,尤其是在我国东部沿海地区,港口规划和建设已成为提升区域经济竞争力和强化区域品牌形象的重要途径。海洋运输业作为国际性产业,具有发展路径的同质性特点,但由于各自所拥有资源的基础性特点和区域发展状况的不平衡性特点,导致了一系列推动不同区域海洋运输业发展的异质性特点和竞争的差异性特点。

海洋交通运输业竞争力的提高是推动产业加快发展的关键所在。只有提高海洋交通运输业的竞争力,才能促进海洋资源优势与陆域经济的互通互融,推动海陆一体化,加快低碳经济的健康有序发展。在新的经济发展形势和背景下,海洋交通运输业的竞争力在国内同城和城际市场,以及国际市场中的作用日益突出,成为不同竞争主体竞争的重要依据和途径,这也是影响产业可持续发展的重要因素。各行政主体在不同区域市场竞争中,要把海洋交通运输业竞争力的提升方案作为市场竞争的主要依据，充分利用海洋交通运输业的产业特性，从竞争关系的统筹安排和合理配置中拓宽产业发展的空间，有效地提高海洋交通运输业可持续发展的能力。

## 二、宁波海洋交通运输业发展现状

近几年，宁波的海洋交通运输业迅速发展，其海港建设、物流、海洋运输，以及航运服务的竞争力持续提高，为海洋交通运输业的可持续发展打造了良好根基。

### （一）宁波国际强港建设概况

随着宏观经济的好转，宁波港域港口生产恢复较快，增长迅速。港口生产发展态势良好，港口生产稳步增长。

2001 年到 2011 年宁波港口货物吞吐量和集装箱吞吐量逐年增加（见图 7-1、图 7-2）。10 年来，宁波港集装箱吞吐量猛增 7.8 倍，年均增幅居世界前 30 大港口第一。10 年间，宁波港货物吞吐量从 2002 年的 1.54 亿吨上升到 2011 年的 4.33 亿吨，是 2002 年的 2.8 倍，世界排名跻身国际大港第 5 位。集装箱吞吐量从 2002 年的 186 万标准箱上升到 2011 年的 1451 万标准箱，是 2002 年的 7.8 倍，10 年来年均增幅居世界前 30 大港口第一，集装箱吞吐量国际排名也从第 30 位跃升至第 6 位。目前，宁波港货物吞吐能力和集装箱吞吐能力分别为 3.84 亿吨和 917 万标准箱，是 2002 年年底的 3.3 倍和 9.7 倍。10 年间，宁波港累计投入 422 亿元，用于加快港口基础设施建设，

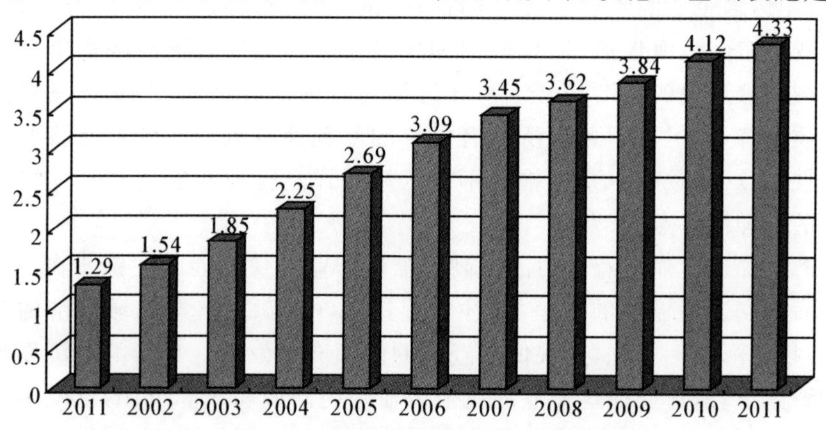


图 7-1　2001—2011 年宁波港域货物吞吐量（亿吨）

累计新增泊位163个,新增货物吞吐能力2.66亿吨。

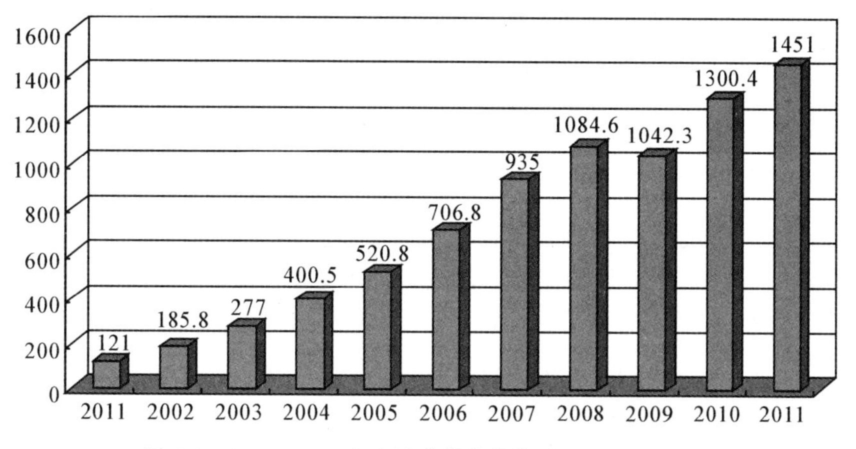


图 7-2　2001—2011年宁波港域集装箱吞吐量(万TEU)

2011年年初,宁波市委、市政府办公厅联合发布了《宁波市加快打造国际强港行动纲要》,明确了建设现代国际一流的深水枢纽港和大宗物资集散中心、上海国际航运中心的主要组成部分、亚太地区重要的国际港口物流中心和资源配置中心的战略目标,提出了2011年重点推进港口码头、港口集疏运、临港物流园区、港口资源配置交易、信息化智慧港口、港航物流企业主体培育、航运金融支持、口岸与航运服务八个方面工作,开展重点项目建设77个,投资177.67亿元。同时,按照贸易物流钢的目标,在加大港口和物流基础设施基础上,重点推进商品交易市场发展。成立了宁波大宗商品交易所,通过构建四大服务体系,实现三大主导功能,形成集中交易、多点交割、就进物流配送的交易机制,努力为商品生产、贸易和消费企业提供一个公开、透明的交易平台,帮助交易商品交易商融资融货、降低贸易成本、增加贸易机会、加快资金周转。目前,大宗商品交易所开展了铜、塑料粒子两类商品的交易。

### (二)宁波物流中心建设

近年来,宁波物流中心建设加快。《宁波梅山国际物流产业集聚区发展规划》获省政府批复,成为浙江省未来五年重点建设的14个产业集聚区之一,集装箱吞吐量有望超过50万标准箱(TEU),保税港区物流发展规划进一步完善。2011年宁波首次明确了宁波城市配送物流基地方案,列为宁波市重点物流项目,开展了选址、规划、前期工作等准备活动。宁波陆港物流中心明确了建设主体，启动了规划研究工作。余姚慈溪物流中心和海铁联运长三角物流基地投入运营，镇海危险化学品物流中心、医药物流中心、北仑集卡综合服务基地开工建设。宁波的物流中心作为物流业的发展平台，已经形成了较大规模，发挥其规模经济效应。

### （三）宁波海洋运输业发展现状

近几年，宁波航运业发展克服了水运市场波动频繁、企业经营成本增长较快等不利影响，水路货物运输量稳定较快增长，船舶运力规模持续快速扩张，运力结构进一步优化，营运船舶“大、特、新”发展趋势明显。宁波 2010 年全年完成货物运输量 12264.6 万吨，完成国内集装箱运输量 60.3 万标箱，其中沿海 52.6 万标箱，远洋 7.7 万标箱。

宁波的国内沿海集装箱内支线运输发展较快，以宁波联合集装箱海运有限公司为代表的航运企业，利用宁波港这一国际集装箱枢纽港的优势，大力拓展内支线班轮运输市场。2010 年宁波市新增集装箱及多用途船舶运力 2863 标准箱（TEU），同比增长 16.8%，国内沿海内支线运输承运的箱量同比增幅达到 170%，覆盖国内沿海及长江中下游主要港口的集装箱班轮内支线初步形成，对宁波港内支线服务网络的完善及宁波港货源腹地的拓展发挥了重要作用。

需要指出的是，近年来，宁波依托强大的港口综合实力、开放政策的扶持体系、雄厚的产业基础等优势，在航运服务业发展方面积极探索和实践。但是，宁波航运业的发展主要还是延续着依靠规模扩张来保证增长的粗放型发展模式，港口功能未有明显提升。主要原因有：第一，劳动力、土地以及优惠政策等成本因素仍然是宁波航运业的主要竞争优势，缺乏对业务、技术以及组织进行创新的动力。第二，宁波的港口吞吐量虽不断增长，但巨大的物流从宁波通过，并未留下太多的增加值，对城市功能的提升也没有发挥应有的作用。第三，港口货物的集疏运主要通过公路，疏港通道技术等级较低，交通不堪重负，来自城市交通、公路运能、土地供给和环境保护等方面的压力越来越大。第四，由于过于重视实体物流，强调港口吞吐量的增长，大量的财力、物力投向港口硬件的建设上，对港口软件建设缺乏重视。第五，宁波的港口吞吐量已具备相当的竞争力，但巨大的商品流从宁波流过去，并未留下太多的增加值，对城市功能的提升也没有发挥应有的作用。其根本原因在于，宁波的金融和航运以及贸易之间存在着供给和需求的双重抑制，即需求不足与供给不足同时并存，制约了产业整体功能的提升。

# 第二节　宁波海洋交通运输业发展存在的主要问题及原因分析

## 一、宁波海洋交通运输业转型发展存在的问题

### (一)航运软环境方面起步较晚，建设国际先进港口城市尚有不少差距

宁波尽管在港口条件上拥有优势，吸引了很多国际航运集团、跨国大型班轮公司、第三方物流企业投资宁波，例如，马士基公司、意邮(中国)公司、AMB等，临港服务业的开放度和聚集度有了明显的提高，并带动金融、信息等相关产业的开放，提高了物流服务水平，但整体航运软环境方面起步较晚，主要还是以货物运输为主，与建设国际先进港口城市尚有不少差距。

宁波现有航运企业110家，以民营为主，大部分集中在北仑、镇海两区，主要航线为沿海内河，货物以煤炭、铁矿石等散货为主。在经济景气期间，宁波海运企业找准市场定位，快速拓展运力总量，调整运力结构，形成了有地方特色的海运经济模式。由于连续几年的全球大宗商品价格暴涨，带来了航运业的繁荣，民营资本利用对市场的快速反应，取得了巨大的经济效益。但与此同时，由于民营资本的整体实力相对较弱，在经济下滑阶段，抵御风险能力相对较差。据统计，民营船舶企业占据了我国造船业生产能力的半壁江山，其中，主要的生产能力集中在江苏和浙江两省。宁波船舶产业20世纪90年代以来发展迅速，2007年完成交付船舶50万载重吨，实现工业总产值71亿元，其中出口船舶占到一半以上，初步形成了北仑、象山等修造船产业聚集基地。但宁波造船业整体规模较小，产业化程度不高，产业链层次较低，难以承接高质量或基于高新技术的船舶制造。也有部分造船企业不断增强自身实力，提高制造技术含量，近几年的国外船舶订单饱满，典型代表主要有浙江造船有限公司、浙江新乐造船有限公司等民营企业。

### (二)航运服务业相对滞后

航运、贸易和金融还处于发展的初级阶段，低端航运服务业，如货代、仓储、运输、中介等数量众多，但规模普遍较小，真正具有较强国际竞争力的企

业不多，提升航运服务能力及级别刻不容缓。

由传统航运服务业和其他产业融合衍生而出的新型航运服务业，是现阶段发展现代航运服务功能的软肋所在。目前，尽管航运服务需求伴随海运业的快速发展而不断上升，中国的航运服务业却相对滞后。尽管劳动密集型的海运辅助业起步早、发展较快，但企业规模较小、经营相对分散、附加值较低，知识密集型的航运服务比较缺乏，尚未形成有效的航运交易市场，航运融资、海事保险、海事法律、航运交易、航运咨询、公估公证等现代航运衍生服务业尚未发育成熟，国际性海运组织在中国的活动不仅缺乏，而且进一步加以制度完善。

## 二、宁波海洋运输业存在问题的主要原因

### （一）货物贸易与运输服务贸易发展相脱节

近年来，我国国际海上货物运输量一直位居世界首位，进出口贸易运输量约占世界海运总量的 1/5，并呈现出逐年增长的趋势。但是，我国的服务贸易，特别是运输服务贸易却存在着严重逆差。1997 年的服务贸易逆差为 56 亿美元，到了 2005 年服务贸易逆差达到了 93.91 亿美元，8 年间增长了 67.7%。服务贸易逆差中，以运输服务贸易逆差增长最快。2010 年，中国服务贸易逆差缩小至 219.3 亿美元，比 2009 年的 295.1 亿美元下降 25.7%。逆差主要集中于运输服务、保险服务、专有权利使用和特许费及旅游等服务类别，逆差金额合计为 643.5 亿美元。按照一般规律，一国货物贸易出口增加必然会带动本国运输服务贸易出口的增长，中国的情况正好相反，这反映出中国货物贸易与运输服务贸易发展相脱节的现象非常严重。运输服务业是现代航运服务体系的核心，运输服务业的落后，必将会影响到服务体系的辅助功能和支持功能的完善和发展。

### （二）高层次专业人才缺乏

高层次专业人才的缺乏，严重制约了港口现代航运业的发展。建设国际经济、贸易、金融和航运中心是现阶段我国沿海特大型城市，如大连、上海、广州等城市社会经济发展的基本目标。要实现这个基本目标，人才是决定性的因素。港口现代航运业在很大程度上是受到人才因素的制约而决定是否能实现高层次产业结构的有效发展。以金融中心与航运中心建设的相互关系为例，在现代经济条件下，国际航运业属于技术和资金密集型产业，

随着船舶大型化发展趋势，现代船舶对技术与资金的需求日益增长，由此产生了对诸如船舶融资、船舶保险等一系列金融服务的有效需求。但是，由于受到我国银行现有金融服务体制特别是由于缺乏高层次的金融衍生产品的专业人才，大量国有航运企业只能通过伦敦、香港等境外银行开展船舶融资业务。除此之外，在港口规划、航运管理、现代物流等相关领域，我国目前也都缺乏高层次的专业人才，这在一定程度上制约了现代航运业的建设与发展。

## 第三节　宁波海洋交通运输业发展需要关注的问题

### 一、继续发展宁波现代港口物流

#### （一）宁波加快发展港口物流

1. 大力推进港口码头建设

宁波应强化港口码头等基础设施建设，不断提高港口综合开发水平。宁波要利用保税港区的政策优势，重点推进宁波梅山保税港区的建设，并依托宁波北仑、穿山、大榭港区，舟山金塘港区，温州状元岙、乐清湾港区，台州大麦屿港区和嘉兴乍浦港区的集装箱码头设施，以资本为纽带积极推进与宁波及浙江沿海其他港口，乃至与长江沿海港口的战略联盟，整合港口集装箱资源，加快发展集装箱的水水中转。在运输组织方面，宁波应积极开辟集装箱国际航线，增加集装箱航班密度。加快推动集装箱多式联运发展，培育和发展内支线，稳步发展集装箱班列。

2. 进一步完善港口集疏运网络体系

宁波港已基本形成高速公路、铁路、航空和江海联运、水水中转等全方位立体型的集疏运网络。到 2011 年，集装箱航线总数达 236 条，其中，远洋干线 126 条，近洋支线 58 条，内支线 20 条，内贸线 32 条，月均航班 1249 班，最高月航班 1464 班。

宁波应进一步完善交通网络对接体系，不断提高港口集疏运能力。宁波应以浙江省主要沿海港口为枢纽，以公路、铁路、水路、管道、航空多种运输方式形成的综合运输体系为基础，发展江海、海铁、海河、公水、区港五大联动体系，构建联通南北沿海、长江沿线、西南内陆和海洋四大运输通道，加快完善干支相连、江海互通、水陆配套、公铁衔接、分工协作的现代化港口集疏运网络，进一步增强宁波沿海港口的集聚和辐射能力，促进宁波和浙江省，乃至长三角和内陆地区社会经济的持续快速发展。

### (二)宁波港口物流信息化

1. 发展智慧物流

近年来，宁波市的物流企业实力有所增强，GPS、RFID、GIS、ITS、WSN、车载视频系统等信息化技术应用逐步增多，双重运输、甩挂运输、海铁联运等先进运输模式使用范围更广，家电、医药、危化品、冷链、城乡配送等专业化物流服务能力逐步增强。物流企业供应链管理理念深化，物流企业介入代沟和分销业务，流通企业延伸物流和金融服务。如浙江物产集团为造船厂提供供应链一体化服务，宁波宏大货柜储运有限公司成立宁波宏华供应链管理有限公司为制造业提供供应链一体化服务。

智慧物流作为宁波城市建设的十大智慧应用体系之一，得到了社会各界的重视。宁波高新区设立了宁波国际智慧物流软件与信息服务外包产业园，将集聚国内外一切资源，打造高端智慧物流平台。目前，IBM公司在产业园建立了其世界首个物流行业方案解决中心，整合软件与服务外包企业、国际知名物流企业以及相关配套供应商的资源，运用现代信息技术手段，为供需双方提供便捷的物流信息，致力于建立“智慧”供应链。杭州湾新区引进了中国移动浙江数据分析中心、中国国际服务外包宁波云计算产业园多家云计算平台，成为了宁波智慧物流装备制造基地。

随着物联网技术的兴起和普及，快速启动智慧交通和智慧港口项目，在海洋物流中，进一步推广和深化应用各种先进物流技术、设备以及运作模式。

2. 提升资源整合能力

宁波市自2006年率先提出发展第四方物流带动第三方物流，促进现代物流体系建设的战略，第四方物流市场得到了快速发展。2011年，对第四方物流市场扶持超过2000万元，已累计吸引7400多家企业加盟运作，与130多家企业车队、仓库堆场、货代等实体运营信息联网，物流信息发布总量达140多万条，业务已覆盖至海运、陆运、空运等多种运输方式，实现了全程信息跟踪与服务，并逐步拓展到了全省及长三角地区。

宁波依托第四方物流平台，进一步提高物流服务水平，整合资源，降低车辆空驶率和隐性运输成本。

### （三）宁波港口物流发展环境

宁波从各个方面逐步完善了港口物流业的市场竞争规则及其发展环境。港口发展在经济社会发展的不同阶段呈现出不同特征，在不同社会经济发展阶段中的地位和作用也不同，随着社会经济的逐步向前发展，港口的服务功能也在不断提升。

在人类社会发展初期，由于受到当时社会经济和科学技术发展水平的制约，整个社会生产活动只能局限于一个有限空间范围内，人类通常只能利用自然界所提供的自然力和人力以及畜力来完成生产资料及劳动成果的搬运过程，其中，水上运输是在自然环境中人类早期采用的最有效的运输方式。因此，靠近沿海和河流的地方就成为人们最早从事社会生产，进行实物交换活动，并且日常居住的场所，由此而逐步发展成为人流和物流的集散中心，最终形成了各种规模的港口。在整个社会经济的发展过程中，港口最原始的服务功能就是为物质生产提供基本的商品水陆转运服务和交易的场所。

港口最初是自然形成的，功能不全而且不够完善，但随着社会发展，港口逐渐升级换代，功能不断扩展而完善。从 19 世纪中期开始，港口随着社会经济和科学技术的发展而不断发展，逐渐成为交通运输系统中的一个重要环节，成为城市社会经济发展的重要元素。而在 20 世纪 50 年代以前，港口的服务功能主要是进行货物的集散，完成货物在海上运输与公路、铁路、航空或江河等运输方式之间的衔接，港口的主要业务就是货物的装卸和储存。也就是说，码头就是货物装卸的地方，港口作业和活动的范围局限于码头本身。后来随着国际分工细分，整个世界的产业结构和经济布局都发生了重大的变化，世界港口的发展除了在提高码头装卸效率，扩大港口规模等方面之外，一些传统功能的港口凭借自身的区位优势把业务延伸到商贸和工业以及服务行业，开始着眼于对到港货物进行加工增值，进而采取各种措施吸引中转货物来港，形成所谓“前店后厂”的一种港口与城市、装卸与加工紧密结合的模式。港口活动已不再仅限于码头本身，而是扩展到了周边地区。港口也日益成为跨国公司在全球范围内进行优化资源配置与调节商品生产过程的重要枢纽。港口之间的竞争也演变为港口所参与的供应链之间的竞争，港口不是作为供应链中孤立的一个点或者中心而存在，而是成为供应链中的一个重要组成环节。

随着现代物流业的发展，以及港城关系、港口与上下游产业链的不断融合,港口服务功能的内涵逐步得到拓展,并向现代物流综合服务的方向延伸。同时,港口的服务对象也逐步扩大,由仅服务于运输、装卸等与港口作业直接相关的行业,扩展到了包含与运输相关的物流、代理、保险、金融等行业,把供应链上的上下游客户也看作服务的对象,并且积极吸引制造业、商业等在港口周围聚集,为其提供优质、高效的服务。具体表现在向用户提供运输、仓储、加工、配送、保税、信息交换等现代物流服务,以及提供旅游、代理、金融、保险、法律服务、航运交易、口岸服务、船舶检验与维修等具有城市服务功能的服务,这些综合服务功能依附港口存在,并非港口自身的功能,而是港口城市的"软实力"。

根据联合国贸易发展委员会提出的"港口代际划分"理论,港口经历了从第一代、第二代向第三代乃至第四代的发展历程,港口功能不断拓展。

**第一代港口:约在 20 世纪 60 年代以前。**

这一时期社会经济尚不发达,港口主要满足基本功能,即进行货物的装卸和储存,并完成货物在海上运输与公路、铁路、航空、管道或江河等运输方式之间的衔接,港口作业和活动的范围局限于码头及相关水陆域范围内,与用户之间只是非正式或临时服务的关系。港口生产的特点主要是货物流动、简单的个别服务、缺乏增值的服务。港口发展的关键因素是劳动力和资本。

**第二代港口:约在 20 世纪 60 至 80 年代。**

这一时期经济对外扩张,大批依赖水运的工业向港口城区集聚,港口的功能得到提升。货物运输方式出现了两大变化:一种是集装箱的出现使件杂货的运输发生了革命;另一种是固体散货和液体散货从件杂货中分离出来,形成一种独立的散货运输装运方式,大型散货运输船替代了传统的杂货船。港口经营上采取逐步扩张的发展态势。港口业务范围既包括货物装卸、储存及船舶靠泊服务,也有货物加工、换装及与船舶有关的工商业服务。港口活动已不再仅限于码头本身,而是扩展到了周边地区。港口与用户之间有了较密切的关系,港内各种活动逐渐走向统一协调,但港口与所在城市间只是非正式的关系。港口的生产特点主要是货物流动、货物加工换装、提供联合服务,增值服务范围进一步扩大,港口发展的关键因素是资本和技术。

第二代港口的主要标志是港口增加了工业功能。二战前,西欧和日本开始在多个港口建设了工业区,主要发展钢铁产业、造船业等。大规模临海工业发展主要在二战后。二战后,西欧和日本从 50 年代开始在临海地区发展重化工业,西欧的主要大港,如鹿特丹、安特卫普、汉堡、马赛以及日本的神户、名古屋等综合商业大港建成生产规模巨大的工业区。日本还建有专门为工业区服务的工业港,日本的21个特定重要港口中,有一半是工业港。除了建设临海工业区作为经济发展最主要的手段外,日本还把工业港建设作为消除地区经济差别的主要手段,把工业港布置在欠发达地区。

这一时期临海工业主要是石油、钢铁等重化工业,以大进大出为主,所需原料量十分巨大,是散货运输发展最快的时期,在港口吞吐量中,散货成为港口业务的主要货种,石油及制品、铁矿石、煤炭等占到海运货物的60%以上,这一时期也是港口吞吐量增加最快的时期。在这个阶段,为了降低运输成本,船舶大型化进程十分迅速,到20世纪70年代,油轮的最大吨位达到50多万吨,20万～30万吨的干散货船相继出现。

港口工业功能的增加首先在日、欧等发达国家出现,然后在新兴国家或地区,目前许多发展中国家仍处于这一过程。确切地说,增加港口的工业功能并非港口自身努力的结果,而是国家经济政策推动的结果。从世界各国情况看,发展临海重化工业确实极大地推动了国家经济的发展,同时也带动了港口业的快速发展。世界临海重化工业发展最快的时期也是港口发展黄金期。

**第三代港口:约在20世纪80至90年代。**

这一时期经济全球化趋势开始出现并迅猛发展,全球性的产业结构调整和信息技术的广泛应用,使得港口功能得到进一步扩展。国际集装箱运输已经成为世界货物运输的主要运输方式,由此具有现代化的国际集装箱装卸条件,尤其是能够满足大型化国际集装箱船舶在基础设施和信息管理等方面的综合需求也就成为第三代港口的重要标志。对港口业务而言,集装箱装卸业务既能增加装卸收入、提高港口效益,同时又能依赖大量的箱货源参与拼箱、拆箱、包装、加工、储存等业务,进而把港口建成国内甚至国际物流基地或中心,是一种最能产生附加值的业务。

与此同时,集装箱、干散货和液态散货运输船舶向大型化发展,泊位向深水化、专业化发展。港口呈现商业化的发展态势,逐渐发展成为国际贸易的运输中心与物流枢纽,主要业务范围从货物装卸、仓储和船舶靠泊服务,拓展到货物的加工换装及有关的工商业服务,港口增值服务大大增加。

**第四代港口:20世纪90年代至今。**

这一时期港口逐渐成为全球国际贸易基地和现代物流枢纽,港口功能趋向全方位、多层面发展。港口开始参与现代物流多个环节的活动,并积极融入全球供应链;EDI、Internet、ITO等技术的广泛应用,大大提高了港口物流效率和服务质量。港口从数量增长型的规模化发展模式向质量效益型的可持续发展模式转变。

## 二、宁波航运服务业转型发展

### (一)宁波航运服务业发展目标

航运服务业就是通过以港口为支点,以船舶等交通工具为载体,实现货物流、资金流和信息流等有序流通,船公司、运输物流公司、临港工业、金融机构以及各种代理机构参与其中,共同为航运业打造一个高效平台。产业链条长的现代航运服务业基本上可以划分为三个环节,分别是上游的航运交易及其服务业、中游的实际海运和货运业以及下游的港口服务业。

航运服务业不属于国民经济行业分类中的行业,国内外目前对航运服务业也没有统一的概念化界定。根据对国内外有关航运服务业理论的研究,并与市有关管理部门和专家学者的共同讨论,我们把航运服务业界定为所有围绕航运开展而形成的服务产业。航运服务业的上游产业属于知识密集型,多数为具有高附加值的产业,通常与金融、保险业组成金融航贸商务业,从而构成国际航运中心城市的核心。航运服务业的中游产业属资本密集型,具有规模效应,集约化经营,对国际经济影响巨大,其附加值也比较高。而航运服务业的下游产业属于劳动密集型,企业规模较小,经营相对分散,附加值较低(航运服务业分类见表 7-1)。

**表 7-1 航运服务业分类**

| 产业类别 | 具体行业 | 特征 |
| --- | --- | --- |
| 上游产业 | 航运融资、海事保险、海损理算、海事法律和仲裁、航运交易、航运咨询、公估公证、航运组织和专业机构、船舶管理及教育与培训服务等 | 附加值高,是知识密集型产业,航运服务业的主要组成部分 |
| 中游产业 | 邮轮经济、航运运输(旅客运输、货物运输)、船舶经纪(船舶租赁和买卖)、船舶修理、拖船作业、引航作业、锚泊作业等 | 资本密集型产业或技术密集型产业 |
| 下游产业 | 货运服务(内陆运输、集装箱场站、报关)、仓储运输、代理服务(船舶代理、货运代理)、理货服务、船舶供应服务、船员劳务、海上救助与打捞、油污水和化学污水接收及处理服务、船舶检验、海员接待服务等 | 产业附加值较低,具有劳动密集型的基本特性 |

资料来源:李东芳、王晓萍:《宁波—舟山港航运服务业发展探讨》。

宁波航运服务业一直就是以中低端产业的发展为主,随着时间的推移,中低端产业已不能满足宁波大力发展航运服务业的要求,宁波想要更好的发展航运服务产业,可以通过集群效应来实现。然而,由于资源禀赋的限制,宁波想要把所有的航运服务产业放在宁波,是不符合客观现实的,在发展航运服务产业集群的时候,必然会带动一部分中低端航运服务产业往宁波周边辐射转移,使宁波能更好地发展高端航运服务产业。

1. 实现高端航运业集聚,大力发展高端航运服务业

浙江更多地从共建区域突出发展特色、立足航运服务的就近便利性、以错位整合优势互补为原则、培育航运服务体系出发;以宁波—舟山港域为主要平台,承接部分高端业务辐射,培育壮大优势领域的服务功能与影响力,成为区域航运服务体系的重要有机组成部分。海洋经济的提出,可以重点考虑以下定位:船舶运输、港口服务的核心枢纽;大宗商品贸易平台;航运金融南翼中心;海事运营服务集聚区;航运科技创新与教育培训基地;航运文化中心。

航运金融南翼中心。金融业与航运业的良性互动发展机制是航运服务业必须把握的趋势。宁波—舟山港凭借现有和日益扩大的航运业务,形成了大量的融资需求,建议通过以下途径加快培育发展:立足本地及周边区域需求,拓展完善金融机构航运金融服务功能,积极开发航运金融产品;打造上海国际航运中心金融后台服务中心,承接上海金融机构后台服务部门转移。

2. 部分中低端航运服务业向周边及中西部转移

发展宁波航运业为浙江省构筑环杭州湾、温台沿海和金衢丽三大产业带提供了有力支撑,并直接带动先进制造业的发展。

宁波地理位置优越,区位优势明显,具有发展航运服务业的优势条件。航运服务产业的层次越高,其价值也就越高。而附加值最高的上游产业,作为一种知识密集型行业,与国际贸易和金融业紧密相联,是航运服务业最主要的组成部分。建设海洋经济强省,要求航运服务业发展达到一个更高的境界。因此,宁波在发展现代航运服务业的过程中,要大力发展上游产业,形成合理的航运服务产业链结构。但是发展了上游产业,并不意味着舍弃中下游产业。中游产业是属于资本密集型产业或技术密集型产业,这一类型的产业并不一定要放在宁波,它需要的是足够的资金,或者是足够的技术。伴随着中国“十二五”规划,构建“三位一体”港航物流服务体系的提出,产业梯度转移战略的实施成为了重点。无水港的发展,在浙江慈溪、绍兴、金华、义乌、衢州无水港的相继建立,使这些地区和宁波的港口有了一个良

好的互动，宁波想要更好的发展中游产业，可以依托这些无水港，把中游产业转移到这些地区，下游产业是属于劳动密集型的产业，这一类型的产业要发展，只需要有足够的人力，以及适当的资金作为依托。作为劳动密集的中西部，是一个很好的选择。可以把下游产业往中西部地区进行转移，尤其是南昌、武汉、重庆、成都等地区，是宁波的战略合作地区，具有良好的基础，为大力发展下游产业提供了有力的保障。在这个基础上，可以考虑航运服务业的集聚效应，建设集港口通关、航运服务、物流信息、船舶经纪、金融保险服务等于一体，具有政府管理服务、港航及关联企业集聚运营、信息集散等功能的航运服务集聚区。

为了更好的发展，宁波航运服务业转型升级的目标应该是宁波发展高端航运服务业，以产业梯度转移理论的路线实现中低端航运服务业向内陆地区延伸发展。同时，宁波高端航运服务业的升级，可以通过航运集聚区的形成，让宁波高端航运服务业以更好的状态来满足目前的趋势，把宁波航运服务业的发展带入一个更好的方向。

### （二）宁波中低端航运服务业转型发展

#### 1. 中端航运服务业的转型发展

航运服务业中游产业有很多，如邮轮经济、航运运输（旅客运输、货物运输）、船舶经纪（船舶租赁和买卖）、船舶修理、拖船作业、引航作业、锚泊作业等。这一类产业是属于资本密集型产业或技术密集型产业。

例如，引航作业主要是引导船舶离开或者进入航道、码头、靠泊等工作。锚泊作业主要是引导船舶停往正确的地区，防止走锚、断锚链、丢锚或者损坏锚机等事件。它的工作地点是在宁波，但是企业并不一定要设在宁波，培育引航员及锚泊作业的人才任务也可以放在宁波周边地区来进行，再把优秀人才往宁波输送，缓解宁波资源紧张的问题。

航运运输（旅客运输、货物运输）、船舶经纪（船舶租赁和买卖）、船舶修理这些方面的产业并不一定需要在宁波，可以放在宁波周边地区，宁波起宏观调控的作用，充分发挥产业中心作用，使这些产业在宁波周边地区平稳快速的发展。

对于这些中游产业而言，宁波港的直接经济腹地为宁波市和浙江省。浙江省港航管理局获悉，经交通部和省政府审核同意，《浙江省沿海港口布局规划》正式公布实施。按照规划，浙江省 4 个规模化港口未来的“角色”将分为两个层次：宁波—舟山、温州两港为全国性沿海主要港口，而台州和嘉

兴港则是地区性重要港口。前者将成为国内能源、原材料及外贸物资运输的主要中转港和国家战略物资储备基地，主要为东部区域经济发展服务；后者则担负为地区经济发展提供运输支撑的重任。而且浙江省已经有的绍兴、慈溪、金华、义乌、衢州无水港，为中游产业的转移提供了坚实的基础。

宁波港的战略发展更需要寻求更广阔内地市场等腹地资源的支撑。在港口发展依托杭甬高速公路、杭甬铁路等辐射通道之外，宁波港还需要通过与嘉兴港的分工协作、功能互补的港口合作，开辟向内陆经济腹地进行功能辐射通道。在两地港口功能的配置上，以宁波港为核心，将嘉兴港纳入大宁波港口格局的体系之中，将宁波港部分功能向嘉兴港辐射和转移，从而优化和提升两个港口资源配置及功能配置。中端航运业转移路径如图 7-3 所示。

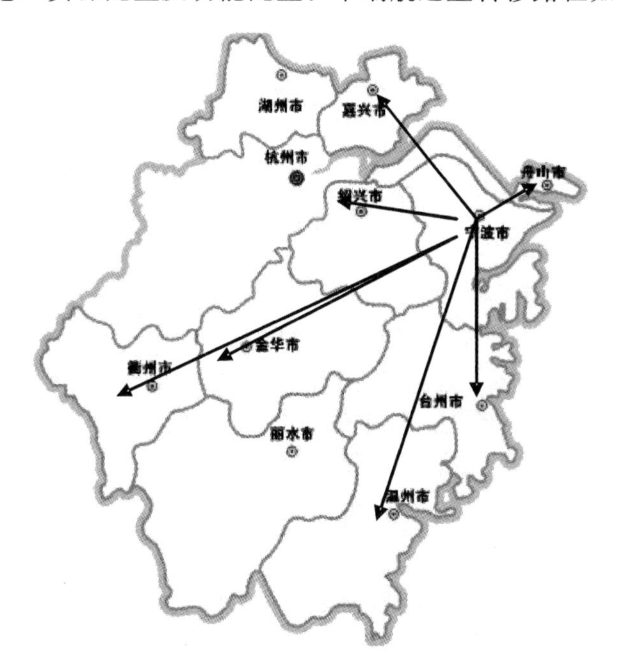


图 7-3　中端航运服务业转移路径

宁波要构建大宗商品贸易平台。建议从两方面切入：一是建设一批期货、现货交易平台。结合宁波—舟山港货物吞吐结构，可在宁波设立油品、钢材期货交易分所。同时要依托宁波—舟山国家战略物资储备基地建设和舟山活跃的二手船舶交易，充分发挥宁波—舟山港区位条件和集疏运优势，可建设全国重要的煤炭、矿石、船舶等现货交易中心。二是培育大宗商品运营商。引导培育大型的进出口贸易商往大宗商品运营商方向发展，参与世界范围的物资流、信息流、资金流调配，着力构建自身的资源配置能力，提升在世界大宗商品市场的话语权。

与此同时，船舶产业已成为舟山第一经济支柱，船舶工业基地雏形已基本打造完成。按照建设国际知名船舶工业基地的目标，抓紧培育发展集船舶修造、船用配套、船舶开发创新集于一体的船舶大产业势在必行，2011 年舟山市在培育船舶龙头企业，做大做强船舶产业方面取得了辉煌业绩。宁波—舟山港促使宁波航运服务业的发展有了良好的基础，宁波船舶交易产业、船舶经济产业的转移，舟山是最好的选择。另一方面，航运运输包括旅客运输和货物运输。衢州、温州、金华、嘉兴等地区经济发展迅速，有足够的资金和技术支持宁波航运服务业中航运运输的转移。通过无水港的发展和地区间交通的迅速发展，缓解了宁波航运业的压力，也促使衢州、温州、金华、嘉兴等地区的发展。

2. 下端航运服务业的转型发展

对于下游产业的方式主要是与内陆城市合作，并逐步向中西部地区进行航运服务产业的转移。要实现宁波航运服务业的转型升级目标，首先要分析航运服务业中各类产业的位置，根据产业所处位置，研究适当的发展路径。下游产业是最基础的产业，对各方面的要求比较低，南昌、武汉、成都、重庆是中西部无水港发展较快的城市。随着杭宣铁路（杭州—宣城）的建设和浙赣铁路运输能力的提高，可扩大至安徽、江西和湖南等省。间接腹地为长江中下游的湖北、安徽、江苏、上海等省市的部分地区。经济腹地内自然条件优越，工农业生产发达，是全国最富庶的地区之一。腹地内工业门类齐全，商品经济繁荣，尤其是长江三角洲地区，城市群体密布，交通运输便捷，是全国经济发达地区之一。

航运服务业下游产业包括货运服务（内陆运输、集装箱场站、报关）、仓储运输、代理服务（船舶代理、货运代理）、理货服务、船舶供应服务、船员劳务、海上救助与打捞、油污水和化学污水接收及处理服务、船舶检验、海员接待服务等。

像代理服务，货运服务，宁波现在的市场已经达到饱和状态，而中西部地区在这方面的需求还是有很大的空间，转移刻不容缓。

根据资源禀赋理论，宁波想要发展航运服务业，必须要了解宁波需要重点发展上游航运服务产业，对于中下游航运服务产业需要转移到别的地区。而重庆位于长江上游，长江上游渝、川、贵、云、陕南、藏东、青南、甘南、鄂西这一区域内。成为航运市场发达、航运产业要素聚集、航运服务体系完善，航运及航运服务业在区域经济发展中占据重要地位,对周边腹地具有强大辐射带动作用的中心城市。重庆可以建设一个航运服务中心,内河运输发达的重庆,宁波只要很好地与之互动,做好调控的工作,既缓解了宁波航运服务业资源紧缺的问题,又让以重庆为领头的中西部地区充分利用现有的资源。作为劳动密集型的地区,发展货运服务、代理服务等下游航运服务业是最合适的。成都作为一个航运服务业发展中的城市,可以和重庆有一个良好的互动,宁波航运服务业的转移可以以重庆为中心,承接一部分业务,逐步发展航运服务业。

我们还可以大力发展江西省港口物流服务业。九江重点建设城西和湖口两个港口物流园区,发展港口物流服务业。南昌重点建设南昌保税物流中心,为外向型经济发展提供具备保税功能的国际物流服务,建立海关监管,区港联动和电子口岸。江西省将完善港口集疏运网络。九江率先建成集疏运网络:加快建设九江长江公路大桥,优化改造沙阎公路与九江长江大桥西互通衔接。启动九江绕城高速公路建设,建设疏港一级公路,支持城西港区、金沙湾工业区和码头工业城铁路专用线建设。2015 年前,南昌集疏运网络,按一级公路标准,建设东新港区集疏运通道——生米大桥至窑湾 16 千米;扬子州老港区和张州港集疏运通道——英雄大桥至东外环南新收费站 15 千米及英雄大桥下行至扬子州引桥连接线;连接鸡山、龙头岗、樵舍三个港区的沿江集疏运通道——曹家至环湖村 16 千米。以上的建设,为仓储运输提供了有利的依靠,宁波航运服务业仓储运输产业转移到南昌、九江是一个很好的机会。以上的各条,刚好验证了宁波往这些地区发展中低端航运服务业是可行的。低端航运服务业转移路径如图 7-4 所示。

宁波可以根据三大地带的划分,把下游航运服务业转移,中部地区以南昌为中心,西部地区以重庆为中心,并向周边地区辐射。既满足了这些地区劳动密集的就业问题,也缓解了宁波的压力。中西部地区发展航运服务业,可以通过集群发展,也可以通过合作发展,来寻求最好的途径。

### (三)宁波高端航运服务业的发展

#### 1. 高端航运服务业分析

高端航运服务产业主要有航运融资、海事保险、海损理算、海事法律和仲裁、航运交易、航运咨询、公估公证、航运组织和专业机构、船舶管理及教育与培训服务等。

宁波是我国重要的港口城市。以往对宁波航运研究主要集中在宁波港

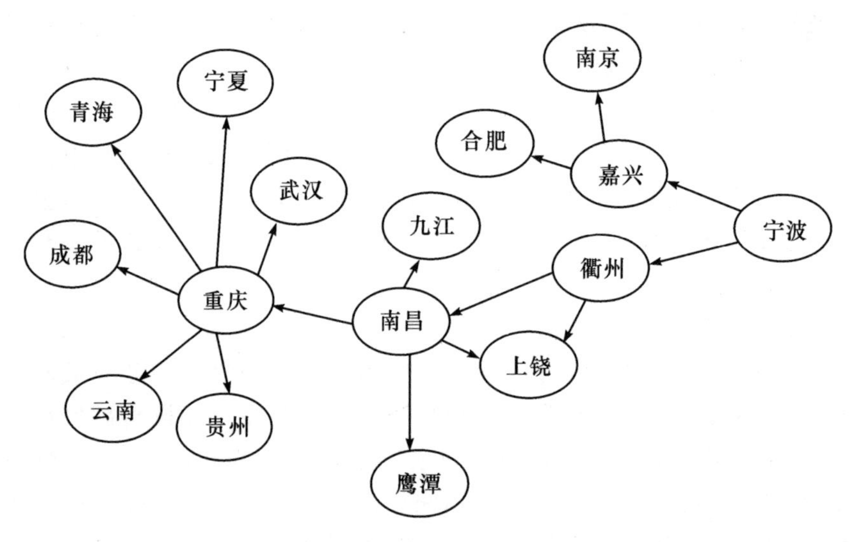


图 7-4　低端航运服务业转移路径

的物流发展现状和策略、宁波港与上海港的竞争与合作、港口的集疏运体系建设、临港产业发展等领域，而对高端航运服务业缺乏深入的研究。学者们对宁波高端服务业的发展进行研究，认为应大力发展总部经济，努力发展贸易、金融、会展、物流等现代高端服务业，着力推进研发、设计、创意等生产性高端服务业集聚性发展，但对高端航运服务业缺少研究。

从航运服务业的发展历程、现状和未来趋势来看，主要有三种机理促进了高端航运服务业的产生和发展。

一是信息技术的融合。及时、准确、全方位服务是航运业发展的主要趋势。随着社会经济的发展，客户对航运企业的服务水平和服务质量的要求越来越高，要求航运企业能够提供更加快捷、更加可靠、方便灵活的服务。信息技术的发展改变了全球多个行业的业务处理模式和管理方式。在信息技术的辅助下，实现了航运服务水平的提升和航运服务业的普及。在信息技术融入之前，很多类服务在整体规模和普及范围上都具有其局限性，例如，航运价格指数，在拥有了先进的网络和通信技术之后，能够迅速在世界范围传递实时信息，为基于航运价格指数的航运指数期货、运费远期合约等交易的形成和发展奠定了基础。同样，信息技术的发展使得各种资讯的全球传播十分迅速，也为航运高端服务业的发展提供了极大帮助，例如，航运市场信息一般需要涵盖全球市场信息，需要在高度发达的资讯和通讯体系下才能提供及时更新的信息。

二是服务业内部的融合。高端航运服务业的产生,主要源于多种服务需求的结合。这种结合一方面源于全球市场的扩张衍生出多样化需求;另一方面来源于全球生产模式的改变导致的资源全球配置,如航运服务业与金融业的结合。早期的航运金融服务业包括了航运融资、航运保险等内容。而后,航运与金融的结合逐渐衍生出新的高端航运服务产品,如航运指数期货、运费远期/期货合约和运费期权等。航运服务业与法律服务的融合产生了航运法律服务。随着经济全球化的演进和全球航运网络的拓展,全球航运信息成为航运业及相关产业关注的决策资料,从事市场研究服务的机构逐渐将研究视角深入到航运业中,形成了全球航运市场信息服务业。

三是与制造业的融合。制造业与航运业的发展密不可分,制造业的发展促进了航运业的壮大,航运业的扩张则促进了制造业分工的深化。制造业与航运服务业的融合,传统上主要体现在与航运业密切相关的船舶制造方面。随着船舶设计、制造和维修、交易、拆除等的发展,引发了航运贷款、租赁等高端航运服务业。当前,制造业与航运服务业的融合,体现在生产性服务业与航运业的结合上,将生产性服务与现代航运业结合的新型服务在未来将会有更大的发展空间。航运融资、海事保险、海损理算、海事法律和仲裁、航运交易、航运咨询、公估公证、航运组织和专业机构、船舶管理及教育与培训服务等。

宁波想发展全部高端航运服务业是不可行的,可以通过和上海港的合作,辐射部分高端航运业,把它做大做强。

2. 高端航运服务业集群发展

高端航运服务产业的空间集聚是产业集群形成和发展的基础,高端航运服务产业集群的核心是航运服务企业之间、航运服务企业与其他机构之间的联系和互补性。

航运服务集聚区的形成是集聚区的内外部因素共同推动的结果。航运服务业集聚区的内生机制来自集聚区航运服务企业的内部,它运用由内而外的作用力将航运企业凝聚在集聚区内。外生机制来自于集聚区的外部环境,运用由外而内的作用力将航运企业凝聚在集聚区内。航运服务业集聚区形成机制如图 7-5 所示。

“十二五”期间,宁波将坚持海陆联动、协调发展,遵循海洋经济自然属性和发展规律,发挥不同区域的比较优势,优化形成重要海域基本功能区,着力构建“一核两带十区十岛”空间功能布局框架。

十区的发展战略:整合区域空间、发挥特色优势、集聚要素资源,培育壮

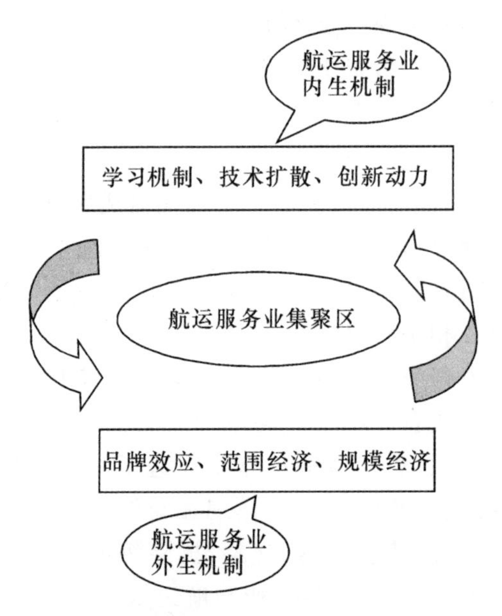


图 7-5 航运服务业集聚区形成机制

资料来源:水运管理.上海海事大学,2011

大海洋战略性新兴产业,增强产业集聚区资源环境承载能力,保障合理建设用地用海需求,努力发展成为推动宁波市经济转型发展的重大平台和城市新区培育的主要载体。

市场交易为主的伦敦模式与金融业是紧密结合的。虽然伦敦航运服务集群中,就业于银行的只有400人,所占比例很小,但航运金融方面,伦敦的商业银行提供490亿美元的借贷,占了全球18%的份额。伦敦发达的航运服务集群也得益于作为船舶经纪市场信息来源的波罗的海交易所的存在。金融与航运、贸易的耦合与相互促进,共同造就了伦敦航运集群的繁荣。

知识经济驱动的新加坡挪威模式需要研发人才。先进的研发能力将使新加坡扩大技术运用范围,同时提供新的服务产品来满足全球航运市场的需要。

而宁波不应该是照搬硬套伦敦模式或者是新加坡挪威模式,而是把这两者结合起来,既要培养一些优秀的航运人才,也在一定的程度上与金融业融合。

宁波要全面介入高端航运服务业领域,并不是明智的选择。如海事法律、航运保险等服务,已经被规模化的伦敦高端航运服务业集群所垄断。宁波可以借助港口巨大的吞吐量的有利条件,首先以船舶租赁、航运交易、航运信息咨询、海事培训教育等服务领域为突破口，介入高端航运服务，并主动参与航运法规、航运标准的制定，逐步取得国际航运业的话语权。同时，在航运会展方面可以借鉴新加坡、香港的做法，每年定期举办宁波航运周，逐步形成具有国际影响力的航运会展中心。因此需要注意以下几个方面的工作：首先，强化航运要素集聚，通过提供配套政策支持，允许部分区域先行先试，大力培育、引进各类航运企业以及相关机构、中介组织，增强参与国际竞争的能力。借鉴上海规划建设北外滩航运服务业集聚区的经验，在宁波东部新城高水平建设集海港通关、航运服务、物流信息、船舶经纪、会计与管理咨询、技术与工程咨询、国际金融保险等集于一体，具有政府管理服务、港航及关联企业集聚运营、信息高速集散等功能的港航服务业集聚区，吸引国内外航运服务组织、科研机构、企业等落户，加快提升宁波在高端航运服务领域的竞争力。

在航运交易方面，可以利用舟山、台州、温州等地二手船舶交易活跃的现状，搭建全国性的二手船舶交易平台，参与地区和国际性二手船舶交易，同时拓展交易平台功能，开展船舶交易鉴证、船舶拍卖、评估等服务。

在航运金融方面，利用浙江民间资本较为充足的优势，借鉴德国 KG 基金、新加坡海事基金等模式，积极探索多种航运融资方式，为航运金融、物流等航运服务，以及航运制造业提供融资服务；结合梅山保税港区建设，探索发展离岸金融，完善现代化的国际结算和支付系统。

宁波还可以培养大批拥有先进航运服务的人才，更好地为宁波高端航运服务业的发展提供有力的保障。宁波航运服务业集聚如图 7-6 所示。

## 三、发展宁波海铁联运

### （一）加快多式联运物流网络体系

海铁联运是进出口货物由铁路运到沿海海港直接由船舶运出，或是货物由船舶运输到达沿海海港之后由铁路运出的只需“一次申报、一次查验、一次放行”就可完成整个运输过程的一种运输方式。国内海铁联运的业务特点是：“五定”班列成为主要支撑手段，资讯化水准逐步提升，国内海铁联运的通关环境。海铁联运集聚了海上运输与铁路运输两者的优点。宁波港由北仑港区、镇海港区、甬江港区、大榭港区、穿山港区、梅山港区、象山港区、石浦港区组成，是一个集内河港、河口港和海港于一体的多功能、综合性的现代化深水大港。其自然条件得天独厚，内外辐射便捷，向外直接面向东

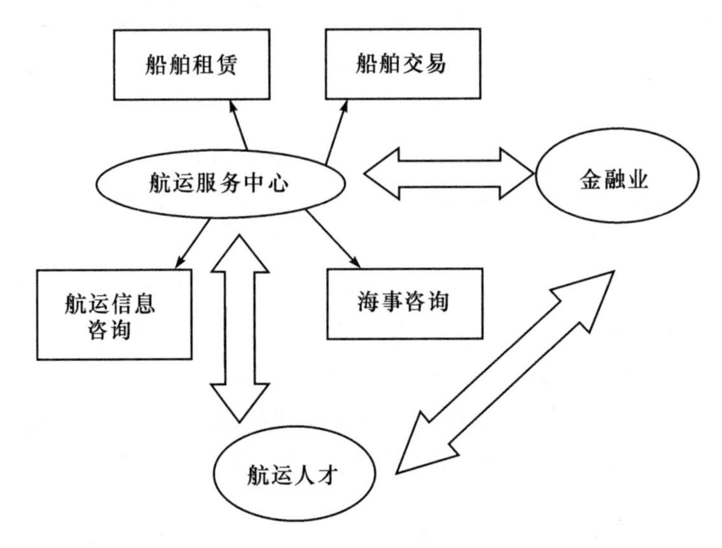


图 7-6　宁波航运服务业集聚

南亚及整个环太平洋地区；向内不仅可连接沿海各港口，而且通过江海联运、可沟通长江、京杭大运河，直接覆盖整个华东地区及经济发达的长江流域，是中国沿海港口向美洲、大洋洲和南美洲等港口远洋运输辐射的理想集散地。

宁波港便捷的交通运输网络为宁波港股份有限公司的发展提供了优越的条件。目前宁波港已形成高速公路、铁路、航空和江海联运、水水中转等全方位立体型的集疏运网络。宁波港股份有限公司在宁波港口建成了集装箱、铁矿石、油化、煤炭和件杂货五大中转基地，并且以宁波港口为枢纽，在浙江省内的嘉兴、温州、台州等地和省外的太仓、南京等地建造码头。

### （二）发展无水港

一般来说，公路与铁路的优越性是通过距离表现出来的。在 500 千米之内，以公路运输为宜，500 千米之外，以铁路运输为宜。虽然铁路运输具有运量大、准点、安全、环保、节能、运输成本较低等优势，但它不适合短距离运输，因为铁路消耗燃料比较大，而且火车本身和轨道都需要定期的维护和检查，这些都需要很大的成本支持。另外，有些地区目前还未发展铁路运输，主要还是公路运输，如果一定要通过铁路运输，也要先借助公路运输到达周边地区，再通过周边城市的铁路运输体系来完成，这样不仅造成时间、距离的延长，同时也加大了运输成本。而相对铁路运输而言，公路运输具有机动灵活、速度较快、货物损耗少等特点，在短距离运输中优势非常明显。

通过不同运输方式及特点的比较，可以看出海铁联运在无水港发展中具有其他运输方式不可比拟的作用，竞争优势较为明显，是现代无水港发展的客观条件。

#### （三）海铁联运在无水港发展中的作用

海铁联运与无水港二者之间存在着相互依赖、相互促进的关系。随着经济全球化的快速发展，集装箱海铁联运已成为国际港口重要的集疏运模式之一。集装箱码头作为集装箱装卸的主要部门。同时，无水港对交通运输也会起到一种优化的作用，根据与母港距离远近，其作用的侧重点也有所不同。距离母港较远的无水港主要通过海铁联运，为货主提供更环保、更低廉和快捷的海上运输通道，以减少远距离公路运输的压力。

目前，很多国内外的研究报告及数据均显示海铁联运以其铁路运输能耗小、运量大、连续性强以及海运运费低、运量大等优势成为无水港发展中广受采纳的运输方式。因此，大力发展海铁联运，优化港口集疏运结构，不仅是拓展港口规模和物流功能的必然举措，也是更好地发展无水港的客观需要。

## 第四节　推进宁波海洋交通运输业发展的对策措施

### 一、加快公路水路交通网络和枢纽建设

加快建设集疏运网络运输通道，加快公路、铁路、内河航道等重大交通基础设施建设，重点建设联通南北沿海、联通长江沿线、联通西南内陆、联通海洋的四大运输通道，加快梅山、传化、义乌、绍兴、嘉兴、温州、台州、舟山8大物流园区建设。新增港口吞吐能力2.2亿吨，其中集装箱450万TEU；到2015年，拟新建万吨级以上泊位38个，新建10万吨级以上进港航道99千米，新增锚地75平方千米，共投资约238亿元。当前及今后五年四大通道内拟新建高速公路1029千米，一级公路157千米，新建铁路主干线1085千米，铁路进港支线328千米，120万TEU铁路集装箱中心站1个，新增高等级内河航道577千米，总投资约3349亿元。

宁波将在完善基础设施的基础上，围绕大宗商品交易平台的建设，以港

口为节点，依托铁路、公路、水路、管道等多种运输方式，建设“联通南北沿海、联通长江沿线、联通西南内陆和联通海洋”四大运输通道和“江海联动、海铁联动、河海联动、公水联动、区港联动”五大联动体系，打造覆盖全省、连接辐射浙江、长三角地区、长江流域乃至全国、面向世界的集疏运网络。

与国内外港口相比，宁波具备海陆联动集疏运网络建设发展的良好条件，主要体现在港口集疏运网络已初具规模，港口腹地广阔，深水岸线资源丰富，拥有世界级大港宁波—舟山港等；不足方面主要体现在多种运输方式衔接不畅，海河联运和海铁联运基础设施建设明显滞后等。纵观国内外先进大港集疏运网络的发展规律和趋势，宁波有必要吸取以下几方面经验和启示，以进一步推动海陆联动集疏运网络的建设发展。

### （一）统筹规划，严格执行，分步实施

欧洲港口在进行建设之前，充分考虑港口的运输需求、岸线、陆域、各种集疏运方式、物流设施、环境保护、生态平衡等多种因素，统筹考虑、合理规划，明确港口战略发展定位。在实施规划的过程中，不仅实现码头前方装卸作业的现代化，还将其与堆存、后方的物流系统紧密衔接，同时采取港区环境保护措施。港口建设按照规划逐步实施，受法律保护，严格执行。例如，汉堡港的CTA码头作为世界先进的集装箱码头，其港区规划十分全面合理，码头水工、疏港公路和铁路等基础设施以及物流园区等物流设施的建设，都是严格按照规划有序进行。

由于海陆联动集疏运网络是一项复杂的系统工程、长期的发展任务。因此，宁波要从综合交通运输系统实际出发，着眼于长远发展要求，统筹制定海陆联动集疏运网络建设发展战略。在此战略指导下，根据不同时期的发展需要，组织分阶段实施。在实施过程中，注重港口公共基础设施的建设，促进港口多种运输方式的有效衔接；在实施策略和全面启动、整体推进过程中，应以某一种或几种运输方式为抓手，培育一批试点项目，争取在重点项目和重点工作上取得突破，加快推进“三位一体”港口服务体系的建设发展。

### （二）因地制宜，促进港口集疏运方式多样化发展

因地制宜，引导港口集疏运方式朝多样化方向发展。港口应根据现有的集疏运基础设施条件，制定科学合理的发展战略，避免单一发展某种运输方式，确保各种集疏运方式协调发展。由于各种集疏运方式对不同货种的

适应性不同，因此，港口集疏运方式选择受货种及相应货种运量的影响。例如，管道一般只能运输石油、天然气及固体浆料等；公路（公路直接运输、公铁联运、公水联运等）一般为集装箱提供门到门的运输服务，而不适合为大宗散货提供运输服务；水路或铁路适合长距离的散货运输（建材、木材等材料）；公路对时间要求高的集装箱、件杂货运输有相对优势。因此，对港口集疏运来讲，短距离运输宜采用公路运输，长距离运输则宜选择与铁路、水路有关的海—铁、公—铁、公—水的多式联运。

（三）加强多种运输方式的有效衔接，推动多式联运

复合式、多模式集疏运系统是建设国际枢纽港的重要保证。公路、铁路、水运及管道等多方式的集疏运系统既便捷又高效，特别是铁路、河道与海运的零距离对接。加快铁路进港的实践，大力发展海铁联运，并且继续加大内河航道网的投资力度和发展水水中转运输业态，是港口集疏运的一个重要发展方向。鹿特丹现有港区的运作和马斯弗拉克特二期码头的规划中，海船停靠、内河驳船、铁路和公路等十分紧密，极大地方便货物集散，既节省货物作业时间，也节约运输成本。

在多式联运方面，美国和加拿大的多式联运发展经验也值得借鉴。美国实行大交通管理体制，美国联邦运输部是联邦政府管理水、陆、空运输的机构，主要工作是制定运输政策，实施运输扶持计划。集装箱班轮公司是多式联运的主要组织者和协调者，对多式联运发展起着重要促进作用。而加拿大各种运输方式配合紧密，加拿大的铁路、港口、仓储运输设施及配货中心围绕国际集装箱运输形成与之相匹配的标准体系，实现高效运输。铁路在加拿大集装箱多式联运系统中发挥重要作用，它一端连接港口，另一端连接北美内陆铁路网，铁路内陆中转站是加拿大多式联运中的重要节点。

（四）加快海铁联运基础设施建设，发挥铁路大通道作用

国外许多港口十分重视港口铁路的开发建设，无论在汉堡港、鹿特丹港这样的沿海大港，还是在杜伊斯堡港、诺艾斯—杜塞尔多夫这样的内河港，都十分注重港口铁路的开发建设，将港口铁路作为港口功能向内陆延伸的重要途径。在港口规划和建设中，综合考虑港口集疏运系统的衔接问题。例如德国铁路集装箱化率很高，在港口物流的开展过程中，多式联运方式所占比重不断增大，而铁路运输以其运量大、辐射范围广、安全、可靠和准时等优势，成为多式联运中的重要角色。

当前,我国大多数港口侧重于港前铁路建设,港区缺少直接进入的铁路支线,主要依靠疏港公路,缺乏对铁路集疏运的重视,加上相关铁路线性质复杂,运输协调难度大,使港口铁路集疏运发展受到限制。在港口集疏运体系中,铁路集疏运所占份额很低,港口集装箱铁路运输比例也较低。国际上集装箱海铁联运比例一般都在20%左右,而宁波集装箱海铁联运的比例不到1%,全国的总体水平在2%左右,这与铁路运输的比较优势是不相适应的。可见提高港口铁路集疏运比重,发挥铁路的大通道作用十分重要。应根据实际情况,抓住机遇,做好前期准备工作,加强与铁路部门的共建合作,创新海铁联运运营管理模式,发挥铁路与港口运输相结合的优势,促进港口物流的大发展。

### (五)推动海河联运建设,促进内河运输转型发展

欧洲大陆水网密集,水路运输发达。莱茵河、多瑙河、马斯河和易北河上星罗棋布的港口和川流不息的航船都显示了欧洲内河航运业的兴旺。欧洲的主要港口中,鹿特丹港、汉堡港等沿海港口是典型的河口港,通过内河运输的货运量在港口货物吞吐量中所占比例较大。欧洲境内除了天然形成的河流外,还有很多专门为运输货物开凿的人工运河,以帮助货物由沿海港尽快运送到内陆地区,及时进行货物分拨和配送。例如,德国境内的基尔运河和连接比利时和荷兰港口的斯海尔德—莱茵运河等。

除了传统的大宗散货运输外,欧洲内河还承载着很大一部分集装箱货运,从而使欧洲主要河流上的内河港口物流发展更快。例如,杜伊斯堡港每年通过水路运输的货运量占据整个港口货运总量的1/3,高于铁路运输,通过水路运输可以凭借发达的水网将港口的辐射范围向周边地区伸展。同时,由于使用了集装箱专用船,大量的适箱货源沿河而来,将来自鹿特丹港、安特卫普港等欧洲主要港口的货源运抵杜伊斯堡港,为杜伊斯堡港的物流业务开展提供了机会。

同样,与杜伊斯堡港紧邻的诺艾斯—杜塞尔多夫港也发挥自身沿河而兴的特点,充分发挥自身在内河运输上的优势,通过莱茵河水道,不断吸引来自鹿特丹港和其他欧洲主要港口的货物中转。同时,发挥作为物流枢纽的作用,对货物进行仓储、配送和简单加工等物流增值服务。然后,再以多种运输方式将货物运往欧洲内陆的各个物流中心进行集中配送。正是由于因地制宜、灵活地使用了内河运输,才使港口的辐射范围扩大,货源变得充足,港口的物流功能真正得以体现。

宁波—舟山港所处的浙江省内乃至长三角地区内水系发达，内河运输条件好，特别是杭甬运河，是连接宁波与杭州的水上通路，建成后全线通航四级航道。利用杭甬运河的内河优势，大力发展宁波—舟山港与浙江省内河港口之间的内河运输，对浙江"三位一体"港口服务体系与港口物流发展都具有极其重要的战略意义。

## 二、发展海铁联运加快无水港建设

宁波应依托海铁联运发展无水港。交通网络对无水港的运营起着至关重要的作用，合理的交通运输网络是无水港至港口这段路程运输畅通的前提，所以选择何种交通运输网络连接无水港与港口，是无水港建设中首要考虑的问题之一。

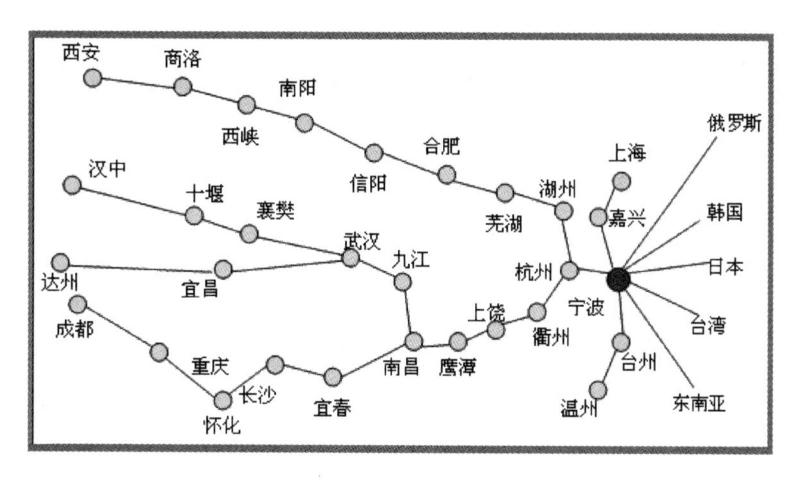


图 7-7　线点连接网链图

国外的无水港基本上都采取铁路运输的方式与母港相连，一些发达国家正在利用无水港建设的契机，将部分公路运输转移至铁路。所以，提高海铁联运效率，充分发挥无水港功能，扩大经济腹地，就需要通过海铁联运把许多个无水港的点联系成网链(见图 7-7)。根据我们的调查，发现依托海铁联运发展无水港多方相关部门进行配合、用公铁联运协助海铁联运二者支持度最高达95%以上，提前调研规划无水港、降低运价等建议也受到相应的重视。

### (一)由线及点成网链的形成需要多方努力与配合

1. 有关各方应创造海铁联运运营的良好条件

海铁联运作为内陆无水港发展的主要运输方式，必须具有良好的运营环境保障，使其各项功能得以充分发挥。因此，政府有关部门应把海铁联运视同内支线，作为港口功能的延伸，在运价上给予支持；集装箱公司应在用箱免费期限上，给予适当延长，以适应海铁联运周转时间较长的需要；集装箱堆场、货运站及码头应在空箱调用上，打破空箱进出口岸一致的限制，提高空箱周转速度，以降低空箱调用成本；船公司应在舱位安排上，优先满足海铁联运订舱；检验部门应在箱重限制上，对由中西部地区出口的箱重，在超过规定标准的一定幅度范围内，免收超重费；内陆经济腹地应在遵循经济规律和有利于提高企业效益的前提下，对有利于海铁联运发展的相关政策，做出积极地调整并给予相应的扶持；海关当局与检验检疫机构应加大自身的技术、设施等相关投入，并加深对具体操作人员的业务培训，尽可能地在时间上给予支持，促进海铁联运与无水港的共同发展；铁路部门应以无水港建设为契机，大力提高铁路服务水平，在中、远距离运输中充分发挥海铁联运优势，以多式联运的方式重新组织物流，必能对无水港发展起到积极的推动作用。港口当局应鼓励船公司入驻无水港，引入相关的调运集装箱业务，并为企业订舱、签发提单提供配套服务，从根本上实现铁路运输与海运的"无缝对接"(见图 7-8)。

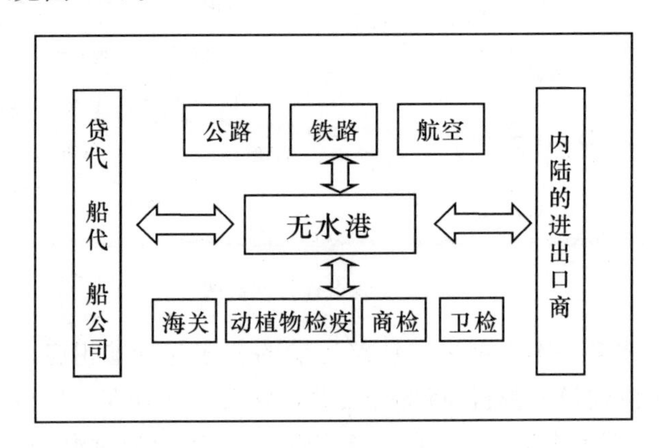


图 7-8　为无水港创造条件的各方

2. 加大无水港与港口信息平台的建设力度

信息技术是 21 世纪主导产业，在无水港的发展过程中，建立内陆货源腹地与港口之间的信息平台，实现两者之间互通是其占领国际国内市场的重要手段。因此，港口应将最新的货物需求及时间要求等相关信息及时发送至双方共享的信息平台上，内陆无水港在收到信息后应及时联系相关的企业准备货源并对港口发出的要求做出快速答复。在货物出运后，运用

GPS系统对货物实施全程跟踪,并将这一信息及时反馈传送至客户处,实现各方所有有效信息的互通,从而减少双方因信息"屏蔽"而造成的损失,实现海铁联运在无水港与港口之间的高效衔接。

3. 港口要有前瞻性意识,提前调研规划无水港

发展海铁联运,要先入为主,布局自己的联运网络体系,一旦目标腹地被纳入其他港口的联运网络体系,并形成较为稳定的货物通道,自己就很难"插足"了。所以,沿海港口要乘中西部发展和产业转移的机遇,对铁路沿线进行考察,同时对有实力、外向型经济发展有潜力的沿线城市进行深入调研,提前规划布局,不要等人家已经成熟了再与其合作,因此,港口应有提前调研规划无水港意识。

4. 发挥海铁联运优势,发展远距离无水港

无水港特别是中远距离无水港的发展需要海铁联运的强力支撑。目前,宁波开通的海铁联运线路十分有限,迫切需要借助海铁联运网络的不断完善扩大服务范围,拓展宁波港经济腹地。随着我国产业的转移和中西部的崛起,今后,西北方向应以甬(宁波)西(西安)铁路为依托,发展该线路上的无水港;西南方向,以重庆、成都为目标,发展铁路沿线上的无水港(见图7-9)。

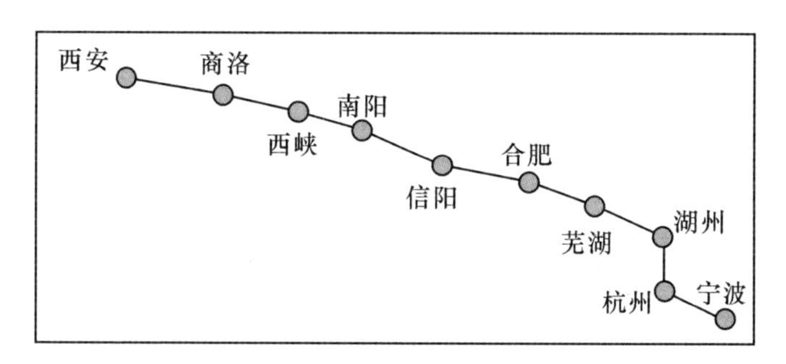


图7-9　发展远距离无水港

## (二)依托甬、西铁路向西北方向扩展,建设沿线有潜力无水港

宁波地处沿海,如今在内陆创建无水港已成为宁波港进一步发展的迫切需求,因此作为国内大港之一的宁波港应积极发挥海铁联运的功能,将无水港建设的视野向西北方向扩展,根据甬、西铁路沿途所经的湖州、芜湖、合肥、六安、信阳、南阳、西峡、商洛、西安等节点城市,选择符合发展无水港的沿线城市作为合作伙伴,充分发挥其地理、资源、交通等各方优势,由无水港

带动内陆腹地的经济发展。

### (三)以重庆、成都、武汉为目标,发展西南方向铁路沿线的无水港

随着港口之间的竞争激烈化,扩展拓建西南方向的沿线无水港可以为宁波港赢得市场优势,吸引更多的客户。目前,在西南沿线的各城市均具有自身的资源、地理优势。如景德镇地区陶瓷业闻名遐迩,拥有丰富的陶瓷制造原料及制作工艺,在此地建设无水港可以在一定时间内满足世界各地对陶瓷的需求。又如重庆的地下、地表资源都相当丰富,且组合条件好,利用价值高,开发潜力大,是我国自然资源富集地区之一。总之,西南沿线的很多地区丰富的自然资源与广阔的发展前景,是实现依托海铁联运促进无水港发展的明智选择(见图 7-10)。

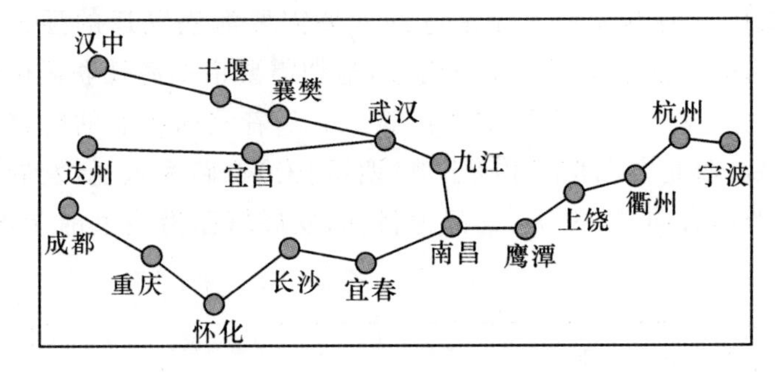


图 7-10　发展西南方向无水港

### (四)充分考虑沿线城市实际,实现大中小无水港并举

铁路运输作为颇受欢迎的一种运输方式,具有运量大、运费低、安全性高、连续性强等优点。众所周知,每一条铁路沿线必会途经各个不同的节点,其中省、市、县、乡均有涉及。因此,对于某些地理、资源、交通优势突出的城市,不要拘泥行政层次,不论省、市、县都要一视同仁,纳入合资建设无水港的范围,并考虑在此投入发展。结合各地的区域性差异和所具有的优势,实行大、中、小无水港并举的投建措施,在同一线路上建设不同规模的无水港。如在长株潭(长沙、株洲、湘潭)经济区可组建大型的无水港,在南昌、重庆建设中型无水港,在鹰潭、怀化建立小型无水港,这样,可有效节约铁路运输成本,更好地提高货物运输效率(见图 7-11)。

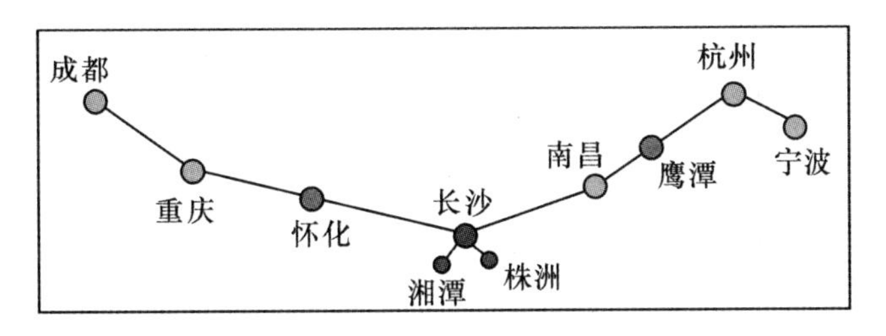


图 7-11　大中小无水港并举发展

### (五)以沿线无水港为中心向外辐射,用公铁联运协助海铁联运

目前,宁波港在浙江省内所建成的无水港均是以宁波港为中心向周边辐射,充分考虑各方面需求条件下建成的。所以在考虑宁波港向西南、西北方向发展远距离无水港时,也可以将某一区位优势明显的城市选为无水港,然后向周边邻近城市辐射,通过公铁联运来增加无水港的货源,从而有效带动无水港的发展壮大。例如,在甬、西铁路沿线的鄂豫陕三省交界的西峡县建立一个无水港,以此为中心,通过公路运输将周边的商南、淅川、内乡、郧县等地的货物集聚起来,先是公铁联运,再通过无水港与海港之间的海铁联运来满足港口的货物需求,以公铁联运促进海铁联运的规模,并为内陆无水港的壮大创造发展契机(见图 7-12)。

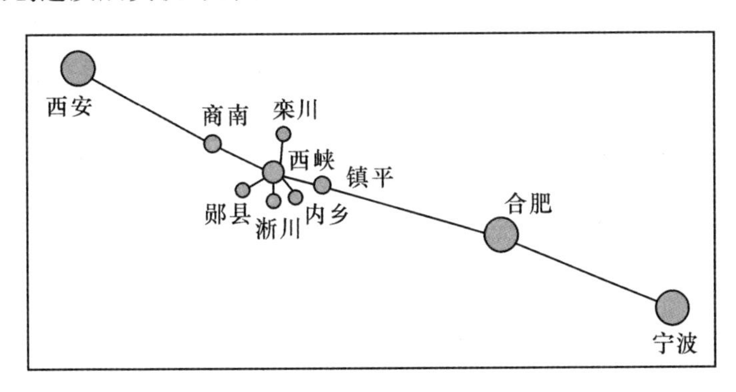


图 7-12　公铁联运协助海铁联运

## 三、航运服务业转型升级

在我国发展现代航运服务业,不可能照搬国外已有的模式。世界上任何一个城市的发展过程都是在其自身所处各种政治、经济、社会、文化要素作用下取得综合平衡的结果,其他城市很难进行复制。我们不能寄希望于

从现有国际航运中心模式中"克隆"出一个上海国际航运中心或者天津北方国际航运中心，这也是我国发展现代航运服务业的基本出发点。

### （一）以海洋经济为核心，完善航运服务业硬件设施及功能要素

1. 宁波发展海洋经济，提出了"三位一体"港航物流服务体系，应建立便捷完善的集疏运网络，使之成为航运服务业发展的支撑、保障和硬件基础。世界上几乎所有的航运服务业发达的地区都具有便捷的集疏运网络。要进一步完善集疏运网络体系，大力发展集装箱多式联运业务，特别是开展集装箱海铁联运业务，形成多式联运体系，促进公路、铁路、水路和航空的协同发展，支撑航运服务业的快速发展。同时建设现代化的港口基础设施，以进一步提高港口运营效率，为临港产业的发展创造良好的硬件设施条件。从而带动航运服务业的快速发展。

2. 进一步发展中下游航运服务产业，夯实发展上游高价值航运服务业的基础，如进一步优化引航人员的配置及合理使用；继续简化和完善船舶的签证制度、报关手续，创新业务运作，提高港口及航运运输的运作效率；积极建设集装箱堆场、集装箱货运站，发展内陆运输业务、船舶租赁和买卖业务、理货业务以及船舶检验和船舶供给等服务；进一步规范船舶代理、货运代理公司的市场运作，鼓励和支持船舶代理、货运代理公司做大做强。加快建设知识密集型的上游高价值航运服务产业，重点发展航运金融、海事保险、航运法律服务、航运咨询、航运教育与培训等高价值业务，促进航运服务业国际竞争力的提升，提高航运服务企业的国际化程度。要创新管理制度，加大高端航运服务功能的开发力度，建立多层次、全方位、立体型的航运服务体系，形成一条完整的航运服务产业链。

### （二）发展中端航运服务业地区为宁波提供航运人才

发展现代航运服务业，建设国际航运中心，需要大量"航运高端复合型实用人才"，即在国际航运政策、航运经营管理、航运经济、航运金融、海上保险、海事法律、航运市场建设与管理等领域具有丰富的实际工作经验的中、高级人才。为此，可以在中低端航运业发展的城市培养航运人才，建设海事大学，成为航运人才集聚和培养的平台，并将优秀人才输送到宁波，实现资源的有效利用。

### (三)海洋经济前提下,确定宁波市航运服务业的重点发展领域

宁波想全面发展航运服务业是不明智的,可以从某些高端航运服务业入手,先行发展。要在加快发展现代港口物流业的基础上,根据现代航运服务产业发展规律,重点选择几个中、高端现代航运服务领域优先发展,建议"十二五"期间海洋经济发展重点,宁波航运服务业往以下几方面发展:船舶租赁;船舶交易、船舶注册登记、航运总部经济;临港大宗商品现货交易、期货交易;航运教育与培训服务,建设全国性国际海员市场、国际海员劳务输出基地;邮轮经济和滨海休闲旅游服务业;航运信息、航运技术、海事法律和仲裁服务,形成相互支撑、特色鲜明、功能突出的现代航运服务产业群。

### (四)建设以海洋经济为背景的航运服务集聚区

海洋经济要求航运服务业转型,其中一点就是航运服务业的集聚。建议编制《宁波航运服务集聚区发展规划》,把航运服务集聚区建成与国际接轨的先行区域,进行航运服务贸易开放政策试点。要依托航运服务集聚区的区位优势和产业基础,通过功能整合和提升,以航运服务业为龙头,形成企业成群、产业成链、要素成市的集聚功能,成为宁波国际航运中心的核心功能区,成为航运企业总部基地、航运要素集聚中心、口岸服务中心。要在航运服务集聚区内建设一所现代航运服务交易中心,搭建现代航运交易服务平台。宁波航运服务业的集聚,可以考虑与金融业的合作,同时引入大批优秀的航运服务人才。

### (五)推进穗港现代航运服务业紧密合作

借鉴香港航运服务业的特点,香港航运服务业门类比较齐全,是亚洲区域内船舶登记、航运融资、航运保险、海事法律、海事仲裁、航运管理、航运经纪服务的中心,目前香港正在全力打造航运高端服务业,迫切需要拓展外部空间来输出服务,提升层次和活力。宁波要充分利用好香港因素,大力推进穗港现代航运服务业紧密合作,使航运服务业提升到一定的层次。

## 四、增强政府支持力度

### (一)航运服务业市场调节机制

市场调节发挥作用的最主要途径是竞争。宁波存在着大量的经营航运

服务业中低端产业的企业，竞争十分激烈，基础服务水平较低。目前，我国航运服务业多集中在船代、货代、供应等基础服务上，而且整体水平还不高。面对开放的航运服务市场，这些基础服务领域门槛较低，众多中小企业一拥而上，虽然经过不断竞争淘汰，也锤炼了一批具有一定规模和良好信誉的品牌企业，但也存在着数量多、规模小、素质低、市场乱等问题。

航运服务市场具一定的地域性，特别是基础性服务主要聚集在港口为船舶提供服务，进入的企业过多，必然会导致一定的混乱及引发竞争的无序，因而需要通过政府或者相关行业协会合理测算出满足船舶需求所需要的服务市场规模及服务企业的数量，并以此为依据对进入服务市场的企业实行总量控制，以解决企业数量过多、竞争无序、服务质量不高的问题。部分航运服务业的进入门槛过低，导致企业进入市场十分容易，具有一间办公室，两个 3 年以上从业经历的人员就可以从事船舶代理业。如果能够提高门槛，就能够把那些规模小、服务能力差的企业排除在市场之外，从而解决企业规模过小、服务不规范的问题。航运服务业与其他服务市场一样，适用适者生存的法则，进入还是退出，应该由市场说了算。行业竞争到一定程度，当价格低于成本时，企业无法生存，一部分实力弱的企业就自然淘汰，能生存下来的企业逐步向规模化发展。

基于上述认识，在海洋经济背景下，我们首先提出关于航运服务市场准入的基本思路：有选择地放开，通过深化改革打破垄断，建立真正开放、平等竞争的市场环境，探索宽松的市场准入和严格的市场监管相结合的管理模式，以改革促进航运服务业的行业发展。对航运服务业市场准入制度的基本构想是：放宽市场准入，简化准入程序。除了牵涉安全和环保的部分门类，如燃油供应、油污水处理、船舶修理、船舶检验等以外，逐步取消航运基础服务领域的行政许可，除确有必要保留的均实行登记制度。船代不再对外资实行资本金比例限制，不再实行在华业务限制。鼓励各类资本投资航运金融、航运保险、船舶经纪、海事法律服务、航运信息、航运教育培训。

其次，我们认为“完善规则、严格监管、加强自律、强化引导”是建立航运服务业市场管理机制的基本思路。从来就没有纯粹自由的市场经济，哪怕是在高度发达的资本主义国家。航运服务业监管制度的不尽完善，使“无证经营、违规经营、恶性竞争”等现象不能得到及时有效的遏制和处罚。

再次，要发挥行业协会在协调、公证、监督、自律等方面的作用，用行规规范和制约服务企业的行为。航运服务业门类众多，管理体制各不相同。目前交通运输主管部门对船舶代理、船舶管理、船舶供应、船员管理、船舶交易等有明确的行业管理职责，其中在船员外派上与商务部门有一定职责交叉；货运代理由商务部门主管；航运经纪行业管理部门还未明确；航运金融、航运保险等虽然与航运业关系紧密，但很难纳入交通运输行业管理。因此，总的来讲，航运服务业的行业管理虽大多职责到位、分工明确，但在部分领域和环节仍存在着多头行政、权责不清的问题。同时，大多数重大航运服务行业政策的出台与调整，都需要相关各部门的沟通与协作，影响了政策出台与调整的效率和及时性。

（二）航运服务业宏观调控机制

虽然浙江提出了港航强省战略，宁波相关产业有着很好的发展，但是航运服务业的发展一直处于中低游产业的发展。宁波航运服务业不能再局限语宁波本土地区，应当把目标放到宁波附近地区，甚至是中西部地区，宁波如何更好地发展宁波航运服务业上游产业，积极引导人们去实现航运服务业的转型，这就需要发挥政府及相关部门的宏观调控作用。首先，与市场调节相适应，政府制定相关的产业政策和产业标准引导航运服务业积极地转型升级。其次，政府应该根据宁波航运服务业的分布特点制定规划，合理布局航运服务业，避免航运服务产业内部行业地区间的重复布局与布局真空（缺失急需行业）。再次，宁波市应该完善航运服务业支持系统，形成航运服务业支持体系。

宁波市以及发展航运服务业的合作地区的各级地方政府的适度介入对航运服务业的发展尤为重要。地方政府的引导和调控作用范围很广，如作为传统功能的：基础设施建设，金融支持，工业园区规划，规范市场次序；宏观调控的规划作用，有利于在时空上让航运服务业内部相关行业带状或者片状分布，即行业集聚，通过集聚效应的发挥巩固宁波航运服务业地位和市场地位。

加快航运结构调整，做大做强航运业。根据现代航运服务业的发展要求，促进航运企业结构调整，积极拓展国内、国际两个市场。首先，加快研究制定产业扶持政策，引导航运业加快结构调整，转变经营方式，通过引进、重组、并购等方式提高行业规模化经营水平，进一步增强航运企业的市场竞争力和抗风险能力。其次，进一步推进银企合作，改善航运企业融资环境，加快建立银行与航运企业间的沟通机制。同时，积极引导航运联盟建设，加快建设航运信息平台，提供最新的国内、国际市场信息，提升服务质量，增强综合实力，发挥规模优势，促进浙江省航运业健康有序发展。

### (三)梯度转移路线方式实现转型发展

宁波航运服务业要实现转型发展,必须要有取舍,在有限的资源环境下,如何使航运服务业有一个较大的提升,是目前需要考虑的。航运服务业的类型很多,中下游的航运服务业是低层次的,属于劳动密集型产业,它的选择就不一定要放在宁波这样的环境下。梯度转移理论的运用,使中低端航运服务业的转移有了很好的基础和规范,梯度转移路径的选择依据有很多,无水港的建设,宁波经济腹地的拓展,宁波与内地城市的战略合作,都可以为梯度转移的推进提供有力的保障。《浙江省沿海港口布局规划》正式公布实施按照规划,浙江省 4 个规模化港口未来的"角色"将分为两个层次:宁波—舟山、温州两港为全国性沿海主要港口,而台州和嘉兴港则是地区性重要港口。而且浙江省已经有的绍兴、慈溪、金华、义乌、衢州无水港,为中游产业的转移提供了坚实的基础。

随着杭宣铁路(杭州一宣城)的建设和浙赣铁路运输能力的提高,可扩大至安徽、江西和湖南等省。间接腹地为长江中下游的湖北、安徽、江苏、上海等省市的部分地区。

### (四)对接机制

对接机制主要是体现各种调控相互间的联系,保证各自发挥作用而不干扰其他发挥作用。宁波航运服务业要实现转型升级,市场的调节机制、政府的宏观调控机制和梯度转移的路线选择机制必须能够很好地对接。

首先,政府的宏观调控不能脱离市场,应该尽量通过市场来实现调控的目的。市场作为媒介作用于宏观调控机制,宏观调控发挥作用的大小受市场调节机制制约,要想有效地发挥宏观调控的作用,政策法规必须符合经济规律,与市场调节机制相协调。其次,由于市场调节机制作用的不完善,不能放任市场调节发挥作用(柠檬市场就是在放任的情况下产生的),政府的政策和规范作为主观规则引导和约束市场调节机制作用的发挥。第三,海陆联动的路线选择需要的支持环境需要政府的宏观调控职能来实现,技术推广的平台靠政府和企业共同搭建。第四,海陆联动的路线选择应该具有目的性,不但应该具有良好的适用性,还要满足市场的要求。

# 第八章　宁波现代海洋产业之五:宁波海洋旅游业发展现状与发展对策

## 第一节　海洋旅游业相关概念的界定

为研究宁波海洋旅游业的发展现状,我们需要对海洋旅游业的内涵有全方位的理解。海洋旅游业发展主要包括海洋旅游产品、海洋旅游资源、海洋旅游业的类型等内容。我们首先对海洋旅游产品和一般旅游产品进行比较,明确海洋旅游产品的定义和概念的基础上,其价值在市场中能够得到认知和肯定的资源角度对海洋旅游资源下定义和进行分类;借鉴国外的分类方法对海洋旅游业的类型及具体活动进行梳理;最后,因为海洋休闲项目很大程度上会受到自然条件的影响,介绍地缘现象与海洋休闲的关系和国内外对海洋旅游发展的研究现状。

### 一、海洋旅游产品的定义及概念

在介绍海洋旅游产品的概念之前,我们要弄清楚旅游产品的含义。旅游产品往往同休闲、娱乐等内容混合在一起,所以在这里我们有必要先考察一下休闲、娱乐等行为究竟与旅游产品有何关联。

休闲(Leisure)是指人们在业余时间里能够自由活动或者享有自由的机会,即摆脱繁忙的事务,拥有自由的时间,并且对这种时间赋予某种目的、价值以及手段或方法论方面的意义时我们称其为休闲。业余时间是根据其活动状态可以分为旅游、娱乐、玩耍等多种多样的活动。

娱乐(Recreation)是指人们在业余时间里所从事的一系列活动,一般包括消遣、修养、游戏等活动,而这些活动往往对人类具有调节情绪,创造好的气氛的活力,是一种刺激性的活动。娱乐活动不仅有益于我们每个人,而且还有益于社会。娱乐活动既包括犹如玩耍游戏的活动,也包括旅行、文化探访等活动。

休闲的一种形式是体育竞技活动(Sport),体育竞技活动的英语词源是Disport,其含义是“从某种事情中摆脱”的意思,也可理解为娱乐或者转换气氛。如今我们把体育竞技活动的含义限定为休闲或者娱乐中的身体活动。

与此相反,有些旅游机构则把旅游产品定义为“离开自己所居住的地方16千米以上(或者离开市、县等行政区域)的旅行,其目的是休闲活动(娱乐、休假、健康、研究、体育竞技活动等)或者为了事业、家庭关系、业务外联、参加集会等活动的一系列行为关联事务”。世界旅游机构(World Tourism Organization)把旅游产品定义为“游乐场、国内缘由、健康、科学、行政、外交、宗教、体育及事业为目的的在他国旅行滞留行为关联事务”。由此可见,关于旅游产品的定义虽然多种多样,但归根结底是以业余时间为基础的人们的休闲活动中的一种行为关联事务。

海洋旅游产品如同旅游产品概念定义一样,从根本上脱离日常生活而为了追求变化的行为(目的),在海域和沿岸连接处的单位社会区域内所发生的旅游目的性活动(空间),直接和间接地依靠海洋空间的关联活动(形态)。

海洋旅游产品是灵活利用包括海洋和岛屿、渔村、海边等辅助资源的以旅游为目的的所有活动,在海域和海岸线连接处受到海洋环境影响的领域内所发生的旅游活动,尤其是以大海为背景所发生的旅游活动关联事务。

由此可见,海洋旅游产品是以大海为依托的海洋体育竞技活动、休闲活动等成为现实的海洋性资源作为其对象。海洋旅游产品的主要资源是我们通常所指的“3S”,即广阔的大海(Sea),海边的沙子(Sand),灼热的太阳(Sun)。大海随着外海和内海的不同,其气象条件和海上条件都存在差异,所以利用海洋资源的方法也有所不同。内湾、海角、岛屿等海域连接处陆地的形状不同,利用海洋资源的方法也不同。海边的沙子对海洋旅游产品来说很重要,其原因是在海洋旅游发展初期,以沙子多的海水浴场为中心海洋旅游才开始兴起来的。如今在海洋旅游产品中海水浴场或者沙子堆场的比重要比过去减少是个不可否认的事实,但海水浴场和沙子堆场仍然是不可变的重要资源。灼热的太阳通过提高温度来促使人们产生去海水边的欲望,因此,气温的上升对海洋旅游产品的开发很有益处。气温越高各种海洋旅游产品会层出不穷,促进海洋旅游业的蓬勃发展。所以,气温是影响海洋旅游业发展的最重要因素。一般来说,气温上升时海水浴、海洋体育竞技活动、航游、休闲潜水等方面人们的活动量将急剧扩大。海水浴在气温24～25℃以上时就开始活跃起来,其他海洋体育经济活动则在气温10℃以上时就可以非常活跃。然而,海边关联型旅游和生态旅游却与气温上升没有多大关系。

除了气温因素外,大海的气象、海风、充足的空气、海的颜色、大海周围的环境、大海景观等将会对海洋旅游产品的开发起着至关重要的作用。尤其是台风、暴风雨等气象警报一旦发布,将会中断所有海上活动,给海洋旅游产品开发带来致命的打击。海洋旅游产品与内陆旅游产品的比较如表8-1所示。

**表8-1 海洋旅游产品与内陆旅游产品的比较**

| 形态 | 海洋旅游产品 | 内陆旅游产品 |
|---|---|---|
| 安全性 | 与急剧变化的海洋环境相伴的是安全性这一首要目标 | 与海洋环境相比内陆环境对旅游设施的安全性要求相对要低 |
| 设施的耐久性 | 大海的波涛、海风等特殊环境对旅游设施的耐久性要求也很特别 | 与海洋的特殊环境相比内陆环境对旅游设施的耐久性要求很一般 |
| 设施的投资费用 | 在大海的特殊环境中能够维持的旅游设施投资费用也很高 | 与海洋的特殊环境相比内陆环境对旅游设施的投资费用相对较低 |
| 季节性 | 受到海洋气温、水温等因素的影响,海洋旅游产品的季节性很强 | 与海洋旅游产品相比内陆旅游产品的季节性相对弱 |

海洋旅游产品的空间范围中海洋包括海边、海上、海中及海底,岛屿是海洋内的陆地,所以归属于海洋旅游产品的范畴。此外,海洋旅游活动发生地渔村等被设定为最重要的海边范围未免有些勉强,但我们可以把它定义为直接和间接影响海洋环境的领域。

综上所述,海洋旅游产品(Marine Tourism Product)是利用空间禀赋的资源(包括海洋和岛屿、渔村、海边等),以旅游为目的的人们所开展的一系列活动。海洋旅游产品的特征归纳为如下:

第一,海洋旅游产品是一种娱乐活动,即摆脱日常生活的体育竞技活动,并通过休养和娱乐活动追求精神和肉体的刺激变化,这就是所谓的海洋旅游产品的娱乐因素。

第二，海洋旅游产品是一种在海洋空间范围内发生的活动，即人们直接和间接地依赖于海洋空间的海洋关联型活动，这就是所谓的海洋旅游产品的海洋空间因素。

第三，海洋旅游产品是一种形态，即在与海域和海边邻接的单位区域社会所发生的人们以旅游为目的所进行的活动，这就是所谓的海洋旅游产品的海洋形态因素。

第四，海洋旅游产品是一种环境亲和力极强的活动，即沿海海边是大海和陆地相互连接的地方，是海洋生物与陆地生物生态连接地带，栖息着大量的生物物种，所以这一地带是很容易被人为地破坏的海洋生态环境，开发海洋旅游产品首要的问题就是要保护好海洋的生态环境，这就是所谓的海洋旅游产品的生态旅游因素。

海洋旅游产品的开发与历史渊源有着密切联系。娱乐也好，针对人们的旅游目的所开发的海洋旅游产品的类型多种多样，如休养、水上休闲体育竞技活动、探险以及各种事件等。海洋旅游产品的历史渊源要归属于古罗马时代人们的洗浴文化，但更确切地说近代的人们利用温泉的海水浴才是海洋旅游产品的始初。随着人们利用温泉的海水浴文化的普及，沿海地区逐渐被人们认为是休养生息的好去处，因而，海洋旅游产品的开发过程就跟休养地的发展过程结下了不解之缘。

休养型海洋旅游活动最初起源于欧洲的旅游活动。以海水浴为中心的海洋旅游活动自 20 世纪 50 年代后半期开始随着收入的提高，自由时间的增加，交通网络装备的改善，人们对海洋旅游产品的需要和海洋旅游产品的欲望越来越多样化起来，海洋旅游产品也从单纯休息和休养型旅游产品，变得更加积极而冒险的海洋旅游产品。社会经济条件的成熟和完善导致了主要以水上休闲体育竞技活动和渔村文化体验以及各种事件的海洋旅游活动向全世界范围内日益扩散，蓬勃发展起来。如今，海洋旅游产品的多样化目的起着体裁型旅游活动的中轴作用。为对应这种日益增加的海洋旅游产品需要，各种海洋旅游产品的开发正在紧锣密鼓地进行着。这样的海洋旅游产品开发正在引起由单纯的海洋旅游产品开发向邻近渔村或海岸地区的社会经济结构的变化。

## 二、海洋旅游资源的定义及分类

旅游资源是指可以满足游客欲望和动机的具备魅力和吸引力的所有有形和无形的素材资源。然而，这种旅游资源定义随着人们的主观和兴趣爱好以及时代的变迁,具有其范围和价值发生不同变化的相对性和可变性。因此,对旅游资源的定义和分类不存在绝对的标准,旅游资源的商品价值只有在市场中得到实现和解决。本文认为旅游资源指的是其价值在市场中能够得到认知和肯定的资源。

海洋旅游资源则是指禀赋在主要海岸线或者海域的旅游资源,这种旅游资源在海洋依赖型或者海洋相关型旅游活动中得到利用,并实现其价值。

旅游资源可分为两大类:一是自然资源;二是人文资源。其中,自然资源是从自然界获得的旅游对象,具有景观美和娱乐性功能的资源。作为自然资源的海洋旅游资源包括海水浴场、天然海水钓鱼台、候鸟栖息地、海岸景观地等。人文资源是由人类制作或者加工而形成的有形和无形的旅游对象,人文资源再分为社会文化资源和产业资源。社会资源是指反映一个地区的生活方式、价值观、文化等规范化的文化艺术类资源。产业资源是指在产业活动中被利用的设施里可作为旅游素材的资源。作为人文资源的海洋旅游资源包括社会文化资源的海洋博物馆、海洋类地区庆祝活动、地区固有的海洋饮食、产业用渔港、港湾、小艇码头等。海洋旅游资源的分类如表8-2所示。

**表8-2　海洋旅游资源的分类**

| 区　分 | | 内　容 |
|---|---|---|
| 自然资源 | | 海水浴场,候鸟栖息地,海岸景观地,海洋体育竞技活动空间,天然海水钓鱼台 |
| 人文资源 | 社会文化资源 | 海洋类展览馆,水族馆,地区庆祝活动,地区固有的海洋饮食,渔具渔法,海洋相关遗址 |
| | 产业资源 | 渔港,港湾,小艇码头 |

根据海域的特点考虑,浅水海域的海滩相对发达,可以优先考虑这些优势资源。与此相反,深水海域的海水清澈,并且沙子积压效果好,可以利用多种多样的海边和海中资源。利用不同的海洋空间开发海洋旅游产品的方案如图8-1所示,而海洋旅游产品的空间布局如图8-2所示。

## 三、海洋旅游的类型及具体活动

国外从各种不同的角度对海洋旅游的类型及具体活动进行了划分,然而,各种分类法虽然通过对海洋旅游的类型及活动进行了划分,凸显出多种多样的旅游形态之间存在的明显区别,并消除了彼此间的模糊关系,避免了

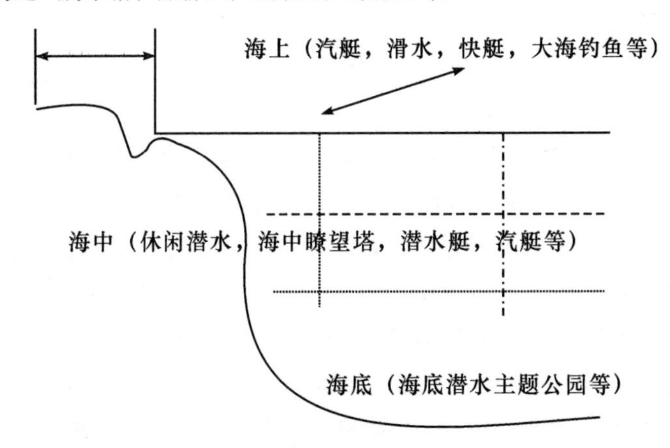


图 8-1 海洋空间类别开发海洋旅游产品的方案

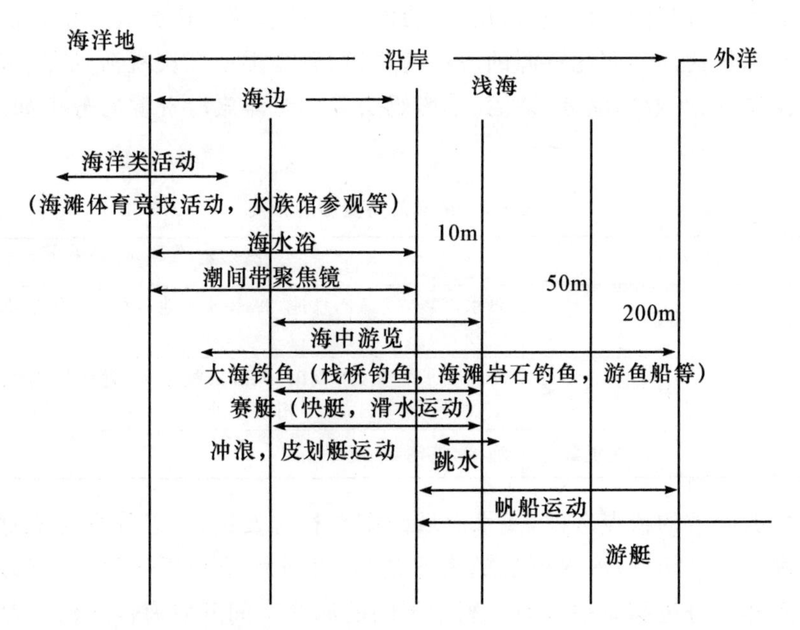


图 8-2 海洋旅游产品的空间布局

重复定义现象，可我们这里则根据对海洋依赖程度的高低来进行划分，再根据海洋水产局的分类标准来对海洋旅游的类型及具体活动进行了界定，如图 8-3 所示。

海洋依赖型海洋旅游类型包括体育竞技活动型海洋旅游、休闲型海洋旅游、游览型海洋旅游。体育竞技活动型海洋旅游是指创新利用海上空间

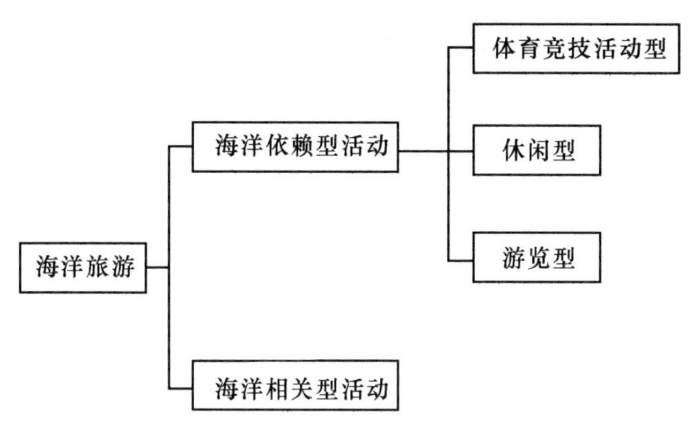


图 8-3　海洋旅游业分类

的海风、波涛、海水流向等自然条件,在水面和水中空间进行的运动型旅游,具体包括坐快艇、行小船、滑水运动、喷气式滑水、帆船运动、呼吸管潜游、配备水下呼吸器的潜水等活动。这种海上体育竞技活动需要相关装备和辅助器械,有时还需要活动前的基本技能培训,所以要求有一定水准的收入群体才能消费之。这种类型的海洋旅游产品因具有某种创新含义,所以主要被年轻人所好。

休闲型海洋旅游是指夏天酷热的包括暑期前后以休养和休息为目的的海洋旅游,主要包括海边海水浴、沙浴、海边野营、海边学校等主流活动和捡贝壳、沙滩生态旅游等辅助活动。除此之外,还包括与季节无关的潮间带聚焦镜观赏、大海钓鱼等修养型海洋旅游活动。

游览型海洋旅游是欧美和日本等国家最受青睐的旅游产品,一般被那些退休之后具有休闲时间和资金的阶层人员喜好的产品。然而,最近有些海洋旅游产品开发商也开始针对年轻人群体推出价廉物美的游览型海洋旅游产品。

海洋相关型海洋旅游类型包括参观水族馆、游览海洋博物馆、从事海边的各种游戏活动、进行自行车运动、做日光浴、海边散步、在海鲜市场购物、欣赏日出日落风景等多种多样的旅游活动。海洋文化旅游是一种海洋文化的商品化形式,这里有海洋博物馆、海洋水族馆、渔村民俗馆、鲢鱼展示馆等,生态展示馆和海底遗物展示馆就是其中的内容。另外,还经常发生以沙滩和候鸟等生态资源为中心的旅游活动。在景观欣赏中还有日出日落、岛与岛之间海水分离的所谓“神奇现象”、海上公园等景观品味活动。海洋旅游的具体活动如表 8-3 所示。

表 8-3 海洋旅游的具体活动

<table>
<tr><th colspan="2">形　态</th><th colspan="2">种　类</th></tr>
<tr><td rowspan="11">海洋依赖型</td><td rowspan="6">体育竞技活动型</td><td rowspan="2">赛艇</td><td>冲浪</td></tr>
<tr><td>帆船运动</td></tr>
<tr><td rowspan="3">游艇及快艇</td><td>航海快艇</td></tr>
<tr><td>动力快艇</td></tr>
<tr><td>喷气式快艇</td></tr>
<tr><td colspan="2">海洋潜水</td></tr>
<tr><td rowspan="3">休闲型</td><td colspan="2">海水浴</td></tr>
<tr><td colspan="2">潮间带聚焦镜</td></tr>
<tr><td colspan="2">大海钓鱼</td></tr>
<tr><td rowspan="2">游览型</td><td colspan="2">游艇</td></tr>
<tr><td colspan="2">海中游览</td></tr>
<tr><td colspan="2">海洋相关型</td><td colspan="2">研修设施、体育设施、文化设施、海边娱乐设施等</td></tr>
</table>

## 四、地缘现象与海洋休闲的关系

海洋休闲项目很大程度上会受到自然条件的影响。自然条件有多种多样，如气温、水温、波涛、大风、水质等。尤其是水温对我国境内不同地区的海流起着决定性影响。海流是海水面的周期性上下运动的潮流、由暴风或者地震引起的海啸、副震动、沿岸流、波浪等各种因素复合作用而出现的结果现象。海流的方向和速度是指常态海水的流动。构成地球的海水为了防止气温的急剧上升从太阳中吸收辐射热，根据海流以不同的时间和空间向大气层释放出湿气。在这一系列过程中大海通过调节大气中的热量和湿气来决定气候的形态，这也决定了海洋休闲活动和娱乐形式。

大海的水温不仅影响海洋的各种状况，而且还会对气温和天气起着很大的影响。海水浴与普通的洗浴不同的主要原因在于人要进入比自己的体温低的海水，所以事先要做好细致入微的准备工作。适合做海水浴的海水温度成年人要 23℃以上，未成年人要 25 ℃以上。即使是适合的海水温度因海水温度要比人体体温要低 10 多度，刚开始就在海水里长时间浸泡难以正常调节体温，所以将会导致诸多不利的结果。最好是刚开始浸泡 3～4 分钟，达到一定适应程度时要做不超过 15 分钟的海水浴后再重新浸泡海水为宜。一般情况下我们把海水温度达到 24 ℃时的等值线称作“比基尼防线”，海水温度达到这一防线时我们主张可以做海水浴。

潜水运动一般在海水温度 10 ～24℃的条件下进行，所以要求穿着潜水服。在做潜水运动时特别留意的一点是即使陆地温度非常高，在潜水时也要带上潜水帽子，这是因为人体体温损失最大的部位是人的头部。

海水温度对帆船运动和快艇等海洋旅游活动也起着重要的影响。对于帆船运动来说，初学者经常出现溺水现象，所以为了保持体温，海水温度要达到一定程度，而在进行快艇旅游时人不幸遇难的话，考虑到维持体温问题，海水温度至少要达到 10 ℃以上。

最近，因海水温度的提高导致水母(海蜇)大批量涌向避暑沙滩袭击游客的现象时有发生，甚至有些国家和地区还出现鲨鱼游到临近海边旅游地的现象。海水温度的日益提高使得一些寒流鱼种数量急剧下降。这种气象温度升高现象的发生不仅给渔业带来影响，而且还影响着大海钓鱼旅游项目。与此同时，温室效应进一步加快了海洋旅游业的淡季和旺季到来的时间。如帆船运动、滑水运动、海水浴、休闲潜水等海洋旅游项目的开始时间比以往提前了不少。

潮水的涨潮和退潮现象的出现主要是月亮的原因，当然也不排除来自太阳的影响。月亮虽然只有地球的 1/81.3，但它是与地球离得最近的天体，所以月亮对地球产生各式各样的影响作用，其中最重要的影响作用就是促使海水出现涨潮和退潮的现象。地球与月亮的位置与涨潮和退潮的关系如图 8-4 所示。

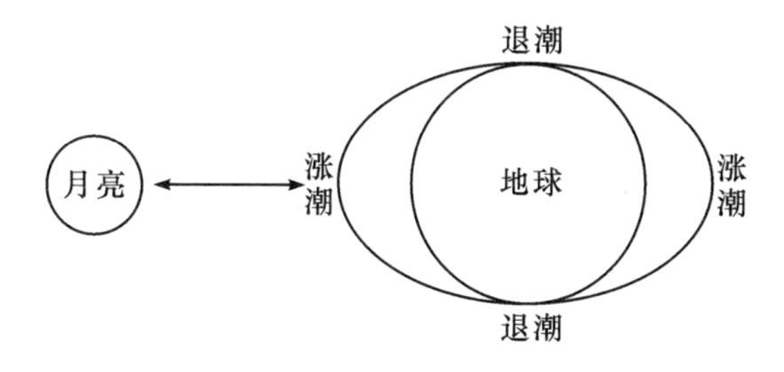


图 8-4　地球与月亮的位置与涨潮和退潮的关系

这种引起潮汐现象产生的启动力我们把它叫做起潮力。海水在地表面上虽然处于月亮的同一方向，但在相反方向运动时海面升高形成满潮(涨潮)，在直角方向上则形成间潮(退潮)。起潮力跟地球重力相比微乎其微，海水面升高的程度仅仅约 80 厘米左右。然而，海水越浅越是受到月亮引力的影响，水位将发生更大的变化。

风在海面或水面上刮起时生成的波涛我们把它叫做“风浪”，在某一海域生成的风浪移动到其他无风的海域时，风浪减弱形成“大浪”或“涌浪”。这样形成的波涛向四面八方扩散，并沿着海岸远距离传播。由于涌浪是随着风而生成并传播的波涛，所以在无风的情况下也会产生，不受风的直接影响。

潮流包括每天两次重复发生的潮汐和始终以一定方向流动的海流两种。这种潮流所带来的波涛很容易引起灾难。还有由火山爆发所引起的海啸也可称得上是给人类带来的最可怕的灾难。冬天与夏天在海上所刮起的两种季节风相互交替时这种具有一定风向的海风不会发生。季节风是由冬天和夏天大陆与海洋的气温差引起的现象。一般情况下，大陆与海洋的温度差冬天比较明显，而夏天不太明显，所以冬天的季节风要比夏天的季节风刮得更强烈。

水质对海洋旅游产品开发起着很重要的作用。海洋休闲活动是在对人体健康无害的海域进行的项目。海洋的有害性因素中具有代表性的要数海水质量。我们综合评价上述各种自然条件对海洋休闲业的影响作用归纳出如表 8-4 所示的海洋休闲业与自然条件的关系。

**表 8-4 海洋休闲业与自然条件的关系**

| 类别 | | 海水浴 | 休闲潜水 | 快艇 | 帆船冲浪 | 冲浪 | 摩托艇 | 大海钓鱼 |
|---|---|---|---|---|---|---|---|---|
| 波涛 | | O | | O | O | O | O | |
| 风 | | | | O | O | | | |
| 气温 | 一定影响 | | O | O | O | O | | |
| | 很大影响 | O | | | | | | |
| 水温 | 一定影响 | | | O | O | O | | O(亚热带以南) |
| | 很大影响 | O | O | | | | | O(温带以北) |
| 雾气 | | | | O | O | O | O | |
| 天气(晴、阴、雨) | | O | | | | | | |

* O：有影响。

## 五、海洋旅游发展的国内外研究现状

国外在海洋旅游的研究方面，20世纪90年代以前，海洋旅游的开发主要集中在海洋环境影响及其评价上，90年代后，海洋旅游的可持续发展问题得到重视，海洋旅游研究进展较快，特别是旅游产品开发和旅游产品决策和管理方面的研究。目前国外学者主要是从海洋环境科学、市场学、可持续发展的角度进行了研究。海洋环境科学的研究为海洋旅游的优化提供了科学依据。在海洋资源评价问题上 Morgan(1999)选择海洋开发程度、自然、生物、人文四类共50个评价因子构成的评价体系，该评价体系能给游客提供较多的海洋旅游信息。从海洋旅游的发展历程来看，旅游的发展与市场的关系越来越密切，市场学的理论指导着旅游产品及结构的开发和优化(Salmona,2001)。可持续发展通过保护海洋旅游环境，建立可持续发展的海洋旅游开发管理模式及手段，Hall 等提出加强海洋生态旅游建设等途径。

国内海洋旅游发展研究的理论和方法还不成熟。研究成果多以积极和正面影响为主的战略研究。国内学者周国忠以浙江省为例，研究了海洋旅游的调整优化问题，在分析浙江海洋旅游产品开发现状和存在的问题的基础上，提出了构建“一核、两带、三中心、四品牌、五区块”的海洋旅游格局等对策。潘海颖在分析浙江旅游资源及市场的基础上，从客观和微观两方面阐述了海洋旅游产品的开发思路。另外，郭鲁芳及胡卫等，分别研究了海洋旅游产品深度开发及舟山海洋旅游品牌的构建及对策问题。陈飞永对宁波海岛旅游业带来的积极效应进行了述评。

海洋旅游的国内外研究来看，国外学者侧重研究海洋旅游对海洋环境的影响。国内学者研究重点放在海洋旅游的结构优化和开发原则、开发问题和对策上，研究内容基本停留在开发的战略研究层面上，缺乏针对海洋旅游产品的2D空间向3D空间延伸的政策需求和市场现实需求，研究海洋旅游业的发展。根据海洋旅游产品3D空间延伸的政策需求和市场现实需求研究海洋旅游是实现海滨到海洋的转变，促进旅游市场和海洋旅游资源的合理有效配置，带动海洋旅游相关企业，促进宁波海洋旅游业可持续发展的途径。

宁波拥有发展海洋旅游业的优越环境和丰富文化，宁波《“十二五”海洋经济发展规划》把海洋旅游列为予以重点发展的海洋产业，宁波《打造国际强港行动纲要(2011—2015)》中提出了海滨旅游资源转化成海洋旅游资源的整体构思。从“海滨”到“海洋”不仅仅是视野的变化，更是质的飞跃。充分利用“港、桥、渔、滩、岛、景”等资源优势，推动滨海旅游业的快速发展，建成我国海洋文化和休闲旅游目的地是宁波发展海洋旅游业的首要任务。宁波海洋旅游业的发展中旅游产品开发作为海洋旅游发展重要环节，也是海洋旅游策划和市场营销的前提，作用不容忽视。宁波海洋知识博物馆、海上运动项目、海鲜美食项目等方面具有明显的优势，但是海洋旅游多以观光和商务旅游产品为主，结构单一，相关旅游如休闲度假、体育娱乐、修养型等专项旅游项目并没有完全开发出来，随着市场需求的多样化，无法保持强劲的竞争力。所谓“海洋旅游(Marine Tourism)”就是指在陆地、岛屿以及大海等空间、发生的所有休闲观光旅游行为。海洋旅游的发展应从海洋旅游产品的开发设计着手，逐渐向海上、海中、海底等空间领域扩张，应从海洋旅游的主体、客体、政府服务和管制的角度加以进行研究。也就是说，过去的海滨旅游产品只是停留在2D(平面)空间的设计与规划，如今的海洋旅游则是在3D(立体)空间的产品设计与规划。在海洋经济发展的新背景下，如何与旅游产品开发相结合率先提出海洋旅游发展的新理论，提出海洋旅游业发展方向是宁波发展海洋旅游业的前提。

本章将在研究现阶段宁波滨海旅游业的发展基础上，对国内外海洋旅游开发经验和开发模式进行分析，针对海洋旅游产品的2D空间向3D空间延伸的政策需求和市场现实需求，从海洋旅游开发设计的主体角度、客体角度、理论和实际相结合的角度研究海洋旅游业的发展，提出海洋旅游的相关对策，以期能够对宁波市海洋旅游业的发展提供明确思路，促进旅游市场和海洋旅游资源的合理有效配置，带动海洋旅游相关企业的规模化、集约化、国际化，同时也促进海洋旅游理论体系的深化与发展，促进宁波海洋旅游业可持续发展提供新的途径。

## 第二节　宁波海洋旅游业发展现状与特点

### 一、浙江海洋旅游发展概况

浙江作为“十二五”规划海洋经济战略示范省，在发展海洋旅游方面具有独特优势。海洋旅游占浙江旅游业半壁江山，突出中高端特色，培育壮大海洋旅游经济是浙江旅游业发展的重要契机和途径，“十二五”期间浙江将进一步加强重视、明确思路、抓好重点，把浙江建设成为全国海洋旅游高端产品先发地,带动浙江沿海和海岛地区转型升级发展。

## (一)浙江发展海洋旅游业的背景

浙江发展海洋旅游是顺应旅游业态发展态势需要。旅游业态是对旅游业的组织形式、经营方式、经营特色、经济效益等的综合描述。初级形态旅游业以观光为核心,相关产业各自独立,区域发展带动能力较弱。第二级形态指为了满足多样化的旅游需求,形成的观光、游乐、娱乐、休闲、康体、美食、修学、商务等多元化复合型产业形态,区域发展带动能力较强。第三级形态以旅游目的地为核心,形成多要素、多层面的产业一体化形态,成为区域发展的综合平台和主要动力。目前,浙江旅游产业整体上处于调整阶段,各种形态共存,体验化休闲型旅游业将是主要形态,而中高端海洋旅游业正是以度假旅游和生命体验为核心,有着很大发展潜力。

浙江发展海洋旅游是顺应海洋旅游业发展潮流需要。随着参与式、体验化旅游形态的兴起,“3N”,即去大自然(Nature)让自己处于大自然和谐完美的怀恋(Nostalgia)中,使自己的精神融入人间天堂(Nirvana),正成为海洋旅游新热点。对应地,以生命体验、身心参与为重要追求的海洋旅游产品,例如海洋游艇、海岛垂钓、海岛高尔夫等,成为新的海洋旅游吸引物。海洋旅游潮流的演进,要求浙江海洋旅游业发展更需注重“3N”追求,而“3N”多为中高端产品,这就要求浙江海洋旅游业必须坚持高起点,着重于中高端的开发建设。

浙江发展海洋旅游是顺应海洋旅游发展特征需要。相对于陆上旅游,海洋旅游的城市依托相对较差,多需建设大型度假村,或相邻度假村构成旅游城镇,使得海洋旅游具有投资较大、软硬件要求高、风险性大等特征,这就要求优先发展中高端产品,通过高附加值服务,来获得投资收益。同时,目前东部沿海和海岛海洋旅游总体上还处于起步阶段,浙江着力开发中高端产品,可积极抢占国内海洋旅游产品体系制高点,形成品牌效应;可通过高位市场进入带动大众市场需求,形成产品建设与市场开拓的良性互动。

浙江发展海洋旅游是顺应旅客高新服务需求的需要。长三角地区是我国最大的经济发达区域,人口达1.5亿左右,人均GDP超过6000美元,已初步形成数量庞大的“有闲阶层”,其对旅游产品、旅游目的地的选择正向中高端转变。例如,长三角地区居民约占我国到欧美国家旅客量的40%,“大三通”后到台湾旅游的浙江居民约占大陆旅客的25%。开发有特色的、新鲜“可口”的中高端海洋旅游产品,提供高质量服务,既是吸引长三角地区中高端客源,减少外流的需要,也是发挥独特海洋文化和海洋景观资源,吸引其他省市和日本、韩国及东南亚地区客源的需要。

### (二)浙江发展海洋旅游优势

浙江海洋旅游资源在长三角地区乃至全国具有独特优势。浙江沿海和海岛旅游资源单体占全省的37%,优良级单体占全省39%,旅游资源类型齐全,空间分布呈大分散、小集中格局,为海洋旅游业发展提供了有利资源条件。同时,相对沿海其他省份,浙江海洋旅游资源有着独特优势,主要体现为:岛屿和岛群众多、类型多样,开发条件较好,可适宜开发成多类旅游产品;海鲜美食资源丰富,品质优异;海洋文化具有地域特色,宗教文化、渔民文化、外贸文化积淀深厚,连绵持续;有世界级大港、杭州湾跨海大桥、世界海洋生物保护圈、南麂列岛等旅游资源,可开发出系列独特海洋旅游产品。

浙江海洋旅游发展已有较好基础。2010年,浙江省海洋旅游收入约为1300亿元,约占海洋经济总产出的25%。随着舟山大陆连岛工程等交通设施、凤凰岛度假村等高星级饭店建设,海洋旅游进入性和接待能力大为增强。同时,沿海和海岛地区初步形成了以城市为核心,以国家级和省级旅游功能区为支撑的海洋旅游体系,形成了普陀山"金三角"、舟山沙雕节、象山开渔节等一批知名海洋旅游品牌。同时,我省正积极在沿海和海岛地区规划布局一批游艇泊位,宁波、温州提出建设国际邮轮母港中心,促进发展游艇和邮轮经济。平湖九龙山旅游度假区等一批海洋重大旅游项目正在建设中,其规划建设将进一步丰富浙江中高端海洋旅游产品。

浙江海洋旅游需积极正视制约条件:一是自然环境制约,主要表现为季节性强,适游期较短(每年约5个月),影响旅游设施利用率和投资效益;台风等自然灾害较严重,对海上旅游活动稳定性带来隐患;近岸海水水质较差,影响海洋旅游吸引力。二是经济发展制约,主要表现为旅游业正处在新一轮区域分工定位期,来自山东、福建、广东、海南等省市的海洋旅游发展竞争较为激烈;旅游业处在新一轮产品供求匹配期,中高端海洋旅游产品供需面临不确定性。

### (三)发展浙江海洋旅游思路

1. 着力培育"3+3"中高端海洋旅游精品

"3+3"即海洋休闲度假、海洋文化、海洋节庆会展3个大类,以及海洋游艇、海钓休闲、滨海高尔夫3个专项海洋旅游产品。

开发海洋休闲度假产品。以“3S”为代表吸引物，融观光、度假、运动、娱乐、竞技于一体的海洋休闲度假，仍是最有市场空间的海洋旅游产品。要统筹规划，在泗礁、朱家尖、岱山、九龙山等地的大型沙滩开展帆船、沙雕、沙滩运动等密集型活动项目；在象山半岛、秀山、大衢、宁海湾、温岭等地的沙滩开展SPA等休闲放松活动。对开发条件好的海岛，如象山檀山头、普陀桃花岛、奉化悬山岛、温岭三蒜岛等，可结合海岛度假村开发等，形成海岛度假产品。

开发海洋文化旅游产品。结合沙滩娱乐活动、风情渔村参与式表演等，艺术化加工舟山锣鼓、渔歌、跳蚤舞、翁州走书、渔民画等传统文化遗产，提高海洋文化旅游参与性和观赏性。积极规划建设宁波海上丝绸之路馆、双屿港海洋贸易史馆、嵊山海洋渔业史馆、东极“里斯本丸”纪念馆等海洋文化平台。拓展佛教文化游，开发环莲花洋朝佛之旅、浙江沿海朝佛之旅等专题产品，开发佛学修禅、静心养颜、美容保健等产品，丰富佛教文化旅游内涵。

开发海洋节庆会展旅游产品。依托宁波、舟山等沿海城市，借力上海世博会、杭州休博会等，开发特色鲜明的海洋节庆旅游产品。抓好观音文化节、海鲜美食节、舟山海洋旅游节、象山开渔节等节事活动。策划实施好“船”“渔”“佛”等专业博览会，以及帆船赛、海岛极限运动会、环岛自行车邀请赛等特色赛事，提升浙江海洋旅游品牌知名度和美誉度。

开发游艇旅游产品。游艇是一个游动在海上的旅游目的地，游艇旅游正成为海洋旅游业中增长最快产品之一。长三角地区游艇经济具有很大空间。要利用好浙江港湾、海岛众多，海上风景秀丽等优势，在蓝海区域合理布局游艇旅游基地，在滨海旅游区设置游艇停靠码头，开发游艇海上嬉水、绕岛巡游、无居民岛探险、海湾探奇等产品，促进游艇旅游快速发展。

开发海钓休闲产品。海钓集渔业、休闲游钓、旅游观光于一体，有着“海上高尔夫”的美誉。浙江海岸线曲折，岛礁众多，渔业资源丰富，发展海钓业优势得天独厚。要以舟山为重点，科学划定嵊泗列岛、渔山列岛、洞头、东极、桃花、朱家尖、秀山、大长涂岛以东小岛等一批海钓重点区域，保护好海钓资源。鼓励成立海钓俱乐部，提供优质管理服务，促进休闲海钓和专业海钓发展。

开发滨海高尔夫产品。浙江尚无滨海高尔夫，可结合游艇、邮轮等高端海洋旅游产品开发，在严格控制高尔夫球场总量和规模前提下，在北仑、象山、洞头、慈溪、朱家尖、桃花岛、马目半岛等地规划建设一批滨海型、全岛型高尔夫球场，优先建设小型球场和迷你球场。支持依托滨海高尔夫球场，建设度假村、休闲别墅、会议中心、产权酒店等景观房产，提高海洋旅游接待能力和质量品味。

2. 集中建设“1＋2＋3”知名中高端海洋旅游目的地

“1”，即以“舟山群岛”为整体品牌的长三角地区中高端海洋旅游中心。舟山群岛海岛风光、海洋文化、佛教文化和隐逸文化特点明显，优良海洋旅游单体达219个，占全省的55.6％。要依托舟山城区，围绕普陀山“金三角”旅游板块（包括普陀山、朱家尖、沈家门、定海古城、桃花岛、东极岛、凤凰岛、蚂蚁岛、秀山岛、马目半岛等景点），突出海天佛国、海鲜美食、金沙碧海、海鲜购物、海洋文化等旅游产品，培育发展海钓、游艇，规划建设海岛高尔夫球场、海岛度假村、邮轮停靠码头，提升海洋旅游品味层次。借鉴海南经验，争取设立“朱家尖国际旅游岛”（含普陀山），实行落地签证等开放便利的出入境政策和旅游商品免税政策，并逐步扩大到整个舟山群岛（军事禁区除外）。同时，加快泗礁、岱山、嵊山—枸杞、洋山等外岛旅游资源开发和精品线路建设。加强“舟山群岛”整体品牌包装、招商、建设与推介，打响舟山在中高端海洋旅游目的地的品牌。

“2”，即宁波、温州两个城市型中高端海洋旅游目的地。宁波、温州两城市作为海上丝绸之路的重要节点，有着悠久的外贸文化，形成了宁波外滩（三江口）、溪口—雪窦山、天一阁、阿育王寺、雁荡山、江心屿、五马街等旅游景区。要加快邮轮母港的规划建设，并精心设计、丰富邮轮相关特色产品，如海鲜美食、海上丝绸之路文化演艺、多元宗教文化展示、民营经济发展史展示等，以及丝绸、青瓷等旅游商品，为游客提供优质服务。同时，随着舟山、大陆连岛大桥的即将建成，宁波要增强对舟山海洋旅游的城市依托功能，共促宁波—舟山海洋旅游目的地建设。

“3”，即杭州湾北岸、象山港、三门湾三个特色中高端海洋旅游目的地。杭州湾北岸主要包括平湖九龙山、盐官古镇、尖山、海宁中国皮革城、乌镇等景区，依托上海、杭州，重点发展滨海度假休闲、滨海高尔夫、钱江观潮、商务会议、购物旅游等产品，形成杭州湾北岸精品旅游带；象山港主要包括奉化莼湖、宁海强蛟、大佳何镇等旅游资源，依托宁波，重点发展以“静”为特色的港湾休闲度假、海岛疗养、海鲜美食、休闲渔业等特色产品。三门湾主要包括石浦渔港、松兰山、中国渔村、花岙岛、蛇蟠岛、满山岛、健跳古城、伍山石窟等景区，重点发展海岸观光、海滨古城、渔村休闲、情景度假等旅游产品，培育形成三门湾海洋旅游经济区。

3. 加强海洋旅游管理服务改革创新

加强海洋旅游的组织领导。鉴于海洋旅游的重要性，建议省和沿海市、县旅游行政主管部门内设置专门的处室，加强对海洋旅游发展的管理与服务。加快《浙江省海洋旅游发展规划》修改、发布。加强海洋旅游的统计分析与态势研究，加大在全球招商引资与重大项目设置等方面的扶持力度，促进海洋旅游高水平、快速度发展。

加强海洋旅游公共服务体系建设。推动海洋旅游咨询服务、旅游信息提示、旅游紧急救援等公共服务，及其海洋旅游集散中心、旅游厕所、标识标牌等服务设施建设，完善"浙江海洋之旅"电子政务网和电子商务网，开发建设浙江旅游资讯网，强化海洋旅游安全和危机管理，加快形成快速便捷的旅游交通、资讯等网络，建立形成覆盖全行业并与相关部门、行业联动的安全预警机制。

加强海洋旅游管理体制改革创新。结合沿海和海岛各地实际，强调市场化运作、企业化经营、专业化管理，努力形成有利于旅游资源优化配置，有利于资源保护和可持续，有利于产业互动的科学合理的旅游管理服务体制。加大自然风景旅游资源和文化遗产保护，探索海洋旅游景区所有权、经营权、管理权分离，引导景区管理体制和经营投资机制的创新。改革创新行业管理方式，从目前模式化的旅游行业管理向适应旅游行业发展趋势，着眼于海洋旅游业的引领和业态分类管理的转变上来。

## 二、宁波海洋旅游资源概况

宁波旅游资源种类丰富，覆盖面广，优良级资源多，品级出众。从品牌旅游资源的角度来看，宁波的"大港"（宁波港），"大桥"（杭州湾跨海大桥），"大湖"（东钱湖），"大海"（象山滨海旅游资源），无论从资源的内涵丰度，赋存等级等自身条件，还是从资源的开发价值和开发潜力来看，或是资源的代表性和与宁波海洋旅游形象关联性来看都可谓是处于宁波海洋旅游资源体系中的第一阶层。

### （一）大海

宁波作为中国东部的著名沿海城市，海岸线漫长，港湾曲折，岛屿星罗棋布。全市海域总面积为 9758 平方千米，岸线总长为 1562 千米，其中大陆岸线为 788 千米，岛屿岸线为 774 千米，占全省海岸线的 1/3。

宁波海洋旅游资源囊括 7 个主类，20 个亚类和约 30 个基本类型，共计单体旅游资源 60 多个项目。其中“海上丝绸之路”起航地，花岙海上石林和宁波象山海鲜；以及石浦老街、石浦渔港、松兰山沙滩群、檀头姊妹滩、渔山列岛和中国开渔节等高品质的海洋旅游资源构成了宁波大力开发海洋旅游的重要基础。

宁波洋旅游资源“自然”与“人文”特色并重；海洋旅游产品“观光”和“休闲”并举。自然资源的主要以“滩、岩、岛”为主，主要集中在象山港内和象山县沿岸，例如丹城的松兰山沙滩，平磨如席的沙滩浴场、茂密的生态植被、清爽的海滨空气造就了舒适的度假环境；而象山湾水域宽广，风平浪静，水质清净，是开展现代海洋娱乐活动和建设游艇基地的理想海域。人文资源包括了历史人文的遗迹（如海上丝绸之路起航地）、海洋生产和海洋生活三大方面。由于宁波岛屿周围海域渔业资源和贝类资源丰富，发展渔业潜力较大，围绕海洋渔业所形成的特色街区、渡口码头以及渔业生产的节事（中国开渔节＝国际海钓节）都成为独具吸引力的海洋旅游资源。

（二）大港

宁波港由北仑港区、镇海港区、宁波老港区（内河港）、大榭港区、穿山港区、梅山岛区组成，是一个集内河港、河口港和海港于一体的多功能、综合性的现代化深水大港。根据宁波市旅游资源普查的结果，宁波港拥有 3 个主类，10 个亚类和 27 个基本类型的旅游资源，共计 60 多项旅游资源单体。其中北仑港、“海上丝绸之路”起航地和镇海口海防遗址，以及安远炮台、后海塘、威远城、石浦渔港等资源的等级较高。

宁波港口旅游资源主要集中在北仑港、镇海港和宁波老港区三大区块。其中北仑港以北仑电厂码头、吉利汽车工业旅游点、贝发制笔城、九峰山、女排训练场、凤凰山主题公园为主要资源点，以临港工业旅游、主题游乐旅游为主打特色；镇海港历经“四抗”，并在中西交汇的环境中孕育了大批宁波商帮的历史名人，因此，独特的海防文化和宁波商帮文化构成了镇海港资源的特色所在；宁波老港区见证了宁波从内河港到河口港到海港的两次大跨越，“三江口”作为原先宁波内河港口旅游的主要承载区，现在宁波的中心商业区已复合了旅游观光、休闲游憩购物等多种旅游功能，宁波老港区的主打特色在于以现代城市商业为基础的都市多功能的特色旅游区。

从总体来看，宁波港口旅游资源组合情况良好、资源时空分布密集、资源开发与美学欣赏价值较高，具有开发为宁波品牌旅游产品的潜力。

### (三)大桥

2008 年 5 月 1 日建成通车的杭州湾跨海大桥是目前世界上最长的跨海大桥。大桥全长 36 千米,桥面宽 33 米,分双向六车道,南接宁波慈溪水路湾,北至浙江嘉兴海盐郑家埭,大大缩短了宁波至上海的陆路交通距离,缓解了沪杭甬高速公路的压力,形成以上海为中心的江浙沪两小时交通圈。

大桥在设计中首次引入了景观设计的概念。大桥平面为 S 形曲线,总体上看线形优美、生动活泼。从侧面看,在南北航道的通航孔桥处各呈一拱形,具有了起伏跌宕的立面形状。桥景结合是杭州湾大桥的另一个闪光点,大桥在离南岸约 16 千米处,设计有一个大型的旅游休闲观光平台(也是交通服务求援海上平台)。观景平台东西长 148 米,南北宽 99 米,珍珠塔塔高 136 米,堪称国内首创,登塔即可把沿海两岸甚至整个杭州湾的风景尽收眼底,饱览海天秀色。

杭州湾跨海大桥开通后,明显地缩小了宁波到南京、苏州、嘉兴等周边城市的距离,也同样将缩短台州、温州、舟山等地到长三角地区其他城市的距离。在宁波实现了与上海的快速接轨后,将使整个长三角地区,从苏南、上海一直到浙南、无锡、嘉兴地区的旅游资源实现真正互通。形成以上海为核心的长三角 2 小时旅游圈,形成上海、杭州、宁波旅游的"金三角",将极大地促进宁波商贸旅游、会展旅游和购物(休闲)旅游等多种形式的旅游商场的发展。

### (四)东钱湖

东钱湖是省内第一大淡水湖,位于宁波市东南近郊。湖区群山环抱,环境优美,岸线曲折,湖面开阔,南北长 8.5 千米,东西宽 4.5 千米,环湖一周达 45 千米,水域面积 20 平方千米,为杭州西湖的三四倍,郭沫若先生喻之:"西子风韵,太湖气魄。"

自古以来,东钱湖便是浙东著名风景胜地,历经沧桑,积淀了浓厚的文化底蕴,留下了诸多具有较高历史及艺术价值的文化历史遗存,其厚重悠远的历史文化蕴含形成了商儒结合、官佛相容的独特文化传承。

东钱湖旅游度假区管委会成立之后,对区域内湖泊山丘、山林天地、民俗风情、建筑古迹、历史文化等各种旅游资源进行全面整合和综合开发。规划了七大主题景区:分别是以"山水风情"人文风貌为主的陶公山—骨子湖景区;以湖泊景观为主体的钱湖景区;以高品位文物和历史遗迹为内容的韩岭景区;以刹海碧波,湖海并线为特色的福泉山景区;以湖中半岛的山地风光和宗教文化为特色的二灵山景区；以湿地生态、山林生态为特色的英山景区，以及以湖泊山林为特色，安排康体健身和旅游度假的太白湖景区。通过种种手段，把东钱湖打造成融湖山海景和历史文化于一体、集游赏览胜和休闲度假等主要功能于一身的近郊型国家级风景名胜区。

### （五）都市旅游

宁波商业发达，城市基础设施完备，有着发展都市旅游的天然条件，其都市旅游资源主要包括都市风光类、都市文化类、都市商业类、都市农业类和都市节庆旅游这五大类型。

1. 都市风光类

宁波城区三江口一带商业繁华，三江并流景观独特，老外滩通过保存历史建筑和街区风貌，植入新都市文化，将厚重的历史与发展的愿望完美结合在一起，天一广场是目前国内最大的"一站式"购物商业广场，具备了"吃行娱购游"等基本旅游要素内容，是宁波市中心最具活力、最时尚的商业广场和最新的商业形态，是顾客购物的天堂，游客旅游休闲的好去处。

2. 都市文化类

宁波是中国古代著名的对外交通贸易口岸和越窑青瓷产地，历史悠久，文化发达，文物古迹众多，1986 年宁波被国务院列为国家历史文化名城。全市共有文物点 1040 处，已公布文物保护单位 232 处，其中国家级 11 处，省级 26 处。

3. 都市商业类

宁波老店状元楼，老字号缸鸭狗、汗理翔、楼茂记，向阳渔港，惊驾路和天童北路美食一条街都逐步发展为宁波的特色餐营业。三江口、和一路、银丰路、科技园区、国际会展中心等呈现商业商务集聚发展。天一商圈、万达广场是宁波的中高档购物区，城隍庙步行街、鼓楼文化休闲步行街等特色购物街区也满足了广大游客和城市市民的要求。雅戈尔服装城、贝尔中国制笔城是宁波新兴品牌企业的专业市场，也具有参观游览和开发价值。宁波都市商业资源总体概括为：历史悠久的商业文化，享誉国内外的宁波商帮，老字号产品和品牌的复兴，以及现代著名的商业和商务城市。

4. 都市农业类

宁波众多的农业科技示范园、农产品生产基地、现代农业科技创新和成果转化基地纷纷利用自身突出的产品优势和创新能力走出了一条集农业观光、科普教育、乡村体验和娱乐休闲于一体的"都市里的村庄"的新路子。受到了游客和市民的普遍欢迎和热情追捧,都市农业旅游是目前发展最快、收益显著的方向之一,它将都市农业资源转化成旅游产品,以都市农业生产经营模式、农业生态环境、农业生产活动等为主要内容的旅游产品,满足了现代都市人亲近大自然的需要。

5. 都市节庆旅游

利用宁波的区位优势和产业优势,近年来宁波大力开发都市节庆。成功举办了宁波服装节、梁祝爱情节、浙洽会、旅洽会、宁波旅游节等一系列都市节庆旅游活动,取得了良好的效果。此外,宁波国际港口节、浙江外滩节、中国海上丝绸之路文化节等节庆活动都具有很好的发展潜力。旅游节庆与城市直接的集结性不断增强,城市因办节而繁荣。节庆有效地提升了举办地的知名度和影响力。

## 三、宁波海洋旅游业发展现状

### (一)宁波海洋旅游发展概况

近年来,宁波旅游业坚持以科学发展观为统领,围绕创建旅游强市目标,发展势头迅猛,已经具有较好的产业基础,形成了“政府主导、合力兴游”促发展的良好格局。随着海洋旅游业的加速发展,滨海湿地、滨海露营、海钓、海岛休闲等旅游新业态已逐渐成为旅游经济增长的新亮点。近几年宁波海洋旅游发展增长态势良好(如表 8-5),其海洋旅游总产值 2010 年达到了 75100 万元,海洋旅游增加值达到了 23959 万元。

**表 8-5　2004—2010 年宁波海洋旅游业主要指标**

| 年份＼指标 | 海洋旅游总产出(万元) | 海洋旅游增加值(万元) | 从业人员(人) |
|---|---|---|---|
| 2004 | 23718 | 8360 | 2653 |
| 2005 | 28857 | 9819 | 2745 |
| 2006 | 35319 | 12017 | 2813 |
| 2007 | 43830 | 14660 | 2863 |
| 2010 | 75100 | 23959 | — |

2011 年是宁波旅游业“十二五”发展开局之年,在 2010 年世博效应带来的大幅度增长的基础上,“后世博”旅游效应、“中国旅游日”品牌效应、惠民旅游政策、会展活动不断增多等因素推动宁波市旅游经济继续稳步向前发

展，市场规模、企业规模质量及项目投资迈上新台阶。2011 年度游客满意度列全国第二位。2011 年，宁波市接待入境旅游者 107.42 万人次，同比增长 12.87%；旅游外汇收入 6.55 亿美元，同比增长 10.96%；全年国内旅游接待 5180.8 万人次，同比增长 12.04%；国内旅游收入 708.74 亿元，同比增长 16.05%。实现旅游总收入 751.3 亿元，同比增长 15.4%。2012 年上半年全市旅游总收入 372.25 亿元，同比增长 11.5%。其中接待入境旅游者 52.25 万人次，同比增长 6.99%，旅游外汇收入 3.3 亿美元，同比增长 2.16%；国内旅游收入 350.78 亿元，同比增长 12.1%，这些发展对宁波海洋旅游产业的发展起到了重要作用。

宁波海洋旅游资源在长三角乃至全国具有独特优势。宁波沿海和海岛旅游资源类型齐全，空间分布呈大分散、小集中格局，为海洋旅游业发展提供了有利资源条件。同时，相对沿海其他省份，宁波海洋旅游资源有着独特优势，主要体现为：岛屿和岛群众多、类型多样，开发条件较好，可适宜开发成多类旅游产品；海鲜美食资源丰富，品质优异；海洋文化具有地域特色，宗教文化、渔民文化、外贸文化积淀深厚，连绵持续；有世界级大港宁波港、杭州湾跨海大桥、世界海洋生物保护圈等旅游资源，可开发出系列独特海洋旅游产品。

宁波市旅游投资在政府引导下，海洋旅游呈现出一定的特色，以奉化、宁海、象山为主体的南部地区充分利用海洋旅游资源，投资建设了游艇俱乐部、滨海型度假区等一系列以海洋休闲为主要特色的“海趣”项目。宁波旅游的良好发展势头为发展宁波海洋岛屿旅游提供了有利条件和保证。特别是饭店、旅行社的数量和服务水平逐年向上，旅游项目的投入增加，运用事件营销进行城市推介活动，效果显现。

到 2011 年，全市五星饭店达到 18 家，四星级饭店 23 家，三星级饭店 55 家。全市星级饭店的总数达到 190 家，宁波市的星级饭店总体规模继续在同类城市中保持领先水平。此外特色花级酒店也增加到 39 家，住宿供给的丰富度提高。饭店适应市场能力增强，国际化水平继续提升，威斯汀、柏悦、洲际等豪华品牌相继开业，迄今为止，全球十大饭店品牌已经有八家进入了宁波市场，与杭州持平。高星级饭店仍然为宁波市新增星级饭店的主力，宁波市星级饭店的档次结构调整继续延续上移态势，高星级酒店投资建设的集聚态势越来越明显，且国际化和品牌化势头迅猛。旅行社的数量快速扩张，业务量总体平稳。2011 年，宁波市旅行社引进了国内知名旅行社，本土的旅行社分支机构增长速度也大幅提升，一批大型旅行社的门店扩张已遍布全市,全市经备案的门市部已超过400家,行业转型升级步伐加快。"十二五"开局之年宁波市旅游项目建设投资迈入千亿时代。2011年全市动工建设的旅游项目共计91个,总投资1159.87亿元,总投资同比增长60.33%,单体平均投资12.75亿元,同比增长76%。市场营销推介也效果显现,国内外、当地三大市场"持续增长,稳步上升",宁波市国内旅游客源结构继续优化。2011年宁波市充分利用"浙洽会"、"首届世界浙商大会"、"首届海洽会"等重大投资活动平台,精选包装50多个招商项目,总投资超过700亿元,并为城市营销和海洋经济的发展创造了良好格局。

### (二)宁波海洋旅游业发展瓶颈

宁波海洋旅游在发展过程中,需积极正视制约条件。一是自然环境制约,主要表现为季节性强,适游期较短(每年约5个月),影响旅游设施利用率和投资效益;台风等自然灾害较严重,对海上旅游活动稳定性带来隐患;近岸海水水质较差,影响海洋旅游吸引力。二是经济发展制约,主要表现为旅游业正处在新一轮区域分工定位期,来自山东、福建、广东、海南等省市的海洋旅游发展竞争较为激烈;旅游业处在新一轮产品供求匹配期,中高端海洋旅游产品供需面临不确定性。

就目前宁波海洋旅游开发的现状来看,一些岛屿的旅游开发效果不理想,甚至部分岛屿旅游产品的无序开发对岛屿资源和海洋生态环境造成了一定程度的损坏,给这些岛屿的社会经济可持续发展带来了负面影响。

1. 海洋旅游基础设施层次结构不合理,市场营销手段欠缺。宁波海洋资源丰富,然而在旅游接待服务设施中,存在饭店和宾馆数量多却接待能力弱,服务档次不高的问题。这说明旅游的层次结构接待能力有待于进一步提高。除此之外,海洋旅游新开发项目的市场宣传力度不够,海洋旅游促销手段欠佳,仍处于卖方市场的"酒香不怕巷子深"式的拉进式市场营销阶段。

2. 海洋旅游开发项目开发层次较低。不同的海洋岛旅游动机构成了旅游活动的行为层次。岛屿旅游行为有三个层次:一是观光型旅游,即单纯的享受自然以及人文景观;二是娱乐型旅游,即以娱乐为主的可以提高和丰富岛屿旅游活动内容的旅游,它属于旅游行为的提高层次;三是专业性旅游,即以休养疗养、出席会议、宗教朝拜、市场调查及岛屿考察等内容为主的旅游。目前,宁波海洋旅游很大层面上属于游客选择节假日去享受一下阳光沙滩,领略美丽的岛屿风光。因此,宁波海洋旅游活动层次基本上停留在岛屿风景观光游览的第一层次,游客在岛屿逗留时间短,岛屿旅游经济效益低。

3. 海洋岛屿旅游自然生态环境较脆弱。由气候变化所引起的冰川融化和海平面上升的问题,海洋生态系统破坏和自然灾害问题,给生态环境原本就很脆弱的岛屿雪上加霜。另外,还有很多人为因素,如盲目而过度开发利用岛屿资源,随意堆放垃圾;砍伐树木和垦殖草地,以及杂乱无章的岛屿取石行为;滥捕乱杀珍贵生物资源;工业及生活废水的排放等。这些人为的行为严重威胁到岛屿旅游资源的正确有效的开发利用,成为浙江海洋岛屿旅游业发展中难以逾越的一个坎。

4. 海洋旅游管理体制不够完善。因各个涉及海洋管理部门的管理体制不健全,相关管理机制和法律制度不完善,如部分地方政府海洋资源开发利用的管理机构之间缺乏相互协调的框架体系,基本上还是以行业为主,部门之间没有一个统一规划、协调并进的管理机构,致使出现多头管理,秩序混乱的不良局面;海洋资源开发和保护项目之间的不协调,导致海洋环境污染和海洋资源的浪费,严重影响了海洋旅游业的资源开发潜力和未来可持续发展的空间;相对于海洋旅游业从业人员的素质不高,海洋岛屿旅游业所涉及的领域却广泛,对综合型人才素质要求较高,而且,目前因还没有建立健全有效的人才管理体制和相关机制,所以,海洋岛屿旅游业的从业人员素质远远满足不了行业发展需要,这也是海洋旅游业发展受挫的主要原因。

## 第三节 宁波海洋旅游业的重点项目及发展方向

### 一、宁波海洋旅游业重点项目

#### (一)特色观光旅游项目

范围:作业港区观光旅游点和临港工业旅游点等。

目标及定位:宁波对外开放的第一门户,大港旅游的核心标志。

重点内容及工作步骤:

1. 已完成工作:一是协调推进北仑山岛开发相关事宜;二是指导完善北仑电厂参观码头的相关领域功能;三是指导北仑电厂创建全国工业旅游示范点;四是通过开展“五心服务,百分满意”活动,推进吉利汽车工业旅游点的品质提升;五是加强与相关部门联系协调,制定梅山岛旅游功能开发布局规划。

2. 待完成工作：一是积极协调，争取有限开放集装箱码头；二是立足北仑山岛的现有计划，启动建设连岛栈桥、岛上观光平台、全封闭多功能观光塔、港口科技游乐馆等，配套布置港口作业、港口航海、港口游乐等参与性强的科普游乐设施，形成港口观光游的观光平台和港口游乐中心；三是推进北仑山滨海休闲区建设；四是在北仑电厂“海上丝绸之路”展示厅与集装箱码头搭建栈桥连接，近距离参观集装箱码头；五是推进贝发集团、保税区等开辟工业旅游点；六是继续指导北仑电厂、吉利汽车工业旅游点提升品质；七是争取开辟梅山岛保税购物一条街。

（二）海（江）上休闲旅游项目

范围：邮轮旅游、游艇旅游、游船旅游项目。

目标及定位：宁波游艇基地之一，长三角地区邮轮、游船的母港，太平洋邮轮旅游网络的重要节点，国际邮轮的靠泊港。

重点内容及工作步骤：

已完成工作：一是推进北仑港五万吨级多功能邮轮码头建设和邮轮服务中心的配套开放；二是推进内部——台湾邮轮航线启动前期可行性研究，并着手调研、对接等；三是争取开通“海上看大港”游线；四是推进老外滩游艇项目建设。

待完成工作：一是继续推进北仑港五万吨级多功能邮轮码头建设和邮轮服务中心的配套开发；二是推进老外滩、洋沙山游艇项目建设；三是争取开通“北仑港—穿山港—杭州湾跨海大桥”、“环舟山岛”、“宁波—上海”、“宁波老港（三江口）—镇海港—北仑港”等四条海（江）上游线及镇海七里矶海岛为据点的东海海景体验游线；四是逐步推进宁波至青岛、大连、厦门、台湾、香港、韩国、日本以及东南亚等境内外邮轮航线；五是争取每年 2 艘左右国际邮轮经停，促进宁波港成为国际邮轮旅游网络中的重要节点。

（三）人文体验旅游项目

范围：旅游产业集群节庆、港口（商帮）博物馆、港口（海防）遗址、主体公园等。

目标及定位：宁波港口文化的重要载体，现代港口建设成就的展示窗口。

已完成工作：一是举办“旅游产业集群节”或“国际港口节”；二是举办“宁波外滩旅游节文化节”；三是提升推广“三江夜游”产品；四是推进“海上

丝绸之路”申遗工作，建设“海上丝绸之路”文化经典，建设仿宋神舟、宋代航迹艇，启动六王广场建设；五是加快招宝山景区提升，改造招宝山景区大门，建设招宝山文化苑、熬柱塔观音文化雕塑、招宝大舞台、招宝山连接古海塘大桥、陈逸飞纪念馆和仙人游妈祖文化场景展示，完善宝陀寺寺院格局，恢复天灯台遗址和望海楼；六是完成庄市片区旅游总体规划，修缮叶澄衷墓道，整合商帮旅游景点；七是推进北仑电厂“新海上丝绸之路”博物馆及凤凰山主题公园品质提升。

待完成工作：一是推进老外滩街区不断丰富港口历史文化，并创建国家4A级旅游区；二是推进北仑港“港口历史博物馆”（或老外滩“宁波航海博物馆”）建设；三是继续举办“港口国际旅游节”等节庆活动；四是挖掘“海上丝绸之路”文化内涵，打造“海上丝绸之路”文化港品牌；五是拓展海防文化资源，发展爱国主义教育基地，不断充实招宝山主景区内容；六是推进宁波帮博物馆建设，以庄市老街、叶家村、叶氏义庄、包玉刚故居、邵逸夫旧居、宁波帮公园为主要景点，整治内外环境，推出商帮文化寻根游线路；七是推进凤凰山主体公园二期开发。

### （四）绿色养生旅游项目

范围：北仑、镇海及甬江沿岸带的绿色旅游、乡村旅游项目等。

目标及定位：现代大港的绿色花园和美食天堂。

重点内容及工作步骤：

已完成工作：一是推进九峰山旅游区创建国家4A级旅游区；二是推进北仑牡丹庄园及北仑农业园去创建全国农业领域示范点；三是指导北仑牌门村创建省三星级乡村旅游点；四是指导北仑牌门碧秀山庄和农家乐创建市级农家乐休闲旅游示范点；五是指导镇海庄市光明村创建全国农业旅游示范点及省三星级乡村旅游点。

待完成工作：重点推进新湖农庄、梅港渔岛、城湾人家、洋沙山以及郭臣、春晓、梅山沿海线农家乐、特色餐饮等休闲旅游项目的品质提升，探索开发梅庄山岛滩涂泥浴等项目。

### （五）宁波民俗文化与时尚展演

定位：地方民俗文化资源的传承与现代时尚展演的结合。

发展目标：以安庆会馆和旅游剧场为主体，再现狮子舞、马灯舞、犴舞、造跌、螺灯、农民画、宁波商帮的社团活动方式、三江口的出海归航仪式等宁波地方民俗文化。并融入现代艺术元素，再造市民和游客广泛参与和深度体验的旅游特色产品。

此外还有服装类的海洋旅游项目。

定位："红帮裁缝"服装文化探源，现代品牌服装企业展示。发展目标："红帮裁缝"发源地，中国近现代服装业的改革者和奠基者，创立了中国服装业的"五个第一"。将传统文化旅游、工业旅游、购物旅游整合发展。设计服装之旅游线，包括宁波服装博览馆、知名服装企业生产过程（如雅戈尔、罗蒙、太平鸟、洛兹、爱伊美等）、品牌服装购买等内容。再现宁波服装产业深厚的文化底蕴和现代创新成果。

## 二、宁波海洋旅游业发展方向

宁波作为浙江省海洋旅游的主要城市，海洋旅游资源品种丰富、类型多样，自然与人文资源兼备，不仅拥有重要的海岛、沙滩、奇岩、滩涂等自然风光和海上丝绸之路、浙东渔民俗、海防等文化资源，还拥有北仑港和杭州湾跨海大桥等一流的现代建设成就，并辅以良好的经济发展态势和区位交通优势，为宁波市海洋旅游业的发展提供了充足的条件。2011 年初，浙江海洋经济发展上升成为国家战略，宁波市委、市政府积极响应，将海洋经济强市建设提上重要议事日程。突破资源制约，开拓发展空间，成为宁波市新一轮海洋经济发展的首要方向。海洋经济发展规划的出台引发了社会各界的热议，海洋旅游又一次成为关注的焦点，迎来了前所未有的发展机遇。宁波旅游发展"十二五"规划提出，把宁波市建设成为以海洋旅游为特色的国内一流的旅游目的地。围绕这一目标，必须要有计划、超常规、大规模地开发宁波海洋旅游资源，推出一批兼具山海特色、海洋文化底蕴深厚、适应现代海洋旅游度假需求的旅游产品，与上海都市旅游和杭州西湖山水形成鼎足之势，实现建设旅游强市和国际港口旅游名城的宏伟目标。

此次海洋旅游发展规划的范围确定为整个宁波市域。宁波的余姚、慈溪、镇海、北仑、鄞州、奉化、宁海、象山涉海县（市）、区为此次规划的重点地区；其他县（市）、区作为发展海洋旅游的配套功能地区一并规划。规划期限为 2011 至 2030 年，分为近期 2011 至 2015 年、中期 2016 至 2020 年，远期展望到 2030 年。规划以《浙江海洋经济发展示范区规划》为引导，以《宁波市海洋经济发展规划》、《宁波市旅游发展总体规划》和《宁波市旅游业发展"十二五"规划》为基本依据，以确立海洋旅游业作为宁波市海洋经济发展支柱产业地位为目标，注重相关资源空间与产品的规划统筹，注重机制体制创新和主题形象引导下产品的创新发展，注重加强生态资源空间的保护，通过旅游与相关产业联动发展，推进现代服务业发展，使海洋旅游业成为宁波旅游业发展的新动力和形象载体。

规划编制的主要内容包括：全面分析梳理宁波海洋旅游资源赋存现状、竞争环境、优势与制约因素，进行针对性地开发适宜性判断和整合条件分析；研究、分析和预测海洋旅游市场的客源市场需求总量、地域结构、消费结构及其他构成特征；明确海洋旅游主题形象和发展战略目标系统，明确海洋旅游产品开发的方向、特色、层次与主要内容；明确海洋旅游功能的空间重心及层次关系；提出产品发展的策略重点和项目重点，对其空间及时序作出安排；对开发实施的中的旅游设施建设、配套基础设施建设、旅游市场开发、人力资源开发等方面进行投入与产出方面的分析；按照可持续发展原则，明确产品未来的管理与运营模式和服务质量标准；对海洋旅游开发过程中的生态和环境保护提出要求；提出开发实施的保障措施。

在海洋旅游的国内外环境的变化中，我们应该正确认识海洋旅游，开发适应新环境的海洋旅游产品，带来海洋旅游业可持续发展。

## 第四节　宁波发展海洋旅游业的具体对策

### 一、宁波发展海洋旅游业需要注意的问题

#### （一）海洋旅游需重视与其他产业的融合发展

海洋旅游与其他产业之间的融合趋势越来越明显，速度也越来越快，特别是海洋旅游与体育运动产业或文化产业之间的融合，在宁波诞生了许多海洋旅游新业态，比如宁海的徒步运动专项海洋旅游基地和古村落专项海洋旅游基地、东钱湖旅游度假区的自行车运动专项海洋旅游基地、慈溪的滑翔伞专项海洋旅游基地等。这些新业态不仅仅是简单的“体育＋旅游”或“文化＋旅游”，而且是产业转型和宁波海洋旅游可持续发展的有效途径，它是融合了一、二、三产全方位发展的大产业，它的发展不仅是产业品牌，更是关系到城市品牌、发展方向和个性特色的重大问题。如何针对海洋旅游与其他产业之间的融合打好海洋旅游牌，是宁波海洋旅游在未来发展过程中要面对的重要问题。

要促进具有宁波特色的海洋旅游发展，第一，必须密切旅游主管部门与其他行业主管部门之间的关系，形成发展海洋旅游的合力；第二，进一步完善旅游公共服务体系。要进一步加快市旅游中心的建设，构建以游客中心为依托，以旅游咨询、旅游形象推广、旅游投诉、旅游信息化、旅游紧急救援等功能为支撑的旅游公共服务体系，成为接轨上海世博会、融入长三角的主要节点和平台。同时，进一步完善旅游集散网络体系。合理规划，统筹布局，形成以市本级旅游集散中心为龙头，各县市旅游集散分中心为分中心的目的地集散网络体系；第三，持续推进海洋旅游重点区块和重大项目建设，重点突破海岛旅游和海上娱乐项目，打造多元化海洋旅游产品体系。在深入挖掘宁波海洋文化内涵的基础上，注意渔家民俗休闲、海洋渔业休闲、海洋军事等新业态的锻造，组成形式多样的海洋文化旅游产品体系。同时，加强对高品位、高质量的集参与性、娱乐性、趣味性、文化性于一体的特色旅游项目的创意与营造，增强吸引力，使游客在旅游过程中得到多方位的陶冶，从而使宁波海洋旅游业达到一个新层次。

### （二）核心旅游产品开发难度较大

在港口旅游方面，目前开发旅游产品的劣势主要有：一是作业港区暂无法对游客开放。当前港口旅游的核心资源是高级吨、大场面的港区作业场景，但由于港区是以发展港口及濒临港工业园经济为主的区域，建设时未能考虑旅游因素，尤其是由于关系国家安全和港区作业安全，核心作业港区暂无办法对游客开放。二是国际邮轮、游艇等高端项目开发还未取得实质性的进展，近海观光旅游船项目也未推出。三是大部分临港大企业对开发工业旅游不感兴趣，认为主业经营才是大事，不愿意或不屑做旅游这种“小事”。

### （三）急需塑造主题品牌形象

“宁波港”是宁波市的四张名片之一，但是目前宁波市已开发的海港旅游项目品牌影响力不足，历史文化内涵挖掘不深，缺乏拳头产品和精品，市场竞争力不大，影响了港口旅游品牌形象的塑造。同时，港口因素也是一把双刃剑，港口经济的知名度很高，其工业港的原生形象（或单一形象）如果过于强大，抑制了对于现代港口的旅游休闲形象的认知，不能让旅游者联想到放松、舒适、惬意和休闲，使得宁波市的港口旅游在市场传播中受到消极冲刷，港口旅游整体形象的传播受到了较大的影响。

### (四)市场拓展需大力扶持培育新型旅游市场主体

据统计数据,近几年以来,宁波市旅游客源市场结构不断优化,来自长三角以外的游客数量不断增加,这说明旅游部门的市场营销工作正在开花结果。我们在具体的营销策略上,不但要注意开拓一些新的市场,更要注意对一些已开辟的市场进行巩固提高,不但要宣传宁波旅游目的地的形象,更要整合各县市区的营销力量,统一政策,不但鼓励各县市区分蛋糕,更要鼓励大家一起将蛋糕做大。

经过多年的发展,宁波市已初步形成了较为完备的旅游产业体系,产业规模也日益壮大,但是面对日益发展的新型旅游产业形态,原有产业体系已经不能完全满足旅游经济发展的需求。比如,宁波市 2011 年新增旅行社 30 多家,总量达 300 多家,但只有 8 家的营业收入过亿,大部分旅行社在产品创新、经营规模方面都缺乏竞争力。又比如,在当前旅游市场不断拓展的情况下,为了顺应会奖旅游发展,需要有一大批会议策划公司、会奖旅游中介组织、专业会务服务公司等,但新成立的此类旅行社却少而又少。其他比如为了满足休闲体育业的发展,需要众多专业的专项体育项目俱乐部、训练机构等目前在宁波还比较少见。

宁波市与上海、杭州等地相比,由于新型旅游市场主体的缺位,造成了新兴旅游产业发展不快等问题。新型旅游市场主体缺位的主要原因是对当前新型产业的市场不看好,而市场发展不快又是因为市场主体缺位,两者互为因果,造成了市场僵局。要打破这种僵局,就必须在新兴产业的发展初期采取多种方式进行鼓励,特别是财政政策,大力培育或引进新型市场主体。

### (五)行业素质提升需解决海洋旅游人才短缺问题

据中国旅游研究院发布的报告,2011 年宁波市游客满意度居全国第二,仅次于苏州,这充分说明宁波市旅游行业素质得到了较大提升。从旅游企业层面看,2012 年宁波市营业收入超亿元的大型旅行社将可能达到 10 家,五星级饭店将达 30 家以上,4A 及以上景区将达 25 家,无论饭店、旅行社还是旅游景区,宁波都实现了数量上的飞跃,可以预见,宁波市旅游业未来几年的行业素质将会出现大的提升。行业素质的提升要特别重视旅游人才问题。从全国范围看,旅游人才短缺问题近十年来一直存在,但近两年宁波的旅游人才短缺问题显得尤为严峻。随着旅行社、饭店和景区项目的快速建设和投入运营,对人才的需求量越来越大。宁波旅游业人才短缺表现是全方位的，不仅高层经营人才短缺，中层管理人员和一线操作人员也严重短缺；不但旅行社导游员短缺，饭店服务员和景区工作人员也短缺；不但各县市区难找到合格旅游人才，宁波市区的旅游企业也天天高喊“人才饥渴”。

海洋旅游人才短缺问题的主要原因在两点：一是人才培养不足。目前在甬旅游大中专院校每年培养各类各层次旅游人才不足2000人，但仅旅游饭店业每年的人才缺口即达一万人，供需缺口极大；二是人才外流情况严重。由于就业环境、薪金收入、职业发展空间等各方面原因，宁波市旅游业近几年的人才有往上海、杭州等市加速流动的趋势。旅游人才短缺根源在于现阶段社会对服务价值认同度不高。旅游业作为典型的服务行业，人员服务的劳动价值并未得到社会承认，由此造成旅游业地位不高、从业人员收入较低等情况。首先，宁波应该花大力气从外地引进一批高素质的、宁波旅游发展急需的人才，包括旅游营销人才、会议策划人才以及景区和酒店管理人才等。其次，扎扎实实通过多种方式与内地大中专旅游院校建立联系，主动上门，争取建立更多的宁波旅游实习基地。最后，还应建立宁波市旅游企业用工定期分析制度、对全市旅游人力资源进行调查分析、发布宁波市旅游企业一线员工薪酬调查报告等，并不定期通报国内其他同等城市和相关行业的用工情况，引导企业理性招聘和用工。

## 二、宁波发展海洋旅游业的经验借鉴

### （一）国外经验借鉴

#### 1. 提高海洋旅游服务吸引力

埃及西南的Al Wadi Al Gadeed地区政府2008年年底下发规定，称毛驴如果不穿上有菱形花格的麻木“衣服”就不允许上街，并称此举是为了避免“光身子”的毛驴影响了埃及“雅致的文化景点”发展旅游业的前景。目前埃及的旅游业正在蓬勃发展，而且“优雅的”景点很多，毛驴不穿衣服对旅游业影响很大。2009年7月16日，埃及驻华使馆旅游处正式对外发布了4条自驾游线路，参赞纳赛尔博士表示，此次推出的4条埃及自驾游线路是为中国旅游者精心设计的，行程最长18天，最短8天。4条自驾游线路包括“自驾红海地中海休闲度假版”“自驾埃及全境包括西奈半岛豪华版”“自驾埃及全境包括撒哈拉普及版”“自驾埃及并乘尼罗河豪华游轮休闲版”。中国游客可以在埃及100多万平方公里的土地上驾车畅游埃及风光，这极大地吸引了中国及各国游客。

新加坡也积极开发旅游观光、旅游购物、奖励旅游、会议旅游、教育修学游、医疗保健游、游轮旅游、商务旅游等多种旅游产品，不断适应世界各地游客的需要。

2008年巴黎商店的冬季大减价销售周期(Soldes)从1月9日早上8时开始。2008年的一大特点是，巴黎想模仿伦敦、纽约或者迪拜的做法，在商店大减价销售期间吸引中国和俄国等外国游客到巴黎购物，把巴黎打造成外国游客的购物天堂。这个行动首先针对欧洲邻国，譬如德国、比利时、西班牙或意大利游客，但是巴西、俄罗斯、印度、中国等新兴国家的游客也是争取吸引的对象。

2. 做好安全防备

埃及内政部门正在使用固定的802.16d标准WiMAX来建立一个安全可靠的专用网络，该网络不仅能为用户提供综合性的服务，还将用来连接全埃及的警察局和警察办公室，促进警察办公一体化，以及促进当地旅游业的发展，尤其是在埃及古城卢克索。据了解，每年都有大约350万游客到卢克索旅游观光，目前卢克索已经成为了埃及国内主要的旅游城市。

法国每年有成千上万的外国游客因银行卡、现金、支票或证件在巴黎闹市不翼而飞而求助于警察局，2007年巴黎市警察局组建了一支专门援助这些游客的特警队。为了更有效地反扒窃，巴黎警察局还在夏乐宫、香榭丽舍大街等游客集中、犯罪分子也频繁出没的地方加强了警力。巴黎旅游局也与一些国家驻法国的使馆密切合作，提醒外国游客少带现金，注意随身物品，避免前往可疑地点。

3. 政府的财政支持

法国政府负责外贸和旅游的部长级代表诺维利先生于2008年5月6日宣布，法国将建立酒店维修基金，并设立五星级酒店。当一家酒店自愿申请成为2、3、4或5星级酒店时，该酒店即有资格申请动用此专项基金。诺维利特别强调，法国必须对酒店进行修缮，以使法国的旅游资源满足日益增长的需求。

从20世纪80年代开始，新加坡每年对旅游业的投入达2亿～4亿美元，2007年则用20亿新币作为旅游业发展基金。

4. 做好旅游宣传推广活动

由于近年来国际经济和政治环境的压力，以及国际旅游业的激烈竞争，各国旅游业面临严峻的挑战。为此，一些国家旅游部制订了一系列鼓励发展旅游业的政策措施，并直接参与促进和宣传活动。

法国在世界各国所建立或者租赁的最优美建筑,通常不是大使馆,而是“法国文化中心”,这些文化中心的主要任务就是在世界各地广泛地宣传和推广法国文化,从而也促进法国旅游业的发展。文化永远是法国旅游业的王牌。法国旅游局已经连续7年在中国多座城市举办“法国旅游产品推介会”。每次均有一支代表50家旅游企业的团队前往中国,与北京、上海、广州等多个重点城市的旅游部门官员和旅游企业直接会面。

2008年赴埃旅游人数最多的国家俄罗斯成为其宣传推广的首选对象。埃及旅游部同俄罗斯旅游部门就两国加强旅游合作,推广旅游项目进行了沟通协商,并达成了在埃及设立俄罗斯旅游事务办公室的协议。2009年,埃及旅游部门官员更是频频出访,宣传本国旅游业。

### (二)国内经验借鉴

在当今旅游业快速发展和激烈竞争态势形成的大前提和大背景下,相关兄弟旅游城市不断强化“政府主导发展大旅游”的理念,高度重视旅游政策法规建设,以更好更快地推动当地旅游业发展,成都、大连、海南、厦门、西安等城市及省内温州、绍兴、台州、衢州等地都积累了不少好的做法和经验,值得我们认真学习和借鉴。

#### 1. 确定总体城市定位和旅游业发展目标方向

明确城市发展的总体定位是旅游业发展的本源和导向。众多国内外旅游城市的发展实践表明,城市定位决定着城市品牌形象的塑造和城市规划建设的脉络,对城市旅游业发展的战略目标确定、旅游形象提炼、旅游项目设计、旅游营销推广等起着重要的影响。

成都市政府在2006年出台的《关于旅游业发展若干政策的通知》(成府发〔2006〕82号)指出:加快成都旅游基础设施建设,完善旅游要素体系,促进旅游产业快速发展,建设国际知名旅游城市。

大连市委、市政府在2005年出台的《关于旅游业发展的意见》(大委发〔2005〕6号)提出:形成观光、休闲、度假、购物、会展等相融合并具个性化服务特征的旅游形态,构筑立足大连、联系东北和环渤海地区、资源共享、优势互补的区域一体化旅游功能链,实现发展旅游经济、促进社会进步和保护生态环境的和谐统一,打造并率先创建中国最佳旅游城市,把大连建设成为具有鲜明海洋文化特点和国际性城市色彩的区域性国际旅游中心。致力于全面确立旅游业在大连的支柱产业地位,做实“浪漫之都”品牌。

海南省政府在2008年出台的《海南国际旅游建设行动计划》明确提出:

旅游业全面与国际接轨，把海南建设成为世界一流的热带海岛度假休闲胜地，实现“服务零距离、管理零距离、景区零距离、产品零距离”，把海南建设成为“旅游开发之岛、欢乐阳光之岛、休闲度假之岛”，对外实行以“免签证、零关税、放航权”为主要特点的旅游开放新政策。

厦门市委、市政府在2006年出台的《关于进一步加快旅游经济发展的决定》(厦委[2006]45号)提出：全面落实国务院关于厦门建设现代化国际性港口风景旅游城市的要求，加快健全旅游产业体系，全面提升旅游产业素质，进一步推动由单一的观光型城市向集会展商务与休闲度假为一体的都市型旅游强市转变，实现旅游经济又好又快发展。努力成为中国最佳旅游城市、国内一流、国际知名的旅游城市和海峡两岸旅游互动的热点口岸城市。

西安市委、市政府在2005年出台的《关于进一步加快旅游发展的决定》提出：继续实施政府主导型发展战略，发展大旅游、大市场、大产业，提供城市旅游吸引力，提升国际性旅游形象。建立大旅游的产业体系，实现西安旅游业的跨越式发展。进一步加强旅游业作为西安国民经济主导产业地位，大幅度提升西安在国内和国际旅游城市中的地位，成为遗产旅游国际典范城市。

许多城市也出台了专门针对加快旅游业发展的政策意见和保障措施，如《四川省人民政府关于做大做强游游企业加快旅游产业发展的实施意见》《吉林省人民政府关于加强旅游基础设施建设的意见》《江苏省入境旅游贡献奖励暂行办法》《齐齐哈尔市关于加快发展旅游业的若干意见》《关于加快龙岩市旅游产业的若干意见》，作为“全国旅游综合改革示范区”的广东省率先推行国民休闲计划，山东专门出台奖励投资旅游度假区的政策等。

从上述几个城市的总体定位和旅游业发展目标的界定可以看出，他们都将旅游业作为地方经济社会发展的支柱产业，强化政府主导战略，大力提升城市旅游国际化水平，并依托区域资源提炼城市的个性化品牌形象，明确提出未来发展的目标。

2. 旅游业发展专项资金安排方面

由于旅游业是一个关联度高、带动性强的综合性大产业，我国的旅游业从20世纪80年代起步，至今仍处于产业发展的初期阶段，旅游资源权属分散、旅游部门薄弱、旅游发展体制机制滞后与旅游产业外延不断拓展、旅游与其他相关产业的融合日益深入等之间不平衡的矛盾和问题逐渐暴露。在现阶段仍然亟需加大政府资金投入，积极发挥政府引导作用，为区域旅游业发展提供坚实的基础和动力。近年来,一些兄弟城市不断加快旅游发展的财政投入力度,如杭州的旅游发展资金每年安排达上亿元,其中宣传促销经费就不少于6000万元,2008—2012年财政每年安排100万元用于旅游交通指示系统,并在现代服务业发展专项资金中安排500万元作为会展业发展专项资金。成都设立5000万元的旅游发展专项资金并纳入预算管理。

## 三、宁波发展海洋旅游业的对策

宁波海洋旅游业的建设和发展要以科学发展观为指导,深入贯彻落实国务院《关于加快发展旅游业的意见》和省、市旅游发展大会精神,围绕建设长三角最佳休闲旅游目的地的目标,紧抓甬台直航、甬舟连岛大桥及甬台温动车组开通契机,积极推进宁波海洋休闲旅游基地和商务会议基地建设。

### (一)加大海洋旅游业创新

#### 1. 实施品牌形象战略,继续对接上海世博旅游

基本建立宁波旅游品牌培育、发展和保护体制机制,形成一批国内外知名的、具有明显竞争优势的旅游产品品牌和旅游企业品牌,形成一批具有较大影响力的旅游城市和区域品牌,在国内外旅游市场树立宁波旅游品牌的鲜明形象。“诗画江南、山水宁波”旅游品牌形象是对宁波核心旅游资源的精要概括,构成了江南水乡、文化之邦、名山名湖、海天佛国宁波旅游总体形象的理念基础,对提高宁波在国内外市场的知名度起到了积极作用,结束了宁波旅游长期以来缺少主题形象的历史。

此外,还要进行品牌细分,创立旅游形象,以使旅游形象形成体系,吸引国际市场。一方面,针对不同的客源市场,不同的旅游发展情景,从市场和情景入手,建立旅游形象完整体系,从而增加宁波的旅游竞争力和市场认知度;另一方面,针对国际市场不同地域,设计出多种不同的形象主题,树立宁波旅游在国际市场的鲜明形象,把宁波打造成为国际旅游目的地。国内市场,注重形象与市场对应,针对不同市场突出树立商旅天堂,名士之乡、休闲之都等二级形象;面对国际市场特别是欧美市场,要从目前单一的地域和资源形象转变到重要旅游产品形象的营造上来。

强化宁波各市、区的宣传推介,开通世博园区直通车。搭建旅游营销平台,加大宁波旅游形象的宣传力度,重点做好电视、报纸、电台、网络营销,设计制作一批旅游专业读物,并做好在宁波和上海的网络投放和长三角主要城市的交流宣传。

2. 重点产品发展

在全市范围内逐步建成一个布局合理、运行畅通,各旅游城市、旅游景区和旅游点有机连接的旅游线路和网络。加快建设宁波河姆渡——东钱湖旅游区,形成各具特色、分工合作的全市旅游产业布局。此外,还要进一步体现生态特色和地方乡土文化特色,注重开发各种类型和不同档次的旅游商品和娱乐产品,大力发展商务旅游和休闲度假旅游,努力把宁波建设成为诗画山水旅游、商贸购物旅游、休闲度假旅游的主要目的地。以此来适应我国经济发展阶段变化和消费需求变化的趋势,进一步开拓国内市场,挖掘新的国际市场。

3. 完善基础设施建设

良好的公共基础设施是海洋旅游发展的平台,要围绕"吃、住、行、游、购、娱"六要素,加快完善旅游配套设施。要根据装备制造业产业集群的整体发展规划,有针对性地提供必要的基础设施,以良好的经济生态系统,吸引更多的要素流入。要在政府的主导和协调下,紧紧抓住全国海洋旅游业化发展的战略契机,把加快旅游交通和通信等基础设施建设纳入经济发展计划。针对当前部分 A 级景区存在的管理和服务质量下降,服务设施陈旧老化现象,开展景区质量提升活动,督促景区进一步完善基础设施和服务质量。

其主要措施可以是以下几点:逐步完善旅游交通和集散网络,力争开通各区旅游专线;加快高星级旅游饭店及其配套设施的建设,促成一批高星级旅游饭店项目落地景区,提升景区接待能力;推进旅游商品的开发,筹建宁波各区域旅游商品购物中心,开发具有地方特色的旅游纪念品。如开通浦东机场至宁波旅游交通专线和上海旅游集散中心至宁波相关县市区的旅游专线;与上海春秋旅行社合作,开通上海至宁波包机旅游专线。

4. 推进旅游区域合作

加强旅游企业间的合作。只有做大做强整个海洋旅游业,才能够使自己的企业获得持续的竞争能力,享受集群的商业聚集效应。企业间的合作关系形式多样,从信息交流到战略联盟,都有利于提高企业效率,向旅游者提供高质量的旅游经历。旅游集群的发展,会吸引更多的企业进入旅游集群,并且在集群区域内逐渐完善旅游产业链和旅游产业的支撑产业,使交通运输业、电信服务业、房地产业、各种社会服务机构等各种产业迅速发展。在未形成旅游集群的地市,应该注重促进各关联要素的集聚,培育海洋旅游业示范区。旅游集群的竞争力是旅游企业竞争力的"合力",除受集群内部企业竞争能力的因素影响之外,还受到企业之间的合作能力的影响。判断一个企业能够持续增长的重要标准就是是否融入区域内社会关系,是否在共生的环境下与其他企业产生信任和合作愿望。

加强与周边省区市的旅游合作。促进与“长三角”其他省、市的旅游企业合作,重点打造“长三角”无障碍旅游区,积极规划推出一批跨省区的旅游产品,与闽、赣、皖的旅游合作有实质性进展。加强省域范围内的多层次、横向纵向的旅游交流与协作,通过联手打造精品线路,包装优势产品,策划整体活动,不断提升区域整体功能和产业素质,增强宁波的区域旅游竞争力。例如,2004 年成立了甬台温舟区域旅游合作联合体,合力打造“活力浙东南——中国黄金旅游线”的知名旅游品牌。

5. 深化体制改革

积极推进旅游行政管理体制改革,打破部门保护、地区封锁和行业垄断;加强部门合作,建设统一、开放、竞争、有序的现代旅游市场体系;探索旅游资源所有权和经营权的分离,推动旅游资源经营权的转让开发。通过产权改造、机制更新等形式,推进旅游企业投资主体和企业组织形式多样化;通过联合、兼并、收购等多种形式,组建跨行业、跨地区、跨所有制发展的大型旅游集团企业。

此外,可以建立跨部门的、层次高的、权威性高的、协调指导能力强的、利于整合要素资源且符合大旅游产业发展的旅游产业发展领导小组。领导小组由旅游、城建、渔业与海洋、国土、环保、财政、交通、工商、税务、公安、农林、水电等部门组成,具有资源保障、规划建设、行业协调三大职能。如实施综合管理的新体制,研究和协调解决全市旅游产业发展的战略、规划、政策等重大问题,组建旅游专家咨询委员会等。

### (二)实施人才强旅工程

以“大旅游教育”理念促进旅游教育发展。大力实施人才强旅工程,善育人才、善纳人才、善用人才,造就一支政治强、业务精、作风硬、勤政廉洁的高素质旅游队伍,重点培养高层次旅游经营管理者、旅游策划营销人员和导游人才。

一方面,宁波要充分发挥各类旅游院校、培训机构、旅游协会在培养旅游人才方面的积极性和主导作用。充分利用大宁波范围内的大学和科研院所,为旅游企业提供咨询、培训员工、输送人才;充分利用现有教育资源扩大旅游教育规模,使之成为宁波旅游旅游中高级管理人才培养和旅游科学研究的基地。因此可以重点建设宁波大学、浙江万里学院和浙大宁波理工学院等旅游院校（系）专业，加强对旅游教学、经营、管理等方面的系统研究和理论创新，为旅游人才脱颖而出创造有利条件。此外，办好各级旅游培训中心，建立和健全市、县（市）区二级立体旅游培训体系，提高旅游从业人员整体素质。例如，企业可以建立基本培训制度，实施岗前培训和在岗培训，鼓励在岗人员参加脱产专业学习、业余时间专业学习，实现旅游区旅游从业人员"继续教育"和"终身教育"相结合的目标。一些大型旅游企业应该建立完善的培训体系；旅游中心城市和旅游目的地城市应该成立培训中心，承担中小企业培训工作。

另一方面，企业和政府应出台激励人才的有关政策，进一步完善人才激励机制；加大对旅游企业人才资源开发、使用和管理的指导，构建旅游人才创业的平台，培养和吸引优秀人才。旅游行业主管部门要联合各相关部门，会同旅游企业，处理好旅游人才使用过程中的吸引人、使用人、留住人三个关键环节。例如，为旅游专业人才引进创造条件，包括人才档案、户口、住房、子女就学、家属工作安排、安家费、工作条件等在内的各项优惠政策，为引进高级旅游管理人创造条件；建立人才创新激励制度，不断开展各项竞赛活动，提高整体业务水平；建立完善的旅游人力资源信息库，同时定期举办各种级别的旅游人才交流会，为人才流动创造条件。

所以，整个旅游行业都要进一步倡导科教兴旅、尊重知识、尊重人才的氛围，努力营造吸引人才、用好人才的环境，加快建立有利于各类优秀人才脱颖而出、人尽其才的机制，建立和完善符合国际惯例"来去自由、待遇合理"的人才流动机制，主动吸纳、及时重用的人才引进机制，目标明确、综合激励的人才培养机制，公平竞争、优胜劣汰的人才使用机制，功能齐全、技术先进的人才市场服务机制。

### （三）加大政府支持力度

#### 1. 坚持政府主导，加大政策扶持

政府应进一步加强对宁波海洋旅游业经济发展的宏观调控、行业指导和市场监管，使其更加有效地发挥在培育市场主体、创造良好环境、规范市场秩序等方面的重要作用。全市各级各部门，围绕加快建设旅游经济强省目标，主动配合，积极履行职责，切实形成推动旅游发展的整体合力。在旅游产业总体规划上，政府要高起点、高标准、高质量编制完成《宁波旅游发展总体规划》，加强省级旅游规划与各级城市规划的协调，加大对旅游资源和

生态环境的保护,以进一步发挥规划在旅游产业发展中的指导和调控作用。此外,还应加强规划实施监督,防止盲目开发和重复建设。

另外,政府可制定扩大旅游市场发展和有利于海洋旅游业发展的政策,以推动集群建设、拉动旅游消费、鼓励旅游。大力支持旅游建设用地,对三大旅游经济带、十大旅游区规划范围内的旅游重点建设项目给予优先供地。进一步加大政府对旅游业的投入,发挥政府投资的积极导向作用,引导更多的社会资金投向旅游业。借鉴国内外成功经验,逐步把公务接待推向市场,采取公开招标方式委托旅游企业代理。对于居民和员工,要鼓励带薪旅游、福利旅游,企事业单位可采用奖励旅游、跨区域修学旅游的激励政策来拉动旅游产业发展。

2. 加强法制、标准建设

依据新《旅行社条例》和《旅行社等级划分与评定》,全面推进旅行社的品质评定工作,进一步规范和加强对旅行社的管理。同时,进一步制定和完善旅游管理有关法规规章,出台《宁波海洋旅游管理条例》和《宁波海洋旅游管理条例实施细则》,并抓紧修改和启动各种旅游管理条例,逐步形成比较完备的全市旅游法规体系。规范旅行社审批和后续管理制度,强化对旅游企业和旅游从业人员的从业行为监管,加强对旅游企业经营行为的检查,严管重罚,规范旅游行业的秩序环境。发挥旅游执法支队和联合执法办公室的作用,加大对“野导”、“黑车”的集中整治力度,构建长效管理机制。

加强全市旅游标准化工作,加快制定和实施乡村旅游、生态旅游和旅游信息化的地方标准,研究旅游汽车和游船标准、旅游度假区标准、工农业旅游标准等,建立健全全市旅游行业服务标准体系。加强省、市和重点旅游县(市)、重点旅游区执法队伍建设,建立与省内相关旅游热点城市旅游质监联动机制,建立健全旅游投诉制度,保障旅游者的合法权益,确保旅游投诉处理率 100%。建立综合执法的长效机制,强化法律监督、行政监督、舆论监督和公众监督作用,广泛开展诚信旅游企业活动,加大旅游市场整治力度和监管能力,优化旅游大环境。进一步完善旅游安全监管体系,加强旅游安全管理,建立突发性事件危机预警系统和灾难应急系统,形成高效的风险防范控制系统和严格的风险预警制度,提高危机事件的信息传递和应对能力;落实各项安全责任和安全生产目标责任考核,确保全年无重大旅游安全责任事故。

3. 积极发挥旅游行业协会的作用

政府要大力支持旅游行业协会的建设,旅游企业也应积极参与行业协会的活动，充分发挥行业协会在发展海洋旅游业中的作用。在我国经济的转型过程中，政府几乎统揽和包办了一切社会事务，使得市场转型过程中我国的行业组织力量非常弱小。很多地区产业集群中没有协会，或是行业协会名存实亡，或是存在一些官方派出机构的协会，对内不具有约束力，对外不具有代表性，自身的发展不独立，使他们难以在城市型海洋旅游业中发挥实质性作用。因此，各级政府在加强管理、规范的同时，引导和推动行业协会等中介组织的建立，促进旅游行业协会的建设。而行业协会的主体是旅游企业，海洋旅游业内全部或大多数旅游企业组成的行业协会是企业协作的主要标志，旅游行业协会代表其成员共同承担责任。所以旅游企业应积极参与行业协会的活动，把建立和维护行业协会作为企业发展战略的一部分，以增加企业在区域的植根性和对地方经济的参与性，在行业协会的发展上起到更加积极的作用。

宁波可以借鉴国外和国内其他地区行业协会发展的经验，充分发挥行业协会在沟通政府企业、制定行业标准、规范行业秩序、协调行业纠纷、保证行业公正等方面独有的作用。行业协会应向其成员提供各种服务，如旅游产品开发、市场营销、游说、劳资谈判，以及举办论坛和提供信息等，在所有或大多数企业的意愿下真正建立和维持这一特色化行业协会，使其真正富于生命力并体现自身存在的价值。

### （四）拓宽筹资渠道

旅游企业要加大资金投入，改善基础设施建设，开拓新的旅游产品，提高旅游服务质量。企业资金投入方向主要有 4 个：

1. 优化饭店投资结构。宁波一些新兴旅游地区的饭店建设还比较薄弱，需要改造升级，少数地区的饭店投资应向度假饭店、家庭旅馆、青年旅馆等特色饭店建设转移。

2. 加大旅游景区的投融资力度，建设具有国际竞争力的旅游目的地，把丰富的旅游资源转化为一流的旅游产品。

3. 重视专项旅游产品的发展。加快发展产业旅游和新型产品，如农业观光、工业旅游、会展旅游、生态旅游等。

4. 提高员工工资与福利，并加大培训投入，以提高员工素质。企业筹资方式总的来说有两种：一是企业将自己的留存收益和折旧转化为投资，二是吸收其他经济主体的资金，以转化为自己投资。随着技术的进步和生产规模的扩大，单纯依靠第一种筹资方式已很难满足企业的资金需求，第二种筹资方式已逐渐成为企业获取资金的重要方式，主要有发行股票、发行债券、银行借款、商业信用、融资租赁、吸收直接投资等。因此，企业应根据自身规模、能接受的风险程度、生产经营的需要来选择合适的筹资方式。同时，旅游企业应落实诚信机制，吸引其他企业、银行及民间资本的投入。例如旅游企业应该加强与银行的沟通与联系，解决银企之间融资信息不对称的问题并主动向银行展示自己的项目优势，从而从银行获得企业发展的资金。

政府应加强有利于宁波海洋旅游业发展的资金支持，培育海洋旅游业竞争力。积极研究完善旅游相关税收政策，加大财税政策支持，如就业专项资金可按规定用于旅游从业人员的职业介绍补贴、职业培训补贴、社会保险补贴、小额贷款贴息等；完善金融支持政策，拓宽旅游企业融资渠道，对符合条件的旅游企业或项目提供信贷支持，引导和鼓励民间资本加大对旅游业的投入，支持以创业带动就业；加强基础设施建设，加强旅游就业信息网络、培训基地、服务场所以及旅游景点交通运输等基础设施建设，鼓励有条件的地方建设一批功能完善、特色突出、就业潜力大的旅游项目和旅游综合服务设施；积极提供旅游就业资金援助，有关部门应对有条件发展旅游业的就业困难人员较集中的地区给予必要的扶持和帮助。温州苍南县 2009 年旅游发展专项资金增加到 1000 万元，并将在以后按比例逐年增加，这使长期束博景区旅游开发的瓶颈得到缓解，其经验值得宁波借鉴。

# 第九章　宁波现代海洋产业发展的保障措施

## 第一节　现代海洋产业发展的经验借鉴

### 一、国际现代海洋产业发展的主要经验

现代海洋产业的发展，不仅仅是单一的产业发展，更加关系着整个国家的经济发展。海洋经济的发展对国家的进步起到了至关重要的作用。为在开发和利用海洋的竞争力中取得主动权，一些发达国家不断采取改革创新，推动全球海洋经济迅猛发展，下面通过分析日本、英国、澳大利亚三个发达国家的现代海洋产业发展的特点，为宁波现代海洋产业的研究提供强有力的科学依据。

#### （一）陆海联动，全面开发——日本

日本作为传统的海洋大国，海洋经济发达，海洋规划特点明显。日本十分注重利用高端科技进行海洋资源的勘查，陆海联动，全面开发，获取利益。

1. 强调陆海联动，促进陆海产业一体化

日本国土面积有限，人口密集度大，资源相对匮乏。日本之所以能够发展成为全球第二大经济体，主要依靠人力资源与高科技，以及丰富的海洋资源。因此，日本特别注重加强海陆联系，促进陆海产业一体化的战略意义。

在发展海洋经济上，单纯依靠海洋资源开发所产生的效应是有限的，海

洋产业其实是陆域产业向海洋的延伸，只有坚持陆海一体化发展，才能充分发挥海洋产业对区域的全面促进作用，使资金、技术、人才和资源得到合理配置与有效利用。

日本建立以大型港口为依托，以拓宽经济腹地范围为基础，在建立近海产业集聚区之前，在陆地原有产业区的发展已经先行达到了很高的水平基础，依托海洋发展的产业，且与陆地原有产业连为一体，通过陆海产业的现代化互为依托。目前，借助海洋技术进步、海洋产业高度化的推动力，已经形成关东广域地区集群、近海地区集群等 9 个地区海洋产业集群，同时还进行人工岛、海上城市、海底隧道、海上机场、海上娱乐场等开发，加强海洋产业与陆域产业的联系，全面促进陆海产业一体化。

2. 加强海洋意识培养，实现海洋强国和强产战略的基本条件

海洋意识是人类对海洋战略和价值的反应和认识。强化海洋意识、加强海洋教育、注重海洋文化的积累等是实现海洋强国和强产战略的基本条件。日本在海洋意识的培养上，从启蒙阶段就开始重视，从小抓起，加强对海洋意识的深入强化。另外日本的海洋学术团体和非政府机构对海洋利用和保护的作用充分表明其海洋意识之广泛且深入人心。日本全社会营造一个全民参与保护海洋，推进海洋经济健康发展的氛围，最终将实现海洋经济的协调发展。

对于海洋保护方面，日本不仅有定期对海岸垃圾进行大规模清理，同时还有组织政府官员和民间团体周期性地进行全国性清理活动，另外还大力宣传保护森林的政策。每年 6 月和 11 月的“海洋环境保护周”及在全国各地举办的海洋环保讲座都为保护海洋起到积极的宣传和促进作用。对于日本这个国土面积狭小，海洋的发展对于国家而言，占据至关重要的作用。大力培养全民海洋意识，有利于加强国民对海洋的保护，促进其发展，进而带动整个国家的进步，促进海洋强国的目标实现。

随着经济全球化和区域经济一体化程度不断加深，海洋越来越多地影响着国家的战略利益，牵动国家的经济命脉，影响着国家的安全与社会稳定，日本重视对海洋意识的培养，经略海洋，丰富海洋产业，以海富国，以海强国。

3. 提高先进技术利用率，构筑海洋产业体系的现代化

海洋开发主要通过两个方面：即海洋资源开发和海洋技术开发。近年来，日本已形成了近 20 种海洋产业，构筑起现代化的海洋产业体系。其中，港口及海运业、沿海旅游业、海洋渔业、海洋油气业等四种产业，已经占日本

海洋经济总产值的70%左右。其他的如土木工程、船舶工业、海底通讯电缆制造与铺设、矿产资源勘探、海洋食品、海洋生物制药、海洋信息等等,也都获得发展。

日本在发展海洋经济的过程中,在对海洋的开发、利用上十分强调先进技术的先导作用,海洋科技于日本海洋经济的重要性毋庸置疑。若想实现海洋经济的持续发展,对于海洋的开发利用方式必须依靠技术进步和创新,提高科技利用率,全面开发,才能进一步推动海洋产业的进步,并带动日本相关产业经济的发展。

例如,日本利用ADEOS卫星,实现了世界第一次对海面水温、海面风及海洋水色的同时观测。现日本每年通过互联网向全国和全世界提供的大量画像,为改善世界公海和沿海各国近岸海域的人类活动及经济发展服务。由于深层水的独特优良资源特性,使得日本特别在食品生产方面中取得了接二连三的新成果,例如矿泉水的制造、高级食用盐的生产、清酒,酱油和啤酒的酿造、海水冰的制造等。

同时,通过提高科技利用率,日本还形成包含科技、教育、环保、公共服务等不同层次的支撑体系,为海洋经济发展提供保障,全面构筑起现代化的海洋产业发展体系。

4. 提高政策指导力度,推进海洋产业体系规范化

虽然日本国内资源匮乏,但区位优势明显——四通八达的海上运输航道、巨大的海洋资源库、攻守兼备的《海洋基本法》出台,《专属经济区海洋构筑物安全水域设定法》同期推出,这无疑给日本海洋经济带来了巨大的发展空间,推进海洋产业体系的规范化。

日本在发展海洋经济过程中,其中每一项具体实践都有前期的相关立法和规划做指导,指导范围不仅对区域、产业还有专项服务。综合中有细则,细化下有统一标准。在实践过程中遇到的问题,通过修改立法和调整完善规划得到后期的支持保障,全面规范海洋产业发展。

日本积极主动参与国际海洋事务,并以此为基础构建综合性海洋政策体系。借助《联合国海洋法公约》提供的难得良机,努力着手建立综合性海洋政策体系,在海洋资源开发、利用、研究的法治保障等方面,进行着不懈努力与实践,最终实现海洋资源的可持续利用。

2006年12月8日,日本海洋政策研究财团完善了《日本海洋政策大纲》和《海洋基本法案》。这是《联合国海洋法公约》生效后日本最重要的海洋政策性文件,对日本推进海洋事务、扩展海洋利益和建设海洋强国产生重要影

响,这些不断推出的海洋策略,为日本的海洋发展进程确立了一个浓墨重彩的基调,有利于进一步明确海洋对日本这样一个资源匮乏的岛国的重要意义,推动海洋产业体系的规范发展,最终实现海洋强国的梦想。

### (二)加强立法,科学保护——英国

海洋对英国有着十分重要的意义。海洋油气的开发,海洋可再生能源的开发等主要的海洋产业潜在的能源带来了巨大的就业机遇,在国际贸易方面主要采取的手段是海洋运输。无疑,这为推动英国的经济发展作出了巨大的贡献。当前,随着海洋事业的发展,英国政府逐渐认识到海洋环境保护的重要性,保护海洋就是保证国家的可持续发展。一个国家要想得到更好的发展,对于海洋的保护刻不容缓。

作为历史悠久的海洋国家,在管理方面,长期以来都采用的是分散管理体制,其缺点主要是负责制定和实施海洋政策和法规的部门甚多,管理效率不高,执法力量分散,海岸开发利用矛盾较为突出。随着世界海洋制度的变化和英国海洋事业的发展,旧体制已经不能满足英国海洋经济的发展需要,必须寻求更加完善的体制来适应海洋经济的发展。经过英国各界多年努力,2008 年英国政府发布《英国海洋管理、保护与使用法》(以下简称《英国海洋法》),并于 2009 年 11 月 12 日被英国王室批准,标志着这一受到英国各界广泛关注的综合性海洋法律正式进入英国法规体系。

1. 制定完善海洋规划,确保海洋法规的实施

为了扭转英国的分散式海洋管理局面,《英国海洋法》为英国建立了战略性海洋规划体系。该体系的第一阶段工作编制了海洋政策,确立了海洋综合管理方法,以及确定了海洋保护与利用的短期与长期目标;第二阶段制订一系列海洋规划与计划,以帮助各涉海领域落实海洋政策,确保海洋经济法的实施。

同时在《英国海洋法》的指导下,英国政府还规划了海域范围为 200 海里内的海域和 200 海里以外大陆架区域(但不包括苏格兰、威尔士和北爱尔兰的近海区域,这些近海区域归三个地区行政机构管理),完善了海洋区域的规划,分工细化,职责分明,确保对海洋法规的实施更加便利。

为了使海洋法规得到落实,英国政府成立了全面负责海洋管理规划工作的"英国海洋管理组织"。对于英国"海洋管理组织"而言,其是一个肩负管理职能的公共机构,工作人员属于公务员系列,组织内部受主管海洋事务的大臣领导,并通过大臣向英国议会报告工作,本部设立于英格兰东北部港

口城市纽卡斯尔，信息便捷。其主要职能如下：(1)组织编制海洋规划与海洋计划；(2)审批海洋使用许可证；(3)负责海洋自然保护；(4)海洋执法；(5)海洋渔业管理；(6)海洋应急事件处理；(7)海洋可持续发展问题咨询与建议等。通过英国“海洋管理组织”采用综合、统一和连贯的管理方法，减少管理层次，分工明确，提高管理效率，促进信息资源共享，实现科学化、规模化与现代化海洋的管理，有利于海洋法规的有力实施。

2. 完善海洋管理体系，实现海洋管理的合理化与规范化

英国政府围绕英国海洋管理问题上做出了许多明文规定，通过完善海洋管理体系来协调处理海洋事务，在设计各种问题时能够全面地考虑问题，以求取得平衡与协调，既考虑宏观的战略层面的指导条款，同时还考虑了一些比较微观的实施措施，加强可操作性，有利于实现海洋管理的合理化与规范化。

在海洋管理实施上，英国采取分立部门，分工合作，最后统筹规划。英国政府规定英格兰的海洋渔业与自然保护执法范围为近海海域(从海岸线算起6海里内的海域)和河口区域，主要负责部门包括“海洋管理组织”、环境保护部门和近海渔业保护机构。在分工上，环境部门主要负责淡水渔业和迁移性鱼类的管理的执法，近海渔业管理部门主要负责地方渔业管理执法和在捕捞活动对海洋环境产生不利影响时的执法。最后汇总，执法牵头部门仍为“英国海洋管理组织”。

在对渔业的管理上，英国政府依据在《英国海洋法》第六部分(近海渔业资源管理)以及第七部分(其他海洋渔业事务与管理)所涉及的渔业管理规定，加大综合管理力度，全面考虑海洋产业管理出现的问题。例如在面对商业性的渔业捕捞许可上，设置明确的收费标准，收费标准参考英国捕捞业的国际竞争力和不同捕捞业之间的公平性问题。同时为了明确捕捞渔船拆解补偿问题而制定的若干规定，严格执行。另外英国海洋管理小组规定对于议会渔业法律(或其中的某些条款)生效的法规、有关捕捞许可的法规、执行欧盟管制措施的法规、禁渔的法规等的宣布都是以命令的形式发布的，有关水产品销售、渔业产业结构基金申请、船舶登记及安全、环境保护的法规等都以条例形式发布，减少海洋管理的失误，确保海洋管理的合理化与规范化。

3. 加强执法力度，科学保护海洋资源

为了公正和认真落实涉海法规，英国政府大力加强海洋执法工作。为了建立合理而强有力的海洋执法体系，由新成立的“海洋管理组织”进行统

一负责和协调海洋执法《工管理执法与惩处法》的规定，引入经济惩处措施，保证对海洋的保护力度。在海洋渔业执法方面，仿照欧盟的办法，针对英国国内的渔业违法行为，引入行政惩罚制度，惩罚有度可依。

在保护海洋野生动植物方面上，为了提高英国的海洋自然保护水平。英国政府列出以下几个方面具体目标：一是为了扭转英国海洋生物多样性的下降趋势，防止海洋生物濒临灭亡；二是促进海洋生物多样性的恢复，保护海洋生物的可再生能力；三是提高对海洋生态系统的运行功能保护以及其对环境变化的应变能力；四是在决策过程中需要更多地从海洋自然保护问题进行考虑；五是为了更好地履行英国在欧盟和国际上做出的海洋自然保护承诺，树立国家威信。例如英国政府在对渔业的管理保护方面上，根据海洋法提出了更为有效的管理与保护措施，以实现海洋环境与生态系统的有效管理和促进近海渔业的可持续发展，提高生产效益与管理效率，以及提高近海渔业管理的现代化水平，英格兰成立了近海渔业保护与管理局，以用来替代原来的海洋渔业委员会。同时在进行可再生能源开发时，对海域周围的生物、海床结构进行了全面考察和评估；在进行可再生能源利用时，建立了环境监测设备，评估能源设备对海床以及海洋生态系统的影响，以期不破坏环境，并保证开发的持续性。

同时，英国十分重视海岸的管理保护工作。英国政府在海岸带管理保护工作上，尤其注重对海岸带地区陆地资源（工业、农业、林业、旅游业等）及近海资源如海洋生物、近海水产养殖等的开发、利用。在2002年5月1日英国政府提出了“全面保护英国海洋生物计划”，为生活在英国海域的4.4万个海洋物种提供更好的栖息地。另外英国政府还建立起了一个包括海洋科学、发展状况和发展前景等内容在内的数据网络，全面系统地开展海洋环保，以此挽救英国的海洋生态系，保护海洋资源。

从《英国海洋法》的问世，人们可以清楚地看到，海洋在各国经济、社会与环境发展中的作用日趋突出，英国加强立法，科学的保护海洋产业，为了实现海洋经济的良好发展，完善海洋规划，成立管理组织，建立符合新形势的海洋综合管理体制，海洋综合管理和海洋的可持续发展已深入人心。

### （三）产业分支多样化，可持续发展——澳大利亚

澳大利亚东临太平洋，西临印度洋，是世界上海岸线最长的国家之一。澳大利亚不仅海域广阔、海洋资源丰富，而且海洋科学研究力量雄厚，资源管理的模式世界领先。在海洋产业的许多方面，澳大利亚处于世界领先地

位，潜力巨大。例如高速铝壳船和渡轮的设计和建造、海洋石油与天然气、海洋研究、旅游、环境管理、农牧渔业等，产业分支多样。同时澳大利亚政府特别重视海洋产业的可持续发展，提出一定要在有效可持续性以及最佳化发展上使海洋产业成为具有国际竞争力的大产业。

1. 丰富的海洋资源，推进海洋产业分支多样化

澳大利亚的海洋资源非常丰富，政府认为，了解和探求海洋资源关系到社会经济的繁荣和生存，因此支持鼓励对海域的多样化利用，一方面加强养殖和生产加工系统的研究开发、发展海洋生物工程技术产业、替代能源的开发以及海底矿物资源的开发、海上油气田的开发等。另一方面加强对海洋药物的研制技术，搜集海洋和沿岸域的有社会和经济价值的情报，普及海洋科学知识，加强海洋旅游，丰富海洋产业。

在海洋产业上，澳大利亚采取分支多样化战略，全面开发，促进了经济的发展。在渔业上，澳大利亚的渔业不会追求短期内的最大捕捞量，而是奉行保持高储量的“丰收策略”——既能维持生态平衡，又能保证经济上的回报。为了达到可持续发展的海洋养殖技术，建立将主要的管理者和用户联系起来的综合性管理系统，加强海平面的管理和立法。同时对化学品的使用、标签和空运等进行管理。渔业的有限增长还存在一定潜力，但不是进一步提高捕捞量。许多渔业资源的利用已经达到，或者超过了资源可持续的极限，水产品加工业，附加值业和现有渔获量上市的改善以及副渔获物和废弃物利用的改善或副渔获物最大限度地减少是实现可持续发展的主要机会。例如：活对虾和海底龙虾，特别是在日本市场和亚洲其他市场可获得溢价。澳大利亚由于专门的技术，清洁的海洋环境以及“清洁食品”形象，在此市场取得成功。

另外在一些规模小、未充分发展的海洋产业上，澳大利亚也占据了重要的地位。例如：在海洋生物技术和化学品领域，澳大利亚已处于世界领先地位。澳大利亚海洋生物技术的优势在于本国的生物多样性化，化学品是从养殖的海洋藻类中提取的。这些自然优势使之成为B-胡萝卜素和食品添加剂和维生素所使用的化学品和食品的世界最大生产国。丰富的海洋资源，使得澳大利亚最终实现海洋产业分支多样化，有利于澳大利亚海洋经济的发展，最终实现海洋强国。

2. 制定发展战略和政策，明确海洋产业发展道路

澳大利亚政府分别在 1997 年、1998 年公布了澳大利亚海洋产业发展战略、澳大利亚海洋政策和澳大利亚海洋科技计划三个政府文件，文件提出了

澳大利亚21世纪的海洋战略及发展海洋经济的一系列战略和政策措施。就1997年发布的澳大利亚海洋产业发展战略来说，目的在于统一产业部门和政府管辖区内的海洋管理政策，明确海洋产业发展道路，并为规划和管理海洋资源及其产业的海洋利用提供战略依据。

该战略明确指出了要综合管理作为协调海洋产业之间关系，管理机构和层次之间关系以及推进海洋产业发展的根本管理模式，提出了海洋产业的最佳化发展是以海洋环境保护为前提，并具有有效可持续性规划。并确定了要重视对海洋政策的结果考核，鼓励对海洋资源的多用途综合利用商业和微观经济改革。

澳大利亚政府为此还专门发布了海洋发展政策，核心是维护生物多样性和生态环境。以可持续利用海洋的原则进行了海洋综合规划与管理，为海洋产业的发展确定了方向。例如为了更好地保护海洋生态环境，澳大利亚建立了先进的海岸观测系统，根据海岸的变化进行预测和评估，通过海岸观测系统对海洋排放污物的适时监测，找到海洋营养物和污染物的源头，保持养殖水域的洁净。另外澳大利亚还有一个先进的海洋观测集成系统，用于监测并且管理海洋环境。这一系统在同地区进行分布式安装，观测澳大利亚所有气候类型的变化、环境、公海大陆架变化等。

海洋产业的发展离不开海洋环境的支持，良好的海洋环境有利于海洋产业的发展，澳大利亚政府制定的发展战略与政策，明确了海洋产业发展的道路，有利于实现海洋产业的可持续发展。

3. 注重海洋环境保护，推动海洋经济的可持续发展

澳大利亚全国海洋政策的主题为：健康海洋，即为了现在和未来所有人的利益，了解并合理利用海洋。为此，澳大利亚政府出台了具有综合性的以保护生态系统为基础的政策框架，各州政府采取了诸如制定各地区海洋计划，并且对各地区海洋环境状况进行摸底，加强对商业活动和休闲活动环境影响的评估等措施，推动海洋经济的可持续发展。

主要包括以下四点：一是注重渔业资源开发与养护，保持生物多样性和自然生产力。澳大利亚对经济鱼类和非经济鱼类采取了不同的限制捕捞措施。在对经济鱼类上实施限量配额管理，预先设定每个经济鱼类的捕捞限量或限额，当实际捕捞数量达到预先设定的限量或配额时，即禁止继续捕捞该鱼类；对于非经济种类则采用预警原则，即因数据资料信息不充分无法设定总捕捞限额时，渔业管理部门将立法禁止大批量捕捞该非经济鱼类，换言之对其实行优先保护，确保鱼类的多样性。

二是推动建立一批具代表性的海洋保护区域,并提高对保护区的管理能力。澳大利亚实行生物多样性保护策略,明确提出建立一批不同类型具有代表性的海洋生态保护区,如珊瑚礁保护区、海草保护区、海上禁渔区以及沿海湿地保护带等,而且在西澳大利亚及昆士兰两个州建设了人工鱼礁区。这些保护区要么执行严格的保护政策,要么就是实施可持续利用的合理化管理,这些举措对于维持海洋生态功能,保护海洋生态环境发挥了重要作用。

三是严格按照国家法定标准为标尺来控制海洋及入海口的水质环境。为控制陆源污染对海洋的污染,澳大利亚出台海洋与入海口水质保护纲要,要求所有工业废水须经处理达标后才可排放,渔业环境管理部门设点进行监控分析,对于沿海城市生活污水经收集处理后通过排污管道,排放到离岸一公里外或200米深的海域等。

四是充分发挥了环境保护组织及社会中介的积极作用,不断提高公民的社会环保观念水平。澳大利亚有许许多多的环保组织,如渔民协会,他们一方面积极向政府及渔业管理部门施加影响,要求在制订各项政策时充分体现环境保护的要求;另一方面,他们利用接近渔业生产实践的机会,主动向资源利用者进行宣传教育,要求他们要保护和爱惜渔业资源及海洋生态环境,这样有利于提高全社会的环保水平。

总之,在面对海洋环境恶化和渔业资源日益枯竭的问题上,澳大利亚通过保护环境,建立海洋公园,大力发展海洋旅游业,既促进了渔民增收,又实现了海洋经济发展的可持续性。

## 二、国内各大城市现代海洋产业发展的主要经验

21世纪是海洋的世纪,海洋是我国国土的重要构成,是国家资源的重要载体,是经济发展的重要支点,也是沿海人民生活的重要依托。随着经济全球化和区域经济一体化进程加快,长三角区域将全面融入世界经济,充分发挥海洋大通道作用,积极利用国际国内两种资源、两个市场,是长三角、浙江省经济快速发展的客观需要,也是宁波市经济持续快速发展的客观要求。

从整体上看,我国海洋经济发展仍然呈现粗放型格局,海洋资源利用效率较低,高投入、高消耗、高排放的增长模式,导致局部区域局部海域生态环境压力增大。在海洋经济发展速度、产业结构、资金投入、政策力度等方面,宁波与大连、青岛等先进地区相比仍有一定差距。对国内各大城市海洋产业发展的历史和经验加以回顾和辨析,有助于宁波准确理解海洋产业的本

原意义，也有助于宁波市借鉴其他城市海洋经济发展的特定机制和成功经验。下面就青岛、大连和深圳三个城市进行分析，为宁波海洋经济的发展提供强有力的实践经验。

### (一)蓝色经济“龙头”——青岛

蓝色经济是陆海统筹、相关产业协调发展的新型经济，逐步成为国民经济发展新的增长点。

我国是陆海兼备的国家，拥有丰富的海洋资源，海洋经济已成为我国国民经济新的增长点。胡锦涛同志在山东提出“建设山东半岛蓝色经济区”的发展海洋经济大思路、新要求，是一个全面、系统、深刻的全新战略；是对山东科学发展作出的重大部署和工作指向。因此，青岛建设蓝色经济龙头有利于全方位参与国际竞争与合作，也有利于最大限度地利用我国东部沿海海洋优势，发展成为海洋产业高地。另一方面，青岛是我国东北老工业基地和长三角洲地区的投资热点区，是我国蓝色文明与滨海休闲度假旅游的引领示范区。青岛的蓝色经济龙头是现代海洋经济发展的必然趋势。

1. 青岛发展蓝色经济龙头的亮点

青岛市是国家计划单列市、副省级城市、区域中心城市、胶东半岛的经济中心城市、全国首批沿海开放城市、国家级历史文化名城、全国文明城市、国家卫生城市。胶南、即墨、胶州、平度、莱西为青岛的五大卫星城。青岛因名牌企业众多，被誉为：“中国品牌之都”“世界啤酒之城”。2008 年青岛成功举办第 29 届奥运会帆船比赛成为奥运之城，被誉为“世界帆船之都”。2011 年 1 月，国务院批准山东半岛蓝色经济区规划，青岛市作为其核心区域和龙头城市，海洋资源丰富、海洋经济初具规模，发展现代海洋经济具有得天独厚的优势。

(1)优良的海洋资源，筑起青岛现代海洋产业的平台

青岛拥有亚洲乃至世界一流的广阔海岸线，适合开发各个方面的海洋产业。海岸线内港湾众多，岸线曲折，水质肥沃，是多种水生物繁衍生息的场所，具有较高的经济价值和开发利用潜力，为现代海洋生物技术产业的发展创造了良好的天然资源环境。

青岛东与日本、韩国隔海相望，北与大连、天津相邻，南与连云港、上海相接，海岸线长 711 千米，海岛 69 个，近海海域 1.38 万平方千米，岸线绵延曲折，共 49 处海湾，胶州湾、鳌山湾、董家口等都是优良天然港址。胶州湾是青岛母亲湾，其岸线长度 163 千米，湾内水域面积 123 平方千米，滩涂面

积 125 平方千米，平均水深 6～7 米。这些天然优势，为青岛发展现代海洋产业提供了良好的港口资源。

青岛海域自古就是各种经济鱼虾类的产卵、肥育场所，生物多样性高，季节更替明显，渔业资源种类丰富，有利于发展现代渔业资源。同时，青岛风景秀丽，气候宜人，海山城相依，旅游资源十分丰富，孕育现代滨海旅游业的生机。

(2)日趋完善的基础设施，推动现代海洋产业稳步前行

青岛拥有生产性泊位 94 个，港口集群基本形成；港口货物吞吐量居世界第七位；集装箱吞吐量居世界第十位。董家口新城区开发建设正式启动。空港起降能力达到 4E 级标准，已开通 94 条国际、国内航线。集疏运体系完善，高速公路、铁路连接全国网络；作为全国重要的通信枢纽城市，中美、中韩海底光缆均在此登陆。另外，水资源供需基本平衡。在 95%保证率的情况下，全市年供水能力为 8.5 亿立方米，完全满足当前供水需求。可见青岛完善的基础设施推动了海洋产业的稳步发展。

(3)雄厚的科技实力，支撑现代海洋产业的蓬勃发展

青岛市是我国海洋科研、教学和国际学术交流基地，海洋科技密集程度居全国之首，在海洋科学研究与高层次人才培养方面居全国一流水平。青岛高级海洋专业人才数量占全国的 30%，沙海领域两院院士占全国的 60%左右，具有高级职称的海洋科技工作者 1700 人。青岛拥有中国海洋大学、中国科学院海洋研究所、国家海洋局第一海洋研究所等 26 个海洋科研、教育、管理机构，有 25 个省部级重点实验室、22 艘海洋调查船、9 个海洋观测站和 9 个海洋资源库，海洋科技成果显著。在国家 973 计划海洋领域启动的 17 个项目中，有 13 个项目的首席科学家和主持单位在青岛。“十一五”以来，国家“863”计划海洋领域课题约有 46%由驻青院所承担。

青岛充分利用海洋科研优势，将科研优势转化成科技优势。科技优势将青岛这一海洋科研城建设成海洋科技产业城。同时发挥科研单位和政府的作用，以产、学、研结合的形式，整合、完善和创建海洋产业基地，例如修造船基地、海洋药物基地、海水淡化和利用基地、海水增养殖育苗基地等。依靠科技创新，发展新兴海洋产业，形成一批在全国具示范作用、对经济有巨大拉动作用的现代海洋产业群。

(4)较为齐全的海洋产业体系与规范的管理制度，奠定海洋产业的坚实基础

青岛海洋开发历史悠久，已形成了较为齐全的海洋产业体系。目前，海

洋渔业、海洋交通运输业、海洋化工、海洋建筑工程等传统产业保持稳定发展态势，滨海旅游业、海洋船舶工业、海洋药物及生物制品产业等新兴产业蓬勃发展，海水利用产业走在国内城市前列，海洋科教、海洋社会服务、海洋环保、海洋新材料、海洋能源开发等产业正在形成。

近年来，青岛市先后出台了《青岛市海域使用管理条例》、《青岛市海岸带管理规定》、《青岛市海洋渔业管理条例》等法规，编制了《胶州湾及临近海岸功能区划》、《青岛市海洋产业发展规划》、《青岛市海洋功能区划》；涉海管理部门加大海洋综合管理力度，逐步规范海洋开发秩序，保护海洋资源及生态环境，提高了海洋管理法制化、规范化、科学化水平。

2. 青岛打造蓝海经济龙头的措施

作为山东的龙头城市，青岛紧紧抓住这一重大机遇，采取了一系列措施，加快打造蓝色经济区的核心区和国际一流、国内领先的海洋经济强市。

(1)开展蓝色经济区建设先例，引领现代海洋经济健康快速发展

简言之，就是青岛重点做好四个先行：体制改革先行，开展综合配套改革试点，探索陆海统筹发展新模式，为全国海洋经济发展提供经验和示范；科技创新先行，在海洋基础科学、前沿技术和应用技术方面取得重大突破，提升我国海洋科技整体水平和综合竞争力；产业发展先行，以海洋高技术产业为引领，加快推进科技成果转化，构建海洋高端新兴产业体系；对外开放先行，创新国际区域合作新机制，全面提高青岛及半岛城市群海洋产业国际化水平。

(2)优化产业发展布局，培育现代海洋支柱产业

青岛市构筑“一带、五区、多支撑点”的蓝色经济总体空间布局，有效拓展蓝色经济发展空间，重点推动董家口港口及临港产业区、胶州湾西海岸经济区、高新区胶州湾北部园区、胶州湾东海岸现代服务业区、鳌山海洋科技创新及产业发展示范区五个功能带动区建设，打造一批现代渔业、滨海旅游、装备制造、石油化工、现代物流、资源综合利用、科普教育、海岛开发等各具特色的产业集聚区，形成以环胶州湾为核心，东西两翼展开的蓝色经济带。这一系列工程有利于青岛更好地争取国家级政策支持促进相关海洋产业的发展，也使广大居民从这些海洋产业中享受更多更好的实惠。

(3)培育高端产业，提高海洋经济整体效益

青岛合理安排和发展三大产业。优化提升一产，重点提升水产苗种业、海水养殖业、远洋捕捞业、水产品加工业和休闲渔业“五大产业”的发展质量和水平；发展壮大二产，重点突破海洋生物医药、海洋工程装备、海洋仪器仪

表、海洋防腐防污及医用纺织新材料、海洋船舶、海水综合利用、海洋化工、海洋生态环保、海洋矿产与新能源利用、海洋工程建筑等十大海洋产业;突破发展三产,着力发展港口物流、滨海旅游、海洋科教、海洋文化体育、会展金融业及海洋气象、海洋监测、海洋环保等社会咨询和服务业。

青岛着力改善三大产业,为企业和居民带来良好的投资机会和大量就业岗位,也有利于提升青岛的城市形象。同时,青岛的高端产业集聚区也逐渐走向全国顶尖,甚至是世界的前沿,增加青岛海洋经济在国民经济中的比例。

### (二)复合型国际航运中心——大连

国际航运中心是指航线稠密的集装箱枢纽港、拥有深水航道以及发达的集疏运网络等硬件设施和为之服务的现代化金融、商贸、信息等软件功能的港口城市。综观今日之世界,国际航运中心正成为发达国家或地区参与全球经济合作与国际竞争的战略平台。历史上的航运中心通常都是由经济要素按市场规律自发地聚集形成。欧洲鹿特丹,美国纽约,日本东京、神户等国际航运中心,就是依托各自的航运中心加快发展经济。20 世纪 80 年代崛起的“亚洲四小龙”告诉我们“当代的航运中心”,特别是建设大连国际航运中心则完全可以反向运作,即通过建设国际航运中心来吸引经济要素的聚集和配置。加快大连海洋产业的发展,这正是中央高瞻远瞩确定把大连建设成复合国际航运中心的意图之一。

#### 1. 大连建设国际航运中心的独特优势

大连是全国 15 个副省级城市之一、全国 5 个国家社会与经济发展计划单列市(简称:计划单列市)之一。是辽宁沿海经济带的金融中心,航运物流中心,也是东北亚国际航运中心,东北地区最大的港口城市。2011 年全国两会,大连被国家定位为振兴东北老工业基地的龙头及国家级战略辽宁沿海经济带开发开放的核心城市。大连建设复合国际航运中心有得天独厚的区位优势和自然条件。

(1)得天独厚的地理位置(见图 9-1),孕育了复合型国际航运中心

大连市位居西北太平洋中枢,集疏运渠道通畅,是我国两个新兴经济区域,东北工业区和环渤海经济圈的交汇点。

大连港已有 100 多年的历史,是东北亚经济圈的中心,是该区域进入太平洋、面向世界的最便捷的海上门户,同时也是转运远东、南亚、北美、欧洲货物最有希望和条件的港口。更重要的是,要建设成为国际航运中心必须

具备深水泊位，由于我国东部沿海处于大陆架，渤海湾内水深不过9米，可建深水泊位的地方不多。就像天津、秦皇岛、锦州、营口等地，必须用挖泥船挖出一段深水航道才能建成深水泊位。而要完成这项工程，所需要的劳力、物力、财力比较大。不仅需要长期清淤，而且其航道的长度、宽度、深度都受到限制，一些超大型船舶还需等待高潮位才能行驶和靠泊。但是大连则不同，大连旅顺老铁山南部水深47米，是我国东部沿海最深的深水区域；大窑湾港区港阔水深，多在10～33米之间，港外航道水深50米。大连港阔水深，不淤不冻，是我国北方建设国际深水港的理想之地。

再加上大连的经济腹地发达，其直接经济腹地东北基础雄厚，资源丰富，是党中央国务院确定的重点发展的地区。以大连港为中心，联合丹东港、营口港、锦州港等所形成的辽东半岛港口群，年吞吐量超过一亿吨，是世界上较大的港口群之一。这一切都为大连建立国际航运中心提供了良好的自然地理区位环境。

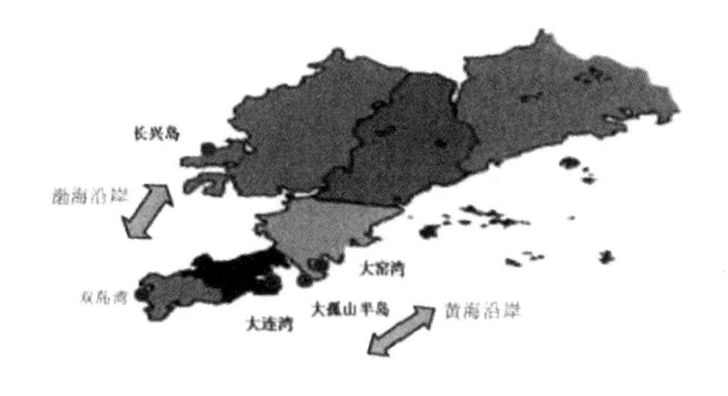


图9-1　大连地理位置

(2)发达的经济腹地，支撑大连建设国际航运中心

历史上，具有良好经济发展基础的东北地区，是我国最大的重工业基地。党中央、国务院提出的充分利用东北地区现有港口条件和优势，把大连建设成为东北亚重要的国际航运中心的重要决策，为大连市的海洋经济发展注入了新的活力。

航运业作为第三产业之一，是直接为经济和贸易服务的；作为一种派生需求，航运业的需求量大小是由贸易货运量所决定的。对世界上的绝大多数国家来说，进行国内外贸易的主要运输方式还是航运。因而随着贸易量的不断扩大，对航运业的需求也将不断增加。就大连市而言，除了大连本身的经济发展建设外，整个东北地区的经济发展建设也是影响大连航运业发展的重要因素。而这一地区，自然资源丰富，重工业基础雄厚，进出口贸易额连年上升，这些无疑都是大连发展建设国际航运中心的经济优势所在。

(3)基础设施与集疏运条件，推动现代海洋产业的发展

大连港目前有生产泊位 73 个，万吨级以上泊位 39 个，码头岸线 2.48 万米。泊位水深已达 14 米，基本满足国际航运主流船型第五、第六代集装箱船舶的挂靠要求。北良港已被公认为世界第一的粮食专用码头。DCT 的码头建设、装卸设备及管理水平已在国内居一流水平。大连港 2011 年集装箱吞吐量突破 600 万标准箱，预计全年完成集装箱吞吐量 640 万标准箱。2011 年，大连港新开外贸集装箱航线 7 条，新开或加密内贸集装箱航线 6 条，新增环渤海支线船舶 9 艘。目前，大连港共有集装箱航线 92 条，与世界上 160 多个国家和地区的 300 多个港口通航。世界上各大航运企业与班轮公司几乎都在大连设有分、子公司或办事机构。

大连已基本形成较为完善的口岸综合集疏运体系，铁路连接东北各主要城市及大连港、大窑湾等 5 个港口，开通 4 条集装箱班列和 3 个内陆集装箱干线港，同沈大高速、黄海大道等公路及路网交织，形成了区域物流网络。

以大连为中心的环渤海中转网络日益完善，北起营口、锦州，西连秦皇岛、天津，南接龙口、烟台、威海等周边港口，并有连续多年挂靠大连、朝鲜(南浦)的准班轮国际中转航线，形成了环渤海湾地区—大连—世界各地—大连—环渤海湾地区的海上中转运输通道。大连周水子国际机场已经开通 86 条国际国内航线，是东北地区最大的货物空运基地。

大连的海运、空运、铁路、公路、管道五种运输方式齐全。陆路交通有铁路与东北、华北铁路网相联，新改造的哈大电气铁路更是在时间上缩短了大连与东北腹地最北部工业城市哈尔滨的距离。公路线四通八达，被誉为神州第一路的沈大高速，将大连与东北主要工业城市沈阳连成一线。起于大庆的石油运输管道直抵大连口岸。这种相对完备的集疏运网络为大连建成东北亚重要的国际航运中心奠定了基础，推动现代海洋产业的发展。

(4)其他环境条件的优势，增强东北亚国际航运中心对海洋产业的推动作用

在金融环境方面，大连市金融条件优越，国内外众多金融机构均在大连设有分公司或办事机构，这将为大连建立国际航运中心提供良好的金融环境基础与优越的融资、集资及信贷条件；在科技人才方面，大连高校及科研院所众多，人才济济，特别是大连海事大学多年来为大连的港航业培养了大批科技与管理人才，这为大连国际航运中心的建立提供了良好的科技人才

力量；在海运辅助服务与相关产业方面，大连是中国的造船基地之一，修造船实力雄厚，其他各类海运辅助服务设施完善。

另外，大连从事国内外贸易的大型商贸企业较多，商贸积聚和辐射能力较强。全市现有各类银行及非银行金融机构 34 家，有 19 家外资银行和金融机构在大连开设了分行或办事处，在连金融机构已与世界 150 多个国家和地区建立了结算网络，使大连成为中国北方最大的国际结算中心。已经启动的港口 EDI 系统和不断完善中的城市信息化建设，可以为国内外客户提供相应的信息服务，这也是大连建立国际航运中心的环境优势所在。

党中央关于振兴东北老工业基地的重大决策，将加快东北老工业基地振兴步伐，也为大连国际航运中心的建设带来了千载难逢的机遇。广阔的东北腹地曾经带来了大连这座城市的兴起和繁荣，也是大连实现东北亚重要国际航运中心的战略依托，大大增强了国际航运中心对海洋产业的推动作用。

2. 大连打造国际航运中心的措施

大连为建设复合型国际航运中心主要从三方面入手，一是建设航运设施体系，提升港口航运功能；二是加强以航运与物流为主体的信息港建设；三是加强以航运与物流为主体的信息港建设。下面就具体阐述大连的配套措施。

(1)建设航运设施体系，提升港口航运功能

调整港口规划布局，形成港口集群效应按照建设国际航运中心和振兴东北老工业基地要求，根据腹地经济发展特点，本着统筹规划、合理分工、整合资源、优化配置、共同发展的原则，规划好辽宁沿海岸线利用和主要港区、临港工业区及物流园区等。

①在空间结构上，大连港区突破城市区的包围，根据岸线资源和产业发展实施结构调整和空间迁移，改变港区过于集中在黄海沿岸的城市区，逐步向西部的渤海沿岸长兴岛和旅顺双岛湾一带拓展。大连老港区的货运集散功能转向客运集散和旅游服务功能为主的城市功能区。大连湾西部重点发展临港工业湾区，临港用地进一步集约化使用，大宗货物运输向大连湾北岸和大窑湾转移。大孤山半岛沿岸重点建设大型、深水、专业化、现代化核心港区。

②大连以东北亚国际航运中心建设为目标，将大连、营口、丹东、锦州和葫芦岛等港口资源进行整合，优化功能分区，加快建设各港码头航道，提高综合通过能力，打造现代港口集群。大连港和长兴岛组合港区以集装箱干

线运输为重点，全面发展石油、矿石、散粮、汽车等大宗货物中转运输。营口港以发展内贸集装箱、钢材、铁矿石运输为重点，全面发展原油、粮食、杂货运输。丹东港则以散杂货运输为主，发展内贸集装箱运输，承接大宗散货运输。锦州港以石油、煤炭、粮食运输为主，发展散杂货和内贸集装箱运输。葫芦岛港以发展石油化工、散杂货运输为主，兼顾电厂、油田专业化运输。强化大连港及长兴岛组合港区建设，把大连港打造成东北亚地区重要的国际枢纽港。

③完善空港综合功能。加快建设东北亚重要的门户枢纽机场。充分挖掘周水子国际机场民航保障潜力，抓紧实施机场终端保障规模扩建，形成年旅客吞吐量 1500 万人次、货运吞吐量 45 万吨的保障能力，基本具备区域性门户枢纽机场的功能。同时，加快推进大连新机场的选址工作。大力开发国际航线，完善国内航线网络，不断提高空港中转功能和服务水平，逐步将大连空港建成东北亚地区重要的门户枢纽机场。

(2)加强以航运与物流为主体的信息港建设，完善信息现代海洋服务体系

在当今知识经济时代，信息的交流和获得已成为提升竞争力的关键，现代海洋产业的发展迫切需要建立海洋综合信息系统，及时发布海洋产业发展的相关信息。海洋信息交流的畅通，有助于实现海洋开发技术和信息共享；有助于各海洋管理部门之间的信息交流和共享，提高管理的有效性；有助于同时通过政策、信息的公开化，提高海洋管理的透明度。

以现有的大连港和大连口岸物流网为基础，在集装箱、石油及石油制品、汽车、粮食和水产品等专业信息方面，大连建成统一的航运和物流业务信息平台，成为东北亚重要国际航运和物流信息中心。

①以发展综合运输为导向，加快东北腹地和沿海地区铁路、公路、管道基础设施建设，促进沿海与腹地的良性互动。强化腹地运输通道，大力打造沟通沿海与东北腹地的东北中部通道、东北东部通道和东北西部通道 3 条综合运输通道。重点建设哈大铁路客运专线、东北东部铁路通道，建设锦州至内蒙古东部地区铁路，庄河港至岫岩铁路；建设沈阳至梅河、沈阳至彰武、丹东至通化、锦州至赤峰高速公路；建设大连液化天然气接受站和后方管道工程。

②新建 5 条连接大连大窑湾、大连湾、长兴岛，营口鲅鱼圈、仙人岛港(区)和沈大公路的疏港高速公路；新建或扩建连接上述港区和哈大铁路的疏港铁路，实施丹东港大东港区和锦州港疏港铁路扩能改造；建设 1433 千

米滨海公路，沈大、丹大等高速公路连接线，长兴岛环岛路、锦州渤海大道等连接沿海地区港口、城市、临港产业园区之间的道路交通体系。

③以大连港和大连口岸物流网企业为基础，将大连海关、检验检疫、铁路、航空、管道等航运和物流信息整合集成起来，建立统一的基于互联网与EDI的数据交换平台，充分实现信息的联网共享。

④加快大连城市轨道交通系统建设，新建南关岭火车客运站，形成连接铁路、城市轨道交通、公路等多种运输方式、现代化的客运枢纽。努力打造连接海内外，沟通沿海地区，辐射广大腹地，一体化、国际化、现代化的综合运输体系。①

(3)政府积极推动，加快推动海洋产业的航运服务体系建设

发挥保税区的政策优势和功能优势，打造联结保税区和大窑湾港的大连国际物流园。依托港口资源，实现并完善"港区一体"，立足于促进东北经济与世界经济的融合，积极寻求有实力的物流企业、船公司、货主并与之真诚合作，同时与老港区城市物流配送区形成功能互补，促进大连物流产业规模、有序、快速发展，特别是现代物流业、现代金融业在海洋产业方面的发展。

①政府采取更加灵活和优惠的政策，吸引和鼓励更多的资本向物流产业投入。市委、市政府要在完善全市整体物流发展规划的同时，重点扶持一批物流企业进一步做大做强，以在建设大连东北亚国际航运中心中发挥龙头带动作用。

②全面发展提升物流企业水平，全面加大吸引国外大的物流企业到大连来设立总部；鼓励发展为物流信息化建设提供配套服务的企业，包括像大连口岸物流网有限公司，共建大连物流体系，与航运中心建设同步发展，为航运中心建设提供可靠的支持。

③区域国际金融中心建设是大连国际航运中心建设重中之重。拓展航运中心金融服务功能，建立以期货业为龙头，涉外金融及保险为两翼，金融各业全面协调发展的现代金融服务体系为现代海洋产业服务。推进大连保险创新发展试点城市建设，创新服务种类，拓展服务领域，提高服务水平。促进银行、证券、信托及金融中介等各业的协调发展，形成完善的金融和保险组织服务体系。重点打造星海湾金融商务区，加快推进期货广场、金融大

---

①　周晓皎：《面向东北亚：大连建设国际航运中心的障碍及对策》，《环渤海经济瞭望》2009年第3期，第8—10页。

厦、保险大厦等主体工程及配套服务设施建设，制定完善相关优惠政策，分阶段引进各类中外金融机构和跨国公司管理总部，集聚金融、商务专业人才，形成大规模资金的管理和调度能力，建成立足辽宁、面向东北三省、服务华北腹地及东北亚地区的现代金融中心。

### (三)“和谐与进步”的海洋关系—— 深圳

和谐海洋是指在我国广阔的海域和广大沿海地区，海洋生态环境良好，海洋经济发展处于与海洋环境、海洋资源支撑力相适合的运行状态并与沿海地区社会经济发展处于较为和谐、协调的状态中，沿海地区各种矛盾能得到妥善解决，人海关系、陆海关系比较融洽。建设和谐海洋是海洋管理界近来普遍关注的一个理论问题，是全国人民在党中央建设和谐社会的号召下，掀起的共建共享和谐社会的一个重要组成部分，也是沿海地区各地方政府和广大人民群众正在开展的一项重要活动。因为建设和谐社会的一个重要目标就是要实现人与自然的和谐相处，实现社会经济快速发展的同时，资源得到有效利用，自然环境得到充分保护，给子孙留下蓝天、碧海、青山、绿地。和谐海洋是和谐社会的一项重要内容。建设和谐海洋则重在保护“碧海”，保护沿海地区的青山绿水，使海洋环境资源能永续为人类服务并得到循环使用。

众所周知，海洋不是孤立的存在，而是人类生存和发展所依赖的地理环境的一个组成部分，是生态系统的一个组成部分。海洋与陆地有很大的关联性和渗透性。海洋经济的发展在很大程度上依赖于海洋环境、海洋资源。但海洋资源又并非是取之不尽、用之不竭的，海洋环境和海洋生态也是十分脆弱的，极易受到人类开发活动的损伤，其一旦遭到破坏，修复的过程则十分缓慢，这些都使海洋经济的发展不能不受到严重制约。严酷的现实使人类认识到，要尊重自然规律，尊重海洋，与海洋和谐共处。因此，深圳建设和谐进步海洋，转变海洋经济的发展模式，走上又好又快的发展模式成为必然。

#### 1. 深圳建设和谐进步海洋的优势

国际化大都市——深圳，位于珠江三角洲东岸，是中国最早对外开放的城市，中国第一个经济特区。由边陲渔村发展成有一定国际影响力的国际化城市，创造举世瞩目的“深圳速度”。现今，深圳成为中国金融中心、信息中心、高新技术产业基地和华南商贸中心及旅游胜地。同时深圳是中国重要的海陆空交通枢纽城市。由于毗邻香港，市域边界设有全国最多出入境口岸。深圳在中国经济中占举足轻重的地位，特别是现代海洋产业，因地制宜其构建和谐进步海洋关系具有独特优势。

(1)海洋人才战略的实施，建立科技兴海智力保障

科技进步有利于提升传统海洋产业，节能减污增效，为海洋生态维护提供技术支持。在21世纪，建设科技海洋是战略任务，海洋科技是当今世界三大尖端科技之一，海洋高科技的发展已经成为体现一个国家综合实力和当代科技发展水平的重要特征。如今，世界各国在海洋上的竞争比历史上任何时期都要激烈，而这个竞争实质上是高新技术的竞争。谁在海洋高新技术方面领先，谁就会在世界海洋竞争中占据主动，就能从海洋中获得更多的资源和更大的经济利益，海洋科技是本世纪人类最有可能取得重大突破的领域之一。

充分发挥深圳大学园区的科研、教学优势，支持高校加强海洋科技研发和海洋科技推广，重点发展与大学的教育服务合作，促进教育服务与高技术产业良性互动发展，建设高层次人才教育培训基地，构建区域性科教研发平台，加快培养创新型人才。

加强与港澳合作，建设国际化的公共科技信息服务平台和中介服务体系。大力实施紧缺人才培训工程，选派优秀人才进行培训，打造一支高技能实用人才队伍。加快培养海洋工程应用型高级人才，积极开展海洋科技交流，鼓励高等学校、科研院所通过项目合作、学术交流、人才培养等方式开展海洋教育、海洋技术国际交流合作。以海洋关键技术和前沿领域为重点，引进一批具有国内领先水平的创新型学科带头人。优化海洋科技人才环境建设，建立健全海洋科技人才培养与引进机制。

(2)发达的经济，奠定现代海洋产业发展的基础

深圳位于我国大陆最南端，是内陆通往港澳、东南亚、太平洋地区的主要通道，西有环北部湾经济区，东有台湾省、厦门经济区金三角，南临广阔的南海，区位条件优越。新世纪以来，深圳的社会经济发展取得了巨大成就，整体经济实力雄厚，多年来一直居于全国前列，为海洋产业发展提供了良好的经济基础。另外，深圳海洋科技力量比较雄厚，拥有多家海洋科研机构，各类海洋科技人才集聚。近年来，深圳在海洋生物技术、海水综合利用技术、海岸带资源环境利用关键技术、海域地形地貌与地质构造探测技术、海洋疏浚泥资源化处理技术等高新技术研发方面取得了许多成绩，为深圳发展和谐进步的海洋关系提供了重要的人才保障。

(3)丰富的文化资源,推动和谐海洋关系的建立

城市文化是城市在形成和发展的过程中产生的一种独特的文化景观和文化形态。城市文化是城市生活的内核,也是城市赖以生存和发展的精神根基。深圳以高新技术经济、港口物流贸易和会展、旅游经济为特色的产业结构,从业人员多为白领。白领不同于蓝领,工作的选择余地大,创造性强,他们十分看重工作所在地的居住环境和文化氛围。白领文化水平高,对居住地的文化品位和相关设施较为关注,更倾向于和谐的人海关系。

比如美国的波士顿、哈佛等几十所大学,又有设备一流、技术高超的医疗中心,有著名的交响乐团、芭蕾舞团和高规格的博物馆等。因此,美国的波士顿吸引、聚集着许多高素质的人才,形成了有品位的城市文化。波士顿所在的马萨诸塞州,不仅连续两年当选全美智商最高的州,而且是现代经济的领跑者。深圳也一样,在城市文化建设上下大力气。改造、扩建的深圳大剧院,投巨资兴建一流的音乐厅、图书馆和青少年活动中心,修整莲花山、笔架山大型休闲绿化公园,加大教育经费的投入,扩大深圳大学、深圳职业技术学院的教学规模和举办文博会等,都显示出政府构建和谐文化的良苦用心,显示出建设和谐进步海洋关系的经济投入。

深圳从经济发展中建立自身的城市文化。经济是城市的实力、城市的基础,文化是城市的脊梁、城市的灵魂。城市文化是城市的精魂、魅力、吸引力和核心竞争力重要组成部分。有了深厚底蕴的城市文化,就能吸引、留住、聚积大批高素质人才,而高素质人才的汇聚,又会给城市文化的提升、传播"增砖添瓦",从而构筑起城市文化的宫殿,为和谐进步的海洋关系奠基,间接地推动深圳现代海洋产业的发展。

2. 深圳建设和谐进步海洋关系的措施

深圳建设和谐进步的海洋关系深入贯彻落实科学发展观,按照"海洋立市"的战略部署,加快转变海洋经济发展方式为主线,强化保护、科学规划、合理利用海洋资源,调整优化海洋产业结构,全面推进区域海洋合作,促进海洋经济全面、协调、可持续发展。

(1)深圳更新海洋观念,推动海洋产业一体化(转型升级)

深圳作为一座海洋城市,强化海洋文化和海洋意识,实现从背对海洋、滥用海洋,向面对海洋、亲近海洋转变。海洋产业尤其是海洋新兴产业所具有的新技术特征以及新发展空间,对于加快经济发展方式转变、推动产业结构优化升级的作用十分明显,为实体经济发展提供了新的经济增长点。一方面,深圳的海洋工程技术、海洋医药与生物技术、海洋化工技术等领域都

处于国际技术创新的前沿，对于提升产业技术水平、优化产业结构具有重要的意义。另一方面，发展壮大海洋产业，有利于扩宽发展空间，缓解人口、资源、环境三大危机的压力，推动绿色经济、循环经济和低碳技术发展，从而有利于海洋经济的可持续发展。

深圳以培育发展战略性海洋新兴产业为支撑，以集约发展高端临海产业为重点，打造具有国际竞争力的现代海洋产业体系，形成了新的海洋主导产业群。对于传统优势海洋产业，深圳采取加快转变产业发展方式，着力提升产业技术水平和自主创新能力，构建先进的、多层次产品体系，打造综合竞争力强的现代海洋产业。同时，深圳积极培育发展海洋战略性新兴产业。大力发展深海勘察和开发设备、海洋新能源开发设备、海洋环保装备、海水利用成套装备等海洋工程装备制造业；大力发展高科技、高附加值的海洋生物医药产业，推进海洋生物医药关键技术产业化；加快研发和推广海水综合利用的技术、工艺和装备，推进海水综合利用关键技术产业化；加快海洋风电、波浪能、潮汐潮流能发电等技术研发；大力推动海洋油气勘探业、油气储运服务和海洋资源利用等技术服务业的发展。总之，深圳着力发展技术先进、经济高效、资源节约、环境友好的高端临海产业。

(2)向高端的海洋服务业扩散，优化海洋产业结构

深圳具备发展滨海旅游业的资源条件和消费群体，前景十分广阔。“十一五”期间，通过实施多元化与精品化的发展战略，把深圳市的滨海旅游业营造成集旅游观光、商务度假、休闲娱乐、科普教育等活动于一体，设施先进、服务一流的综合性旅游产业。例如以深圳东部海域和环珠江口旅游区为核心的海上旅游区，充分发挥大鹏湾和大鹏半岛的综合旅游价值，同时加强与香港的合作，促进两地共同开发环大鹏湾区的陆域、海域旅游资源；结合湿地、人文资源，开发湿地公园和海洋军事、海事主题公园的滨海旅游区；以人工鱼礁区为主体的海洋科普公园的开发，同时突出了沙头角在深港两地旅游品牌衔接中的特殊地位。

发展高端休闲度假旅游项目成为深圳滨海旅游业的发展方向之一。通过高端滨海旅游产品的开发，进一步提升了深圳山海组合资源的价值，同时增加了深圳的旅游城市魅力。

深圳发展滨海旅游业，遵循环境和谐原则和以人为本的社会公平原则。一方面考虑到生态环境对大规模产业性旅游项目的容量限制，另一方面也考虑到资源使用的社会公平性，逐步清理行政事业单位对海洋、岸线资源的侵占，严格控制经营项目和房地产项目对海域和岸线的独享，有偿使用与开

放使用相结合，以有偿补开放，尽量多留一些公共岸线给予大众。

(3)加强保护海洋资源环境，促进海洋产业可持续发展

海域生态资源调查是保护和科学开发利用海洋的前期工作，对于了解掌握深圳海域资源现状、有针对性地制定保护和科学开发利用的规划意义十分重大。深圳市加大力度，认真开展勘测调查工作。在发展海洋经济的过程中，由于海岸开发和污染、近海旅游和捕捞，大批珊瑚呈病态白化；填海掩埋了珊瑚，导致其窒息死亡；深圳珊瑚资源的前景堪忧。因此，深圳市逐步开展其他海洋资源和海洋生态的调查，摸清家底，制定政策法规，保证海洋资源科学有序、可持续的开发利用。

深圳红树林自然保护区和宝安的西部海上田园风光具有人工海湾湿地的功能，深圳把它们作为保护区或旅游项目进行经营的同时，发挥应有的海湾湿地公园的功能：充分利用湿地污水净化功能，处理排放的部分生活污水。

在建立和谐进步的海洋关系的过程中，保护海湾湿地免受蚕食具有十分重要的意义。因此，深圳市建设制定了海湾湿地保护的地方性法规和政策体系和生态保护控制线，同时在公众媒体上广泛宣传海湾湿地保护的重要性。

随着深圳港口远洋运输、临海工业建设、海上油气田开发等活动日益频繁，海洋环境问题逐渐突出。因此，为保护深圳海洋资源免遭过度开发及工业污染带来的危害，深圳市海洋局自 2000 年开始就对深圳海域环境质量进行监测，并于 2007 年启动了海上自动在线监测系统建设工程，投资约 2500 万元，以便及时掌握深圳近岸海域水质变化和污染物情况。2008 年正式启动了深圳海域使用动态监视监测管理系统的建设工作，完成了监控与指挥办公、监测的业务管理、动态评价与决策支持三大基本应用系统的开发及海域基础数据库的建设工作，确保了深圳海洋产业的合理布局和海洋资源的科学利用。

## 三、国内发展经验对宁波发展现代海洋产业的启示

宁波是一个陆海兼具的城市，海岸线总长 1562 千米，拥有“港、渔、矿、景、涂、岛”六大海洋资源优势。“十二五”时期，致力于浙江海洋经济发展示范区的核心区建设，宁波拉开了海洋经济大发展的帷幕，积极推动宁波从“海洋经济大市”向“海洋经济强市”的战略性转变。把握好挑战与机遇，进一步保持和提升海洋经济发展优势，分析国内外海洋产业发展的举措，结合

宁波实际情况，探索一条创新型宁波海洋经济道路。

（一）打造完美的滨海旅游形象城市

近年来，在国家拉动内需、加大投入的政策驱动下，我国滨海旅游业总体保持平稳发展，国内旅游增长加快，国际旅游逐步恢复。2010年，我国沿海地区依托特色旅游资源，发展多样化旅游产品，滨海旅游业保持平稳增长。全年实现增加值4838亿元，比上年增长7.9%。2011年，我国滨海旅游业持续平稳较快发展，邮轮游艇等新型业态快速涌现，全年实现增加值6258亿元。

中国滨海旅游业正处于快速发育的“少年期”，拥有很大的发展空间和潜力。宁波逐步重视对海洋产业的开发，为大力推进滨海旅游业又快又好地向前发展，宁波应制定滨海旅游业的发展规划和目标，大力开发滨海旅游资源。

青岛——作为滨海旅游城市，经过多年的努力，城市基础设施日趋完善，旅游产品开始由观光型向观光度假型转变，产品结构趋向合理，行业管理步入轨道。现今，已经成为了领域的领头羊之一。青岛提出的“海陆统筹、科技带动、集聚发展、重点突破”思想，为宁波的海洋建设提供发展思路，通过开展蓝色经济区建设模式先行试验，以科技进步和体制机制创新为动力，突出循环经济发展理念，大力培育高端产业，打造我国科学开发利用海洋资源、走向深海的桥头堡，成为国家滨海旅游试验区的引擎。青岛的成功为宁波发展现代旅游业提供了科学的借鉴依据。

就深圳而言，在实现海洋产业历史使命的同时，突出滨海城市形象和以人为本的价值取向，以科学永续、创新发展为宗旨，在环境相容、产业兼容的原则指引下，逐步优化和调整用海布局现状，构建海洋与城市间亲近、和谐、友好的互动关系。以科学发展观统领全局，优化海洋资源配置，实现海洋开发利用与治理保护相结合，海洋资源优势和区位优势相结合，促进深圳滨海旅游业的特色发展，并将之建设成为具有国际竞争力的海洋经济强市。

深圳、青岛的滨海旅游业发展措施为宁波滨海旅游业重点区域的建设和现代海洋产业的发展提供了强有力的实践证据。例如宁波现代旅游业的发展，以杭州湾新区为依托，以滨海风光为生态背景的集观光、休闲、度假、商务为一体的综合性的滨海休闲度假区和滨海旅游新城——杭州湾大桥旅游区。该区应主要以发展跨海大桥观光、海滨休闲区、海上田园休闲及滨海湿地观光为特色；宁波北仑港、镇海港、甬江口以及镇海和北仑城区等区域组成的北仑港城旅游区。以北仑港为主，以宁波海洋历史文化为依托，强调海上丝绸之路与现代化港口城市文化的传承关系，展示宁波海洋文化向海外开放的通道和窗口的以观光、休闲、文化、工业为专项旅游的特色。应充分整合北仑港的海港、海岛、码头、巨轮、细浪、落日以及雄伟壮观的临港工业氛围等旅游资源，重点发展东方大港游、北仑港城游、港口工业游以及镇海口海防遗迹游等。

除了杭州湾新区和北仑港城旅游区，宁波还可以建设象山港旅游度假区和象山黄金海岸旅游带。象山港旅游度假区可以包括宁海强蛟、西店、大佳何、奉化莼湖、裘村、松岙等象山港海域及沿海区域。借助碧海绿岛为背景，以滨海休闲度假、水上运动、游艇休闲以及海岛游等为特色，重点发展豪华游艇俱乐部、海滨度假区、海上运动以及特色岛屿游。象山黄金海岸旅游带包括象山东面沿海海滨及海域。该区以松兰山海滨旅游度假区、石浦渔港、中国渔村、渔山列岛为主，重点发展滨海观光休闲体验、高端度假产业、渔文化休闲体验、特色渔区民俗以及集观光、度假、休闲、海上运动等为一体的综合性海岛风情体验区。①

### （二）发展优渥的港口岸线资源

宁波"以水为魂，倚港衍生"。宁波位于我国"T"字形经济带和长江三角洲城市群中的核心地带，从海域上来讲，它位于长江黄金水道的入海口，是连接长江三角地区与黄金海岸的纽带。宁波港口岸线总长 1562 千米，占全省的 30% 以上，其中可用岸线 872 千米，宁波港是我国大陆四大国际深水中转港之一，深水岸线 170 千米。航道条件良好，北仑港区域可进出 30 万吨级船舶，拥有生产性泊位 300 多座，其中万吨级以上深水泊位 60 多座。因此，宁波港占据宁波最大的优势，在经济和社会的发展中具有龙头和领头羊的作用。宁波—舟山港口一体化的建设，使沿海港口物流、物资储运优势得以进一步发挥。杭州湾跨海大桥、甬台温铁路的建成，促使宁波一跃成为连接上海、江苏、温州、金华、台州乃至福建南部地区的枢纽城市，为发展海洋经济，打造"海上浙江"提供了坚实的基础。

值得一提的是大连建设复合型国际航运中心，对港口岸线资源的完美利用使得它发展海洋产业的措施取得了很大的成效。因此，宁波港口岸线

---

① 苏勇军：《海洋世纪背景下宁波市海洋旅游产业发展研究》，《科技与管理》2011 年第 1 期，第 1—13 页。

资源既是宁波发展社会经济的战略性、龙头性资源，也是浙江省发展海洋经济、打造“海洋浙江”最为独特的优势和载体。大连的经验表明，拓宽运输渠道，增加交易平台，对推进海洋经济的发展有重大作用。

另外，为了能充分发挥海洋资源优势，宁波应全面推进“港桥海”联动战略，开发海洋资源、发展海洋经济，实现全市上下的共识。新一批海陆基础设施项目的上马，将进一步增强陆海之间资源的互补性、产业的互动性、布局的关联性，宁波市海洋经济将在陆海互动中实现快速发展。

### （三）完善的海洋经济功能布局

宁波应坚持海陆联动、协调发展，遵循海洋经济自然属性和发展规律，发挥不同区域的比较优势，优化形成重要海域基本功能区。例如青岛在打造蓝色经济龙头的过程中，优化产业发展布局，积极构筑“一带、五区、多支撑点”的蓝色经济总体空间布局，有效拓展蓝色经济发展空间，同时更好地争取国家级政策支持促进相关产业发展。

宁波在构建“一核两带十区十岛”空间功能布局框架，应结合自身海洋特点，分析借鉴青岛的精彩之处，形成宁波特色海洋经济功能布局。

1. 打造一个核心区

以宁波—舟山港宁波港区及其依托的海域和城市为核心区，具体包括穿山半岛、梅山保税港区以及中心城区。围绕增强龙头带动、辐射服务和产业引领的功能，优化港口岸线资源开发，加快打造国际强港，重点发展“三位一体”的港航物流服务体系，规划建设大宗商品交易平台，完善海陆联动集疏运网络，加强金融和信息系统支撑，择优发展临港大工业，力争发展成为全国性物流节点城市和上海国际航运中心的主要组成部分。

2. 加快推进“两带”建设

以环杭州湾产业带及其近岸海域为主的北部海洋经济产业带，以象山港、大目洋和三门湾及其附近区域为主的南部海洋经济产业带，是宁波新型产业化和新型城镇化融合发展的重点区域。北部海洋经济产业带，要统筹规划建设沿海中心城市、卫星城市、中心镇和基础设施网络，加快发展临港先进制造业，改造提升传统优势产业，科学开发深水岸线资源。南部海洋经济产业带，在科学布局、合理开发、注重环保的基础上，要充分发挥山海资源优势，提升生态经济和海洋经济发展水平，建设成为海洋经济发展的重要承载区。在推进“两带”发展过程中，根据各海域的自然条件和经济发展需要，科学确定各海域的基本功能。

3. 重点建设十大产业集聚区

在推进现有开发区、工业园区开发建设基础上，以培育经济增长点和竞争制高点为目标，重点建设宁波杭州湾产业集聚区、梅山国际物流产业集聚区、余姚滨海产业集聚区、慈东产业集聚区、宁波石化产业集聚区、北仑临港产业集聚区、象山港海洋产业集聚区、大目湾海洋产业集聚区、环石浦港产业集聚区和宁海三门湾产业集聚区。整合区域空间、发挥特色优势、集聚要素资源，培育壮大海洋战略性新兴产业，增强产业集聚区资源环境承载能力，保障合理建设用地用海需求，努力发展成为推动宁波市经济转型发展的重大平台和城市新区培育的主要载体。在这一过程中，宁波可以借鉴青岛的相关措施，优化产业集群。

### (四)强化坚实的群众海洋意识

日本加强对海洋文化的积累、宣传，海洋意识深入人心。宁波作为海洋产业较发达的地区，应当充分利用新闻媒体、学校教育、宣传机关等一切手段，加强对海洋文化的宣传、教育，树立全民海洋意识，关键在于加强对海洋国土观、海洋国防观和海洋权益观教育。同时，培养全民族的海洋意识尤其是要注重从娃娃抓起，日本从孩子的启蒙阶段就重视海洋意识教育，为我们树起了一面镜子。

从日本海洋意识的教育可以得出，宁波政府一方面可以从幼儿园、中小学抓起，加强对海洋的社会环境了解，定期进行海洋知识教育，把海洋教育纳入国民教育体系，提高全民的海洋保护意识和海洋国土意识，为海洋经济发展创造良好的社会环境；另一方面通过免费开放海洋博物馆，开展海洋知识竞赛等灵活多样的形式，宣传、普及海洋知识，实行海洋知识进社区计划，以讲座、板报、悬挂宣传条幅等形式进行海洋知识教育。电视、电台、报纸、网络等都可以成为进行海洋知识教育的阵地和平台。通过这两种方式全面培养全民海洋意识。

对于我国而言，虽然我国的各种地理教科书中都提到我国是个濒临海洋的国家，海洋资源丰富，但未从海权的高度来介绍海洋、认识海洋，国家教育部门应加强这类材料与教科书的计划与编写工作，适时让这些材料与书籍进入课堂。并且要加强市民对不同城市的海洋文化的深入认识，以此强化宁波市民对海洋意识的培养。

### （五）建立灵活的海洋规划管理体系

宁波的海洋规划管理相对起步较晚，在实践中只从海洋产业、宁波本地和相关海洋项目的利益和角度出发，整体协调统一性较差。另外，宁波在海上管理力量上较为分散，缺乏规划管理的规范性和有效的实施监督机制，各种规划的落实效果均欠佳，使其不能实现不同层次、不同内容的规划之间的共同协调指导海洋开发、利用、治理和保护工作，也不能充分利用规划手段来加强对海洋的综合管理。相对而言，宁波海洋规划管理体系制定上具有随意性，系统性不强，没有规划编制规程来具体指导，海洋规划管理远未形成完整、科学的体系。因此，建立有效的海洋规划管理体系，确立海洋规划编制的原则与程序已经迫在眉睫。

英国的海洋法合理完善了海洋管理体制，实现了综合统一管理海洋经济的发展。对于宁波海洋而言，海洋资源开发管理体制的不够完善，导致宁波海洋资源在开发利用上缺乏宏观规划及指导，致使海洋产业的科技水平提高缓慢，一些海洋优势产业在现有管理体制下较难形成规模。因此，必须建立真正的海洋综合管理体制，明确宁波市的海域管理范围，保障宁波的整体海洋权益。宁波这个港口城市，拥有较长的海岸线，海洋是一个整体，难以分割。因此需要对宁波的海洋开发行动进行有权威的统一协调，不能单单从行业上、地区上和相关项目的利益进行规划管理，而需要统筹规划，综合管理。

例如应该设立宁波海洋经济发展协调委员会，对宁波市的海洋开发行为进行有机协调，调解利益冲突，实现统筹发展，体现区域特色，坚持错位发展。宁波市的不同地区应该成立权威性强的海洋经济管理委员会，实现对宁波市不同地区海洋经济的全面统筹，负起全面责任，从战略高度考虑区域海洋的整体开发管理。

### （六）完善健全的法律法规

英国海洋法对英国的海洋产业的发展具有巨大的指导作用，与英国海洋法相比，宁波的海洋经济相关法律还相当滞后，海洋管理问题较为严重，这与海洋经济发展落后有关。我们可以借鉴发达国家海洋法规，例如：英国的海洋法的法律框架。宁波政府应以宁波的实际情况为出发点，针对宁波海洋经济发展中暴露出的问题，本着适用性和前瞻性原则，着手制定适合宁波地方情况的国情的海洋法律法规，形成较为完整的宁波海洋法律体系，特别是对海洋综合法律方面的制定。

对于立法方面上，依据英国海洋法的优势，立足宁波实际情况，酌情参考，要加快立法进度；立法过程中，要充分借鉴和吸收发达国家海洋立法的经验和做法，既要注重立法技术，体现法律本身的高质量和先进性，同时还要统筹执法环节，实现立法与执法的有机统一。

例如在海洋保护立法上，宁波政府应尽快完善海洋立法内容：在海域使用、浅海滩涂水产养殖、海域的环保、海岸带使用等方面的法律法规和管理办法，以调整各行业管理规定，使之符合海域功能区划要求；在海岸带开发活动中应特别强调对生态环境保护以及注意对其他开发利用项目不利的影响和加强消除这些影响所采取的措施；对适宜建港，适宜作为海滨浴场的沙(海)滩和重要的旅游岸段应保留，务必不移作它用。

### (七)增强文明的海洋环境保护措施

澳大利亚在海洋经济的发展中，十分注重海洋生态平衡，防止过度捕捞，保持海洋的自我生态平衡能力。宁波在海洋环境的保护方面上，与澳大利亚相比，我们不仅需要健全海洋环境保护相关法律，并且还需要严格执法，真正建立海洋建设项目环评一票否决制，对海洋环境进行肆意破坏的行为进行依法严惩，提高海洋环境保护执法层次，明确海洋环保责任，防止和减少职能交叉，加强污染源治理基础设施建设，建立海洋废弃物的收集与处理系统，制定海洋环境标准，建立科学的海洋环境影响评价机制，要在各主要入海口建立大规模的污水处理系统，凡是进入海洋的废水均应检验合格才能排放，要建立先进的海洋生态监测系统和海洋生态预警系统，实时监测海洋环境，确保海洋经济的可持续发展。

宁波海洋管理监控部门在面对重大隐患发生时，应及时做出反应和预报，将损失降到最低。当然，在解决上述各方面问题时，应该理清问题的层次，抓住重点。目前最为紧迫的任务是改革和完善宁波的海洋污染处理系统，效仿海洋经济发达国家的做法，实现真正的海洋综合管理，着力解决问题的重点使得宁波海洋经济真正步入正常轨道，实现海洋经济的可持续发展。

宁波在规划和审批围填海项目时，要统筹规划、合理控制，宁波政府还要慎重地进行项目的审批和监督。要在项目海域使用论证报告基础上，科学、合理地根据海洋功能区划和毗邻陆域的土地利用规划，统筹考虑各个海区围填海容量，科学合理地制定围海造地规划，清理不合理的围海造地项目，指导新的围海造地开发与管理工作，合理开发海域容量。同时，还要制定宁波不同地区的围海造地年度计划，结合各地区海域条件和社会经济发展需求，合理确定不同地区围海造地年度控制数量，实行围海造地年度总量控制制度，还要建立围海造地项目的审批、核查、登记及监督机制。

上述国际海洋大国的海洋经验借鉴说明“21 世纪是海洋世纪”不是一句空话，在当前日益白热化的蓝色国土国际竞争背景下，对于海洋经济的发展具有前瞻性意义，在国家层面上制定科学合理的海洋战略和海洋政策，并组织有关部门及民众分阶段、分层次加以落实，确保对海洋经济发展的重视，对宁波的海洋经济的发展具有极其重要的战略意义。当前宁波的海洋经济的发展道路还有很长的一段路需要走，我们仍然任重道远。

综上所述，宁波要充分发挥区位、港口和产业基础优势，以港口开发为重点，以海洋科技进步为支撑，加快海洋资源综合开发，着力推进海洋产业高端发展，充分发挥宁波对周围区域的辐射带动功能，建设成为浙江海洋经济发展引领区；充分发挥港航资源和区位优势，依托梅山保税港区和宁波杭州湾新区等功能区，构建大宗商品交易平台，完善海陆联动集疏运网络，强化金融和信息系统支撑，加快大宗商品储运、加工、贸易基地和集装箱干线港建设，发展成为上海国际航运中心的主要组成部分；依托比较扎实的临港产业基础，紧紧瞄准产业链和价值链的高端，优化产业布局、推进转型升级，择优发展石化、钢铁、能源等临港工业，大力发展现代物流、国际贸易、国际金融、滨海旅游等临港服务业，培育发展海洋战略性新兴产业，发展成为我国重要的新型临港产业基地；依托宁波在海洋经济人才培养方面的比较优势，大力发展港口物流、航运航海、海洋生物等专业，建设成为全国重要的海洋经济科教研发基地，为浙江乃至全国培养一批具有全球视野、创新意识的现代海洋经济人才；坚持科学规划、合理开发、可持续利用的原则，以象山港、三门湾等区域为重点，推进海洋经济的有序开发、高效利用和严格保护，加强重点海域污染防治和生态修复，实施海洋污染海陆联动防治，探索跨区域海洋环境联合治理，为探索我国海洋生态文明建设积累宝贵经验。

在未来的发展中，宁波既要遵循发展海洋产业的共性原则和一般规律而积极实践，又要结合宁波的具体、市情而创新探索。

## 第二节　宁波现代海洋产业发展的要素保障分析

### 一、信息保障——创造产业价值的无形资源

在这个以信息作为特征的经济时代，信息就是力量。经济信息要素是指与商品和劳务的生产、销售及消费直接相关的消息、情报、数据、资料和知识等。它是对现实经济活动过程及其属性的一种客观描述，是经济活动过程中各种发展变化和特征的真实反映。海洋信息是指海洋环境、海洋资源、海洋开发或其他与海洋有关的科学数据、资料、图件、文字等的总称，主要体现在海洋气象，物流交易，政策信息，市场动态等多个方面，它为进行海洋预测分析、为客观管理海洋经济提供了决策依据。海洋经济的信息保障为宁波海洋经济未来走向与规划提供了方向，不断完善的海洋信息网络也为海洋产业提供新鲜的源源不断的资讯，推动海洋产业的发展。浙江在海洋经济发展示范区最大特色是建设“三位一体”港航物流服务体系，宁波作为浙江海洋经济的核心示范区拥有港口、市场、产业、区位和政策的比较优势，在海洋产业信息体系的建设上有自己的底气和信心。

#### （一）完善航运物流信息系统，拓宽产业信息流通渠道

一是以智慧港口、智慧物流为依托，提升宁波电子口岸、物流市场信息为平台的服务功能，进一步完善航运物流信息系统。二是创新海关和国际管理机制为先导，全面推进电子口岸信息系统建设，实现宁波—舟山港口岸物流管理与国内国际口岸物流无缝衔接。探索宁波物流市场信息平台系统开发，推进航运物流企业信息工程建设，提升航运物流信息化整体水平。通过信息系统的建设和完善，增加了信息来源渠道，为海洋产业提供多方面的具体的可供利用的信息资源。

#### （二）健全现代信息网络系统，提高信息交换速率

加强公共信息网络共建共享，推进“三网”融合，实施数字海洋工程，完善海洋信息服务系统。完善物流市场信息平台系统信息发布、交易匹配、合同签订、支付结算、信用评价、整体物流等解决方案，健全交易、金融、监督“三合一”物流平台架构和会员准入机制。这些措施都简化了信息流通过

程，提高了信息利用效率，从而减少成本。

（三）提高现代信息服务能力，强化信息传输水平

发展完善微波和卫星网，作为沿海和海岛地区光缆传输的重要补充、保护盒应急手段，提高海上作业和海上救助通讯保障水平。依托无线传感网研发优势，扶持发展物联网，重点发展传感器和无线传感器网络、网络传输与数据处理、系统集成与标准化开发。利用现代信息技术发展的大环境，巩固加强海陆空信息网建设，为海洋产业提供一个全方位的信息传输平台。

（四）完善海洋防灾减灾网，保障产业活动安全

整合完善海洋环境监测观测机构和设施，形成遥感卫星监测、站点检测与数据处理—监测船舶核实补充的实时、立体网络，提高海洋环境监测观测与应急决策的科学性、及时性。建立全市统一、权威的台风、热带气旋、风暴潮、赤潮、海啸、浓雾、地质等海洋灾害预报警和防御决策系统，提高防灾减灾、应对突发事件的能力减少海洋作业灾害与损失。坚持以人为本，切实保障海洋作业人员的安全，尽力将可预计损失降到最低。

## 二、人才保障——带动产业活力的关键因素

宁波实现海洋经济的蓝色梦想，打造好海洋经济示范区，关键还在人才。因此，培养建设一支高素质的海洋经济人才队伍迫切地摆在了重要的位置。海洋经济人才作为人才队伍中的一个重要组成部分，主要是指为海洋经济发展服务的各类相关人才。从海洋经济工作分工角度看，应包括海洋经济科研人才、海洋经济产业人才、海洋经济教育人才、海洋经济管理和服务人才等；从海洋经济的专业分类角度看，应包括海洋生物技术、海洋工程装备、海底矿产勘探、海上交通运输、海洋新能源新材料利用、海洋环境监测与保护、海洋捕捞与养殖、海洋旅游服务、涉海商贸物流等，以及直接为以上活动服务的金融保险、海关商检、工程咨询、技术服务、法律服务、会计事务、中介代理等各行各业的各类人才。但是，目前宁波的海洋人才队伍与建设海洋经济核心示范区要求相比，差距还比较大，因此今后几年应根据发展需要，充实强化三支海洋人才队伍。通过项目带动、平台集聚、重点引进、柔性引进、人才本土化等方式，扩大人才总量，改善人才结构，提高人才素质，建立一支具有海洋经济特色和优势的人才队伍，才能够更有力地推进经济建设和社会发展。

### (一)提升涉海院校实力,吸引产业高端人才

实施宁波市政府与国家海洋局的战略合作计划,强化海洋生物工程、船舶与海洋工程等若干重点学科建设,共建海洋科技人才创新体系。加大涉海类教师的培养力度,在甬江学者特聘教师、高校中青年学科、专业带头人培养、青年教师资助等方面给予重点支持。大力扶持宁波海洋经济相关专业与学科,设立重点学科。加大教育设施和研究设备的投入,提高办学质量。通过这些举措,能吸引更多有志之士来到宁波,为宁波的海洋人才带来新的气息。

### (二)加大涉海人才培养力度,提高产业相关人员素质

探索校地培养,学校与企业联合,企业与企业之间合作,共同建立一个循环的、连续的人才培养体制。发展海洋类继续教育,开展职业培训,加强渔民职业技能和职务船员培训。提高涉海工作人员的职业素质。只有全面提高涉海人员的职业素质,才能更好更优地开发海洋资源,提高海洋作业的效率。

### (三)依托大学设立和完善研究院,鼓励培养创新型人才

设立宁波大学海洋综合性研究院,加快建设海洋基础研究与高科技研发平台、海洋公共服务与科技孵化平台、高层次创新人才培养与培训基地。进一步推进浙江万里学院市级研究中心——“宁波海洋经济研究中心”的建设,争取将其上升为省级研究中心,进一步加强浙江万里学院现代物流学院物流专业硕士研究生点的建设。把浙江大学软件学院发展成现代物流特别是物流市场信心平台等研究基地,把宁波工程学院发展成为港口城市发展等研究基地。依托在甬海洋科研院所,设立省级乃至国家级重点涉海实验室、中试基地等。鼓励市内外企事业单位与科研院所共建海洋科技孵化器、共性技术研发平台等。支持有条件的县市组建海洋研究所。研究设备与环境等的改善,为培养各类人才提供了便利,从而能够为海洋产业提供源源不断的人才。

## 三、环境保障——提供产业发展的根本前提

为了开发海洋中的矿产、渔业、能源等资源,需要在海上进行各类工程建设,而当前科技日益发达,工程建设的规模日益巨大,这些大规模的工程

建设和海洋环境之间的相互作用将是海洋开发进程中必须要特别关注的重要问题，尤其是近年来海洋污染日益严峻。海洋污染的直接受害者是海洋生物资源的损害，如胶州湾原是一个多种鱼虾产卵、索饵场，生产多种经济鱼虾，现在产量下降，每年经济损失高达150万元。近几十年来，中国海洋渔业资源明显衰退，渔获量下降，质量受到影响，除与海洋环境受污染有关外，渔业结构不合理，重捕轻养，捕捞过度，酷鱼滥捕是一个重要原因。渔业资源一旦遭到破坏，恢复是极不容易的，海洋提供给人类的渔业资源是有限度的，是不可再生的。所以海洋产业的发展要从环境的全局出发，使经济建设、城市建设和环境建设做到同步规划、同步实施、同步发展，实现经济效益、社会效益和环境效益的统一，做到海洋开发事业既能全面发展，海洋环境又能得到保护。大连市对岸线的保护和修复的作法不仅保障了海域生态环境，也保障了海洋经济的可持续发展，减少了损失，从中可理解，保护自然资源和合理利用自然资源，二者是统一的和互为因果的，要以生态平衡的整体观和经济观，科学地、全局地、长远地正确处理好海洋资源的开发与环境保护的关系。保护是为了更好地开发利用，而开发利用必须注重保护，保护与开发有机统一，保障宁波海洋产业健康与可持续发展。

### （一）树立正确的可持续发展观念是海洋资源开发的基本要求

避免偏重“资源导向型”海洋经济发展格局，防止把海洋经济发展简单化为“大开发”“拼资源”，避免急功近利式的开发倾向。提倡自然资源的开发利用与整治保护结合，在合理开发资源的同时，大力推行资源的整治和恢复。同时强化资源开发利用的统筹规划和合理安排。目前海洋资源开发利用存在多头管理的现象，容易造成资源的浪费与破坏。因此，应抓紧建立海洋经济发展总体规划和各项专业规划，在港口建设、能源开采、渔业作业等具体资源的开发利用过程中，做到研究和尊重其自身的客观规律，统筹规划、综合管理、合理开发。只有具备了这个基本观念，才能在后续工作中健康地发展海洋产业，在可持续发展浪潮中占得一席之地。

### （二）坚持绿色低碳导向，促进海洋产业的健康和谐发展

宁波应坚持在保护中开发、在开发中保护，大力推进海洋循环经济和低碳经济发展，加强项目源头控制，淘汰落后产能，提高海洋资源要素集约高效利用水平。加强海洋环境保护执法，建立海洋生态损害补偿（赔偿）制度，促进海洋生态环境健康发展。坚持“在开发中保护，在保护中开发”，妥善处

理好海洋资源开发和远景保护的关系，切实加强海洋生态文明建设，发展循环经济和低碳经济，使海洋经济的发展规模和速度与资源环境的承载能力相适应，实现海洋经济的可持续发展。

### （三）科学合理开发滩涂资源，加强海洋资源利用效率

加大对海岛地区的扶持力度。加强海洋生态环境保护和防灾减灾工作。按照总体规划、逐岛定位、分类开发、科学保护的要求，注重发挥重要海岛的独特价值，加大综合开发力度。加强涉海职能部门的统筹协调，进一步理顺海岛保护和开发利用领域的行政管理体制。按照因岛制宜原则，对海岛实行分类引导，制定海岛分类引导目录，明确各重要海岛的功能定位，建设开发导向。加强海洋海底、岸线、海岛等资源测绘和调查，严格岸线审批和监管，坚持深水利用、科学利用，优先保证港口和临港产业重大项目建设需要。科学选划海岛产业发展集约用海区域，防止粗放式开发，提高用海效率。同时加强无人岛保护与开发。严格按照无居民岛的区位条件、自然资源和自然环境，确定海岛利用功能，不对地形、岸滩、植被以及海岛周围海域环境或生态环境造成破坏。同时，合理开发一批具有资源优势和开发潜力的无人岛，按照海岛保护和利用规划，编制具体实施方案，有偿出让海岛使用权，其他无人岛目前或近期不具有开发利用价值或不宜开发利用的，则保护其自然生态状态。这些举措不仅能够尽量确保生态不破坏，同时也提高了海洋资源的利用率。

### （四）加强陆海污染综合防治与海洋生态环境修复，减少污染造成的损失

强化重要入海河流污染防治，开展亲水江河行动，继续做好平原河网的水环境保护，新建或续建一批污水处理厂和配套管网，避免污水的直接排放。加快发展生态循环农业，强化农业面源污染整治，减少对近岸海域污染。加强海洋（海岸）工程和入海排污口的监管，做好主要入海排污口达标排放工作；开展重点海湾、河口综合整治，加大违法排污处罚力度。开展近岸海域环境实时监测站点建设，完善海洋环境监测预报体系。实施海洋生态保护区计划，实施重点海域生态环境恢复工程，恢复近岸海域生态环境。科学合理推进围垦项目，实施一批江海口、河口湿地保护与修复工程，维持滩涂湿地动态平衡。在完善陆域生态补偿机制的基础上，建立健全海洋生态补偿机制，加快制定一批符合宁波实际的海洋生态补偿政策。这些都不

失为改善生态减少损失的双赢政策。

### （五）完善相应法律法规，使海洋环境保护有法可循

贯彻遵循国家海洋保护法律相关条文，同时完善地方法规以保护和合理利用海洋和渔业资源，促进经济和社会的可持续发展。宁波于2005年7月1日起施行《宁波市象山港海洋环境和渔业资源保护条例》为海洋环境保护提供了有力保证。海洋污染治理一直是海洋开发过程中的重中之重，通过立法，体现了政府对海洋环境的重视，有利于督促相关企业在开发中的防治工作。

目前，宁波的海洋生态建设全国领先。海洋生态文明建设扎实推进，象山港区域保护等取得实质性进展，陆源污染和涉海污染得到有效治理，沿海地区和主要大岛基本建成有效的防灾减灾体系，滩涂资源得到科学保护和开发，重点海域主要污染物排海量比2010年削减15％以上，基本建设成为我国海洋生态文明建设示范区。

## 四、资金保障——推动产业稳步前行的必要保障

资本作为一种流动最频繁，最基本的生产要素，对现代海洋产业的发展具有重要的影响。它通过影响劳动力就业、技术进步、产业结构调整、资源配置等对海洋产业发展产生作用。海洋产业的资金保障为海洋产业的不断发展与壮大提供扶持，为海洋经济开拓市场，与海洋产业的关系就像水和鱼，是海洋产业发展的必要保障。根据规划目标，宁波2015年海洋生产总值要突破2500亿元，而2010年海洋生产总值仅856亿元，要实现跨越式发展，必然需要有大量资金的持续投入。并且海洋产业的发展具有高投资性、高风险性和长周期性的特点，需配建大量基础设施，资金需求量大，要从根本上解决这一问题，应当建立起资金的可持续投入机制。

1．构建基金投融资体系，吸收培养各类基金

浙江“资金洼地”效应明显，经济总量大，民间资金充裕；并且当前基金的发展风景独好，正处于高速增长阶段。因此，海洋产业可持续投入资金的来源应重点放在基金的引进和培养上，大力发展产业投资基金、风险投资基金、私募股权投资基金等。尽快研究制定适合基金产业进入的制度安排和扶持政策；重点扶持发展宁波的基金产业，盘活疏通宁波巨量民间资本；研究整理一批投资基金最可能感兴趣的企业名单，多渠道多形式重点推介，以高成长性的企业和高技术产品，吸引各类基金投资。多方面多来源的基金

不仅为海洋产业提供充裕的资金来源，同时也减少了资金断流的风险。

2. 积极营造民间资本"入海"的政策环境，增加民间资本流通方向

落实推进《国务院关于鼓励和引导民间投资健康发展的若干意见》；鼓励民资参与港口物流、战略物资储蓄以及海岸线、滩涂、小岛、海域等海洋空间资源的集中连片开发；鼓励采用独资、合资、合作、联营、项目融资等方式引入民间资本投向涉海产业。加大对涉海高新技术中小型企业的扶持。民间资本的多方流通利于活络周边海洋产业，扩大产业规模。

3. 优化财政资金的流向，重点扶持关键产业

对新增和部分存量专项资金的统一管理和统筹分配，抓住一批带动作用大、经济社会效益突出的重点海洋产业建设项目，加大投入扶持力度。浙江省委省政府于 2011 年 3 月 18 日印发了《中共浙江省委浙江省人民政府关于加快发展海洋经济的若干意见》。省委省政府决定在 2010—2012 年期间，省财政每年安排 10 亿元用于建立海洋发展专项资金。同时，省财政又安排 10 亿元用于设立省海洋产业基金，将资金用于发展重点海洋产业，辅之以次级相关产业，达到重点突出，总体提高的目的。

## 五、金融保障——巩固产业命脉的安心剂

纵观世界金融与产业发展轨迹，我们会发现金融与产业相辅相成，密不可分，同样，金融对海洋产业发展的贡献不容小觑。无论是国内青岛的高新科技力量还是国外澳大利亚的新兴海洋产业都需要金融的支持，金融是海洋产业巩固与发展的中坚力量。优质的金融服务为宁波海洋经济发展提供有效支持。近年来宁波市的市金融业得到了长足的发展，已集聚了银行、信用社、信托、证券、保险等多种金融机构，形成了相对完整的金融机构服务体系。目前金融机构不断增多，规模不断扩大，贷款保持平稳较快增长，特别是规模外贷款和市外金融机构贷款实现快速增长的良好势头，为宁波市海洋经济发展提供坚实可靠的金融保障。但同时也存在一些问题：一是信贷总量较小，信贷的增长跟不上经济快速发展的需要。二是企业融资压力增大。近年来，随着国家货币政策日益紧缩，商业银行流动性进一步降低，信贷增长开始放缓。三是企业资金供给渠道过于单一，基本上依赖银行信贷，直接融资比例很低，上市企业的数量不足使得股票、证券、信托、担保、保险等融资手段不够发达。四是中小企业贷款难问题长期存在。因此我们需要不断完善和深化宁波的金融宏观环境，为海洋经济的长足发展提供扶持。

### （一）加快发展航运和物流金融服务，强化财政金融保障

强化对“三位一体”港航物流服务体系的金融服务，对重大港口基础设施、物流储备基地和集疏运项目优先安排信贷资金给予支持。围绕涵养产业转型升级，大力发展航运、物流金融服务，积极发展船舶融资、航运租赁、金融仓储、航运结算、行业内保险等金融服务。探索发展离岸金融业务。扩大投融资业务和渠道，探索设立海洋经济政府创投引导基金，引导民间资本参与港口航运事业。扶持发展船舶交易、船舶管理、航运经纪、航运咨询、海洋培训等航运服务业，延伸产业链条、提升服务功能，建设成为长三角区域的航运服务聚集区。依托国际航运服务中心，加快建设宁波航运金融集聚区；积极争取全国船舶检测中心落户宁波，扩大船舶检验检测与鉴证业务规模；努力争取中资外籍船舶特案减免税政策，研究制定具有国际竞争力的航运税费改革制度；加大与上海航运交易所合作力度，探索开发“中远期大宗交易运价指数”；大力推进检验检测和法律、中介、咨询等专业服务发展，积极开展专业化、个性化中介服务。这些基础金融对巩固海洋命脉产业是必不可少，因此发展这方面的金融服务是必须的，毋庸置疑的。

### （二）加大海洋融资支持力度，积极引导各类融资机构

大力支持海洋经济相关企业和项目利用债券市场拓展直接融资渠道，积极推动港口码头、岸线开发等海洋基础设施建设相关企业发行中长期企业债券，支持海洋产业中符合条件的企业在银行间债券市场发行短期融资券、中期票据等债务融资工具。依托十大重点海洋产业区块，支持海洋经济中市场前景好、发展潜力大、技术含量高的优质中小企业发行中小企业集合票据（债券）。探索建立资源集成、优势互补、风险共担的多元化融资机制，开发债权、股权相结合的融资模式，满足海洋经济相关企业从初创期到成熟期各发展阶段的融资需求。研究组建联合投资发展公司，作为政府的融资平台，以公司化运作，一体化开发和建设海洋产业区块。在融资机构与产业之间适当牵线，使资金利用率最大化。

### （三）着力创新海洋金融服务，拓宽融资平台

各银行业金融机构要加快沿海地区机构增设，优先保证海洋经济重点地区金融服务覆盖。继续推进农村信用社深化改革，支持符合条件的沿海农村合作金融机构改制组建农村商业银行。积极争取沿海及海岛地区扩大

村镇银行、小额贷款公司、农村资金互助社等新型农村金融组织试点，引导民间资金参与海洋经济发展。鼓励沿海地区引入信托、租赁、财务等非银行业金融机构，支持沿海地区引入在海洋金融方面理念先进、优势明显的外资银行分支机构，逐步建立健全包括融资性担保公司、典当等金融中介服务的信用担保体系，为海洋经济发展提供多层次的金融服务。着力开展船舶融资、航运融资、物流金融、海上保险、航运资金结算、离岸金融业务等海洋金融服务创新，为船舶、航运、港口物流等产业健康发展提供金融保障。这些多方面的融资平台为海洋资金提供了一个广泛的来源，保障了其金融的稳定性。

### （四）充分利用国内外两个市场、两种资源，建设内外对接的开放型海洋经济体系

注重内引外联和外向发展，引导国内外资本积极参与海洋经济发展，着力建设内外对接的开放型海洋经济体系。借助本地金融体系对本地海洋产业发展的关联性，不断加强二者之间多方位的金融联系。据了解，中信银行宁波分行正投入大量人力、物力，致力于研发大宗商品交易平台联网结算的交易对接系统，并依托集团优势，积极向企业推介理财、现金管理、债券承销等多样化和“一站式”金融服务，在打造具有中信特色的港航金融服务品牌方面实现了良好起步。同时在全球金融资本一体化和加入 WTO 的宏观条件下，充分利用我国在金融领域进一步对外开放，对外国金融机构逐步实行国民待遇和市场准入的优势，改善宁波市海洋产业企业融资机制，使企业具有灵活多样的融资方式，为海洋产业的境外融资创造有利条件。国内外结合的融资模式，完善了融资结构，扩大了产业知名度，在建设开放型海洋经济体系方面发挥了重要作用。

## 六、科技保障——实现产业多样化的试金石

科技是第一生产力，任何产业的发展都离不开技术创新。科技创新是推动海洋产业现代化的源泉动力，是实现海洋产业方式转变的关键，也是实现海洋产业可持续发展的重要保障。海洋技术的进步体现在海水淡化、海洋遥感卫星及以多波束深声纳和侧扫声纳为代表的水声新技术等的实现，这些技术都大幅度提升了海洋资源的利用率，为全面开发海洋产业立下汗马功劳。日本便是一个以技术为后盾实现海洋产业全面开发的绝佳例子，宁波应在这方面多向日本观摩学习。宁波在科技方面还有很多不足：企业

创新能力不足，需要进一步提升，自主知识产权的核心技术和产品，专利数量较少；技术创新环境的服务能力还需改进，人才培训机构，尤其是科技人员、工程师，独立研究机构缺乏。从产业结构来看，高新技术产业发展面临诸多挑战，需要一定的政府支持。虽然宁波在海洋经济方面已具有一定竞争力，形成了较大的规模和一定的比较优势，但附加值仍然不高。因此，在科技不断发展的条件下，应不断加强竞争能力，掌握核心技术，打造宁波以技术创新为特色的海洋产业。

### （一）支持重点科技平台建设，为科研提供良好的环境

不断推进国家、省级海洋科技机构、实验室、工程技术中心以及院士、博士后工作站落户宁波市。大力加强海洋经济发展紧缺人才的培育和引进，推进宁波本地院校开设或联合国内外优秀海洋院校设立多类别多层级海洋专业。目前宁波市拥有宁波大学海洋学院、生命科学与生物工程学院、宁波市海洋与渔业研究院等一批科研机构，拥有海洋与渔业领域重点实验室 9 家，海洋科技工作人员达 2000 余人，在航海航运、海洋养殖、海洋生物等领域取得一批关键技术成果。海洋科技教育实力较强，有利于提升海洋经济发展核心竞争力。

### （二）深化改革传统以及高新技术产业，强化科技创新支撑

加大传统产业的升级改造和新兴产业关键技术的科技投入力度，积极建设海洋产业技术装备和科技研发基地、成果转化基地、科技服务基地，完善海洋产业产学研体系，在海洋高技术、生物育种、海水淡化、海洋新能源和生态环境保护等方面实现科技攻关的重大突破和成果应用转化；引进国外先进技术，吸收借鉴国外发展经验，结合自身条件发展具自身特色的产业道路。加强与青岛、日本等以科技实现海洋产业的多方位发展的地区和国家的交流与合作，取长补短。通过改造建设与学习，进一步巩固科技在产业中的投入力度，用新技术创造新产业。

## 第三节　宁波现代海洋产业发展的政策保障分析

### 一、推动宁波现代海洋产业发展的法律政策

#### （一）国家出台的推动海洋产业发展的法律政策

近年来，党中央和国务院高度重视海洋经济发展。2002 年，党的十六大做出“实施海洋开发”战略部署。紧接着，在 2003 年，国务院印发了《全国海洋经济发展规划纲要》，提出建设海洋强国目标。2004 年《国务院关于进一步加强海洋管理工作若干问题的通知》强调要积极发展海洋经济。2005 年 10 月，党的十六届五次会议通过《中共中央关于制定国民经济和社会发展第十一个五年规划的建议》提出“开发和保护海洋资源，积极发展海洋经济”。2006 年 3 月，十届人大第四次会议批准《国民经济和社会发展第十一个五年规划纲要》，提出“实施海洋综合管理，促进海洋经济发展”。2006 年，在中央经济工作会议上，胡锦涛总书记更是强调“从政策和资金上扶持海洋经济发展”。2007 年，党的十七大报告提出“发展海洋产业”。2008 年 2 月 7 日，温家宝总理圈阅同意《国家海洋发展规划纲要》印发实施。2011 年以来，《山东半岛蓝色经济区发展规划》《浙江海洋经济发展示范区规划》《广东海洋经济区发展规划》相继列入国家的发展战略更是体现了国家对海洋产业发展的重视。

2012 年，国家海洋局更是全力推动《全国海洋区功能区划》《全国海洋主体功能区规划》《全国海洋经济发展规划》等多个规划的颁布实施，培育和壮大海洋战略性新兴产业，引领海洋经济和沿海区域开发的可持续发展。

国家海洋局也采取了切实措施，为海洋经济又好又快发展提供助力。2008 年 12 月 8 日，国家海洋局发布了《国家海洋局关于为扩大内需促进经济平稳较快发展做好服务保障工作的通知》。其中提出了海洋工作为促进经济平稳较快发展做好服务保障的十项政策措施。第七条措施中提到优化海洋环境许可工作程序。进一步做好海洋环评工作，要在严格遵守和执行《海洋环境保护法》《环境影响评价法》《防治海洋工程污染损害海洋环境条例》《海洋工程环境影响评价管理规定》等一系列法律法规的前提下，正确处理好开发和保护的关系，眼前和长远的关系，局部和大局的关系。

一是要坚持科学发展的原则。要科学论证，加强保护，保障海洋经济的全面、协调和可持续发展；具体来说，就是要坚持经济效益、社会效益和环境效益的统一的原则，坚持海洋开发与保护并重、集约节约利用海洋资源和科学合理用海的原则，促进海洋资源的可持续开发利用。

二是要坚持环境优先的原则。沿海地区是我国经济发达的地区，空间资源紧缺，环境压力加大，在全国来讲更应在环境优先方面作出表率，必须坚决制止以牺牲海洋生态环境为代价来换取经济发展的错误做法，在开发中注重保护，以保护控制开发。

三是要树立正确用海观念，促进围填海布局和方式的改进，科学利用海岸线和近岸海域资源，尽量减少改变自然岸线和显著改变海域自然属性的海洋开发活动。

四是要坚持又好又快发展的原则。要紧密配合国家宏观调控政策、产业发展政策、环境保护政策、节能减排政策、海洋管理政策等，禁止高消耗、高污染、低效益的粗放型产业发展，促进海洋产业升级，优化海洋产业结构，促进海洋经济又好又快地发展。

### （二）区域性出台的有效促进海洋产业发展的措施

在国家优越的宏观调控之下，港口以及海洋所管辖地政府各部门尤其要加强对于海洋经济建设的支持。保护海洋资源，加强科技创新，提供有利发展的优惠政策，使海洋经济成为地该区的一大优秀、特色产业。因地制宜发展，顺势而为，让海洋经济可持续发展，同时让人民受惠于海洋。

蓝色经济龙头的青岛对海洋产业发展出台了许多扶持政策。其扶持手段灵活多样，针对不同领域、不同行业，确定了不同的扶持方式。例如，在鼓励蓝色经济体集聚发展方面，意见提出：对新入驻重要蓝色经济载体的涉海法人企业，给予扶持和办公用房租购补贴。对每年重点扶持的十个蓝色经济项目给予贷款补贴或奖励。对商务楼宇整体改造升级给予扶持。在发展总部经济方面，对新引进的总部企业，根据企业的投资规模、总部层级和产业拉动作用，给予开办费、办公用房租购补贴。这些措施确实能切实有效的得到海洋企业的青睐，因为政府出台的政策是从实际出发，为海洋产业更好的发展提供了便利的条件。这些从实际出发，设身处地为海洋产业着想的贴心政策的推出非常值得宁波借鉴。

宁波在出台相关政策促进海洋产业发展的同时，除了借鉴国内先进海洋城市的成功案例，国外的海洋大国的成功崛起也值得参考。海洋强国英国通过立法来保障其海洋产业的发展。英国海洋法对英国的海洋产业的发展具有重大的指导作用。宁波海洋法律与英国海洋法相比,宁波的海洋经济相关法律还相当滞后,海洋管理问题较为严重。因此,可以借鉴英国的海洋法的法律框架,立足于我国国情,以宁波的实际情况为出发点,针对宁波海洋经济发展中暴露出的问题,本着适用性和前瞻性原则,着手制定适合宁波地方情况的国情的海洋法律法规,形成较为完整的宁波海洋法律体系。

除了参考英国的立法保障海洋产业发展的成功经验,陆海联动全面开发的日本的海洋新政策也值得宁波借鉴。日本《21 世纪海洋政策建议书》《日本海洋政策大纲》等对中国的海洋工作具有重要的参考价值和借鉴意义。特别是在加强海洋综合管理,调整海洋管理体制,增设高层次的国家海洋管理机构,加强海洋行政主管部门的职能;制定海洋政策和基本法律法规以及加强全民海洋意识教育等方面特别值得中国参考和借鉴。

### (三)宁波目前拥有的法律政策保障

同为沿海长三角地区,宁波的海洋经济落后于上海,但是作为明日之星的宁波具有天然的地理优势,在具备完整的政策支持条件以及经济结构的完善改善,合理发展海洋资源,相信其能够有所超越。

近年来,宁波相继出台了一系列海洋产业发展的政策文件,有力地促进了海洋经济尤其是海洋产业的发展。其中,《宁波市海洋经济发展规划》《宁波市海洋科技"十一五"发展规划及 2020 年远景目标》《宁波市政府关于建设海洋经济强市的意见》给宁波海洋产业带来发展海洋高技术新兴产业的战略思路。

为了保障海洋产业的可持续发展,宁波市政府出台了许多优惠的政策。例如,信贷资金优先面"海"贷的政策。宁波市政府鼓励银行业金融机构加大对海洋经济重点领域、重点项目、重点企业的信贷资金投放力度。积极搭建政企银企合作平台,建立海洋融资项目信息库和信息共享平台,引导银行业金融机构采取项目贷款、银团贷款等多种模式,优先满足海洋新兴产业、领港先进制造业、港口物流业等的资金需求。创新发展船舶融资、航运融资等金融服务业态,推动开展船舶抵押贷款、仓单质押、供应链融资等多种抵质押融资方式。支持符合条件的涉海企业充分利用发行企业债、公司债、可转换债、短期融资券、中期票据等融资工具,筹措发展资金。

促进海洋产业的发展,也离不开相关法律的保障。目前,我国已颁布了一系列重要的涉海法律对于海域的管理与利用、海洋环境保护、渔业养护与

开发、海上安全的维护等方面进行了规范,特别是对各海域的使用都有了详细的规定。《中华人民共和国海域使用管理法》《中华人民共和国海洋环境保护法》《浙江省海域使用管理办法》《浙江省海洋功能区划》等国家法律、法规得到贯彻落实,《宁波市海洋功能区划》《宁波市象山港海洋环境和渔业资源保护条例》等法规、规章相继颁布出台,依法治海工作不断深入。资源环境保护、海域使用管理、减灾防灾等海洋综合管理逐步走上法制化轨道,海域使用较为混乱的局面得到极大的改善。

但是我国海洋政策及其规划的推进实施,需要更健全的海洋法制作保障。尽管我国已制定了一系列关于海洋开发利用方面的法律法规,但仍然存在不少问题。由于我国的涉海法律都是针对某一领域或行业制定的专项立法,法律之间存在着立法交叉和冲突,在综合管理方面呈现立法空白。因此,应当抓紧时间,研究、制定并出台一部科学全面的中国海洋法,进一步健全和完善中国的海洋法律体系。这样一部量身打造的法律,对于提高整个民族的海洋意识、实现海洋综合管理,尤其是对保障海洋产业的合法权益都具有不可替代的重要作用。

## 二、推动宁波现代海洋产业发展的配套政策

海洋产业政策是指一国为了增强本国的海洋产业的国际竞争力,促进海洋产业的全面、协调和可持续发展,实现高科技在海洋产业中的应用和海洋产业结构的优化和升级,所制定与实施的与海洋产业相关的一切政策的总和。一国和地区要想增强其海洋产业的国际竞争力,要想把海洋资源转变为现实的经济优势,就必须制定和实施合理、有效的海洋产业政策,指导海洋资源的合理开发和利用,促进海洋产业结构的优化与升级,从而推动海洋产业的全面、持续、协调和可持续发展。

### (一)支持性海洋产业政策体系

支持性海洋产业政策体系主要包括科技兴海政策、海洋人才培养政策、加强海洋融资的政策和完善法律支持的政策等内容,旨在为海洋产业提供一个发展的基础平台,为海洋经济的发展缔造一个良好的外部环境。支持性海洋产业政策体系与海洋产业的发展、基础设施的建设以及相关的配套环境息息相关。

近年来,宁波市出台了一系列支持性海洋政策,为海洋产业的高速发展缔造了一个良好的环境。宁波市政府设立“科技兴海”专项资金,全额用于

资助海洋科技攻关，推动全市的科技兴海工作。将海洋开发的科技进步放在海洋生物工程技术、海水综合利用技术、海岸工程技术、海洋环境监测技术、海岛与海岛带资源综合与评价等五个技术领域。为了加快海洋科研机构的建设和海洋科技人才的引进、培养和储备。重点支持宁波大学、浙江万里学院等相关院所充实力量，提高研究开发能力，加速培养海洋科技开发人才和中高级科技应用人才。加强与国内外海洋科研部门的交流与合作，采取优惠政策引进高层次海洋专业人才，抓好队伍建设，积极开展国际间和区域性的海洋科技项目合作。

针对海洋中小企业融资难问题，宁波市政府重点为科技型中小企业、民生服务类中小企业、对于优化提升投资环境具有重要作用的中小企业提供服务。对新获得国家、省、市级服务业驰（著）名商标、名牌的企业，给予奖励。对中小企业兼并重组、连锁经营、制定技术标准、展会费用等给予扶持。对于中小企业的优质项目，给予贷款贴息支持。对符合条件的家庭服务业机构给予补贴；对经认定的家政品牌、家庭服务业指导管理服务基地给予扶持。这一措施，为更多海洋中小企业提供了一个良好的发展平台，也为海洋产业的稳定快速发展奠定了扎实的基础。

### （二）引导性海洋产业政策体系

目前，我国各个地区和各个海洋产业之间的经济发展仍存在一定的盲目性，引导性海洋产业政策体系旨在指导海洋产业进行合理的区域布局，实现各个地区之间海洋产业的协调发展；指导各海洋产业健康有序地发展，从而促进海洋产业结构的优化与升级，推动海洋产业的全面和可持续发展。引导性海洋政策促使海洋产业调整结构，扩大规模，注重效益，提高科技含量，加快形成海洋渔业、海洋交通运输业、海洋油气业、滨海旅游业、海洋船舶工业和海洋生物医药等支柱产业，带动其他海洋产业的发展，从而实现整个海洋经济的持续快速发展。所以，政府在制订各具体海洋政策时，要对海洋产业结构优化给予关注，要在政策和行政措施上及时加以引导和干预。

随着国际港口城市应把国际航运物流业的信息化摆到更突出的位置。近年来，宁波大力培育现代国际航运物流业，把物流信息化作为推动传统国际航运业转型发展的突破口，作为提升港口服务业的龙头来抓，带动了相关产业的发展。现代物流的信息化，是基于企业的信息化。宁波积极发挥政府的主导作用，加强政策引导和推动，大力推进物流企业的信息化建设，也为海洋产业的迅速发展奠定了基础。由于我国中小企业众多、物流信息资源零散、企业网络信息开放共享不足、区域性物流信息平台欠缺，因此在实现物流行业信息化建设存在一定的难度。但是2006年，宁波启动第四方物流市场建设，信息化、市场化和制度化这三种手段有机地组织各中小企业的共同合作，形成了有序整体的物流体系。在宁波市政府的引导下，各物流企业形成行为规范、标准的信息化。众多中小物流企业经营行为的统一，在此基础上实行社会范围内物流企业的系统化和标准化运作。宁波积极开展创新研究，在中国率先制定了现代物流行业标准，在国内率先提出第四方物流市场的业务服务规范，填补了运输的单证和报文格式规范等空白。这也表明了政府的指导性政策能切实有效地帮助海洋产业实现整个海洋经济的持续高速发展。①

（三）发展性海洋产业政策体系

发展性海洋产业政策体系是我国海洋产业政策体系中不可或缺的重要组成部分，是海洋经济实现持续发展和长足发展的动力体系。海洋产业发展政策的重要内容之一是差别化的政策，包括优先发展海洋支柱产业，重点发展海洋高科技产业等，它的目标是要通过实施一些特殊性的倾斜政策来实现产业结构的优化与升级，为海洋产业中长期的持续发展提供政策保障。同时为了实现对海洋环境的可持续利用，政府在制定海洋产业政策时必须充分考虑资源、环境的承受能力，减少海洋经济活动对海洋环境污染的影响面。海洋资源开发程度越高，就越需要借助政府的协调功能，制定统一规划，对海洋经济活动进行组织、指导、协调、控制和监督。

近年来，宁波相继出台了《宁波市海洋经济发展规划》《宁波市海洋科技"十一五"发展规划及2020年远景目标》《宁波市政府关于建设海洋经济强市的意见》等一系列海洋产业发展的政策文件，有力地促进了海洋经济尤其是海洋高技术产业发展。这些政策也表明宁波要将工作重心转移到发展海洋高技术新兴产业这一战略思路。随后在这一战略思路的指导下，《宁波市渔业发展(2006—2010)规划》《宁波市海洋与渔业科技创新基地建设方案》《宁波市海水利用发展规划》《宁波船舶振兴三年行动计划》等相关政策文件及规划纷纷制定，为宁波海洋高新技术产业的发展提供了持续有力的政策保障。

随着宁波海洋资源开发程度的提高，政府也越来越重视强化海洋管理

---

① http://www.doc88.com/p-705554547086.html。

和环境保护和促进海洋经济可持续发展。一方面,宁波市政府倡导增强全民海洋资源保护和可持续发展的意识。对海洋资源的保护首先必须加强宣传,加大对《中华人民共和国海洋环境保护法》《中华人民共和国渔业法》和《中华人民共和国海域使用管理法》等法律法规的宣传力度,并列入全市普法教育的计划,进一步提高全民的海洋国土意识、海洋环境意识、海洋开发意识和海洋法制意识。另一方面,依法加强环境监督管理,促进海洋经济与环境保护协调发展,使海洋生态环境质量保持基本稳定,从而使宁波海洋经济健康稳定的发展。

## 三、推动宁波现代海洋产业发展的具体政策措施

宁波市政府高度重视海洋资源开发工作,把海洋经济作为战略重点来抓,更是提出了“建设大港口,发展大产业”的战略思路。因此政府出台的政策将是围绕依托港口、资源及产业发展优势,以科技进步和体制创新为动力,以实施“百项千亿”工程为突破口,加快海洋资源的综合开发利用,加大海洋基础设施建设,加强海洋资源和生态环境保护,大力推进“科技兴海”,坚定不移地走可持续发展道路,重点发展港口运输业、临港工业、现代渔业、海滨旅游业、海洋高新技术产业等海洋产业,形成更具比较优势的海洋经济产业体系,不断壮大海洋经济总量,优化海洋经济结构,促进海洋经济和生态环境协调发展,努力实现由海洋经济大市向海洋经济强市的新跨越。

建设大港口。凭借宁波舟山港这世界第一集装箱吞吐量大港的优势,发展大宗商品交易平台。通过繁荣的现代港口基础设施的建设和宁波政府出台的一系列交易优惠措施,来继续扩大港口吞吐量。同样,在港口吞吐量扩大的同时,只要吸引一小部分加入大宗商品交易平台,巨大的利益会吸引更多企业集聚港口,港口经济也会随之更加昌盛,从而反哺港口建设,有利于加快宁波现代化国际大港口的形成。目前,宁波政府在建设大宗商品交易平台的过程中,推进金融创新。鼓励银行业金融机构在宁波设立支持海洋经济的专营机构。开展金融创新示范县(市)区试点,扩大小额贷款公司、村镇银行、农村资金互助社等新型农村金融组织试点,帮助海洋企业更好发展。除此之外,宁波政府会出台更多的措施和政策,通过更多政策优惠吸引国际和国内企业来宁波投资创业,加快宁波建设大港口的进度。

发展大产业。宁波可以凭借实施的“百项千亿”工程,加快海洋资源的综合开发利用,加大港口基础设施建设,加强海洋资源和生态环境保护,大力推进“科技兴海”坚定不移走可持续发展道路,重点发展港口运输业、临港

工业、现代渔业、海滨旅游业、海洋高新技术产业等海洋产业，形成更具比较优势的海洋经济产业体系，不断壮大海洋经济总量，优化海洋经济结构，促进海洋经济和生态环境协调发展，努力实现由海洋经济大市向海洋经济强市的新跨越。

随着宁波市政府的大力扶持的政策出台，宁波海洋产业也随之发展壮大，各类海洋企业良莠不齐，海洋经济总量会阻碍海洋经济前进的脚步。政府一味地消极保护并不是推动海洋产业发展的最佳途径。只有在各类海洋产业发展中引入适当的竞争机制，让落后的企业看到自身差距，用竞争压力迫使更多的企业不断向先进方向发展，逐步提高海洋企业的竞争力。例如，打破航运等行业的垄断地位和封闭的自我服务体系，适度增加竞争主体，鼓励正当竞争，真正做到使企业在竞争中不断发展壮大，更好地参与国际竞争。同时，还可以通过优胜劣汰，将本身在该行业根本不具备发展潜力的企业淘汰出局，实现社会资源的有效配置。

宁波在发展海洋经济的同时，要尽快完善相关的海洋法律。由于我国的涉海法律都是针对某一领域或行业制定的专项立法，法律之间存在着立法交叉和冲突，在综合管理方面呈现立法空白。为了使宁波市海洋经济工作顺利进行，实现海洋经济发展、海洋资源保护和涉海利益主体多方共赢，有必要从立法、执法和司法方面为海洋经济发展提供全方位法制保障。首先宁波可以通过加强立法，保障宁波现代海洋产业的持续有效发展。在立法之后要强化执法，确保宁波现代海洋产业有序稳步推进。最后通过加强监督，创造宁波现代海洋产业发展的良好法制环境。

1. 加强立法，保障宁波现代海洋产业的持续有效发展。宁波市目前正在制定《宁波市城乡规划条例》，应当借助这一立法有利时机，将发展海洋经济涉及的问题纳入《宁波市城乡规划条例》立法内容之中。这样的立法有利用海域使用权的用益物权性质，充分发挥海域使用权的财产性功能，有利于推进海洋资源和海洋生态环境损害索赔有关立法，有效保护海洋资源和生态环境，有利于制定财政金融支持海洋经济发展的政策和措施。最后，这些措施的落实能持续有效地保障宁波海洋产业发展的稳步前进。

2. 强化执法，确保宁波现代海洋产业有序稳步推进除了立法，还要严格执法。强化依法行政意识，防止海洋经济发展盲目冒进。海洋经济是以海洋资源为纽带的跨行业跨产业的新兴经济形态，涉及范围广、面积宽、新内容多，这就要求深入调研、充分论证，在充分调研论证的基础上依法做出决策。在发展海洋经济过程中，要避免急功近利、盲目冒进，尤其是各有关行政部门要强化依法行政意识，避免决策随意，确保宁波市海洋产业发展有序稳步推进。

3. 加强监督，创造宁波现代海洋产业发展的良好法制环境。当然，还需要加强监督，严格党纪政纪问责及刑事责任追究。发展海洋经济有许多新项目、大项目、重点项目上马，涉及城镇规划、工程建设、财政资金扶持、海域及土地使用监管等，这些都是高风险管理行业，是贪污腐败容易滋生的土壤。因此，要加强监督，严格党纪政纪问责制度和刑事责任追究，为宁波市海洋经济发展创造良好的法制环境。

4. 强化专属司法职能，发挥专属部门对现代海洋产业保障护航的作用。加强对宁波海事法院的支持力度，充分发挥海事法院对发展海洋经济的司法保障作用。海洋经济的发展和国际强港的建设必将大大提高宁波市经济对外开放程度，宁波市和国外政府以及民间经济往来必将大大加强，有关海上航运、货代保险、临港产业、对外贸易、港口物流、渔业生产、海洋环境保护、海岛开发利用以及海洋新兴产业等纠纷数量将大大增加，新的纠纷种类也将会陆续出现。2011 年 1 月宁波海事法院制定了《关于为浙江省海洋经济发展试点工作提供司法保障的若干实施意见》，4 月制定了《关于实施海事海商审判精品战略的若干意见》，这两个意见详细规定了为浙江省（宁波市）海洋经济发展提供司法服务的措施和途径。为了充分发挥海事法院对宁波市海洋经济发展的司法保障作用，有必要采取措施进一步强化海事法院的专属司法职能，最大限度地发挥海事法院为海洋经济发展保障护航的作用。

# 主要参考文献

[1] Angus Maddison. The World Economy：Historical statistics [M]. Paris：OECD，2004.

[2] Brown T E. An operationalization of sternson's conceptualization of entrepreneurship，as opportunity—based firm behavior [J]. New Jersey Strategic Management Journal，2001. 22：953-968.

[3] Prahalad C K. and Venkat Ramaswamy. Co-creating Unique Value with Customers [J]. Strategy & Leadership，2004(3)：4-9.

[4] Catherine Beadry and Peter Swann. Growth in Industrial Cluster：a Birds Eye View of the United Kingdom [J]. SIEPR Discussion Paper，2001.

[5] Charles S. Colgan，Jefferey Adkins. Hurricane damage to the ocean economy in the U. S. Gulf region in 2005 [J]. Monthly Labor Review，2006(8)：76-78.

[6] Charles S Colgan. Measurement of the Ocean and Coastal Economy：Theory and Methods [M]. National Ocean Economies Program，2007.

[7] D. Jin，Porter Hoagland. Tracey Morin Dalton. Linking economics and ecological models for marine ecosystem. Ecological Economics，46：367-385.

[8] D. Harteserre A. Lessons in Managerial Destination Competitiveness in the Case of Foxwoods Casino Resort [J]. Tourism Management，2000，Vol. 21(4)：29-41.

[9] Donald F, Hawkins. A Protected Areas Ecotourism Competitive cluster Approach to Catalyses Biodiversity Conservation and Economic Growth in Bulgaria [J]. Journal of Sustainable Tourism, 2004. 12(3): 219-244.

[10] EISENHARDT K M. Building Theories from Case Study Research. Academy of Management Review [J]. 1989. 14(4):532-550.

[11] Grubel, H. G. and Lloyd, P. J., Intra-Industry Trade: the Theory and Measurement of International Trade in Differentiated Products [M]. Macmillan, 1975.

[12] Hall C M, Trends in ocean and coastal tourism: the end of the last frontier [J]. Ocean & Coastal Management, 2001. 44.

[13] HIPPEL V. The sources of innovation[M]. Oxford : Oxford University Press, 1988.

[14] http://www.110.com/fagui/unit_1445_1.html,2003-10-1/2003-10-1.

[15] Jackson. J, Murphy. P. Cluster a in Regional Tourism, an Australian Case [J]. Annals of Tourism Research, 2006. 33(4):1018-1035.

[16] Jackson. J. Developing Regional Tourism in China: the Potential for Activating Business Clusters in A Socialist Market Economy [J]. Tourism Management, 2006. 27 : 695-706.

[17] JARI K, MARTIN M. Insights into services and innovation in the knowledge intensive economy. Technology Review [J]. 2003. 134 (4):56.

[18] Jim Spohrer and Nirmal Pal. Service Innovations and New Service Business Models [R]. USA, Pennsylvania: EBRC Workshop White Paper, 2005.

[19] Kang, Kyeong-Hoon. Market structures and competition in system markets[D]. Ph. D, 2004.

[20] Kellel. Trade pattern, technology transfer, and productivity growth[D]. University of Wisconsin Madison Working Paper, 1997.

[21] Kenneth White 著,朱凌,宋维玲 译. 加拿大海洋经济与海洋产业研究[J]. 经济资料译丛,2010(1):73—103.

[22] Kogut, B. Normative Observations on the International Value-

added Chain and Strategic Groups [J]. Journal of International Business Studies. 1984, 15: 151-167.

[23] Mary Farrell. Regional integration and cohesion-lessons from Spaniard Ireland in the EU. Journal of Asian Economics, 2004, 14(6):927-946.

[24] Michael E Porter, The Competitive Advantage of Nations [M]. NY: the Free Press, 1990.

[25] Morgan, R. Some actors affecting coastal landscape aesthetic quality assessment [J]. Landscape Research, 1999. 24(2).

[26] Nelson R R, Recent evolutionary theorizing about economic change [J]. Journal of Economic Literature, 1995, 18(March)48-90.

[27] Nordin, S. Tourism Clustering & Innovation-Paths to Economic Growth & Development [J]. ETOUR Utredningsserien Analys och Statistik U, 2003 : 14.

[28] Novelli, M. Schmitz,B. Spencer, T. Networks. Clusters and Innovation in Tourism: A UK Experience [J]. Tourism Management, 2005. 27 (6): 1141-1152.

[29] OECD. Agricultural policies in OECD countries: measurement of support and background information [M]. Paris, 1997.

[30] OECD. Agricultural trade liberalization: implications for developing countries[M]. Paris, 1990.

[31] OECD. Globalization of Industrial R&D: Policy Implications, Working Group on Innovation and Technology policy[D]. June, 1998.

[32] Park, Cheol-Soo. Three essays in Marxian economics: A study of Marxian theory of competition and dynamics[D]. Ph. D, 2002.

[33] Ponteeorvo. Contribution of the ocean sector to United State economy [J]. MTS Journal, 1989(2).

[34] Puth, Linda Margaret. Complexity and stability in small aquatic systems [M]. The University of Wisconsin-Madison, 2002.

[35] Rimmer P J. The clanging status of New Zealand Ports. Annals of the Association of American Geographers, 57(2): 88-100.

[36] S. Managi. Economic driver of illegal, unreported and unregulated fishing. The intimation journal of marine and coastal law. 2005, 20.

[37] Salmona P,VerardiD. The marine protected area of Portofino[J]. Ocean & Coastal Management, 2005. 74.

[38] Segal, A. and Thun,E. Thinking Globally, Acting Locally: Local Governments, Industrial Sectors, and Development in China [J]. Politics & Society, Vol. 29 No. 4, December 2001 557-58.

[39] Seung-Jun Kwak, Seung-Hoon Yoo, Jeong-In Chang. The role of the maritime industry in the Korean national economy: an input-output analysis [J].. Marine Policy, 2005, 29: 371-383.

[40] SUNDBO J, GALLOUJ F. Innovation in services[R]. Oslo : STEP Group, 1998.

[41] TAD. Informational Encounter on International (Governance: Trade in a Globalization World Economy,1991.

[42] The Allen Consulting Group. The Economic Contribution of Australia's Marine industries. Report to The National Oceans Office [J]. The Allen Consulting Group Pty Ltd: 1-39.

[43] Theodor w. Schultz, Investing in People [M]: The Economies of Population Quality University of California Press, 1980,12.

[44] Varela F, Tompson E, RosehE. The Embodied Mind: Cognitive Science and Human Experience [M]. Cambridge: The MIT Press, 1991.

[45] Verdoorn, P. J. The intra-bloc trade of Benelux, inE. A. G. Robinsoned. Economic Consequences of the Size of Nations [M]. ST. Martin's Press, INC, 1960.

[46] Vollrath, T. L. A theoretical evaluation of alternative trade intensity measures of revealed comparative advantage [J]. Weltwirt schaftliches Archiv, 1991. 130 : 265-279.

[47] Vollrath, T. L. , Revealed Competitive Advantage for Wheat [D]. Economic Research Service Staff Report, no. AGES861030.

[48] Wang Dewen. China's Grain Marketing Reforms: A Case Study of Zhejiang, Jiangsu and Guangdong Provinces[J]. http://apseg. anu. edu. au/pdf/china/CEP02-1. pdf.

[49] Wencong Lu. WTO and Chinese agriculture: competitiveness and policy reform [J]. Quarterly Journal of International Agriculture, 2001(3): 88-89.

[50] WTO, Committee on agriculture special session, domestic support[D]. G/AGNGS1, 13 Aprial, 2000.

[51] WTO, Committee on agriculture special session, green box measures[D]. G/AGNGS2, 13 Aprial, 2000.

[52] Y Shields, J O' Connor. Implementing integrated oceans management: Australia's south east regional marine plan and Canada's eastern Scotia shelf integrated management initiative. Marine Policy, 2005, 29(5): 391-405.

[53] Yongtong Mu. A Study on Institutional Arrangements for Quota-Based Management: The Case of China's Marine Capture Fisheries[M]. Pukyong National University, 2002.

[54] 艾玉,郑丹林.日本的海洋牧场[F].科学与管理,1999(4).

[55] 白福臣.中国沿海地区海洋科技竞争力综合评价研究[J].科技管理研究,2009(6):159—160.

[56] 鲍捷,吴殿廷,蔡安宁,胡志丁.基于地理学视角的“十二五”期间我国海陆统筹方略.中国软科学,2011(5).

[57] 鲍敏中.建立“现代航运服务政策特区”[J].中国水运,2007(3).

[58] 卞正和.走近海洋监测[J].时代潮,2004(19):28—29.

[59] 曹有生,刘希宋.中国船舶产业集群化发展的要素条件及思路[J].中国造船,2007(3).

[60] 常益民,范明生等.宁波市海洋渔业现状、问题及可持续发展对策思考[J].浙江水产学院学报,1997(6).

[61] 陈赤平.产业梯度转移与区域经济的协调发展[J].广州市经济管理干部学院学报,2006(2).

[62] 陈德金.宁波梅山保税港区物流业发展对策[J].集装箱化,2012(8).

[63] 陈飞龙,金戈,吴霞.宁波海洋经济发展的战略重点与产业布局[J].中共宁波市委党校学报,2003(6)

[64] 陈飞永.宁波海岛休闲业SWOT分析和发展对策研究[J].经济丛刊,2006(1).

[65] 陈国生.科技创新与海洋产业可持续发展[J].网络财富,2009(11):49—50.

[66] 陈辉,吕佳敏,鲁璐.海洋经济新时代下梅山保税港区物流业发展

现状的分析. 现代物业,2012(4).

[67] 陈可文. 中国海洋经济学[M]. 北京:海洋出版社,2003.

[68] 陈亮,刘春杉,李团结. 川山无居民海岛开发现状及规划初探. 海洋开发与管理,2012(1).

[69] 陈敏铭,屈强. 宁波建设海洋经济强市的指标体系研究. 宁波大学学报(人文科学版),1998(6).

[70] 陈旭钦,黄剑跃. 海洋经济号角下的期待[N]. 宁波晚报,2011-5-14(9).

[71] 陈志,孙雷. 中日韩三国造船业比较及发展战略[J]. 水运管理,2006(1).

[72] 储永萍,蒙少东. 发达国家海洋经济发展战略及对中国的启示[J]. 湖南农业科学,2009(8):154—157.

[73] 崔立瑶. 船舶工业产业集中度问题研究[J]. 哈尔滨工程大学学报,2001(6):63—66.

[74] 大连市发展和改革委员会. 大连市国民经济和社会发展第十二个五年(2011—2015 年)规划纲要[D]. http://www. pc. dl. gov. cninfo78_15179. vm,2011.

[75] 大连市人民政府经济研究中心. 大连东北亚重要国际航运中心论坛文集[C]. 2003.

[76] 邓冰,俞曦,吴必虎. 旅游产业的集聚及其影响因素初探[J]. 桂林旅游高等专科学校学报,2004(12):53—57.

[77] 邓启明,孙仁兰,张秋芳. 国家海洋经济发展示范区建设中的国际合作问题研究——以宁波市核心示范区为例[J]. 宁波大学学报,2012(2).

[78] 邓心安. 生物经济时代与新型农业体系[J]. 中国科技论坛,2002(2):16—20.

[79] 狄乾斌,韩增林. 辽宁省海洋经济可持续发展的演进特征及其系统耦合模式[J]. 经济地理,2009(5):799—805.

[80] 丁大卫. 南通船舶工业将加速向高端转型[J]. 港口经济,2010(6)

[81] 范晓婷. 我国海洋立法现状及其完善对策[J]. 海洋开发与管理,2009(7):70—74.

[82] 方丹. 区域主导产业选择理论与方法的研究述评[J]. 现代商业,2010(6).

[83] 方平,王玉梅,孙昭宁,徐竹青. 我国渔业国际竞争力分析及提升策

略研究[J]. 现代渔业信息,2010(9).

[84] 方平. 科技创新对我国渔业结构调整的作用机制研究[D]. 中国地质大学学位论文,2011.

[85] 房帅,纪建悦,林则夫. 环渤海地区海洋经济支柱产业的选择研究[J]. 科学学与科学技术管理,2007(6):108—111.

[86] 福建省"十二五"渔业发展规划[R]. 福建省海洋与渔业厅网站.

[87] 傅晓. 宁波海洋经济:阶段特征,比较优势和发展模式[N]. 宁波通讯,2012,(3).

[88] 高强. 我国海洋经济可持续发展的对策研究[J]. 中国海洋大学学报(社会科学版),2004(3):26—28.

[89] 高维新. 广东水产品出口下滑的原因分析与对策措施[M]. 广东海洋大学学报,2007(5).

[90] 高亚丽. 加快推进航运金融发展积极服务国际强港建设——关于宁波航运金融产业发展的调研报告. 浙江工商职业技术学院学报,2012(2).

[91] 谷方为. 初中生海洋意识现状与培养对策研究[D]. 东北师范大学硕士学位论文,2007.

[92] 广东省十二五渔业发展规划[R]. 广东省海洋与渔业局网站.

[93] 广西渔业发展十二五规划[R]. 广西渔业局网站.

[94] 桂子凡,王义强. 我国生物医药产业发展的现状、问题及对策研究. 特区经济,2006(6):267—269.

[95] 郭楚,连翠芬. 论粤港澳海洋经济合作开发的新机遇. 新经济杂志,2011(10).

[96] 郭鲁芳. 海洋旅游产品开发深度研究——以浙江为例[J]. 生态经济,2007(1).

[97] 郭正伟,阎勤. 加快宁波海洋经济发展对策研究[EB/OL]. http://gtog.ningbo.gov.cn/art/2003㊣art_13194_653655.html. 中国宁波网.

[98] 国家海洋局. 中国海洋经济统计公告[R]. 北京:海洋出版社,2011.

[99] 国家海洋局政策法规办公室中华人民共和国海洋法规选编. 北京:海洋出版社,1998:41.

[100] 海南省渔业"十二五"发展规划[R]. 海南省海洋与渔业厅网站.

[101] 海洋与渔业局课题组. 宁波市大力发展高效养殖推进渔业转型升级. http://www.nbhyj.gov.cn/. 宁波市海洋与渔业局网.

[102] 韩增林，狄乾斌，刘锴. 辽宁省海洋产业结构分析[J]. 辽宁师范大学学报(自科版)，2007(1)：61—64.

[103] 韩增林，许旭. 中国海洋经济地区差异及演化过程分析[J]. 地理研究，2008(3)：613—622.

[104] 何晓群. 多元统计分析[M]. 北京：中国人民大学出版社，2004.

[105] 侯祥鹏. 我国区际旅游产业竞争力比较研究[J]. 统计与决策，2006(12).

[106] 胡彩霞，汪亮，廖泽芳. 世界海洋渔业贸易竞争力分析[J]. 中国渔业经济，2012(1)：155—164.

[107] 胡芬，袁俊. 区域旅游产业生态集群的内在机理与培育策略[J]. 世界地理研究，2006(2)：65—73.

[108] 胡嘉汉. 宁波海洋经济资源可持续开发目标保证体系探究[N]. 浙江万里学院学报，2001(3).

[109] 胡卫伟. 浙江舟山海洋旅游产品构建与发展对策[J]. 经济理论研究，2007(7).

[110] 宦建新. 梭子蟹养殖技术每亩从不足50公斤提高到400公斤[N]. 科技日报，2012-07-31.

[111] 黄飞舟，魏明，李鲁宁，夏曦. 变挑战为机遇 化边缘为枢纽——海南港航物流发展思考[J]. 中国港口，2010(10).

[112] 黄季焜等. 从农业政策干预程度看中国农产品市场与全球市场的整合[J]. 世界经济，2008(4).

[113] 黄剑跃. 宁波10年之内将建6个海洋牧场养殖海鲜发展渔业[N]. 宁波晚报，2010-06-22.

[114] 黄敏辉，宋炳林. 美国海洋经济发展对宁波的启示[J]. 三江论坛，2012(7).

[115] 黄霓. 粤鲁浙海洋经济发展比较[J]. 新经济，2011(11)：72—76.

[116] 黄欣. 基于钻石模型的我国远洋渔业竞争力分析[J]. 广东农业科学，2009(11)：219—221.

[117] 黄兴国. 建设海洋经济强市 加快海洋经济发展[J]. 浙江经济，2003(16).

[118] 黄艳. 我国海洋经济综合管理与协调机制研究[D]. 复旦大学硕士学位论文，2010.

[119] 黄永明，何伟，聂鸣. 全球价值链视角下中国纺织发展企业的升级

路径选择[J]. 中国工业经济，2006(5).

[120] 黄志明. 响应时代召唤加快建设海洋经济发展核心示范区. 宁波通讯，2012(5).

[121] 纪建悦，孙岚，张志亮，初建松. 环渤海地区海洋经济产业结构分析[J]. 山东大学学报(哲学社会科学版)，2007(2)：96—102.

[122] 江苏省十二五渔业规划[R]. 江苏省海洋与渔业局网站.

[123] 姜旭朝，王静. 美日欧最新海洋经济政策动向及其对中国的启示. 中国渔业经济，2009(4).

[124] 姜雅. 日本的海洋管理体制及其发展趋势[F]. 国土资源情报，2010(i2).

[125] 蒋平. 完善我国海洋法体系的探讨[J]. 海洋信息，2006(1)：15.

[126] 蒋平. 我国海洋资源管理现状及完善[J]. 海洋信息. 2006(2).

[127] 蒋铁民. 海洋经济探索与实践[M]. 北京：海洋出版社，2008.

[128] 金荣炜. 基于生命周期理论的台州船舶工业集群升级路径研究[D]. 浙江工业大学硕士学位论文，2008.

[129] 金秀梅. 澳大利亚抵御海上油类和其他有毒有害物质污染对策[J]. 世界海运，2006(2)：46—48.

[130] 兰海涛. 国际农业贸易制度解读政策应用[M]. 北京：中国海关出版社，2002.

[131] 蓝海，引我们海底捞“金”[N]. 宁波晚报，2011-3-30.

[132] 李百齐. 我国海洋经济可持续发展的几点思考[J]. 探索与争鸣. 2007(7).

[133] 李崇光，于爱芝. 农产品比较优势与对外贸易整合研究[M]. 北京：中国农业出版社，2004.

[134] 李德荣. 开发海洋资源繁荣宁波经济——宁波21世纪经济发展的战略选择. 中共宁波市委党校学报，1999(5).

[135] 李景光，阎季惠. 英国海洋事业的新篇章——谈2009年《英国海洋法》[D]. 海洋开发与管理，2010(2).

[136] 李静宇，贾锦珠. 两业联动抓住物流的本源——专访中国物流与采购联合会常务副会长，中国物流学会会长何黎明[J]. 中国储运，2009(6).

[137] 李磊明. 加快建设宁波海洋经济核心示范区——专访市社科院院长黄志明[N]. 宁波日报，2012(A12).

[138] 李令华. 美国海洋补助金及其对海洋教育的资助[J]. 海洋开发与

管理，1991(3).

[139] 李丕学，何金林. 上海市开展海岛开发利用与保护的对策分析[J]. 海洋湖沼通报，2011(12).

[140] 李双建，徐丛春. 日本海洋规划的发展及我国的借鉴[F]. 海洋开发与管理，2006(1).

[141] 李彤：海水养殖业面临多重压力科研与产业需要无缝衔接. http://scitech.people.com.cn/GB/15941846.html 人.民网.

[142] 李耀臻，徐祥民. 海洋世纪与中国海洋发展战略研究[M]. 青岛：中国海洋大学出版社，2006.

[143] 李义虎. 从海陆二分到海陆统筹——对中国海陆关系的再审视[J]. 现代国际关系，2007(8).

[144] 李燚. 管理创新中的组织学习方式研究[D]. 上海：复旦大学，2004.

[145] 练兴常. 宁波21世纪海洋经济发展的战略构想[J]. 海洋开发与管理，2001(4).

[146] 梁俊乾，周凯. 深圳海洋产业可持续发展问题探讨[J]. 海洋开发与管理，2010(8)：50—53.

[147] 梁战平. 21世纪的新兴科学——服务科学[J]. 中国信息导报，2005(5)：12—15.

[148] 林君平. 福建鞋业出口竞争力研究[D]. 北京交通大学学位论文，2008.

[149] 林涛，谭文柱. 区域产业升级理论评价和升级目标层次论建构[J]. 地域研究与开发，2007(5)：16—23

[150] 林毅夫. 制度，技术与中国农业发展[M]. 格致出版社，2008.

[151] 蔺雷，吴贵生. 服务创新[M]. 北京：清华大学出版社，2007.

[152] 刘常标. 福建省设施渔业发展现状与对策探讨[J]. 福建水产，2011(5).

[153] 刘春涛，张金忠. 辽宁省海洋高技术产业可持续发展分析[J]. 海洋开发与管理，2009(2)：123—126.

[154] 刘春玉. 网络视角的集群企业二元式创新研究[M]. 济南：山东出版社，2009.

[155] 刘大海，李朗，刘洋，刘其舒. 我国“十五”期间海洋科技进步贡献率的测算与分析[J]. 海洋开发与管理，2008(6)：12—15.

[156] 刘光辉.关于区域竞争环境的探讨[J].理论探索,2003(6):8—9.

[157] 刘洪滨,孙丽,齐俊婷 1 中国造船产业现状及走势分析[J].太平洋学报,2008(11):73—82.

[158] 刘虎.山东省城市竞争力评价与提升模式研究[D].中国石油大学学位论文,2006.

[159] 刘佳英,江静瑜,黄硕琳.大学生海洋意识调查分析[J].湛江海洋大学学报,2005(5):143—146.

[160] 刘苗苗.船舶代理企业转型战略研究[D].武汉理工大学硕士学位论文,2009.

[161] 刘明.区域海洋经济可持续发展能力评价指标体系的构建[J].经济与管理,2008(3):32—35.

[162] 刘松汉,苏炳根.海洋资源开发与环境保护存在诸多问题[N].人民政协报,2003-9-10(A02).

[163] 刘向东,韩立民.努力打造我国水产品国际竞争力[J].中国渔业经济,2003(3):10.

[164] 刘泽华.旅游地——旅游产品生命周期复合模型初探[J].南京师范大学学报,2003(3):106—110,37.

[165] 龙志军.海洋渔业资源管理 ITQ 制度研究[D].广东海洋大学学位论文,2010.

[166] 楼朝明.宁波市海洋资源开发的可持续发展之路[J].宁波经济,1999(3).

[167] 陆立军,杨海军.海洋经济强省:浙江的发展选择——对浙江“十一五”海洋经济发展的几点建议[J].浙江经济,2005(12).

[168] 陆立军,杨海军.海洋宁波:海洋经济强市建设研究[M].北京:中国经济出版社,2005.

[169] 陆文.论推进长岛县渔业产业化与发展高效渔业的必要性及对策研究[J].中国商界,2010(3).

[170] 鹿丽,冯晓芹.渔业企业核心竞争力评价研究[J].中国渔业经济,2011(2):105—111.

[171] 罗贯三.港航物流是重庆发展现代物流的首选[J].中国港口,2008(4).

[172] 罗曼丽.宁波市海洋经济发展法制保障问题研究[J].宁波通讯,2012(9).

[173] 马涛，任文伟，陈家宽. 上海市发展海洋经济的战略思考[J]. 海洋开发与管理，2007(1)：96—100.

[174] 马英杰. 论中国海洋环境保护法律体系中的不足与完善对策[J]. 海洋科学，2007(12)：16—18.

[175] 马志荣. 我国实施海洋科技创新战略面临的机遇，问题与对策[J]. 科技管理研究，2008(6)：68—70.

[176] 迈克尔. 波特. 国家竞争优势[M]. 北京：华夏出版社，2002.

[177] 毛剑梅. 旅游业与制造业产业集群的比较分析[J]. 经济问题探索，2006(6)：125—128.

[178] 毛铁年. 基于国际物流岛建设的舟山港航物流人才发展举措[J]. 中外企业家，2012(4).

[179] 宁波市发展和改革委员会. 宁波市海洋经济发展规划公告[EB/OL]. 2011.

[180] 宁波市港航管理局. 2010 年宁波港航发展报告[D]. 宁波市港航管理局，2011.

[181] 宁波市海洋渔业局计财处. 宁波市 2005 年度海洋经济统计年报分析[EB/OL]. http://www. nbhyj. gov. cn. 2006-10-20.

[182] 宁波市海洋渔业调查组：宁波市海洋渔业结构调整，转产转业调研报告. 中国水产，2001(2).

[183] 宁波市海洋与渔业局：宁波市"十二五"现代渔业发展规划(2011—2015 年)[EB/OL]. http://www. nbhyj. gov. cnhtmlzonghepindao/zhengwugongkai/jihuaguihua/fazhanguihua/2012/0425/14622. html.

[184] 宁波市海洋与渔业局. 宁波市 2006 年渔业资源增殖放流成效明显. http://www. nbhyj. gov. cnhtmlzonghepindao/ziyuanhuanbao/haiyang-shengtaihuanjing/2009/0504/7304. html.

[185] 宁波市海洋与渔业局课题组. 宁波市海洋牧场建设思路及对策研究[J]. 经济丛刊，2011(1).

[186] 宁波市政府. 宁波市海洋经济发展规划[D]，2011.

[187] 农晓丹. 宁波发展海洋高技术产业研究[J]. 中国国情国力，2010(3).

[188] 农业部渔业局. 中国渔业统计年鉴 2011[M]. 北京：中国农业出版社，2011.

[189] 秦诗立. 构建"三位一体"港航物流服务体系[J]. 浙江经济，2011(3).

[190] 青岛市发展和改革委员会. 青岛市海洋经济“十二五”发展规划[D],2011.

[191] 邱继勤,朱竑. 川黔渝三角旅游区联动开发研究[J]. 旅游学刊,2006(8):42—43.

[192] 邱璐轶. 宁波现代临港服务业国际化发展研究[J]. 科技管理研究,2012(12).

[193] 屈强,陈敏铭. 宁波市海洋开发规划的实践与认识[J]. 海洋开发与管理,1994(7).

[194] 全国渔业发展十二五规划[D]. 农业部网站,2011.

[195] 任家华,王成璋. 基于全球价值链的高新技术产业集群转型升级[J]. 科学学与科学技术管理,2005(1).

[196] 任声策,宋炳良. 航运高端服务业的发展机理—服务业融合的视角[J]. 上海经济研究,2009(6).

[197] 荣艳红. 美国赠地学院对海洋经济的推动及其启示[J]. 河北学刊,2008(3).

[198] 邵立浩. 宁波海洋经济发展模式浅析[J]. 商场现代化,2012(2).

[199] 邵征翌. 中国水产品质量安全管理战略研究[D]. 中国海洋大学学位论文,2007.

[200] 佘传奇,叶静. 西方产业竞争理论来源研究与启示[J]. 华东经济管理,2004(6):84.

[201] 佘远安. 韩国依靠科技提高渔业产业竞争力的机制研究[J]. 中国渔业经济,2008(6):43—47.

[202] 深圳市发展和改革委员会. 深圳市海洋经济发展“十二五”规划[D],2011.

[203] 石建中. 我国旅游产业集群的分析与思考[J]. 中国海洋大学学报(社会科学版),2006(2):42—46.

[204] 史晓原. 基于海洋经济战略的浙江省港航物流发展分析[J]. 中国物流与采购,2012(2).

[205] 舒卫英. 宁波海洋旅游业发展对策研究[J]. 宁波经济(三江论坛),2011(1).

[206] 宋炳林. 美国海洋经济发展的经验及对我国的启示[J]. 港口经济,2012(1).

[207] 宋国明. 英国海洋资源与产业管理[F]. 国土资源情报,2010(04).

[208] 宋锦剑.论产业结构优化升级的测度问题[J].当代经济科学，2000(3).

[209] 宋文华.山东省海洋经济发展思路研究[D].山东大学学位论文,2006.

[210] 苏纪兰.世界与我国海洋经济发展对浙江海洋开发的启示[J].世界科技研究与发展,1998(8).

[211] 苏勇军.海洋世纪背景下宁波市海洋旅游产业发展研究[J].海洋信息,2011(1).

[212] 苏勇军.宁波市海洋文化旅游产业发展研究[J].海洋信息,2011(1).

[213] 苏勇军.浙东海洋文化研究[M].杭州:浙江大学出版社,2011.

[214] 隋映辉.对我国海洋新兴产业发展分析及建议[J].中国科技论坛.1992(6):39—42.

[215] 孙琛,李金明.我国水产品国际竞争力分析及发展对策[J].海洋渔业,2002(4).

[216] 孙光沂.加快推进大连国际航运中心建设的建议[J].领导决策，2004(8):26—28.

[217] 孙吉亭,赵玉杰.我国海洋经济发展中的海陆统筹机制[J].广东社会科学,2011(5).

[218] 孙明.浅析新形势下山东省远洋渔业产业发展对策[J].齐鲁渔业,2011(3):52—53.

[219] 孙明钊.山东主要出口水产品风险分析[D].中国海洋大学学位论文,2005.

[220] 孙群力.山东海洋经济发展的思考与建议[J].宏观经济管理，2007(4):59—60.

[221] 孙万通,孙万玲.舟山群岛新区港航物流发展新思路[J].中国港口,2012(4).

[222] 孙雅萍.21 世纪海洋能源开发利用展望及其环境效应分析[J].哈尔滨师范大学自然科学学报,1998(6).

[223] 孙瑶瑶.国外发展海洋经济的成功经验及其对宁波的启示[J].宁波通讯,2012(8).

[224] 汤坤贤,廖连招,郭莹莹,陈鹏.我国海岛开发开放政策探讨[J].海洋开发与管理,2012(3).

［225］陶永宏，冯俊文．长三角船舶产业集群结构分析与实证研究［J］．中国造船，2006(3)：116—124．

［226］陶永宏．中国船舶工业产业集群实证研究与特点分析［J］．生产力研究，2006(4)：180—1811．

［227］王丹，张耀光，陈爽．辽宁省海洋经济产业结构及空间模式演变［J］．经济地理，2010(3)：443—448．

［228］王飞．开发与保护并重，保障海洋经济的可持续发展［J］．海洋开发与管理，2005(4)．

［229］王缉慈．关于用产业集群战略发展我国造船业的政策建议［J］．地域研究与开发，2002(9)：42—46．

［230］王缉慈．解读产业集群，中国产业集群(第 1 辑)［M］．北京：机械工业出版社，2005．

［231］王骞，史磊．中国沿海地区渔业国际竞争力的省际比较和分析［J］．中国渔业经济，2011(6)：83—91．

［232］王量迪：加快推进海洋牧场建设宁波将再造百万亩碳汇渔业区．http://news.cnnb.com.cn/system/2012/07/27/007397045.shtml．中国宁波网，2012-07-27．

［233］王淼．21 世纪我国海洋经济发展的战略思考［J］．中国软科学，2003(11)：27—32．

［234］王敏旋．世界海洋经济发达国家发展战略趋势和启示［J］．新远见，2012(3)．

［235］王琪，许文燕．中国无居民海岛开发的历史进程与趋势研究［J］．海洋经济，2011(5)．

［236］王倩，李彬．关于"海陆统筹"的理论初探［J］．中国渔业经济，2011(3)．

［237］王文静．关于舟山市船舶工业发展的对策研究［J］．中国市场，2010(11)61—64．

［238］王友丽，王健．基于逼近理想点法的福建省区域渔业竞争力分析［J］．中国海洋大学学报：社会科学版，2010(6)：25—29．

［239］王跃伟．我国滨海旅游业发展现状及对策分析［J］．海洋信息，2010(3)．

［240］王长征，刘毅．论中国海洋经济的可持续发展［J］．资源科学，2003(4)：73—78．

[241] 王兆阳.我国农产品国际竞争力的现状及应对措施[J].农业经济学,2001(9).

[242] 魏中兴.陆家嘴现代航运服务中心建设研究[D].华东师范大学,2010.

[243] 吴迪.我国水产品国际竞争力的实证分析[J].经济分析,2007(3):6.

[244] 吴宏,胡春叶.中美农产品产业内贸易研究[J].宏观经济研究,2009(6):26—31.

[245] 吴凯,卢布,杨瑞珍,陈印军.海洋产业结构优化与海洋经济的可持续发展[J].海洋开发与管理,2006(6):55—58.

[246] 吴明理.海洋经济可持续发展及金融支持问题研究[J].金融发展研究,2009(7):35—38.

[247] 吴明忠,晏维龙,黄萍.江苏海洋经济对区域经济发展影响的实证分析:1996—2005[J].江苏社会科学,2009,(4):222—227.

[248] 吴闻.韩国,日本的海洋科技计划[J].海洋信息,2002(1).

[249] 吴闻.英国,欧洲和澳大利亚的海洋科技计划[J].海洋信息,2002(2).

[250] 吴向鹏.宁波航运服务业发展现状与提升策略[J].港口经济,2011.6.

[251] 伍业锋.中国沿海地区海洋科技竞争力分析与排名[J].上海经济研究,2006(2):26—33.

[252] 夏晓平,李秉龙.我国羊肉产品国际竞争力之分析[J].国际贸易问题,2009(8):38—44.

[253] 夏智伦,李自如.区域竞争力的内涵,本质和核心[J].求索,200(9):44.

[254] 肖美香.我国产业梯度转移的理论与模式选择探索[J].鲁东大学学报,2009,26(5).

[255] 肖艳.区域物流竞争力评价研究[D].重庆大学学位论文,2007.

[256] 谢子远,闫国庆.澳大利亚发展海洋经济的经验及我国的战略选择.中国软科学,2011(9).

[257] 谢子远.浙、鲁、粤海洋经济发展比较研究[J].当代经济管理,2012(8):64—71.

[258] 辛毅,李宁.农产品国际竞争力的“橄榄”模型分析——以中国渔

业为例[J].农业经济问题,2007(5):12—17.

[259] 刑来田,黄涛,候锦如,许双庆.生物医药科技与产业发展对策研究[J].中国软科学,2003(1):100—103.

[260] 徐嘉蕾,李悦铮.日本海洋经济经营管理模式、特点及启示[J].海洋开发与管理,2010(9).

[261] 徐淑彦.深化产学研合作,重塑我国远洋渔业竞争优势[J].中国渔业经济,2006(6):3—5.

[262] 许培源,唐志锋.我国水产品出口的竞争力分析[J].哈尔滨学院学报,2006(12):27.

[263] 许森安.海洋意识教育岂能可有可无[J].海洋世界,2001(10):9—10.

[264] 许颖,张领先.韩国农业国内支持水平与政策结构[J].世界农业,2009(2):20—22.

[265] 续建伟.海洋经济——宁波经济发展新的增长点建议之二:五个强化,加快现代海洋产业发展步伐[N].宁波日报,2011(A5).

[266] 薛欣喜,苗东强.我国水产品出口的品牌策略[J].中国渔业经济,2007(3):49.

[267] 严小军.浙江海藻产业发展与研究纵览[M].北京:海洋出版社,2011.

[268] 严以新.上海国际航运中心发展的瓶颈制约及其突破[J].中国软科学,1999(11).

[269] 颜醒华,俞舒君.旅游企业产业集群的形成发展机制与管理对策[J].北京第二外国语学院学报,2006(2):61—66.

[270] 杨建毅.海洋捕捞渔业可持续管理.http://www.zjoaf.gov.cn/kxfzg/fzjdzzj/2008/11/19/2008111900016.shtml.浙江省海洋与渔业局网.

[271] 杨美丽,吴常文.浅析我国海洋渔业经济可持续发展问题——从产业经济学角度[J].中国渔业经济,2009(3):12—15.

[272] 杨木壮,张光学,金庆焕.我国海洋能源矿产资源潜力分析[J].广州大学学报(自然科学版),2007(6).

[273] 杨书臣.日本海洋经济的新发展及其启示[J].港口经济,2006(4).

[274] 杨小川,潘景亮.中国渔业国际竞争力分析与发展趋势探究[J].南方农村,2007(1):34—38.

[275] 叶波，李洁琼. 海南省海洋产业结构优化战略研究[J]. 华中师范大学学报(自然科学版)，2011(1).

[276] 叶向东，陈国生. 构建“数字海洋”实施海陆统筹[J]. 太平洋学报，2007(4).

[277] 叶向东. APEC 海洋经济技术合作的政策建议[J]. 福州学校学报，2011(4).

[278] 伊恩·克雷斯韦尔. 海洋给澳大利亚带来财富[N]. 青岛日报，2009-8-12(002).

[279] 殷克东 王晓玲. 中国海洋产业竞争力评价的联合决策测度模型[J]. 经济研究参考，2010(28).

[280] 殷克东，卫梦星，孟昭苏. 世界主要海洋强国的发展战略与演变[J]. 经济师. 2009(4).

[281] 殷克东王晓玲. 中国海洋产业竞争力评价的联合决策测度模型[J]. 经济研究参考，2010(28).

[282] 尹继群，张汉江. 大宗商品中远期交易市场风险及工商监管对策分析[J]. 中国工商管理研究，2011(02)：96—99.

[283] 尹贻梅，陆玉麒，刘志高. 旅游企业集群：提升目的地竞争力新的战略模式[J]. 福建论坛人文社，2004(8)：22—25.

[284] 尹忠. 影响中国生物医药创新战略诸因此分析[J]. 科学学研究，2008(1)：13—18.

[285] 于谨凯，张婕. 我国海洋产业政策体系研究[J]. 南阳师范学院学报，2008.7(4).

[286] 于婧，陈东景. 青岛海洋新兴产业可持续发展对策研究[J]. 海洋信息，2011(3)：23—26.

[287] 于青松. 加强海洋法制建设开创依法兴海新局面[J]. 海洋信息，1999(07).

[288] 于文金，朱大奎，邹欣庆. 基于产业变化的江苏海洋经济发展战略思考[J]. 经济地理，2009(6)：940—945.

[289] 于秀林，任雪松. 多元统计分析[J]. 北京：中国统计出版社，2003：171—179.

[290] 于宜法，王殿昌等. 中国海洋事业发展政策研究[M]. 青岛：中国海洋大学出版社，2008.

[291] 余匡军. 以质量安全为本推进水产品出口贸易[J]. 中国渔业经

济,2002(2):21.

[292] 郁志荣. 我国海洋法制建设现状及其展望[J]. 海洋开发与管理. 2006(04).

[293] 张伯玉. 日本通过第一部海洋大法[J]. 世界知识,2007(7).

[294] 张光明,陶俪佳. 韩日船舶工业发展战略及其对中国造船工业的启示[J]. 江苏科技大学学报(社会科学版),2007(4):32—361

[295] 张广钦. 中国船舶工业发展现状及未来展望[J]. 上海造船,2007(4):10—111.

[296] 张桂红. 中国海洋能源安全与多边国际合作的法律途径探析[J]. 法学,2007(8).

[297] 张慧英:宁波象山县大力提升传统水产养殖业. http://nb.people.com.cn/GB/13786577.html. 人民网.

[298] 张火明,王先福,陆萍蓝. 浙江省造船产业发展对策研究[J]. 造船技术,2008(5):4—71

[299] 张建春. 旅游产业集群探析[J]. 商业研究,2006(14):147—149.

[300] 张杰. 基于全球价值链视角的浙江省纺织业转型升级的路径,机制及研究对策[D]. 浙江理工大学,2010.

[301] 张杰. 舟山无居民海岛开发利用及功能定位研究[J]. 农村经济与科技,2012(7).

[302] 张金昌. 国际升级能力评价的理论和方法[M]. 北京:经济科学出版社,2002.

[303] 张金霞. 塑造旅游产业集群品牌的思考[J]. 商业时代,2006(24):101—102.

[304] 张开城. 重视海洋社会学学科体系的建构[J]. 探索与争鸣,2007(1).

[305] 张梦. 旅游产业集群化发展的制约因素分析——以大九寨国际旅游区为例[J]. 旅游学刊,2006,21(2):36—40.

[306] 张齐伟,赵宇,刘石,郭宇. 打造大宗商品交易平台[J]. 管理学家,2014(02):69—71.

[307] 张巧英. 基于产业链的西安旅游产业集群构建研究[D]. 西安:西安科技大学,2008.

[308] 张士锋. 加快推进宁波海洋渔业转型发展[J]. 宁波经济(三江论坛),2010(12).

[309] 张卫国. 海洋经济强省建设下山东国际航运发展战略研究[D]. 中国海洋大学,2006.

[310] 张文斌,余龙. 关于船舶配套业的发展研究[J]. 造船技术,2003(6):11.

[311] 张文杰,郑锦荣. 海洋产业对上海经济拉动效应的实证研究[J]. 浙江农业学报,2011(3):634—638.

[312] 张祥国. 无居民海岛开发的环境问题及其可持续利用[J]. 生态经济,2011(4).

[313] 张晓晖. 中国船舶制造业走可持续发展道路的研究[J]. 当代经济,2006(10):14—151.

[314] 张晓微. 贸易壁垒对山东省水产品的影响分析[J]. 国际贸易问题,2006(7):96.

[315] 张延. 打造国际强港:宁波发展海洋经济的一项重要举措[J]. 政策瞭望,2012(4).

[316] 张耀光, 刘锴, 王圣云. 关于我国海洋经济地域系统时空特征研究[J]. 地理科学进展,2006(5):47—57.

[317] 张耀光,崔立军. 辽宁区域海洋经济布局机理与可持续发展研究[J]. 地理研究,2001(3):338—346.

[318] 张耀光,魏东岚,王国力等. 中国海洋经济省际空间差异与海洋经济强省建设[J]. 地理研究,2005(1):46—56.

[319] 张宇,刘莎. 增强全民海洋意识:海洋强国必由之路[J]. 中共济南市委党校学报,2010(4):90—92.

[320] 张祝钧. 宁波海洋产业结构分析及优化升级[J]. 港口经济,2011(4).

[321] 赵明森. 试论大力发展我国外向型渔业的重要性及其对策[J]. 中国渔业经济,2005(1).

[322] 赵清华,崔爱林. 澳大利亚海洋经济可持续性发展战略及其启示[J]. 商场现代化,2008(3).

[323] 赵伟. 现代海洋经济:日本印象与启示[J]. 浙江经济,2010(8).

[324] 赵小菊. 海洋生物产业将撑起新增长点[N]. 大众日报,2011-01-18,第3版.

[325] 浙江省渔业发展"十二五"规划[R]. 浙江省海洋与渔业局网站.

[326] 郑贵斌. 海洋新兴产业发展趋势,制约因素与对策选择[J]. 东岳

论丛,2002(3):18—21.

[327] 郑惠明.加快浙江港航转型升级之路[J].中国水运,2010(5).

[328] 郑岩.连旅顺口区休闲渔业发展对策研究[J].经济研究导刊,2009(19).

[329] 中共大连市委党校课题组.大连国际航运中心建设的十项对策[J].大连干部学刊,2004.

[330] 周彩娟.象山滨海旅游业发展浅谈[J].管理观察,2009(12).

[331] 周皓亮:宁波海域劣四类水质过半 10 排污口仅一个没危害[N].钱江晚报,2012-04-06.

[332] 周建业.海洋意识教育要从娃娃抓起[J].今日浙江,1998(8):26.

[333] 周珂.舟山市港航物流人才现状分析与发展战略探讨[J].中国水运,2012(12).

[334] 周星,范燕平.我国食品出口竞争力的实证分析[J].国际贸易问题,2008(3):60—66.

[335] 周颖.中国贸易产业竞争力研究[D].华东师范大学学位论文,2004.

[336] 朱坚真,师银燕,乔俊果,张庆霖.环北部湾海洋经济增长与主导产业选择初探[J].经济研究参考,2007(40):21—37.

[337] 朱坚真,张力.海陆统筹与区域产业转移问题探索[J].创新,2010(6).

[338] 朱社员,卢栎仁.论我国大宗商品电子交易市场[J].产权导刊,2011(08):34—36.

[339] 朱应皋等.中国农业国际竞争力实证研究[J].管理世界,2006.

[340] 朱勇生,张世英.河北省海洋经济产业结构分析[J].河北工业大学学报,2004(5):15—18.

[341] 左晓安.对粤港澳海洋经济合作的几点思考[J].新经济,2011(11).

# 后　　记

本著作是浙江万里学院承担的2012年宁波市文化工程研究项目“宁波现代海洋产业的选择与发展研究”主要研究成果。

课题研究过程中，我们还得到了众多领导和专家的热心指导和无私帮助。宁波市社科院黄志明院长、林崇建副院长、俞建文处长自课题立项开始，自始至终关注着课题的进展，在课题的研究过程中给予了多次指导；宁波市社科院的顾晔老师、王仕龙老师、宋炳林老师等也给予了课题组诸多建议和帮助。在本课题获得立项后不久，宁波市社科院批准将首批文化研究工程研究基地之一“海洋经济发展研究基地”放在浙江万里学院。在此，衷心感谢宁波市社科院领导的信任和关心！

在本课题进展过程中，还得到了浙江万里学院党委书记、执行校长陈厥祥研究员，副校长应敏教授，副校长闫国庆教授，校长助理兼科技部部长林志华研究员，商学院执行院长蒋天颖教授，科技部副部长徐侠民老师、杨华老师，商学院副院长、“海洋经济发展研究基地”首席专家鞠芳辉教授，商学院副院长孟祥霞教授，商学院书记兼副院长孙琪副教授的鼎力支持，在此一并表示感谢！

本著作各章的编写情况如下：刘春香主要负责第一章和第三章的编写工作，以及前言和后记的撰写，此外还负责全书的审稿和修订工作；谢子远主要负责第二章和第六章的编写工作；金文姬主要负责第七章和第八章的编写工作；陈万怀、杜晓燕和谢敏分别负责第四章、第五章和第九章的编写工作。

当然，由于时间关系，本著作还存在需要改进的地方，例如，对相关理论的运用还不够娴熟和深入，提出的具体政策建议的可操作性还有待于实践检验，这些都需要进一步研究和探索。

最后，衷心地祝福我们整个研究团队，是大家的精诚合作才顺利地完成了各项研究工作，祝愿大家在今后的工作和生活中继续秉持豁达开朗、勇于探索的理念，快乐前行！

作 者

2013 年 1 月于浙江宁波

# 索　　引

**图书在版编目(CIP)数据**

宁波现代海洋产业的选择与发展研究 / 刘春香等著.
—杭州:浙江大学出版社,2013.7
ISBN 978-7-308-11268-0

Ⅰ.①宁… Ⅱ.①刘… Ⅲ.①海洋开发—产业发展—研究—宁波市 Ⅳ.①P74

中国版本图书馆 CIP 数据核字(2013)第 045223 号

**宁波现代海洋产业的选择与发展研究**
刘春香　等著

---

**责任编辑**　冯社宁
**封面设计**　俞亚彤
**出版发行**　浙江大学出版社
(杭州市天目山路 148 号　邮政编码 310007)
(网址:http://www.zjupress.com)
**排　　版**　浙江时代出版服务有限公司
**印　　刷**　杭州日报报业集团盛元印务有限公司
**开　　本**　710mm×1000mm　1/16
**印　　张**　21.25
**字　　数**　350 千
**版 印 次**　2013 年 7 月第 1 版　2013 年 7 月第 1 次印刷
**书　　号**　ISBN 978-7-308-11268-0
**定　　价**　68.00 元

---




浙江大学出版社发行部邮购电话　(0571)88925591